Biologie selbst erlebt

DAS BIOLOGIE-EXPERIMENTIERBUCH

avd

AULIS VERLAG DEUBNER & CO KG · KÖLN

Illustrationen: Wolfgang Würfel

Best.-Nr. 3553
AULIS VERLAG DEUBNER & CO KG · KÖLN 1976
Bearbeiter dieser Ausgabe für die BRD: Dr. Kurt Freytag
2. Auflage für die BRD
Lizenzausgabe des Urania-Verlags Leipzig/Jena/Berlin
Druck und buchbinderische Verarbeitung: Salzer - Ueberreuter, Wien
ISBN 3-7614-0186-8

INHALT

DIE PFLANZE *3*

Der Boden, wichtige Nährstoffquelle der Pflanze *4*

Wir studieren Bodenprofile *5*
Das Anlegen einer Profilgrube *(6)*; Andere Untersuchungsmethoden *(9)*.
Praktische Bodenkunde *10*
Wir entnehmen Bodenproben *(11)*; Die Fingerprobe *(11)*; Das Siebverfahren *(12)*; Die Schlämmanalyse *(13)*; Die Ermittlung der Saugkraft *(14)*; Wir bestimmen die Wasserkapazität *(17)*; Untersuchung des Adsorptionsvermögens *(18)*; Wir führen die Glühprobe durch *(21)*.
Die chemische Beschaffenheit des Bodens *23*
Wir bestimmen die Bodenreaktion *(23)*; Wir ermitteln den Kalkgehalt *(24)*; Qualitative und quantitative Stickstoffbestimmung *(25)*; Phosphatbestimmung — nicht ganz einfach *(27)*; Der Nachweis von Eisen *(28)*.
Besuch auf einem Bauernhof *29*
Wir düngen selbst *32*
10 Minuten Rechnen *(35)*; Parzellenversuch mit Stickstoffdüngung *(36)*; Kalkbedürfnis — biologisch bestimmt *(37)*; Von Nährlösungen und Wasserkulturen *(38)*.

Das Wasser im Kreislauf der Natur *42*

Sind alle Düngemittel wasserlöslich? *43*
Wir untersuchen Superphosphat *(43)*; Der unlösliche Knochen *(44)*. Thomasphosphat — nur ein Abfallprodukt? *(45)*
Wasser — das Lebenselixier der Pflanze *46*
Wir bestimmen Trockengewichte *(46)*.
Diffusion — einfach dargestellt *47*
Die Diffusion in Flüssigkeiten *(48)*.
Versuche mit einer Schweinsblase *48*
Ausgangspunkt: Ein Niederschlag *(48)*; Die Traubesche Zelle *(48)*; Der chemische Garten *(49)*; Wir untersuchen den osmotischen Druck *(50)*.
Die Plasmolyse *52*
Plasmolyse unter dem Mikroskop *(53)*.
Die Kräfte des Wassertransports *56*
Zunächst weisen wir den Wurzeldruck nach *(56)*; Der nächste Schritt: Wir messen *(57)*; Wir spüren der Transpiration nach *(59)*; Die Saugwirkung wird beobachtet *(59)*; Wasserdampf und Kobaltchlorid *(60)*; Aus Weiß mach Rot *(61)*; Erkenntnis durch Ringelungsversuche *(61)*.

Schutzsysteme der Pflanzen *62*
Rasierklinge, Holundermark und viel Geduld *(63)*; Das schützende Kleid *(65)*; Das Haarkleid hält feucht *(66)*; Regeltechnik im Pflanzenreich *(66)*; Wir infiltrieren *(68)*.
Vom Trockenschlaf der Pflanzen *69*
Wir bestimmen das Tausendkorngewicht *(69)*; Die Keimprobe *(70)*; Die Triebkraft wird geprüft *(71)*.
Wir studieren die Quellung *72*
Der Erbsenspuk *(72)*; Erbsen als Sprengstoff *(72)*; Auch Steine werden zerstört *(73)*.

Die Luft, eine nie versiegende Nährstoffquelle *73*

Was nur die Pflanze kann *74*
Versuche zur Assimilation und Dissimilation *76*
Nachweis von Stärke in Früchten und Blättern *(76)*; Fotografie mit Blättern *(77)*; Ohne Chlorophyll geht es nicht *(78)*; Versuche zur Photolyse *(79)*; Wir untersuchen den Gasaustausch *(79)*.

Mikroorganismen als Helfer des Menschen *81*

Die Arbeitsgeräte des Bakteriologen *83*
Das Bakterienparadies *86*
Wir untersuchen Zahnschleimbakterien *(87)*; Positive Färbung von Zahnschleimbakterien *(87)*; Untersuchung im hängenden Tropfen *(88)*; Heubazillen in der Kahmhaut *(89)*; Geißelfärbung nach Bunge-Coerner-Fischer *(89)*.
Kochrezepte für Nährlösungen *91*
Nährbouillon *(94)*; Nährgelatine *(95)*; Nähragar *(96)*.
Bakterien werden gezählt *96*
Wieviel Bakterien leben in 1 Gramm Ackerboden? *(97)*; Wir züchten Reinkulturen *(98)*; Stichkulturen *(100)*; Keimgehalt von Milch, Wasser und Luft *(101)*; Wir prüfen Hygieneregeln *(103)*; Die Bakterien an einem Geldschein *(103)*.
Unser Brutschrank *104*
Bakterien und Hektarerträge *105*
Azotobacter chroococcum *(106)*; Bacillus amylobacter *(106)*; Symbiose von Bakterien mit Schmetterlingsblütlern *(108)*.
Gärungserreger in Haushalt und Technik *109*
Die alkoholische Gärung *(111)*; Säurebildung durch Mikroorganismen *(113)*.
Eine faule Angelegenheit *116*
Wir gewinnen Biogas *(117)*; Bakterien zersetzen Filterpapier *(118)*.

Der Botaniker als Sammler *120*

Wir legen ein Herbar an *122*
Unsere Ausrüstung *(122)*; Wie sammeln wir? *(123)*; Das Pressen von Pflanzen *(124)*; Das Aufkleben der Pflanzen *(127)*.
Von allerlei Sammlungen *131*
Wir legen eine Samensammlung an *(131)*; Die Blattsammlung *(132)*; Der Naturdruck *(133)*.

Die Pflanze und ihre Umwelt 134

Die Lebensgemeinschaften unserer Heimat 134
Wir untersuchen eine Biozönose *(135)*.
Symbiosen im Pflanzenreich 138
Wir untersuchen eine Flechte *(138)*.
Aus dem Reizleben der Pflanze 141
Versuche mit der phototropischen Kammer *(142)*; Das Wecker-Karussell *(144)*; Die Wirkung der Schwerkraft *(144)*; Keimlinge auf Flößen *(144)*; Und wieder hilft der Wecker *(145)*; Von anderen Tropismen und Nastien *(147)*.

Wir züchten Pflanzen 149

Die Auslese 150
Die Kombinationszüchtung (Kreuzung) 151
DNS und RNS 153
Die Heterosiszüchtung 158
Wir züchten Maishybriden *(159)*.

DAS TIER 163

Tierbeobachtungen mit Lupe, Mikroskop und Fernglas 164

Heuaufguß noch immer modern 164
Wir züchten Pantoffeltierchen *(164)*; Auf der Suche nach Amöben *(165)*.
Versuche mit Pantoffeltierchen 166
Die Paramaecienfalle *(166)*; Gelatinelösung als Bremsflüssigkeit *(166)*; Wir studieren den Verdauungsvorgang *(167)*; Reizphysiologische Versuche *(169)*.
Einfache Dauerpräparate von Insekten 170
Der Rüssel der Stubenfliege ist unser erstes Objekt *(170)*; Wir präparieren einen Flügel der Stubenfliege *(174)*; Das Präparieren der Insektenbeine *(174)*; Stechapparat der Honigbiene (Apis mellifera) *(175)*; Facettenauge eines Kohlweißlings (Pieris brassicae) *(176)*; Schuppen des Schmetterlingsflügels *(176)*.
Gefiederte Freunde 178
Praktischer Vogelschutz 182
Winterfütterung *(183)*; Wir bauen Nistkästen *(185)*.

Tiere im Heim 188

Freude am Aquarium 188
Wir kaufen ein Becken *(189)*; Wir richten ein Aquarium ein *(191)*; Die Fische unseres Aquariums *(195)*; Die Fütterung *(197)*; Die Pflege des Aquariums *(198)*; Wir lernen am Aquarium *(199)*.
Wir richten ein Terrarium ein 201
Das Insektenaquarium *(206)*.

Mit Skalpell und Schere 207

Das Handwerkszeug des Anatomen 207
Wir sezieren einen Wasserfrosch 210

Untersuchungen am Regenwurm (Lumbricus terrestris) *216*
Regenwürmer durchmischen den Boden *(216)*; Lebensäußerungen des Regenwurms *(216)*; Wir sezieren einen Regenwurm *(218)*.

Die Bestandteile des Knochens *221*

Wir glühen Knochen *(222)*; Knochenasche wird gelöst *(223)*; Der Knochen wird entfettet *(223)*; Knorpel wird gewonnen *(224)*; Zum Schluß: Knochenkohle *(225)*.

Wer sammelt mit? *225*

Kleine Anleitung für Käfersammler *225*
Schmetterlinge auf dem Spannbrett *232*
Was wir noch sammeln *237*
Noch einmal Insekten *(237)*; Schädelsammlungen für Freunde der Anatomie *(237)*.

Können Tiere denken? *239*

Sinnesleistungen bei Tieren *240*
Wir testen den Farbensinn der Bienen *(240)*; Wir arbeiten mit einem Regenwurm *(243)*; Mäuse im Irrgarten *(243)*.
Das „Denken" der Affen *244*

DER MENSCH *247*

Bau- und Betriebsstoffe unseres Körpers *248*

Versuche mit Kohlenhydraten *250*
Zuckerreaktionen stehen am Anfang *(250)*; Hydrolyse von Saccharose *(251)*; Vom Stärkeabbau *(252)*..
Eiweißreaktionen im Reagenzglas *253*
Nachweisreaktionen der Eiweiße *(255)*; Fällungsreaktionen der Eiweiße *(255)*.
Die Eiweißverdauung *256*
Eiweißverdauung im Erlenmeyerkolben *(257)*.
Fett — ein wichtiger Brennstoff *258*
Versuche zur Fettverdauung *(259)*; Nachweis von Fett in Pflanzensamen *(260)*; Nachweis von Cholesterin *(261)*.
Woraus besteht die Milch? *262*
Wenn die Milch sauer wird *(262)*; Versuche zur Milchgerinnung *(264)*.
Vitaminnachweis in Zitrone und Paprika *265*
Nachweisreaktionen des Vitamins C *(267)*; Die Bedeutung des Vitamins C *(268)*; Nachweis von Karotin *(270)*.
Ernährung, eine Wissenschaft *271*

Wir untersuchen Blut *274*

Eine wichtige Vorbemerkung *274*
Ein Blutstropfen wird 200fach vergrößert *(275)*.

Die Blutgerinnung 279
Das Blut wird defibriniert *(279)*; Oxydation und Reduktion von Hämoglobin *(280)*.
Den Kriminalmedizinern über die Schulter geschaut 281
Das Mikroskop hilft *(282)*; Die Teichmannsche Probe hilft weiter *(282)*.

Der Harn 283

Vom Harn und seinen Bestandteilen 283
Woraus besteht der Harn? *(283)*.
Wir untersuchen Harn 284
Chemische Nachweisreaktionen 285
Die Eiweißproben *(285)*; Nachweis von Glukose *(286)*; Nachweis von Gallenfarbstoffen *(287)*; Propanon wird nachgewiesen *(288)*; Ein einfacher Harnstoffnachweis *(288)*.
Anionennachweise 288
Harnsedimente unter dem Mikroskop 289
Zusammenfassung der wichtigsten Reaktionen *(291)*.

Die Sinnesleistungen des Menschen 293

Der Tastsinn 294
Wir suchen Druckpunkte *(294)*; Bestimmen der Simultanschwelle *(295)*.
Die Schmerzpunkte 296
Belastungsversuche *(296)*; Täuschungsempfindungen *(297)*.
Der Gehörsinn 298
Wer hört am besten? *(298)*; Schalleitung durch Knochen *(299)*; Konzert von Schallplatten — einmal anders *(299)*; Versuche zum Gleichgewichtssinn *(299)*.
Der Temperatursinn 300
Wir suchen Warm- und Kaltpunkte *(300)*; Absolut und relativ *(301)*; Nachempfindungen *(302)*.
Was ist Riechen? 302
Riechversuche *(302)*; Vom Wettstreit der Geruchsempfindungen *(303)*.
Vom Geschmackssinn 303
Wir prüfen die Geschmacksqualitäten *(304)*; Kontrasterscheinungen *(305)*.
Das Auge und seine Leistungen 305
Wie ein Netzhautbild entsteht 307
Wir untersuchen Pupillenreaktionen *(309)*; Augenlinsen auf dem Prüfstand *(309)*; Mariottescher Versuch vom blinden Fleck *(312)*; Der Blick ins eigene Auge *(312)*; Das räumliche Sehen *(313)*; Ein Versuch zum Farbensehen *(314)*; Mit Buntpapier und Schere *(315)*; Der Simultankontrast *(316)*; Sinnestäuschungen auf optischem Gebiet *(317)*.
Das Gehirn schaltet sich ein 319

Ein Wort zum Schluß 322

13 Gebote für den Umgang mit Chemikalien und Geräten 324
Wir lesen weiter 326
Sachwörterverzeichnis 329

Willst du ins Unendliche schreiten,
Geh nur im Endlichen nach allen Seiten.
Willst du dich am Ganzen erquicken,
So mußt du das Ganze im Kleinsten erblicken.

(Goethe)

Die Biologie als exakte Wissenschaft ist jung, aber das Wissen um biologische Vorgänge ist sehr alt. So ist uns ein Relief erhalten, das vor etwa 2000 Jahren in Assyrien entstand, zu einer Zeit, als dort der König Assurnasirpal herrschte. Das Kunstwerk stellt vermutlich die künstliche Bestäubung der Dattelpalme dar.
Datteln waren eines der Hauptnahrungsmittel der Menschen zwischen Euphrat und Tigris. Ihnen und ihren östlichen und westlichen Nachbarn an dem breiten Wüstengürtel von der Westküste Afrikas bis zum Indus waren sie das, was uns heute Brot und Kartoffeln sind. Von den Erträgen der Dattelpalmen hing die Existenz der Wüstenbewohner ab. Mißernten mußten möglichst vermieden werden; die Menschen griffen deshalb in das Naturgeschehen ein und übernahmen die Bestäubung der Palmen selbst, die vorher der Wind verrichtet hatte. Schon damals also verließen sie sich nicht auf zufällige Wohltaten der Natur, sie versuchten vielmehr, ihre Gesetze bewußt zu nutzen.
Diese Fähigkeit, der Natur ihre Geheimnisse abzutrotzen, aktiv und schöpferisch tätig zu sein, ist die hervorstechendste Eigenschaft des Menschen. Stets forscht er mit einem klaren Ziel, um die Ergebnisse in der Praxis anzuwenden und dadurch vorwärts zu kommen. Eine der wichtigsten Arbeitsmethoden des Forschers aber ist das Experiment, und kein Naturwissenschaftler wird ohne gute experimentelle Fähigkeiten auskommen, die er nicht früh genug erwerben kann.
Dabei zu helfen, soll auch die Aufgabe dieses Buches sein. Es will die Wissenschaft vom Leben, die Biologie, durch Anregungen zu praktischer Tätigkeit näherbringen. Es will helfen, die Lebensvorgänge in Pflanze, Tier und Mensch verstehen zu lernen. Der Weg zu dieser Wissenschaft führt über das Experiment und gipfelt in der Liebe zum Leben und in der Achtung vor ihm.

Die Experimente dieses Buches wurden mit wenigen Ausnahmen so ausgewählt, daß sie mit einfachen Geräten und einem geringen Vorrat von Chemikalien auszuführen sind. Wenn wir doch bei einigen Versuchen auf den Aufbau von Apparaturen und die Verwendung einiger seltener Chemikalien nicht verzichtet haben, so deshalb, um auch den Lesern zu helfen, die in Arbeitsgemeinschaften tätig sind. Dort stehen ihnen meist umfangreichere Hilfsmittel zur Verfügung.
Sauberkeit, Gründlichkeit, Sorgfalt und Ausdauer sind Merkmale jeder wissenschaftlichen Arbeit, sie gelten auch für die Experimente dieses Buches. Eines aber ist unbedingt zu fordern: Die Gefahrenhinweise für den Umgang mit ätzenden oder brennbaren Substanzen müssen in jedem Falle beachtet und die Arbeitsregeln, die wir im Anhang nachlesen können, eingehalten werden! Jeder Versuch ist deshalb gründlich zu durchdenken, ehe er begonnen wird. Planloses Herumprobieren bringt nur halben oder gar keinen Gewinn.
Und damit sei es der Vorrede genug.

Die Pflanze

Der Boden, wichtige Nährstoffquelle der Pflanze

Unsere Erde ist vor vier bis fünf Milliarden Jahren entstanden. Zu dieser Zeit wurden vermutlich gewaltige Gasmassen aus der Sonne geschleudert und verdichteten sich in langen Zeiträumen. Mehr als zwei Milliarden Jahre mag es gedauert haben, bis sich um den feurigflüssigen Ball — die Kugelform entstand durch die Rotation des Gasstreifens — eine Glührinde bildete, die sich mehr und mehr zum Urgestein abkühlte. Aus der Atmosphäre, die Wasserdampf, Kohlendioxid und Stickstoff enthielt, schlug sich das Wasser nieder, und ein Urozean aus stark salzigem Heißwasser bildete sich. In einem Milliarden Jahre dauernden Prozeß entstanden die Bedingungen für die Bildung der ersten Vorformen des Lebens, schließlich die ersten einfachen Organismen. Aus der bis dahin unbelebten Materie war eine neue Bewegungsform, jene des Lebens, entstanden. Damit begann eine neue Epoche, in deren Verlauf sich aus einzelligen Organismen hochorganisierte Pflanzen und Tiere bildeten. Viele von ihnen sind in den Jahrmillionen der Erdgeschichte ausgestorben.

So wurden die riesigen Sumpfwälder des Karbons — der Steinkohlenzeit — in den Gebirgstälern verschüttet und wandelten sich in unsere heutigen Steinkohlenlager um. Im Perm entstanden in den Meeren zum Teil mächtige Ablagerungen von Kupferschiefer, von Stein- und Kalisalzen, denen im Erdmittelalter Buntsandstein, Muschelkalk und Kreide folgten. Die mächtigen Felsklippen der Schreibkreide von Rügen und die Sandsteinquader des Sächsischen Felsengebirges sind Zeugnisse dieser Zeit.

Die Veränderungen während der Neuzeit — dem Tertiär und Quartär — gaben der Erdoberfläche ihr heutiges Bild. Faltungen, Einbrüche und vulkanische Ergüsse sind die beherrschenden Ereignisse des Tertiärs, in dessen Verlauf sich auch unsere Braunkohle bildete. Der mehrmalige Wechsel von Vordringen und Rückzug des Eises

im Quartär hinterließ uns die Moränen, den Geschiebelehm und die Mergelböden. Die Schmelzwässer bahnten sich in immer breiter werdenden Urstromtälern ihren Weg und führten Geröll und Sand mit. Diese Schwemmsande häuften sich unter dem Einfluß des Windes zu Dünen, während sich aus dem feinen Staub der Löß bildete.
Schließlich hat auch der Mensch durch seine kultivierende Tätigkeit, durch systematische Bepflanzung, durch den Bergbau, durch das Anlegen von Städten, Straßen, Kanälen und Stauseen erheblich dazu beigetragen, das Bild der Erdoberfläche zu verändern. Dabei stehen wir erst am Anfang; denn noch gibt es Urwälder, Sümpfe, Wüsten und Gebiete ewigen Frostes. Sie zu erschließen ist eine wichtige Aufgabe der Menschheit, zu deren Lösung die Wissenschaft in hervorragendem Maße beiträgt.

Wir studieren Bodenprofile

Die Erdrinde besteht aus festem Gestein, das an seiner Oberfläche eine oft nur dünne Decke aus verwitterter Gesteinssubstanz trägt. Diese wird gewöhnlich als Boden bezeichnet. Als Biologen sprechen wir aber nur dann von Boden, wenn als wesentliches Merkmal die Fruchtbarkeit zu verzeichnen ist. Wir verstehen darunter die Fähigkeit, Wasser und Nährstoffe festzuhalten, sie zusammen mit Sauerstoff in größtmöglicher Menge den Pflanzen zur Verfügung zu stellen sowie die Pflanzenwurzeln ungehindert tief eindringen zu lassen. Außerdem muß das verwitterte Material von Organismen durchsetzt sein. Dazu gehören neben den Pflanzen auch Tiere und Mikroorganismen.
Wer einmal im Garten, auf dem Acker oder im Walde etwas tiefer gegraben hat, weiß, daß der Boden nicht gleichmäßig zusammengesetzt ist, sondern aus verschiedenen Schichten besteht. Diese sind schon an ihrer wechselnden Farbe und Zusammensetzung zu erkennen. Unter der obersten Bodenschicht, dem Mutterboden, auch Krume genannt, liegt manchmal ein anfangs lockerer, dann immer steiniger werdender Untergrund, der schließlich in festes Gestein übergeht, vielfach auch Löß, Lehm und Sand, die in tieferen Schichten als Gesteine angesehen werden können, weil sie nicht von Organismen durchsetzt sind. Wie können wir uns diese unterschiedliche Schichtung erklären?
Der Boden ist das Ergebnis eines Umbildungsprozesses, der auch heute noch unvermindert abläuft. Er entstand aus Gestein durch physikalische, chemische und biologische Verwitterung. Gesteine sind bekanntlich schlechte Wärmeleiter. Schwankungen der Außen-

temperaturen führen zu Spannungen. Es entstehen feine Risse, die im Winter durch die Sprengwirkung des Eises vergrößert werden — das Gestein zerfällt in kleinere Teile. Die zerreibende Tätigkeit des Windes, des fließenden Wassers oder des Gletschereises setzen diese Vorgänge fort, in deren Verlauf aus dem ehemals festen Gestein Gerölle, Schotter, Kiese oder gar Sande entstehen. Chemische Prozesse kommen hinzu. Durch die Einwirkung von kohlendioxidhaltigem Regenwasser werden unlösliche Karbonate in lösliche Hydrogenkarbonate übergeführt. Der Luftsauerstoff oxydiert Eisen- und Manganverbindungen des Bodens, und schließlich bringt erneuter Regen schwefel- und salpetersaure Verbindungen mit. Bakterien, Algen, Flechten und Moose lockern die Oberfläche der Gesteinstrümmer weiter auf. Höhere Pflanzen, die sich schließlich ansiedeln, wirken durch den Druck ihrer Wurzeln — es sind maximal 10 bis 15 Atmosphären — gleichfalls sprengend, und Pflanzensäuren, wie die Huminsäuren und die Zitronensäure, bewirken Zersetzung und Lösung. Verwesung und Fäulnis wandeln abgestorbene Pflanzen und Tiere teilweise oder vollständig in Humus um. Dieser verleiht dem Boden zusammen mit den Tonmineralien die bereits erwähnte Fähigkeit, Wasser und Nährstoffe festzuhalten. Die Fruchtbarkeit steigt.

Das Anlegen einer Profilgrube

Bei Spaziergängen oder Wanderungen haben wir häufig Gelegenheit, die Lage der Bodenschichten zu betrachten; denn oft führt uns der Weg an einer Baugrube, einer Sandgrube oder einem Steinbruch vorbei. Es sei jedoch vor wagehalsigen Unternehmungen, vor Klettereien oder vor Grabungen an steilen Sandwänden gewarnt, denn schon mancher hat diesen Leichtsinn mit dem Leben gebüßt!

Ein vorschriftsmäßig angelegter Bodenaufschluß bietet uns den besten Einblick in die Bodenschichtung. Wir müssen zu diesem Zweck eine Profilgrube anlegen. Wir markieren uns mit Holzpflöcken ein Rechteck, das eine Breite von 60 cm und eine Länge von 120 cm hat. Die Längsseiten legen wir dabei in Nord-Süd-Richtung. Dann heben wir mit dem Spaten eine Grube von 100 bis 150 cm Tiefe aus. In manchen Gegenden werden wir schon bei geringerer Tiefe auf felsigen Untergrund stoßen. Die Nordwand der Grube stechen wir senkrecht ab und glätten sie gut mit dem Spaten oder einer kleineren Schaufel. An ihr studieren wir das Bodenprofil, den Schnitt durch die Verwitterungsrinde von der Oberfläche bis zum Muttergestein oder bis zur Grubensohle.

Wir notieren uns die Farbe der einzelnen Schichten und bestimmen ihre Dicke mit dem Zollstock. Dann entnehmen wir von jeder Schicht eine Probe in Marmeladengläser, die wir numerieren und mit Schraubdeckeln verschließen. Wir benötigen diese Proben für die später beschriebenen Untersuchungen. Außerdem stellen wir fest, wie tief die Pflanzenwurzeln reichen und suchen nach Gängen von Bodentieren. Bereits in Humus verwandelte Wurzeln sehen wir als dunkle Adern in tieferliegenden hellen Ton- oder Sandschichten.

Für die Praxis ist das Studium der Bodenverdichtungen besonders wichtig. Wir verstehen darunter Verfestigungen innerhalb oder unterhalb der Ackerkrume, die durch starke Belastung des Bodens, sei es durch Menschen, Tiere oder Maschinen oder als Pflugsohle durch falsches Pflügen entstehen. Bodenverdichtungen können so fest sein, daß sie von Pflanzenwurzeln nicht mehr durchdrungen werden. Die Entwicklung der Pflanzen wird dadurch gehemmt.

Durch eine größere Reifenbreite bei Schleppern, durch Senken des Reifendruckes bei Bestell- und Pflegearbeiten, Anbringen von Gummihalbraupen oder Gitterrädern kann der Bodendruck verringert

Profilgrube

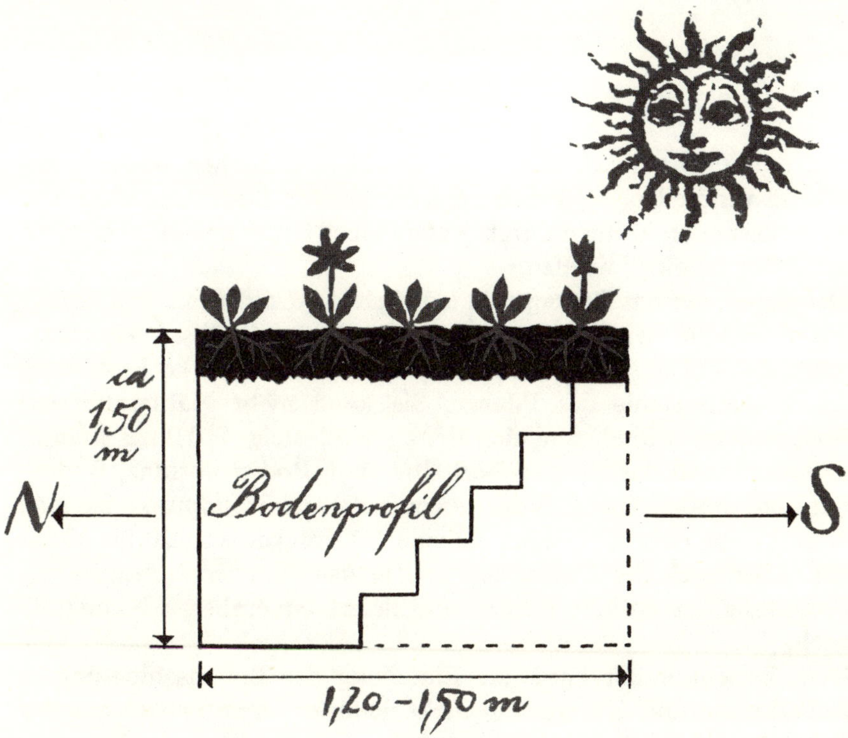

Bodenprofil

und damit eine Verdichtung bei druckempfindlichen Böden weitgehend vermieden werden. Bereits bestehende Bodenverdichtungen im Ackerboden können durch Anbau eines Untergrundlockerers an den Pflug beseitigt werden.

Der Bauer, der das Bodenprofil lediglich in Ackerkrume und Untergrund einteilt, wird dafür sorgen müssen, daß die Ackerkrume möglichst tief ist. Er gewährleistet dadurch eine starke Entfaltung des Wurzelsystems der Pflanze. Sie kann mehr Nährstoffe und Bodenwasser aufnehmen, der Ertrag wird steigen. Hinzu kommt natürlich noch das richtige Verhältnis von Bodensubstanz, Bodenluft und Bodenwasser. Vom ackerbaulichen Standpunkt ist eine Ackerkrume dann tief, wenn sie eine Mächtigkeit von 20 bis 30 cm hat. Aber auch der Untergrund ist für das Pflanzenwachstum von Bedeutung. Er enthält Wasser und liefert mineralische Nährstoffe nach.

Dem Bodenkundler kann die Einteilung der Bodenschichtung in Ackerkrume und Untergrund nicht genügen, denn er will aus der

Untersuchung des Bodenprofils auf die Entstehung des Bodens schließen, Aussagen über seine augenblickliche Leistungsfähigkeit machen und voraussagen, wie sich der Boden weiterentwickeln wird. Daraus leitet er dann Hinweise für die notwendige Bodenbewirtschaftung ab. Er teilt das Bodenprofil deshalb in verschiedene Horizonte ein. Von ihnen sind der A-Horizont oder Oberboden (Auswaschungshorizont), der B-Horizont oder Unterboden (bei manchen Böden der Anreicherungs- oder Einwaschungshorizont) und der C-Horizont oder Untergrund die wichtigsten. Außerdem teilt der Bodenkundler die einzelnen Horizonte in Unterhorizonte (Subhorizonte) ein, zum Beispiel A_0, A_1, A_2 usw. Die Festlegung der Horizonte ist die Grundlage für die Einteilung der Böden in Bodentypen. So kennen wir den Moorerdeboden, den Braun- und Schwarzerdeboden, den Muschelkalkverwitterungsboden, den Silikatverwitterungsboden und den Bleicherde- oder Podsolboden. Näheres darüber finden interessierte Leser in der im Fachhandel erhältlichen Spezialliteratur.

Andere Untersuchungsmethoden

Bei der Untersuchung leichter Böden leistet uns auch der Erdbohrstock verhältnismäßig gute Dienste. Das ist ein 1 m langer, unten spitzer Stahlstock mit einer Längsnut, in die sich beim Eintreiben des Stockes der Boden entsprechend seiner Schichtung festsetzt. Durch die Bohrung im Kopf des Erdbohrstockes läßt sich ein Holzpflock schieben. Er dient als Handhabe beim Herausziehen, das unter leichter Drehung erfolgt.

Die oberen Bodenschichten und besonders die Bodenverdichtungen untersuchen wir mittels der Spatendiagnose. Wir brauchen dazu einen Spaten mit möglichst ebenem Blatt (Planspaten, Blattgröße 18 mal 30 cm). Auf dem Blatt des für die Spatendiagnose entwickelten Spezialspatens, des Görbing-Spatens, sind Kerben mit Einteilung (5, 10, 15, 20, 25, 30 cm) angebracht. Sie erleichtern uns das schnelle Ablesen der Einstichtiefe. Wir heben in dem zu untersuchenden Boden eine Grube von reichlicher Spatenbreite und 20 bis 30 cm Länge aus. Dann stechen wir einen Bodenziegel von 12 bis 15 cm Dicke ab und heben ihn auf dem Spaten vorsichtig aus der Grube heraus. Wichtig ist, daß wir keinen Druck auf das Bodenstück ausüben.

Diese Untersuchungsmethode empfiehlt sich besonders dann, wenn das Wurzelsystem der auf der Probe wachsenden Pflanzen voll

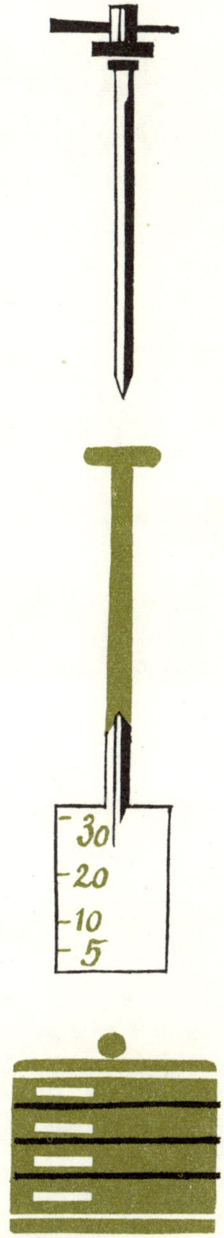

Erdbohrstock, Planspaten und Siebsatz

entwickelt ist. Wir können dann an dem ausgehobenen Bodenziegel die Verdichtungen an der unterschiedlichen Durchwurzelung recht gut erkennen. Mit einer fünfzinkigen Gartenkralle zerlegen wir den Bodenziegel schließlich und beurteilen die Verdichtungsstärke nach folgender Übersicht:

Keine Verdichtung	Kleine bis mittelgroße Bodenkrümel, vollkommen durchwurzelt
Verdichtung 1. Grades	Größere Klumpen, bewurzelt von Pflanzen mit kräftigem Wurzelsystem (Klee, Luzerne, Lupine, Erbse, Bohne)
Verdichtung 2. Grades	Große, kantige Klumpen, nur von sehr kräftigen Wurzeln durchdrungen
Verdichtung 3. Grades	Platten, waagerecht liegend, von kräftigen Wurzeln nur selten zu durchdringen

Praktische Bodenkunde

Die Aufgaben, vor die sich eine sinnvoll planende Land- und Volkswirtschaft gestellt sieht, erfordern ein wesentliches Steigern der Hektarerträge. Dieses Ziel ist aber nur dann zu erreichen, wenn die Produktion richtig geplant, die Aussaattermine eingehalten und die Pflegearbeiten verbessert und intensiviert werden. Ebenso wichtig ist eine ständige Verbesserung der Qualität des Ackerbodens. Sie wird durch gute Bodenbearbeitung und richtige Düngung erreicht. Richtig düngen kann aber nur, wer den Boden genau kennt, wer weiß, wie er zusammengesetzt ist und welche Eigenschaften er hat. Der Boden muß gründlich untersucht werden.

Aus diesem Grunde werden in bestimmten Zeitabständen, etwa alle 5 Jahre, die landwirtschaftlich genutzten Flächen der bäuerlichen Betriebe untersucht. Die Untersuchung muß bei den zuständigen Landwirtschaftsämtern beantragt werden. Gemeinsam mit dem Bauern wird dann auf Grund einer Flur- oder Bodenkarte ein Plan für die Entnahme der Bodenproben aufgestellt, die die Eigenarten des jeweiligen Betriebes angemessen berücksichtigt. Im Frühjahr oder auch erst nach der Ernte werden dann die Bodenproben selbst entnommen. Mit einem Bohrstock oder mit dem Spaten wird etwas Ackerkrume erfaßt und in ein Beutelchen gefüllt. Je nach Größe des Schlages werden mehrere Proben entnommen. Die Proben eines Schlages werden dann vereinigt und in numerierten Pappkästchen oder frischen Säckchen an entsprechend ausgerüstete Institute gesandt. Nach der Untersuchung und Auswertung der Ergebnisse erhält der landwirtschaftliche Betrieb einen ausführlichen Bescheid. Doch davon hören wir später, wir wollen uns zuerst einmal mit dem Boden selbst beschäftigen.

Wir entnehmen Bodenproben

Wollen wir den Boden unseres Gartens, des Schulgartens oder eines Ackers untersuchen, so entnehmen wir die Proben mit einer kleinen Schaufel aus der Bodenkrume. Dabei beachten wir:

Die Proben werden nur von einheitlich bewirtschafteten Flächen genommen (vom Tomatenland, von der Wiese, den Bohnenbeeten, dem Rübenschlag usw.).

Wir vermeiden Randstücke, Baumstreifen, Dungplätze und selbstverständlich auch frisch abgedüngten Boden.

Wir wählen die Zahl der Einstiche nicht zu niedrig, denn nur dann erhalten wir gute Durchschnittswerte. In der Landwirtschaft rechnet man je Hektar 2 Proben, die sich aus jeweils 20 Einstichen zusammensetzen. Für unseren Garten müssen wir selbstverständlich andere Verhältnisse wählen, etwa je Beet 6 bis 8 Einzelproben, die wir vermengen.

Bei der Untersuchung von Wiesen stechen wir höchstens 10 bis 15 cm tief ein, beim Ackerboden bis 20 cm.

Die Proben werden in lufttrockenem Zustand verarbeitet. Wir lassen sie deshalb 2 Wochen in offenen Pappkästchen liegen. Dann kann die Untersuchung beginnen, die uns wesentliche Ergebnisse über die mechanische und die chemische Beschaffenheit unseres Bodens liefern soll. Wir untersuchen zunächst die mechanische Beschaffenheit.

Die Fingerprobe

Ein nicht sonderlich exaktes, aber doch schnell und ohne Hilfsmittel durchführbares Bestimmungsverfahren ist die Fingerprobe. Sie kann uns freilich nur Anhaltspunkte liefern.

Wir feuchten die zu untersuchende Bodenprobe leicht an und reiben einen Teil davon zwischen Daumen und Zeigefinger, prüfen dann mit einer größeren Menge, ob wir sie formen oder kneten können und achten gleichzeitig darauf, ob Bodenteilchen an unserer Hand haften, diese also beschmutzen. Wir unterscheiden:

Sand	Faßt sich rauh an und körnig, er wirkt trocken und läßt sich auch nicht formen; an der Hand bleiben keine Rückstände
Boden mit Lehmanteilen	Sandiger Lehm oder lehmiger Sand. Faßt sich auch noch rauh und körnig an, ist aber bereits formbar (der sandige Lehm besonders gut) und beschmutzt ein wenig die Hand
Lehm	Ist immer noch rauh und etwas körnig, aber bereits gut form- und knetbar. Er bleibt gut an der Hand haften
Ton	Zeigt die gleiche gute Knetbarkeit und Formbarkeit wie Lehm, ist im Griff aber schlüpfrig (toniger Lehm) oder fettig glänzend (Ton). Er beschmutzt sehr stark. Wird eine Probe zwischen Daumen und Zeigefinger gequetscht, so entsteht eine glänzende Fläche (bei Lehm stumpfe Fläche)

Das Siebverfahren

Wir zerreiben den lufttrockenen Boden vor dem Sieben zwischen den Fingern. Haben wir einen Siebsatz (ein einfacher Satz besteht aus 5-mm-, 2-mm-, 1-mm- und 0,2-mm-Sieben sowie Unterteil und Deckel) zur Verfügung, so geben wir eine abgewogene Probe in das obere 5-mm-Sieb, setzen den Deckel auf und schütteln den gesamten Satz kräftig. In den Instituten stehen dafür Siebrüttelmaschinen zur Verfügung. Wir unterbrechen nach einigen Minuten das Schütteln und zerkrümeln die auf dem Sieb zurückgebliebenen Bodenklümpchen erneut zwischen den Fingern. Dann schütteln wir nochmals.

Wer nicht über einen Siebsatz verfügen kann, muß sich mit einem gewöhnlichen Sieb behelfen, das eine Maschenweite von 2 mm haben muß. Ein Suchen in Mutters Küche ist manchmal lohnend. Dort finden sich oft auch Haarsiebe (Mehlsiebe), die wir für Feinsiebungen einsetzen können. Die Bestimmung der Maschenweite wird dem findigen Leser nicht sonderlich viel Mühe bereiten. Den Boden, der durch das 2-mm-Sieb gegangen ist, bezeichnen wir als „Feinboden". Wir verwenden ihn für die weiteren Untersuchungen. Sind wir von einer abgewogenen Bodenmenge ausgegangen, so können wir den prozentualen Anteil an Feinboden bestimmen. Je größer dieser ist, desto fruchtbarer ist der Boden. Am vorteilhaftesten sind allerdings Mischungen verschiedener Teilchengrößen. Wie die Erfahrung zeigt, ist ein Tonboden, der ausschließlich aus feinen Teilchen besteht, undurchlässig und zäh, für die Pflanzenwurzeln schwer zu durchdringen und dadurch wachstumshemmend.

Die folgende Übersicht soll zeigen, wie die Bodenanteile nach Korngrößen eingeteilt werden:

Über 5 mm	Steine	Steine	
5—3 mm 3—2 mm	Grobkies Feinkies	Kies	
2—0,2 mm 0,2—0,02 mm	Grobsand Feinsand	Sand	Fein- boden
0,02—0,002 mm	Schluff (Staub)	abschlämmbare Bestandteile	
kleiner als 0,002 mm	Ton		

Die Schlämmanalyse

Verrühren wir in einem mit Wasser gefüllten Gefäß eine Bodenprobe, so werden wir feststellen, daß sich die Partikelchen nach einer bestimmten Zeit am Boden des Gefäßes absetzen, sie sedimentieren. Die Sedimentationsgeschwindigkeit hängt von der Teilchengröße ab. So benötigen zum Beispiel Teilchen von 0,1 mm Durchmesser nur 25 Sekunden zur Sedimentation, während sich Teilchen von 0,002 mm in unserer Versuchsanordnung erst in 8 Stunden absetzen. Wir nutzen das aus, um den Anteil einer Bodenprobe an Teilchen unter 0,02 mm zu bestimmen und erhalten dadurch eine weitere wichtige Größe zur Bestimmung der Bodenfruchtbarkeit. Für unseren Versuch benötigen wir einen Schlämmzylinder nach Kühn. Das ist ein Standzylinder mit einem Tubus im unteren Teil. Die wenigsten werden aber über einen solchen Schlämmzylinder verfügen. Das ist nicht schlimm, denn ein einfacher Standzylinder oder ein schlankes, nicht zu niedriges Weckglas tut es auch; nur müssen wir uns dazu einen Heber aus Glasrohr oder Schlauch anfertigen.

Schlämmzylinder nach Kühn; darunter vereinfachte Ausführung

Wir verfahren nun folgendermaßen: Wir wägen 50 g gut getrockneten Boden und kochen ihn unter Rühren mit 250 ml Wasser auf. Dann füllen wir die Bodenaufschlämmung in den Zylinder und geben so lange Wasser zu, bis der Flüssigkeitsspiegel 3 cm unter dem oberen Rand steht. Mit einem Glas- oder Holzstab rühren wir nun kräftig durch. Nach 15 Minuten Stehen lassen wir die Flüssigkeit entweder durch den Tubus ab, oder wir hebern sie ab. Dann füllen wir den Zylinder erneut mit Wasser, lassen aber diesmal nur 5 Minuten stehen, ehe wir das Wasser ablassen. Diesen Vorgang wiederholen wir so lange, bis sich die Flüssigkeit nicht mehr trübt. Den Rückstand im Zylinder lassen wir entweder einige Tage an der Luft trocknen, oder wir entnehmen ihn mit einem Limonadenlöffel und trocknen ihn in einer Porzellanschale über kleiner Flamme (Asbestdrahtnetz nicht vergessen!). Nach dem Abkühlen wägen wir erneut und bestimmen die Gewichtsdifferenz zur Ausgangsmenge. Wir rechnen auf die Ausgangsmenge von 100 g um und erhalten so den prozentualen Anteil unserer Bodenprobe an abschlämmbaren Bestandteilen. Nach der folgenden Übersicht können wir den Boden beurteilen:

		Abschlämmbare Bestandteile
leichter Boden	Sand lehmiger Sand	bis 10% 10 bis 20%
mittlerer Boden	sandiger Lehm Lehm	20 bis 30% 30 bis 40%
schwerer Boden	schwerer Lehm	40 bis 50%
sehr schwerer Boden	Ton	über 50%

Böden mit hohem Tonanteil haben ein gutes Wasseraufnahmevermögen und meist einen hohen Nährstoffgehalt, sind aber kalt, biologisch untätig, schlecht bearbeitbar und zeigen keine gute Luftführung. Böden mit hohem Fein- und Grobsandanteil sind gut luftdurchlässig, haben einen besseren Wärmehaushalt, sind biologisch aktiv und leicht bearbeitbar.

Die Ermittlung der Saugkraft

In zwei kleinen Blumentöpfen bedecken wir die Bodenöffnungen mit Ton- oder Porzellanscherben. Danach füllen wir einen Topf mit trockenem Sand, den anderen mit zerkleinertem trockenem Lehm oder Ton. Die Töpfe stellen wir über Glasgefäße (Bechergläser, Glaszylinder, Marmeladengläser), damit wir während des Versuches das hindurchlaufende Wasser beobachten können. Nun gießen wir aus einem Meßzylinder so viel Wasser auf den Lehmboden, daß darüber eine 2 bis 3 mm hohe Schicht stehen bleibt. Die gleiche (!) Wassermenge gießen wir auf den Sandboden. Dann lassen wir die beiden Töpfe etwa 30 Minuten stehen, messen die Mengen des hindurchgelaufenen Wassers und vergleichen sie.
Wir werden feststellen, daß die aufgefangenen Wassermengen sehr unterschiedlich sind. Lehm- oder Tonboden nimmt Wasser wesentlich langsamer auf als Sandboden und gibt es dementsprechend

auch langsamer wieder ab. Er hält aber größere Wassermengen fest. Wir wissen aus eigener Erfahrung, daß Tonboden nach dem Regen länger feucht bleibt als Sandboden. Das Wasser, das im Boden festgehalten wird, nennen wir Haftwasser. Wasser, das von dem Boden nicht festgehalten wird, heißt Sickerwasser oder Gravitationswasser. In unserem Versuch haben wir es in dem unteren Gefäß aufgefangen. In der Natur geht es in den Untergrund, der vielfach aus Sand besteht, wird aber oft durch darunterliegende Ton- oder Gesteinsschichten am weiteren Eindringen gehindert. Es sammelt sich dann als Grundwasser oder fließt, wenn Gefälle vorhanden ist, an tiefer gelegene Stellen ab. Trocknen die oberen Bodenschichten aus, so steigt ständig neues Wasser vom Untergrund empor. In trockenen Jahren ist das für die Wasserversorgung der Pflanzen von Bedeutung. Das selbständige Aufsteigen einer Flüssigkeit in einem Körper kennen wir vom Würfelzucker her. Die Eigenschaft des Bodens, Wasser aufsteigen zu lassen, nennt man in der Bodenkunde seine Saugkraft. Sie beruht auf einer Kapillarwirkung; denn die feinen Hohlräume zwischen den Bodenteilchen bilden ein System von Kapillaren.
Wir können uns einen Überblick über die Saugkraft von Bodenarten verschaffen, indem wir folgendermaßen verfahren (vorausgeschickt sei, daß wir mit diesem Versuch zugleich die Bestimmung der Wasserkapazität verbinden): Wir besorgen uns einen oder mehrere Lampenzylinder oder Glasrohre von 2 bis 3 cm Durch-

Ermittlung der Saugkraft

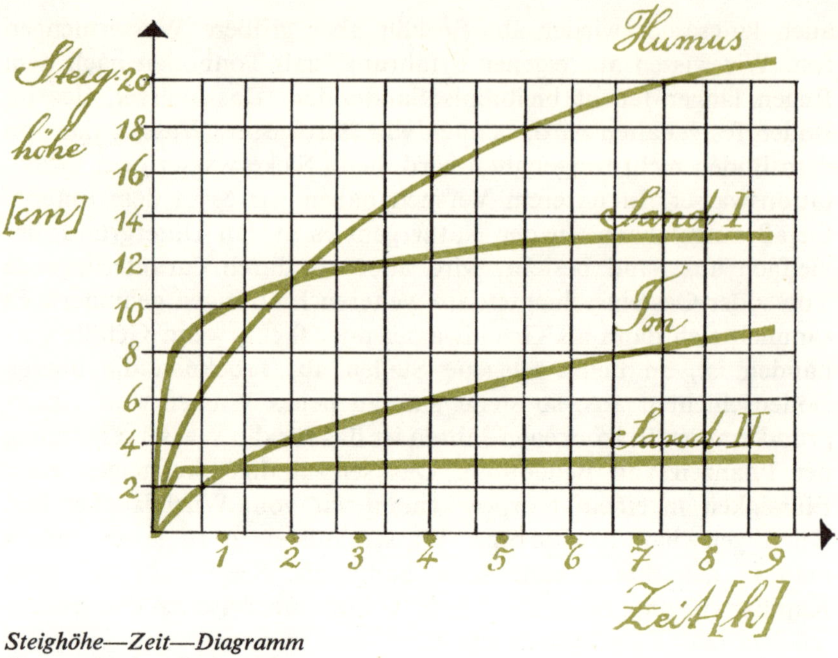

Steighöhe—Zeit—Diagramm für verschiedene Bodenarten

messer und mindestens 20 cm Länge. Eine Öffnung des Zylinders oder des Rohres verschließen wir mit einer doppelten Lage Filterpapier (zwei Rundfilter), das wir über den Rand kippen und mit Draht oder einem Gummiring befestigen. Wir wägen nun unseren Boden ein, indem wir zunächst den leeren Zylinder wägen, dann zu drei Viertel mit lufttrockenem Feinboden füllen, wieder wägen und aus der Differenz das Gewicht des Feinbodens ermitteln. (Beim Einfüllen des Bodens sorgen wir durch leichtes Klopfen an das Rohr dafür, daß der Boden nicht zu locker liegt.) Den Zylinder stellen wir in einem Becherglas oder Marmeladenglas auf einen kleinen Dreifuß, der mit einem Stück feinem Drahtnetz (Fliegengaze, Siebrest) bedeckt ist. Den Dreifuß können wir uns aus starkem Draht selbst herstellen oder aus einem Tondreieck fertigen, wenn wir die drei Drähte nach unten biegen. Tondreiecke sind uns von chemischen Arbeiten her bekannt.
In das Becherglas füllen wir nun so viel Wasser, daß der Zylinder 10 bis 15 mm tief eintaucht. Wir messen jetzt die Steighöhe des Wassers zu verschiedenen Zeiten (Lineal anhalten) und tragen die Werte in eine kleine Tabelle ein. Anfangs führen wir die Messungen von Minute zu Minute aus, später wählen wir größere Zeiträume (Zeitabstände von 5 oder 10 Minuten). Wir werden feststellen, daß die Geschwindigkeit des Anstiegs mit zunehmender Zeit immer

geringer wird. Es ist empfehlenswert, die für verschiedene Bodenarten erhaltenen Werte graphisch auszuwerten. Fertigen wir uns ein Steighöhe-Zeit-Diagramm an, so sehen wir, daß sich die Kurven einem Höchstwert nähern, der maximalen Steighöhe. Im Sandboden wird die Annäherung an diesen Wert viel schneller erreicht sein als im Ton oder Humus. Dort werden wir auch nach Tagen noch einen meßbaren Anstieg beobachten können. Um dem Leser einige Anhaltspunkte zu geben, seien Werte aufgeführt, die Wollny für Steighöhen gemessen hat:

Bodenart	Steighöhen in cm nach					
	15 Min.	30 Min.	1 Std.	3 Std.	6 Std.	9 Std.
Sand I (0,025 bis 0,50 mm ∅)	8,5	9,5	10,2	11,9	13,0	13,6
Sand II (1,00 bis 2,00 mm ∅)	3,0	3,0	3,1	3,4	3,6	3,9
Humus	4,0	6,0	9,2	14,0	19,0	21,4
Ton	1,4	2,0	3,0	5,3	7,2	9,2

Ihre graphische Auswertung ergibt dann das auf Seite 16 gezeigte Bild.

Oft müssen die Versuche über mehrere Monate laufen, um die maximalen Steighöhen zu bestimmen. Diese schwanken je nach Bodenart zwischen 40 cm und 130 cm. In diesem Zusammenhang sei auch darauf hingewiesen, daß verschiedene Faktoren die Steighöhe beeinflussen, so die Bodentemperatur und der Salzgehalt des Bodenwassers.

Wir bestimmen die Wasserkapazität

Die Wassermenge, die eine lufttrockene Bodenprobe bis zu ihrer Sättigung aufnimmt, bezeichnet man als Wasserkapazität (Kapazität = Fassungsvermögen). Wenn 100 g Boden nach der Sättigung mit Wasser 125 g wiegen, dann beträgt die Wasserkapazität 25%. Die Wasserkapazität nimmt bei bewachsenem Boden mit der Entfernung vom Grundwasserstand und mit Zunahme des Steingehaltes ab, da ja durch die Steine das Hohlraumvolumen des Bodens verringert wird. Auch die verschieden dichte Lagerung ist von Einfluß. So wird sich das unterschiedlich starke Einklopfen des Bodens in den Lampenzylinder auf unsere Versuchsergebnisse auswirken. Es ist deshalb schwierig, allgemeingültige Werte für die Wasserkapazität anzugeben. In grober Näherung können wir uns an folgende Werte für die maximale Wasserkapazität halten:

Sandboden	15 bis 20%
Lehmboden	20 bis 30%
humusreicher Sand	etwa 50%
Tonboden	etwa 80%
Moorboden	über 100%

Nachdem wir im vorigen Versuch die Messung der Saugkraft abgeschlossen haben, stellen wir den mit Boden gefüllten Zylinder so tief in Wasser, daß der Wasserspiegel 1 bis 2 cm höher liegt als die Bodenoberfläche im Zylinder. Wenn sich der Boden mit Wasser vollgesaugt hat — wir warten, bis es aus der Oberfläche des Bodens austritt —, stellen wir den Zylinder auf den Dreifuß zurück und lassen abtropfen. Tropft kein Wasser mehr heraus, so wägen wir den Zylinder mit dem vollgesogenen Boden. Wir stellen eine wesentliche Gewichtszunahme fest und errechnen daraus die Wasserkapazität.

Beispiel einer Messung (Gartenboden, auf 2 mm abgesiebt):

	Zylinder mit Boden (trocken)	268 g
—	Zylinder leer	82 g
	Boden	186 g
	Zylinder mit Boden (vollgesogen)	361 g
—	Zylinder mit Boden (trocken)	268 g
	aufgenommene Wassermenge	93 g

Auswertung:

186 g Boden haben 93 g Wasser aufgenommen
100 g Boden haben x g Wasser aufgenommen

$$x = \frac{93 \cdot 100}{186} \text{ g} = \underline{\underline{50 \text{ g}}}$$

Ergebnis: Der Boden hat eine maximale Wasserkapazität von 50%. Es handelt sich um humusreichen Sand.

Mit diesen beiden Beispielen haben wir die wichtigsten Faktoren für den Wasserhaushalt des Bodens studiert.

Untersuchung des Adsorptionsvermögens

Düngemittel können nur dann voll wirken, wenn sie von den Bodenteilchen festgehalten (adsorbiert) werden. Wir wollen die Adsorptionskraft — auch Nährstoffanreicherungsvermögen genannt — des Bodens durch folgende Versuche kennenlernen:

Wir füllen einen mittelgroßen Blumentopf, nachdem wir die Bodenöffnung mit einer Scherbe verschlossen haben, mit humushaltigem Lehm oder anderem nicht zu leichten Boden und feuchten mit Wasser an (Anordnung siehe Seite 15). Dann verdünnen wir etwas Stalljauche mit Wasser, damit sie nicht mehr zu dunkel ist. Die Jauche gießen wir langsam (an einem Glas- oder Holzstab heruntertropfen lassen) auf die Erde im Blumentopf, bis diese nichts mehr aufsaugt. Nach einiger Zeit fließt eine klare oder zumindest wesentlich hellere, geruchlose Flüssigkeit aus dem Topf.

Der Boden hat eine Reihe von Stoffen der Jauche festgehalten. Besäße er diese Eigenschaft nicht, würden die Nährstoffe mit dem Sickerwasser in den Untergrund wandern. Das ist bei Sandboden der Fall, wovon wir uns leicht durch einen Parallelversuch überzeugen können.

Wer keine Jauche zur Verfügung hat oder wem das Arbeiten mit dieser Flüssigkeit unbehaglich erscheint, der kann auch etwas verdünnte rote Tinte nehmen. Nur empfiehlt es sich hier, mit einem Trichter zu arbeiten, erst etwas Watte hineinzugeben, dann gute Gartenerde aufzufüllen und diese mit Wasser anzufeuchten.

Wir füllen für einen zweiten Versuch zwei 200-ml-Bechergläser mit destilliertem Wasser (notfalls Leitungswasser) und lösen unter Rühren in dem einen eine Messerspitze (nicht mehr!) Natriumkarbonat (Soda), in dem anderen eine Messerspitze Kaliumkarbonat (Pottasche). Während sich die Salze lösen, stellen wir zwei Trichter bereit, legen Filter ein und füllen beide mit Feinboden gleicher Art. Anstelle der Trichter können wir auch unsere Anordnung mit den Blumentöpfen (siehe Seite 15) aufbauen. Anschließend lassen wir an einem Glasstab die Hälfte der Sodalösung auf die Mitte der Erde in den einen Trichter tropfen und fangen die hindurchlaufende Lösung auf. Mit der Pottaschelösung und dem anderen Trichter verfahren wir in der gleichen Weise.

Nach dem Versuch haben wir vier Gläser mit Flüssigkeit, zwei mit Ausgangslösung, zwei mit durch Erde filtrierte Lösungen. In jedes Glas geben wir 2 Tropfen Phenolphthaleinlösung (1%ige alkoholische Lösung), oder wir prüfen die Reaktion der Lösungen mit Universalindikatorpapier. Die Ausgangslösungen reagieren beide infolge Hydrolyse alkalisch (Rotfärbung der Phenolphthaleinlösung). Das Filtrat der Sodalösung reagiert ebenfalls alkalisch, während wir in der filtrierten Pottaschelösung entweder keine oder nur noch eine sehr schwache Rotfärbung der Phenolphthaleinlösung feststellen werden. Wir schließen daraus, daß die Kaliumionen unserer Kaliumkarbonatlösung von den Bodenteilchen wesentlich stärker adsorbiert wurden als die Natriumionen der Natriumkarbonatlösung.

Auf die Verhältnisse in der Natur übertragen, bedeutet das, daß unsere Verwitterungsböden stets an Kaliumverbindungen reicher

sind als an denen des Natriums, weil die Natriumsalze weniger gut adsorbiert werden, mit dem Grundwasser abfließen und durch die Bäche und Flüsse ihren Weg ins Meer nehmen. Kalisalze sind aber für das Pflanzenwachstum unerläßlich. Lediglich eine Gruppe von sogenannten Salzpflanzen (Halophyten) gedeiht auf stark kochsalzhaltigem Boden. Auch die Halophilen, jene, die Salzböden lieben, gehören dazu. Sie können auch ohne ein Übermaß an Salz auskommen, wachsen aber auf salzhaltigem Boden ohne Konkurrenz. Zu ihnen gehören der Queller, der auch an der Ostsee oft auf weiten Strecken zu finden ist, die Salzaster, das Salzkraut, die Strandsoda, die Salzschuppenmiere, aber auch Milchkraut und Tausendgüldenkraut. Ihr Vorkommen an gewissen Stellen zeigt uns den hohen Salzgehalt des Bodens oder das Vorhandensein von Solquellen an. Sie sind bodenanzeigende Pflanzen.

Ein letzter Versuch in dieser Gruppe soll uns klarmachen, daß der Boden, insbesondere Humus, auch in der Lage ist, Kationen auszutauschen. Wir verschließen eine Öffnung eines Lampenzylinders mit Gaze und füllen den Zylinder bis 2 cm unter den Rand mit Boden. Nun lassen wir langsam destilliertes Wasser hindurchlaufen (Tropftrichter oder Trichter mit Schlauch und Quetschhahn nehmen!). Das durchgesickerte Wasser enthält Kalziumionen (Ca^{++}), die wir folgendermaßen nachweisen:

In ein Halbmikroreagenzglas geben wir 5 bis 10 Tropfen des hindurchgelaufenen Wassers und tropfen zu ihnen das Nachweisreagens für Kalziumionen. Als Reagenzien können wir verwenden:

Natriumkarbonatlösung	(2 g Na_2CO_3 in 10 ml H_2O)
Ammoniumkarbonatlösung	(1 g $(NH_4)_2CO_3$ in 5 ml 10%igem NH_3 gelöst, auf 10 ml mit H_2O auffüllen)
Natriumsulfatlösung	(etwa 2,5 g Na_2SO_4 in 10 ml H_2O).

Natriumkarbonat und Ammoniumkarbonat bilden mit Ca^{++}-Ionen weiße Niederschläge von Kalziumkarbonat:

$$Ca^{++} + CO_3^{--} \rightleftarrows CaCO_3,$$

die in schwachen und starken Säuren löslich sind. Mit Natriumsulfat fällt ein feiner, weißer Niederschlag von Kalziumsulfat ($CaSO_4 \cdot 2H_2O$, Gips) aus. Wenn wir in dem Durchlauf keine Kalziumionen mehr nachweisen können, lassen wir eine Kaliumchloridlösung (etwa 15 g KCl in 100 ml H_2O gelöst, ergibt eine halbkonzentrierte Lösung) durchlaufen. Der Durchlauf enthält schon nach kurzer Zeit wieder Kalziumionen. Sie sind im Boden gegen Kaliumionen ausgetauscht worden:

$$\text{Ca-Boden} + 2KCl \rightarrow K_2\text{-Boden} + CaCl_2.$$

Umgekehrt können auch Kaliumionen, die an der Oberfläche der Bodenteilchen festgehalten werden, durch Kalziumionen verdrängt werden, wenn der Boden mit übergroßen Mengen Kalziumverbindungen gedüngt (überkalkt) wird.

Den Ionenaustausch können wir uns folgendermaßen vorstellen: Die Bodenteilchen (Bodenkolloide) besitzen, wie wir bereits feststellten, die Fähigkeit, Ionen an den Grenzflächen festzuhalten, zu adsorbieren. Das sind lockere Bindungen, die durch Oberflächenkräfte zustande kommen. Die dabei auftretenden Kräfte haben unterschiedliche Größe. Ein Austausch von Ionen kann dann stattfinden, wenn schwächer gebundene Ionen durch stärker adsorbierbare verdrängt werden.

Bodenteilchen adsorbieren Kalium-, Ammonium- und Phosphationen im allgemeinen recht gut, während Nitrat- und Sulfationen weniger stark festgehalten werden. Sie gehen durch Auswaschung leichter in den Untergrund. Daraus leiten sich eine ganze Reihe von Folgerungen für die Bodenreaktionen und die Pflanzenernährung ab, die im einzelnen hier aber nicht abgehandelt werden können. Wir empfehlen deshalb das zusätzliche Studium eines Lehrbuches der Bodenkunde und der Pflanzenphysiologie.

Wir führen die Glühprobe durch

Für diesen Versuch brauchen wir ein Gefäß, das hohe Temperaturen aushält. Es kann ein Eisentiegel, eine Sandbadschale oder eine Abdampfschale aus Porzellan sein. Bei Porzellanschalen müssen wir beachten, daß die Brennerflamme die gesamte Schale gleichmäßig trifft. Bei einseitigem Erhitzen treten in der Schale Spannungen auf, sie wird zerspringen. Weiterhin sei vorausgeschickt, daß es diesmal auf genaues Wägen ankommt.

10 g trockenen Feinboden übertragen wir portionsweise in das Glühgefäß, das in einem Tondreieck auf einem Dreifuß ruht. Das Gefäß wird kräftig erhitzt. Dabei rühren wir mit einem alten Schraubenzieher, einem Eisenlöffel oder einer Stricknadel. Es steigen zum Teil übelriechende Dämpfe auf. Deshalb ist es empfehlenswert, bei geöffnetem Fenster oder unter einem Abzug zu arbeiten. (In dem Dampf enthaltenes Ammoniak färbt rotes Lackmuspapier blau. Es entsteht bei der Zersetzung von Eiweiß.) Wir sehen, wie einzelne Teilchen unter Aufglühen verbrennen. Dabei wird der anfangs dunkle Boden immer heller und nimmt schließlich Sandfarbe an. Wir glühen noch etwa 5 Minuten, dann lassen wir abkühlen und wägen erneut. Nun rechnen wir die prozentuale Gewichtsabnahme aus. Wir haben in unserer Bodenprobe alle organischen Bestandteile verbrannt. Sie entstanden als Zwischenprodukte von Abbauvorgängen (Verwesung oder Fäulnis von Tier- und Pflanzenteilen) und

werden Humus genannt. Humus gibt bei reichlichem Vorkommen dem Boden eine braune bis schwarzbraune Färbung. (Der Schwarzerdeboden der Magdeburger Börde enthält bis 7% Humus.) Mit unserem Versuch haben wir demzufolge den Humusgehalt des Bodens bestimmt. (Wir vernachlässigen dabei die Gewichtsminderung, die durch Hitzespaltung von Karbonaten des Bodens auftritt.) Mit dem gewonnenen Wert können wir unseren Boden in eine der folgenden Gruppen einstufen:

	Humusgehalt in Gewichtsprozent	
	schwerer Boden (Lehm)	leichter Boden (Sand)
humusarm	bis 2	bis 1
humushaltig	2— 5	1—2
humos	5—10	2—4
humusreich	10—15	4—8
anmoorig	15—20	über 8
Moorboden (Humusboden)	über 20	—

Vorteilhafter ist es natürlich, bei allen diesen Versuchen eine Meßreihe durchzuführen und die gewonnenen Werte zu mitteln.

Humus hält den Boden locker und warm. Er nimmt Wasser und Nährsalze auf und bietet Mikroorganismen günstige Lebensbedingungen. (In 1 g reinem Humus wurden bis zu 100 Millionen Mikroorganismen ermittelt.) Vom Humusgehalt hängt wesentlich die Bodenfruchtbarkeit ab. Ein richtig behandelter Humusboden ist ein guter Kulturboden.

Warum richtig behandelt? — Wir kennen zwei Formen von Humus. Der milde Humus (Dauerhumus) liegt zum Beispiel in der Komposterde vor. Sie ist besonders wegen ihres Nährstoffhaltevermögens die vorteilhaftere Form. Luftzutritt und Kalkgaben sind bei der Bildung von mildem Humus wichtig.

Saurer Humus (Rohhumus) entsteht vielfach bei mangelndem Luftsauerstoff in nassen Böden bzw. in solchen Böden, die ein geringes Pufferungsvermögen aufweisen. Er ist reich an Säuren. Sein Nährstoffhaltevermögen ist gering. Durch ständiges Lockern und ausreichendes Kalken lassen sich manche Formen des sauren Humus in milden Humus überführen.

Wir wollen deshalb noch kennenlernen, wie man annähernd die Humusform bestimmt. Wir geben den zu untersuchenden Boden 10 bis 15 mm hoch in ein Reagenzglas, füllen bis zu drei Viertel mit 2%igem Ammoniumhydroxid auf, verschließen mit dem Daumen, schütteln kräftig und lassen anschließend einige Minuten ruhig stehen. Die Lösung filtrieren wir ab. Sieht sie wasserhell aus, so haben wir es mit mildem Humus zu tun, dunkelbraune Farbe deutet auf sauren Humus hin, während eine hellgelbe Färbung auf eine Mischform aus beiden schließen läßt.

Die chemische Beschaffenheit des Bodens

Wir wollen nun mit einfachen Mitteln die wichtigsten im Boden vorkommenden Elemente beziehungsweise Ionen bestimmen. Dabei ist es uns nicht möglich, die Methoden nachzuahmen, die in den Instituten Anwendung finden. Das zeigt sich schon bei der Untersuchung der Bodenreaktion. Während in der Praxis meist einem elektrochemischen Verfahren der Vorzug gegeben wird, behelfen wir uns mit Universalindikatorpapier.

Wir bestimmen die Bodenreaktion

Ob eine Lösung alkalisch oder sauer reagiert, hängt davon ab, wie groß ihr Gehalt an Wasserstoffionen (H^+) beziehungsweise Hydroxidionen (OH^-) ist. Eine neutrale Flüssigkeit (etwa reines Wasser) enthält beide Ionenarten im Verhältnis 1 : 1. Der Gehalt an H^+-Ionen beträgt bei Zimmertemperatur im Wasser ungefähr 10^{-7} g/l. Aus Gründen der Vereinfachung ist es üblich, nicht die tatsächliche Konzentration anzugeben, sondern deren negativen Logarithmus. Man bezeichnet ihn als den pH-Wert oder den Wasserstoffionenexponenten. Lösungen mit pH-Werten zwischen 0 und 6 reagieren sauer, solche mit pH-Werten zwischen 8 und 14 alkalisch. Neutralität liegt bei pH 7 vor. Zunächst stellen wir uns einen Bodenauszug her, den wir dann auch für die weiteren Untersuchungen verwenden. Es gibt dabei zwei Möglichkeiten, den Wasserauszug und den Kaliumchloridauszug.

Beim Wasserauszug schlämmen wir 10 g Boden mit 50 ml destilliertem Wasser auf. Wir warten einige Minuten, dann prüfen wir die unfiltrierte Flüssigkeit mit Universalindikatorpapier. Dazu tauchen wir einen Streifen 15 bis 30 Sekunden lang in die Bodenaufschlämmung. Dann vergleichen wir die aufgetretene Farbänderung mit der Farbskala am Block. Mit dieser Methode können wir die Bodenreaktion im Bereich pH 1 bis 11 bestimmen. Das ist völlig ausreichend, denn die Werte liegen ja meist zwischen 4 und 8, vorwiegend aber um 7 herum. Eine Feinbestimmung der Bodenreaktion läßt sich mit Lyphanpapier durchführen, bei dem die Abstufungen 1/10 pH betragen.

Beim Kaliumchloridauszug versetzen wir 10 g Boden mit 25 ml 1n-KCl-Lösung, lassen 10 Minuten stehen und prüfen dann. (Zur Herstellung der 1n-KCl-Lösung müssen wir 3,8 g KCl in 50 ml Wasser lösen.) Diese Art des Auszuges liefert einen 0,5 bis 1 pH tieferen Wert, denn die Kaliumionen der Auszugsflüssigkeit werden gegen Wasserstoffionen des Bodens ausgetauscht. Dadurch steigt die Wasserstoffionenkonzentration im Auszug, der pH-Wert sinkt. Wir erhalten dabei gleichzeitig einen Überblick über das Wasserstoffionenaustauschvermögen, die „Austauschazidität" des Bodens. Nach den ermittelten pH-Werten lassen sich die untersuchten Böden folgendermaßen einteilen:

sehr stark sauer	4 und darunter	schwach sauer	5.3—6.4
stark sauer	4.1—4.5	neutral	6.5—7.4
sauer	4.6—5.2	alkalisch	7.5 und darüber

Insgesamt gesehen sind die Verhältnisse recht kompliziert. Wir wissen zwar, daß unsere Kulturpflanzen am günstigsten innerhalb bestimmter pH-Bereiche gedeihen (Erdbeeren und Tomaten 4,8—7,0; Hafer und Kartoffeln 5,0—6,0; Roggen 5,0—7,0; Gurken und Kohlrabi 6,0—7,5; Salat, Gerste und viele Rüben 6,5—7,5 und Buschbohnen 7,0—8,0), doch müssen wir andererseits bedenken, daß optimale Wachstumsbedingungen nicht so sehr von der Wasserstoffionenkonzentration direkt beeinflußt werden, sondern vielmehr von den Bodenfaktoren, die wiederum durch die Wasserstoffionenkonzentration bedingt sind.
Um Höchsterträge zu erzielen, muß der Boden den Anforderungen der Pflanzen angepaßt werden. Das geschieht meist durch Kalkung. Dabei haben wir aber wiederum zu bedenken, daß die Menge der Kalkgabe von der Bodenart abhängt. Messen wir z. B. bei leichtem Sandboden einen pH-Wert von 5,6, so ist dieser Boden noch nicht kalkbedürftig, ein schwerer Ackerboden muß aber bereits Kalkgaben erhalten, wenn die ermittelten pH-Werte zwischen 6,0 und 6,5 liegen.

Wir ermitteln den Kalkgehalt

In eine Porzellanschale geben wir einen Löffel lufttrockenen Boden. Dazu tropfen wir aus einer Pipette 20%ige Salzsäure. (Vorsicht beim Verdünnen! Schutzbrille tragen! Konzentrierte Salzsäure ist etwa 38%ig. Wir gießen die Säure langsam in die gleiche Menge Wasser, nie umgekehrt!) Die Salzsäure reagiert mit den Karbonaten des Bodens (z. B. $CaCO_3$), Kohlendioxid wird frei. Die Stärke des Aufbrausens dient uns als Anhaltspunkt für den Kalkgehalt:

kein Aufbrausen	unter 1%	kalkarm
schwaches Aufbrausen (nicht anhaltend)	1 bis 2%	schwach kalkhaltig
deutliches Aufbrausen (nicht anhaltend)	3 bis 4%	kalkhaltig
starkes Aufbrausen (anhaltend)	über 5%	stark kalkhaltig

In den Instituten werden zunächst die Eisen-, Aluminium- und Phosphationen abgeschieden, dann das Kalzium mittels Äthandisäure (Oxalsäure) oder ihrem Ammoniumsalz (Ammoniumoxalat) als Kalziumoxalat ausgefällt, dann gewaschen, in Schwefelsäure aufgelöst und mit Kaliumpermanganatlösung bekannten Gehaltes durch Titration bestimmt. Äthandisäure und ihre Salze sind aber Gifte der Abteilung 3. Beim Umgang mit ihnen besondere Vorsichtsmaßregeln zu beachten (Kennzeichnung der Flaschen, sichere Aufbewahrung, größte Sauberkeit beim Arbeiten, keine Abfälle in den Ausguß usw.).

Diejenigen von uns, die in einer Arbeitsgemeinschaft arbeiten, können sich ein Kalziumreagens herstellen. Dazu sättigen wir 20 ml destilliertes Wasser mit Ammoniumäthandiat (Ammoniumoxalat) und geben 1 ml Eisessig (100%ige Äthansäure, wenn verdünnt entsprechend mehr. — Vorsicht! Äthansäure von mehr als 80% ist Gift!) dazu. Wir füllen ein Reagenzglas zur Hälfte mit dem wäßrigen Bodenauszug und versetzen mit 1 ml des Kalziumreagens. Nun messen wir die Zeit bis zum Eintreten einer Trübung:

Reaktion	nach Sekunden	Gehalt in mg CaO/l etwa
schwache Trübung	120 bis 180	10
schwache Trübung	30 bis 60	20 bis 30
stärkere Trübung	10	40 bis 60
starke Trübung	3 bis 4	100 bis 120

Der Kalk erfüllt im Boden verschiedene Aufgaben. Er ist Pflanzennährstoff, beeinflußt vor allem aber die chemische und physikalische Beschaffenheit des Bodens.

Qualitative und quantitative Stickstoffbestimmung

Zum Nachweis von Nitrationen (NO_3^-) bedienen wir uns der Ringprobe. Eisen(II)-sulfat kann Nitrationen in Gegenwart von Schwefelsäure zu Stickstoffmonoxid (NO) reduzieren. Dieses löst sich in Eisen(II)-sulfat unter Bildung einer braunen Komplexverbindung, die wir bei sorgfältigem Arbeiten in Form eines braunen Ringes sehen.

Wir benötigen eine kaltgesättigte Eisen(II)-sulfatlösung, die wir uns stets frisch bereiten. Zu 0,5 ml davon geben wir in einem Halbmikroreagenzglas die gleiche Menge Untersuchungslösung und säuern mit 1 bis 2 Tropfen verdünnter Schwefelsäure an. Die so erhaltene Mischung unterschichten wir mit konzentrierter Schwefelsäure. Dazu saugen wir etwa 1 ml konzentrierte Schwefelsäure (Vorsicht!) in eine Tropfpipette mit lang ausgezogener Spitze und Gummisauger. (Konzentrierte Säuren, giftige oder ätzende Flüssigkeiten dürfen wir niemals mit dem Mund ansaugen!) Wir führen die Pipettenspitze bis auf den Boden des Reagenzglases und drücken allmählich die Säure aus der Pipette. Wir sehen danach deutlich zwei Flüssigkeitsschichten. An ihrer Berührungsfläche bildet sich ein dunkler Ring, der sich dann bildet, wenn Nitrationen vorhanden sind. In Abhängigkeit von der Konzentration können wir violette bis braunschwarze Farbtöne beobachten. Eine Lösung von festem Diphenylamin (C_6H_5-NH-C_6H_5) in konzentrierter Schwefelsäure gibt mit Nitraten und Nitriten eine Blaufärbung. Wir können die Reaktion als Ringprobe durchführen. Das Reagens stellen wir uns durch Auflösen von 5 mg Diphenylamin (einige Blättchen) in 50 ml konzentrierter Schwefelsäure (Vorsicht!) her. Ein Zusatz von 0,5 ml gesättigter Kaliumchloridlösung erhöht seine Empfindlichkeit (Vorsicht! Wärmeentwicklung bei der Zugabe!).

Wir unterschichten im Halbmikroreagenzglas ½ ml Bodenauszug mit 1,5 ml der Diphenylaminlösung. Das Reagenzglas stellen wir in ein kleines Becherglas und beobachten die Bildung des blauen Ringes.

Reaktion	Gehalt in mg N/l etwa
sehr schwacher blauer Ring nach 2 bis 3 Minuten	0,1
schwacher blauer Ring nach 30 Sekunden	0,3
kräftig blauer Ring, sofort	1

Es sei noch darauf hingewiesen, daß geringe Störungen durch Eisensalze entstehen können.

Empfehlenswert ist es, zunächst Vorversuche mit Lösungen bekannten Stickstoffgehaltes durchzuführen. Dazu müssen wir uns eine Vergleichreihe herstellen. Wir lösen 3,61 g Kaliumnitrat in wenig destilliertem Wasser und füllen die Lösung anschließend auf 500 ml auf. 1 ml dieser Lösung enthält 1 mg Stickstoff (Salpeterstickstoff). Diese Stammlösung können wir entsprechend weiter verdünnen.

Phosphatbestimmung — nicht ganz einfach

Wir lösen ½ g Ammoniummolybdat in 10 ml Wasser und tropfen Salpetersäure zu. Es bildet sich ein weißer Niederschlag von Molybdänsäure, den wir durch weiteres Zutropfen von Salpetersäure wieder in Lösung bringen.

5 Tropfen unseres Bodenauszuges versetzen wir im Halbmikroreagenzglas mit 1 bis 2 Tropfen konzentrierter Salpetersäure (Vorsicht!). Dann geben wir 5 Tropfen der Ammoniummolybdatlösung hinzu und stellen das Reagenzglas in ein Wasserbad von höchstens 50° C. Bei Anwesenheit von Phosphationen erhalten wir zunächst eine Gelbfärbung, schließlich fällt ein gelber Niederschlag von Ammoniummolybdatophosphat aus.

Ein weiterer Nachweis von Phosphationen besteht in der Reaktion von Phosphationen mit Molybdänschwefelsäure. Wir lösen unter leichtem Erwärmen 1 g Ammoniummolybdat in 10 ml Wasser. Dann lassen wir abkühlen und fügen 10 ml 96%ige Schwefelsäure unter Beachtung aller Vorsichtsmaßregeln hinzu. Wenn jetzt schon Blaufärbung auftritt, dann geben wir einen Tropfen Salpetersäure dazu. Weiterhin brauchen wir eine Zinn(II)-chloridlösung (Vorsicht! Zinnsalze sind giftig!), die wir erhalten, wenn wir ein Zinnkörnchen von 0,5 g in 25 ml konzentrierter Salzsäure auflösen, filtrieren und dem Filtrat 25 ml Wasser zusetzen.

Für die Untersuchung von 100 ml Bodenauszug müssen wir 0,5 ml Molybdänschwefelsäure und 0,1 ml (ungefähr 3 Tropfen) Zinn(II)-chloridlösung verwenden. Das Auftreten einer Blaufärbung ist der Beweis für das Vorhandensein von Phosphaten. In Abhängigkeit von der Phosphatmenge schwankt die Färbung zwischen einem gerade noch sichtbaren und einem starken Blau.

Auch diesmal wollen wir uns durch Vorversuche mit Vergleichslösungen einen Überblick über mögliche Farbabstufungen verschaffen. Die Stammlösung bereiten wir so, daß wir 0,96 g Kaliumdihydrogenphosphat (KH_2PO_4) in wenig destilliertem Wasser lösen und danach auf 500 ml auffüllen. 1 ml dieser Lösung enthält 1 mg P_2O_5.

Bei diesem Prüfverfahren und auch bei dem vorigen Versuch erfassen wir jedoch nur die löslichen Phosphate. Ihr Anteil an der Gesamtmenge beträgt etwa 10%. Die wasserunlöslichen Phosphate werden im Boden von den Pflanzen durch ausgeschiedene Säuren aufgeschlossen. Dieser Vorgang wird in den Instituten bei der Phosphorsäurebestimmung nachgeahmt. Die Bodenprobe wird mit einer salzsauren Lösung von Kalziumlaktat (Kalziumsalz der Milchsäure, 2-Hydroxypropansäure) ausgezogen und die nach dem Zusatz der Reagenzien entstehende Blaufärbung in einem Kolorimeter mit der Farbe von Lösungen bekannten Gehaltes verglichen. Auch hier muß der Wissenschaftler zahlreiche Störungen berücksichtigen.

Der Nachweis von Eisen

Verbindungen des dreiwertigen Eisen geben mit Salzen der Thiozyansäure (Rhodanwasserstoffsäure, HSCN) eine blutrote Farbe. Die Reaktion ist äußerst empfindlich und eignet sich noch zum Nachweis von 0,25 Mikrogramm (μg) Eisen, (1 Mikrogramm = 1 millionstel Gramm), im ml Lösung. Sie verläuft in salzsaurer Lösung nach folgender Gleichung:

$$Fe^{+++} + 3SCN^- \rightleftarrows \underset{\text{Eisenthiozyanat.}}{Fe(SCN)_3}$$

Wir müssen zunächst in unserem Bodenauszug die Ionen des zweiwertigen Eisens zu dreiwertigem oxydieren. Dazu säuern wir 100 ml Auszug mit etwa 3 ml 25%iger Salzsäure an, setzen einige Tropfen 3%iges Wasserstoffperoxid zu und rühren gut um. Wir warten 5 Minuten und versetzen dann mit 3 ml 10%iger Kalium- oder Ammoniumthiozyanatlösung. Die auftretende Farbänderung kann sehr schwach sein. Wir erkennen sie am besten, indem wir von oben in das Glas blicken und eine Probe des unbehandelten Auszuges zum Vergleich daneben halten.

Die beobachteten Farbreaktionen entsprechen annähernd folgenden Eisenkonzentrationen:

Reaktion	Gehalt in mg Fe/l
nur leichte Verdunklung	0,1
leichte Braunfärbung	0,2
deutliches Rotbraun	bis 1
tiefes Dunkelrotbraun	bis 5

Sind die Eisenmengen so gering, daß eine Färbung nicht beobachtet wird, so können wir das Eisenthiozyanat mit Äther (Vorsicht! Höchste Feuergefährlichkeit! Alle Flammen löschen!) oder Pentanol (Amylalkohol, Vorsicht! Gift!) ausschütteln. Außerdem müssen wir bedenken, daß dieser Eisennachweis vor allem durch organische Säuren gestört wird. Sie können durch Zugabe von einigen Tropfen Bariumchloridlösung zu Beginn der Untersuchung als Bariumsalze in neutraler Lösung ausgefällt und durch anschließende Filtration entfernt werden. (Vorsicht! Alle Bariumverbindungen mit Ausnahme von Bariumsulfat gehören zu den Giften der Abt. 3!)

Kaliumhexazyanoferrat(II), $K_4[Fe(CN)_6]$ (gelbes Blutlaugensalz) und Kaliumhexazyanoferrat(III), $K_3[Fe(CN)_6]$ (rotes Blutlaugensalz) geben mit zwei- und dreiwertigen Eisenverbindungen farbige Niederschläge:

	Fe^{++}	Fe^{+++}
$K_4[Fe(CN)_6]$	weiß, wird blau	tiefblau
$K_3[Fe(CN)_6]$	blau	kein Niederschlag, nur dunkelbraune Lösung

Wir lösen jeweils 1 g Salz in 10 ml Wasser, bedenken aber, daß beide Salze giftig sind. 4 Tropfen unseres Bodenauszuges bringen wir in Halbmikroreagenzgläser, noch besser auf eine Tüpfelplatte (ersatzweise in kleine Porzellanschalen), säuern mit 1 Tropfen verdünnter Salzsäure an (nur analysenreine Säure nehmen, technische Salzsäure ist mit Eisenverbindungen verunreinigt) und versetzen mit 4 Tropfen einer der oben angegebenen Lösungen.

Wir werden im Ergebnis unserer Versuche feststellen, daß der Boden meist ausreichend mit Eisen versorgt ist. Durch den Wirtschaftsdünger führen wir ihm ständig Eisen zu. Eine besondere Düngung mit Eisensalzen ist deshalb nicht erforderlich.

Mit diesen Reaktionen haben wir die wichtigsten im Boden vorkommenden Ionen erfaßt. Sie sind natürlich gleichermaßen bei der Untersuchung von Wasser, von Düngemitteln oder Auszügen von Pflanzenaschen geeignet. Interessierte Leser werden sich nicht mit dem hier Gesagten begnügen, sondern sich die einschlägige Spezialliteratur besorgen. Dort finden sie auch weitere Nachweisreaktionen.

Besuch auf einem Bauernhof

Der praktische Landwirt gerät heute hoffnungslos ins Hintertreffen, wenn er sich nicht ständig an den Fortschritten seiner Wissenschaft orientiert. Die Agrarwissenschaft wiederum zieht ihre Erkenntnisse aus dem Zusammenwirken verschiedener Einzeldisziplinen. Den Wert der chemischen Bodenuntersuchung haben wir in den vorherigen Seiten kennengelernt, für die Hebung der Bodenfruchtbarkeit spielen aber auch physikalische Eigenschaften eine Rolle, die durch geeignete Bearbeitung wie Hacken, Eggen, Walzen verändert werden können. Auch die Biologie des Bodens, seine Mikroflora und -fauna und deren emsige Tätigkeit, dürfen nicht außer Acht gelassen werden wenn es darum geht, die Komponenten möglichst vollständig zu erfassen, die den Begriff Bodenfruchtbarkeit ausmachen.

Wir düngen nicht nur, um die Erträge zu steigern, wir wollen damit auch die Qualität der Produkte verbessern, die Bodenfruchtbarkeit erhöhen und gleichzeitig Schädlinge und Unkräuter vernichten. Wer richtig und sparsam düngen will, muß vor allem den Boden genau kennen. Unsere Vorfahren hatten gewisse Erfahrungen gesammelt, oft düngten sie auch nach dem Gefühl. Das kann sich heute niemand mehr leisten. Düngen wir zu wenig, bleiben die erwarteten Erträge aus, bei zu reichlicher Düngergabe verschwenden wir wertvolle Chemikalien und natürlich auch unser Geld und schädigen dabei oft noch die Kulturen.

Seit Jahren werden in wirtschaftlich gut entwickelten Ländern die Böden in regelmäßigem Turnus chemisch untersucht. Dabei wird der pH-Wert einer Bodenaufschlämmung festgestellt und die Kalkbedürftigkeit ermittelt, wobei man besonders den pH-Wert und die Bodenart berücksichtigt. Außerdem bestimmt man den Gehalt der Bodenprobe an pflanzenverfügbarer Phosphorsäure (P_2O_5) und pflanzenverfügbarem Kalium (K_2O). Bei leichten Böden wird oft zusätzlich noch der Magnesiumgehalt bestimmt, denn es hat sich in den letzten Jahren gezeigt, daß diese Böden häufig unter Magnesiummangel leiden, was zu Ertragsabfällen führt.

Handelt es sich um größere Flächen, etwa bei einer Genossenschaft oder einem großen Gut, so werden die Ergebnisse der Bodenuntersuchungen in sogenannte Nährstoffkarten eingetragen. Für jeden Nährstoff wird eine Karte angefertigt. Als Vorlagen dienen die Flurkarten (Katasterkarten, Maßstab 1 : 5000 bis 1 : 10 000) der Genossenschaft. Die einzelnen Flächen sind voll ausgemalt mit den Farben rot (= mittlerer, mindestens anzustrebender Gehalt) und blau (= hoher Gehalt). Auf der Kalkkarte kann noch violett (= sehr hoher Gehalt) erscheinen. Außerdem enthalten die Karten noch eine Reihe von Angaben, auf die hier nicht näher eingegangen werden kann.

So entsteht schließlich ein wissenschaftlich begründeter Düngungsplan.

Nehmen wir an, daß auf der Kalkkarte der Genossenschaft eine Wiese mit gelber Farbe vollflächig ausgemalt wurde. Als pH-Wert ist 4,9 angegeben, das bedeutet Kalkbedürftigkeit.

Aus dem Düngerplan erkennen wir, daß die Wiese in mehreren Portionen mit insgesamt 15 dz/ha kohlensaurem Kalk bis zum pH-Wert 6 aufgekalkt werden soll. Wiesen kalkt man am besten im Winter. Kohlensaurer Kalk oder gemahlener Branntkalk — von letzterem allerdings weniger — sind dafür geeignet. Für die Früh-

jahrs- oder Herbstkalkung des Ackers können auch industrielle Abfallkalke wie zum Beispiel der Scheideschlamm der Zuckerfabriken eingesetzt werden.
Oft wird der Kalk auch noch mit anderen Mineraldüngern gemischt. Davon konnten wir uns bei der Besichtigung des Düngerschuppens einer Genossenschaft überzeugen. In den weiten Lagerhallen lagern die einzelnen Düngesorten, hoch aufgestapelte Berge von Papiersäcken. Wir lesen „Ammonsulfat", „schwefelsaures Kali", „Kalkstickstoff", „Kaliammonsalpeter", „Superphosphat", „Hakaphos", „Nitrophoska" und anderes mehr. Branntkalk lagert stets in einem

Dünger-Mischtafel

massiven Gebäude, da er bei der Reaktion mit Luftfeuchtigkeit Wärme entwickelt (über 400° C) und somit eine Gefahr für einen Holzschuppen darstellt.
Vorratswirtschaft ist notwendig, wenn zur Zeit der Feldbestellung keine Stockungen eintreten sollen. Richtige Lagerung ist dabei wichtig, damit der Nährstoffgehalt des Düngers nicht sinkt. Manche Düngersorten nehmen besonders leicht Luftfeuchtigkeit auf und verlieren dadurch ihre Streufähigkeit. Plastfolien und Teerpappe können gegen Bodenfeuchtigkeit schützen. Hoch aufgeschütteter Dünger bietet der Luftfeuchtigkeit eine geringe Angriffsfläche.
Viel Arbeit und Zeit wird gespart, wenn die Düngemittel vor dem Ausbringen gemischt werden. Man stellt die Mischungen nach den Bodenansprüchen zusammen. Düngemittel sind die Chemikalien des Agronomen. Von manchen Chemikalien wissen wir aber, daß sie miteinander reagieren, wenn man sie innig vermengt. Das darf bei den Düngemitteln nicht geschehen, sonst treten Nährstoffverluste auf. Am sichersten geht man, wenn man sich vor dem Mischen in einer Düngermischtafel von der Mischbarkeit dieser oder der Nichtmischbarkeit jener Düngersorten überzeugt.
Um das zu untersuchen, können wir einmal eine ammoniakhaltige Verbindung (Jauche) mit Kalk mischen oder einen Salpeterdünger mit Düngern, die freie Mineralsäure enthalten. Nach dem Anfeuchten prüfen wir den Geruch.

Wir düngen selbst

Zwischen 25 und 35 dz Roggen je Hektar ernten moderne landwirtschaftliche Betriebe im Jahr.

Der Bauer des Jahres 1800 säte 1,5 dz Getreide je Hektar und erntete das „vierte Korn", das waren 6 dz je Hektar. 100 bis 200 kg wogen seine Kühe, die sich von meist schlechter Weide kärglich ernährten. Klee als Grünfutter kannte man in Deutschland noch nicht. Flurzwang und Leibeigenschaft, Abgabe des „Zehnten" und die für den Gutsherrn zu leistenden Dienste waren die Fesseln für die Landwirtschaft. Kriege und die großen Seuchen, die ihnen folgten, trugen dazu bei, die Lage der Landwirtschaft immer hoffnungsloser zu gestalten.

Viele Vorschläge wurden damals gemacht, aber nicht einer von ihnen trug entscheidend dazu bei, das Absinken der Bodenfruchtbarkeit aufzuhalten. Daß Jauche und Stallmist allein nicht ausreichten, hatte man bald erkannt. Allerlei Abfälle im Boden zu vergraben, mag wohl bei einem Kleingärtner gehen, doch auch er wird diese vorher kompostieren.

In jener Zeit entwickelte der englische Geistliche und Bevölkerungspolitiker Robert Malthus seine Theorie von der Übervölkerung: Er sah den abnehmenden Bodenertrag und die in geometrischer Reihe anwachsende Weltbevölkerung und folgerte daraus, daß Not und Elend in der Welt zwansläufig zunehmen müsse, wenn nicht Entscheidendes dagegen getan würde. In den Augen der Menschen des beginnenden 19. Jhd. erschien die Zukunft der Menschheit ziemlich ausweglos.

In dieser Zeit des Tiefstandes der landwirtschaftlichen Produktion wurde Justus Liebig geboren. Er begann als 21jähriger Professor, wissenschaftliche Chemie an die Stelle der bisher an der Universität gelehrten Naturphilosophie zu setzen. Aus vielen Ländern kamen die Studenten nach Gießen, um im Labor von Professor Liebig zu arbeiten und zu lernen.

Liebig, der schon 1823 als 20jähriger Student mit einer Abhandlung über das Verhältnis der Mineralchemie zur Pflanzenchemie die Doktorwürde erlangt hatte, gab 1840 sein bedeutendstes Werk heraus. Es trägt den Titel: „Die organische Chemie in ihrer Anwendung auf Agrikultur und Physiologie" und wurde allgemein unter dem Kurztitel „Agrikulturchemie" in vielen Ländern bekannt. Damit brachte Liebig Licht in das Dunkel, das bisher herrschte: Die Pflanze braucht zu ihrem Wachstum eine Reihe mineralischer Nährstoffe, die sie dem Boden entnimmt, der dadurch mehr und mehr an diesen Stoffen verarmt. Wenn nicht der Chemiker helfend eingreift, müssen die Erträge ständig weiter sinken.

Liebig wies nach, daß der Nährstoffentzug des Bodens durch eine gleichgroße Nährstoffzufuhr ausgeglichen werden muß. Mineralische Düngung heißt dieses Verfahren. Liebig stellte einen Patentdünger aus Kali und Phosphorsäure zusammen, eine englische Firma übernahm die Herstellung. Er wurde auf die Felder gebracht und — der Erfolg blieb aus, denn es fehlten in dem Dünger die Stickstoffverbindungen. Liebig glaubte, die Pflanze könne den Luftstickstoff verwerten. Jahre vergingen, bis der Fehler erkannt wurde. Dann brachten neue Mischungen mit Stickstoff, Phosphor, Kalium und Kalzium große Erfolge.

Seiner neuen Düngerlehre stellte Liebig ein bedeutendes Gesetz voran, das „Gesetz vom Minimum". Es besagt, daß die Höhe des Ernteertrages durch den Nährstoff bestimmt wird, der im Minimum vorhanden ist. Es ist also völlig nutzlos, übermäßig Kali zu streuen, weil man sich nicht rechtzeitig um Phosphordünger gekümmert hat. Die Wirkung von Nährstoffen läßt sich am besten durch Düngungsversuche erkennen. Damit bestimmt man auch das Düngebedürfnis des Bodens. Feldversuch, Parzellenversuch, Gefäßversuch nach Mitscherlich und Anwelkmethode nach Arland sind die gebräuchlichsten Verfahren hierfür.

Feldversuche sind auf entsprechend großen Schulgartenflächen oder einem Stück Pachtland durchführbar. Die Versuchsfläche darf nicht zu klein gewählt werden, da sonst der Pflanzenbesatz zu gering und der Fehler zu groß wird. 100 Pflanzen werden als unterste Grenze angegeben. Bei Hackfrüchten fordert Mitscherlich eine Fläche von mindestens 2mal 10 m, während bei Halmfrüchten 1mal 5 m ausreichend sind.

Beim Parzellenversuch benötigen wir Flächen unter 5 m². Wir haben es folglich mit einem Feldversuch im kleinen zu tun. Parzellenversuche sind ebenfalls geeignet, die Stickstoffbedürftigkeit des Bodens zu ermitteln. Wie wir wissen, enthalten die Nährstoffkarten keine Angaben über den Stickstoffgehalt der Bodenproben, da dieser großen Schwankungen unterworfen ist. Außerdem muß bei der Stickstoffdüngung die Verträglichkeit der Pflanzen beachtet werden, die von Boden, Klima, Art und Sorte der Pflanzen abhängt. Wir können eine Fläche von 2mal 3 m in 6 Parzellen von 1 m² einteilen, die übereinanderliegenden gleichmäßig und die nebeneinanderliegenden unterschiedlich mit Dünger versorgen.

Eines müssen wir natürlich bedenken: Die Wirkung der Nährstoffe auf das Pflanzenwachstum läßt sich nur bei völlig nährstofffreiem Boden (Sandboden) exakt nachweisen. Darauf kommt es uns im Moment aber nicht an. Wir wollen unsere Versuche mehr als

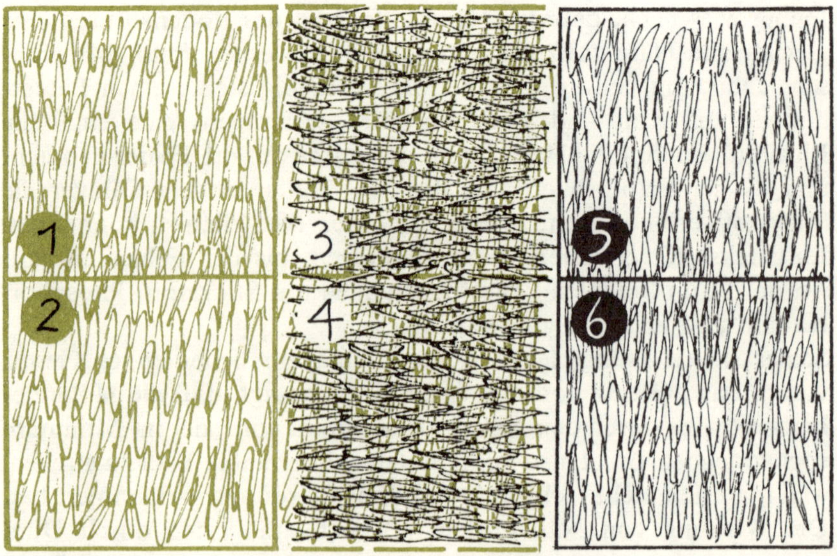

Parzellenversuch

Schauversuche gestalten. Bei den Wasserkulturen, die wir später kennenlernen werden, schaffen wir dann diese besonderen Verhältnisse.
Eine Stickstoffdüngung bringt uns in den meisten Fällen sichtbare Erfolge, deshalb wollen wir sie auch für unseren Parzellenversuch wählen.

10 Minuten Rechnen

Das Düngen des Bodens ist nicht nur eine manuelle Tätigkeit. Anders gesagt: Das Wesentliche beim Düngen ist nicht so sehr das Streuen, ihm geht eine geistige Tätigkeit voraus.
Wenn wir in unserem Schulgarten oder vielleicht auch im eigenen Schrebergarten düngen wollen, dann genügt nicht allein die Kenntnis der Düngerwirkung. Wir müssen auch etwas über die prozentuale Zusammensetzung wissen. Die Fachliteratur gibt uns Auskunft darüber, doch finden wir dort einen neuen Begriff, den „Reinnährstoffgehalt“ der Düngemittel. Was es damit auf sich hat, soll kurz erläutert werden. Düngemittel einer Gruppe haben vielfach die gleiche Wirkung, aber eine unterschiedliche chemische Zusammensetzung. Auch ist der prozentuale Anteil der chemischen Verbindungen in ihnen recht verschieden. Um aber nun bei der Verwendung verschiedener Düngersorten Vergleiche anstellen zu können, drücken wir deren Gehalt an dem entsprechenden Element in Prozent Reinnährstoff aus. Wir rechnen dabei die Hauptnährstoffe Kalzium, Kalium und Phosphor in ihre Oxide um (CaO, K_2O, P_2O_5), nur beim Stickstoff drücken wir den Gehalt in Prozent des reinen Elements (N) aus.
Wir haben im Chemieunterricht schon allerhand Kenntnisse im stöchiometrischen Rechnen erworben. Deshalb wird uns das keine besonderen Schwierigkeiten bereiten.
Wollen wir beispielsweise berechnen, wieviel Gramm Reinnährstoff Stickstoff in 100 g Ammoniumsulfat enthalten sind, so setzen wir die entsprechenden Mole ins Verhältnis. Dabei beachten wir, daß in einem Mol Ammoniumsulfat 2 Grammatome Stickstoff enthalten sind:

$(NH_4)_2SO_4$ enthält 2N
132 g enthalten 28 g
100 g enthalten x g.

$$x = \frac{28 \cdot 100}{132} \text{ g} = 21{,}2 \text{ g}$$

100 g Ammoniumsulfat haben folglich einen Reinnährstoffgehalt von 21,2 g Stickstoff, das sind rund 21%.

Für andere Düngersorten gilt

100 g $Ca(OH)_2$	entsprechen 75,6 g	CaO
100 g $CaCO_3$	entsprechen 56 g	CaO
100 g KCl	entsprechen 63 g	K_2O
100 g $Ca(H_2PO_4)_2$	entsprechen 61,2 g	P_2O_5.

Enthält ein Kalidünger — wie Kainit — 20% KCl, so sind, um den Reinnährstoffgehalt an K_2O zu ermitteln, 20% von 63 g zu berechnen. Das sind 12,6 g. 100 g des Düngers haben folglich einen Reinnährstoffgehalt von 12,6 g K_2O oder anders ausgedrückt: Der Dünger besitzt einen Reinnährstoffgehalt von 12,6% K_2O.

Parzellenversuch mit Stickstoffdüngung

Wir wollen unsere Parzellen nach folgender Übersicht mit Stickstoff versorgen:

Parzellen	1 und 2	3 und 4	5 und 6
bei Getreide	ungedüngt	2,5 g N/m² = 12,5 g $(NH_4)/SO_4$ /m²	5 g N/m² = 25 g $(NH_4)/SO_4$ /m²
bei Kartoffeln	ungedüngt	5 g N/m²	10 g N/m²

Um die geringen Düngermengen gleichmäßig über die gesamte Fläche verteilen zu können, „verdünnen" wir sie am besten mit Sand. Weiterhin ist es wichtig, die Parzellen dauerhaft zu beschildern. Die Schilder sollen der Witterung standhalten. Holzbrettchen mit Pflöcken müssen wir deshalb mit einem Anstrich versehen. Das gilt auch für Schilder aus Schwarzblech, an die wir einen leicht gewinkelten Blechstreifen als Pflock angenietet haben. Anstelle von Schwarzblech verwenden wir besser Tafeln aus Hart-PVC (Vinidur oder Ekadur, beim Klempner als Abfall erhältlich). Ein PVC-Streifen kann durch Anschweißen mit dem Lötkolben (PVC-hart fließt bei 160 bis 180°C) als Halterung an der Tafel befestigt werden. Kommt es uns nicht auf eine weit sichtbare Beschriftung an, so verwenden wir Papierstreifen in Reagenzgläsern. Die Gläser werden mit Gummistopfen verschlossen und in den Boden gesteckt oder an Pflöcken befestigt.

In Auswertung der Versuche können wir die Entwicklungszeiten (bei Getreide: Auflaufen der Saat, Bestocken, Blüte und Reife), die Wuchshöhen und die Ernteergebnisse protokollieren. Um bei Getreide Verluste durch Vogelfraß zu vermeiden, stecken wir rund um unsere Parzellen einige Stöcke und ziehen kreuz und quer

Zwirnsfäden, sobald die Reife beginnt. Diese Methode bewährt sich übrigens auch bei Gartenkulturen, etwa bei jungen Salatpflanzen. Es ist erstaunlich, wie ängstlich Vögel diese „geheimnisvollen Fangstricke“ meiden.

Kalkbedürfnis — biologisch bestimmt

Bei den chemischen Untersuchungsverfahren haben wir kennengelernt, wie man den Kalkgehalt des Bodens bestimmt. Um festzustellen, ob der Boden eine Kalkgabe benötigt oder nicht, können wir auch eine biologische Methode anwenden. Der deutsche Landwirtschaftswissenschaftler Mitscherlich empfiehlt folgenden recht anschaulichen und einfach auszuführenden Parzellenversuch (der natürlich bei großen Flächen mit unterschiedlichem Säuregrad an verschiedenen Stellen wiederholt werden muß):

Parzellen	1 und 2	3 und 4	5 und 6
Düngungsart	alkalisch	sauer	stark alkalisch
Dünger/m²	60 g Thomasmehl 40 g Natronsalpeter	60 g Superphosphat 30 g Ammoniumsulfat	60 g Thomasmehl 40 g Natronsalpeter 200 g kohlensaurer Kalk

Aussaat: 1, 3 und 5 weißer Senf (eine säureempfindliche Pflanze)
2, 4 und 6 Hafer (eine alkaliempfindliche Pflanze)

Unsere Kulturpflanzen stellen an die Bodenreaktion recht unterschiedliche Ansprüche. Hafer gedeiht am besten bei einem pH-Wert des Bodens zwischen 5 und 6. Man sagt: die optimale Reaktionsbreite des Hafers ist pH 5 bis 6. Bei Senf liegt der Wert zwischen 7 und 8; das bedeutet, daß Senf am besten im alkalisch wirkenden Boden gedeiht.
Folgende drei Ergebnisse sind möglich, aus denen wir durch einfache Überlegungen das Kalkbedürfnis des Bodens ableiten:

1

Senf	1 normal	3 bleibt zurück	5 normal
Hafer	2 normal	4 normal	6 bleibt zurück

Ergebnis: Nicht kalken, aber zu säureempfindlichen Pflanzen alkalischen Dünger und umgekehrt

2

Senf	1 normal	3 bleibt zurück	5 normal
Hafer	2 normal	4 normal	5 normal

Ergebnis: stark kalken

3

Senf	1 normal	3 normal	5 normal
Hafer	2 bleibt zurück	4 normal	6 bleibt zurück

Ergebnis: auf keinen Fall kalken

Bleibt also beispielsweise im Fall 3 der alkaliempfindliche Hafer bereits auf dem alkalisch gedüngten Boden zurück, während der säureempfindliche Senf auch auf dem sauer gedüngten Boden normal wächst, so können wir daraus ableiten, daß der Boden bereits vor der Düngung alkalisch reagierte.

Von Nährlösungen und Wasserkulturen

Mit Gefäßversuchen, die vor allem von Mitscherlich weiterentwickelt wurden und die für die Arbeit in den Instituten große Bedeutung erlangten, wollen wir uns hier nicht beschäftigen. Wir wenden uns vielmehr einer Methode zu, durch die wir besonders gut die Bedeutung der einzelnen Elemente für das Wachstum und die Entwicklung der Pflanzen studieren können.

Gefäßversuch

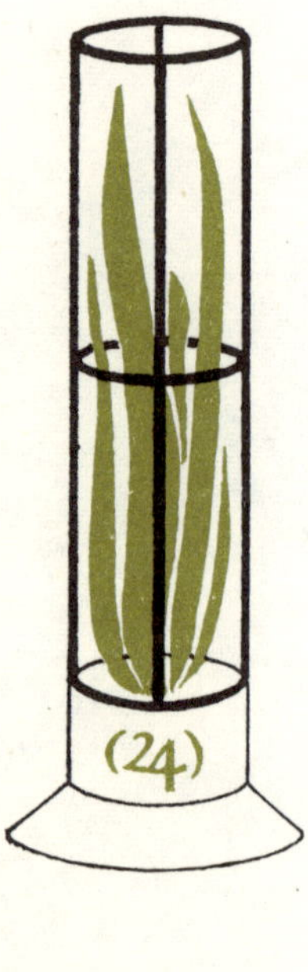

Wir lassen dazu Versuchspflanzen in Nährlösungen wachsen, in denen ganz bestimmte Elemente fehlen. Eine Reihe von Pflanzen, vor allem Erbsen, Bohnen, Tabak und Mais, sind für diese Wasserkulturen (Hydrokulturen) besonders geeignet. Selbstverständlich können wir es auch mit einem Apfelwildling, mit Gurken oder Tomaten versuchen. Wir ziehen uns in einer Schale oder einem Kästchen Maiskeimlinge in feuchter Watte oder in Sägespänen. Die Pflanzen nehmen wir heraus, wenn sie etwa 4 cm hoch sind und spülen ihre Wurzeln durch vorsichtiges Bewegen in klarem Wasser ab. Dann bringen wir die Pflanzen in die Kulturgefäße, in denen sich während der ersten 4 Tage nur destilliertes Wasser befindet. Wir achten darauf, daß die Wurzeln eintauchen.

Als Kulturgefäße dienen uns 1-l-Weckgläser, die wir mit einem Deckel aus starker Pappe (mehrere Schichten verleimen) oder Holz versehen. Der Deckel hat 2 Löcher. Das eine sägen wir genau in der Mitte. Es hat einen Durchmesser von 2 bis 2,5 cm und dient zur Aufnahme der Pflanze. Das zweite Loch bringen wir fast am

Rande des Deckels an. Es mißt 0,5 bis 1 cm im Durchmesser. Wir fertigen uns ein rechtwinklig gebogenes Glasrohr an, das wir durch diese Öffnung hindurchführen können. Es soll fast bis zum Boden des Weckglases reichen. Mit Hilfe dieses Rohres belüften wir die Nährlösung mindestens 2- bis 3mal in der Woche. Wir nehmen dazu eine Fahrradluftpumpe (Achtung beim Saugen Luftpumpe absetzen!). Benutzen wir das gleiche Röhrchen für sämtliche Gefäße, so spülen wir es jedesmal gut ab, damit wir keine Ionen verschleppen. Auch bei Bereitung der Lösungen müssen wir äußerste Sauberkeit einhalten.
Zur Verhinderung des Algenwachstums und zum Schutz der Pflanzenwurzeln vor Lichteinwirkung umwickeln wir die Gefäße mit Packpapier. 2 Gummiringe halten es. Einmal wöchentlich nehmen wir das Papier ab, kontrollieren den Flüssigkeitsverbrauch und füllen mit reinem Wasser bis zur ursprünglichen Höhe auf.
Von der Nährlösung bereiten wir uns jeweils 1 l. Sie reicht 1 Monat und ist dann durch neue zu ersetzen. In das erste Gefäß geben wir eine Vollösung. Sie enthält sämtliche Elemente, die für das normale Pflanzenwachstum erforderlich sind. Die anderen Gefäße werden mit Teillösungen gefüllt, in denen jeweils 1 Element fehlt. Die Vollösung können wir notfalls mit Leitungswasser ansetzen, für die Teillösungen dürfen wir aber nur destilliertes Wasser, evtl. Regenwasser nehmen.
Zusammensetzung der Nährlösungen auf Seite 40.

Maiskeimling in Hydrokultur

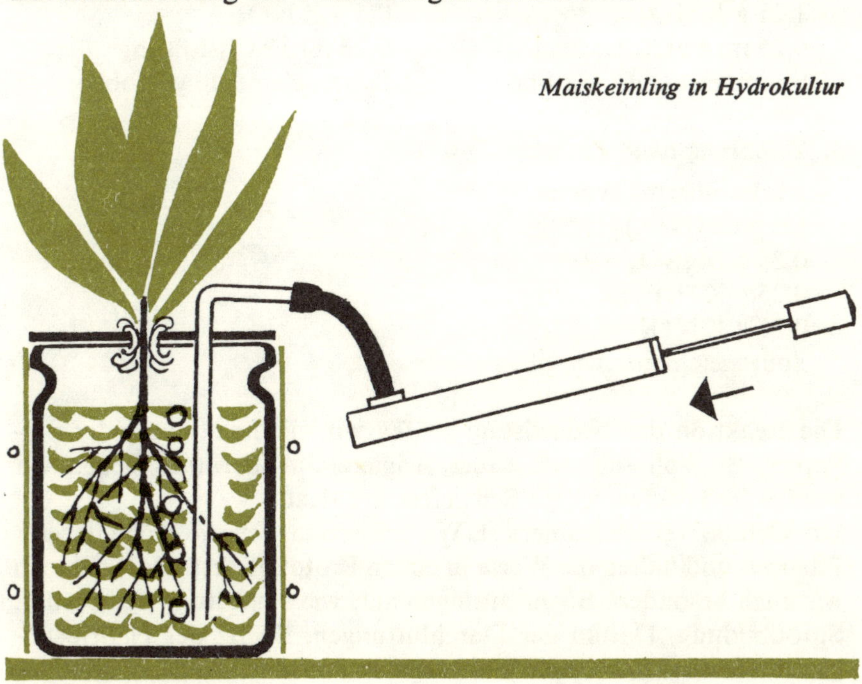

1. Vollösung nach Knop

1 l Leitungswasser
1,0 g $Ca(NO_3)_2$
0,25 g $MgSO_4$
0,25 g KH_2PO_4
0,25 g KNO_3
0,25 ml $FeCl_3$-Lösung

hinzu kommen als Spurenelemente

1 ml H_3BO_3-Lösung
1 ml $MnSO_4$-Lösung
1 ml $CuSO_4$-Lösung
1 ml $ZnSO_4$-Lösung
(Für die Bereitung der Lösungen jeweils 1 g in 1 l destilliertem Wasser lösen oder 1 Körnchen der Verbindungen in das Kulturgefäß geben.)

2. Teillösung ohne N

1 l destilliertes Wasser
0,25 g $MgSO_4$
0,5 g KH_2PO_4
1,0 g $Ca_3(PO_4)_2$
0,25 ml $FeCl_3$-Lösung
Spurenelemente wie oben

3. Teillösung ohne K

1 l destilliertes Wasser
1,25 g $Ca(NO_3)_2$
0,25 g $MgSO_4$
0,5 g $Ca_3(PO_4)_2$
0,25 ml $FeCl_3$-Lösung
Spurenelemente wie oben

4. Teillösung ohne Ca

1 l destilliertes Wasser
0,25 g $MgSO_4$
0,25 g KH_2PO_4
1,25 g KNO_3
0,25 ml $FeCl_3$-Lösung
Spurenelemente wie oben

5. Teillösung ohne P

1 l destilliertes Wasser
1,0 g $Ca(NO_3)_2$
0,25 g $MgSO_4$
0,5 g KNO_3
0,25 ml $FeCl_3$-Lösung
Spurenelemente wie oben

6. Teillösung ohne Fe

1 l destilliertes Wasser
1,0 g $Ca(NO_3)_2$
0,25 g $MgSO_4$
0,25 g KH_2PO_4
0,25 g KNO_3
Spurenelemente wie oben

Die Reaktion der Nährlösung prüfen wir mit Lackmus- oder pH-Papier. Sie soll schwach sauer reagieren. Andernfalls geben wir wenige (!) Tropfen 5%ige Schwefelsäure dazu.
Die Gefäße werden numeriert. Wir messen täglich die Höhe unserer Pflanzen und halten die Werte in einem Protokoll fest. Dort nehmen wir auch besondere Beobachtungen auf, wie Entfaltung der Blätter, Sproßbildung, Datum der Durchlüftungen, Ersatz der Nährlösungen, besondere Farberscheinungen usw. Aus den Längenmessungen

können wir die tägliche Wachstumszunahme errechnen. Tragen wir in einem Koordinatensystem die Pflanzenhöhe (in cm) über der Zeit (in Tagen) auf, so erhalten wir eine Wachstumskurve. Nach Beendigung der Versuche können wir dann die Wachstumskurven der in verschiedenen Lösungen gezogenen Pflanzen vergleichen.
Selbstverständlich bleibt es jedem überlassen, die Versuche zu variieren, andere Spurenelemente (Li, Co, J, Mo, Ni, Al usw.) den Nährlösungen zuzusetzen oder zu versuchen, eine eigene Nährlösung zusammenzustellen. Dabei müssen wir aber beachten, daß die betreffenden Elemente in der Ionenform vorliegen müssen und ihre Konzentration nicht zu hoch sein darf. Wird die Nährlösung zu konzentriert angesetzt, treten bei den Keimlingen Plasmolyseerscheinungen auf.

Pillnitzer Hydroziertopf

Wir werden bald merken, daß die Pflanzen in einigen unserer Nährlösungen im Wachstum zurückbleiben und schließlich ganz absterben. Das wird uns nicht überraschen, wissen wir doch, daß zum Beispiel der Stickstoff ein unentbehrlicher Bestandteil des Eiweißes ist, ähnlich Schwefel und Phosphor. Magnesium ist im Chlorophyll enthalten, und Eisen spielt vermutlich eine katalytische Rolle bei der Chlorophyllsynthese. Wir werden bei unseren Maispflanzen in der Teillösung ohne Eisen schließlich ein Gelbwerden der Blätter beobachten, eine Erscheinung, die man Chlorose nennt.
Viele Leser werden die erdelose Kultur der Pflanzen sicher schon kennen, denn in vielen Haushalten wird der Pillnitzer Hydroziertopf zur Aufzucht von Zimmer- und Zierpflanzen sehr geschätzt. Hydroziertöpfe mit genauer Beschreibung sind in jedem größeren Blumengeschäft erhältlich. Sie sind für viele Pflanzenarten verwendbar, zum Beispiel Monstera, Begonien, Farne, Bromelien, Philodendron, Nelken, Rosen, Azaleen, Hortensien, Gummibaum (Ficus elastica), Russischer Wein, Zimmerefeu und andere mehr. Selbst Kakteen bilden keine Ausnahme. Für diese Hydrokulturen gibt es zuverlässige Nährsalzzusammenstellungen in Pulverform oder als Tabletten im Handel. Ein durchaus vollwertiges Nährsalz können wir uns leicht selbst bereiten, indem wir 19 g KNO_3, 4 g $CaHPO_4$, 2 g $Mg_3(PO_4)_2$, 0,35 g $FeSO_4$, 0,05 g H_3BO_3 und 0,05 g $MnCl_2$ mischen. Als Spurenelemente setzen wir noch etwa je 5 mg $ZnSO_4$ und $CuSO_4$ zu. Die Mischung ist berechnet für 10 l Nährlösung.
Wasserkulturen werden auch in großem Maßstab angelegt, bieten sie doch gegenüber der Erdekultur besondere Vorteile. Die Lösung ist frei von schädlichen Mikroorganismen, sie wird gut belüftet, und ihr Nährstoffgehalt kann den Anforderungen der Pflanzen angepaßt werden. In Warmhäusern stehen lange Kübel aus Beton oder Plastik.
Sie sind gefüllt mit Kies (Korngröße 5 bis 8 mm) oder gereinigter

Schlacke. Es gibt aber auch noch Tank- und Torfkulturen, doch scheint sich die Kieskultur mehr und mehr durchzusetzen. Die Nährlösung durchfließt langsam die Kübel oder wird mehrmals am Tage angestaut, um dann in Behälter zurückzufließen.
In der praktischen Landwirtschaft und vor allem im Gartenbau konnten in den letzten Jahrzehnten gute Erfahrungen mit der erdelosen Pflanzenzucht („Hydroponik") gemacht werden. Großanlagen mit nach Hektar zählenden Anbauflächen liefern heute reiche Ernten mit hervorragender Qualität. Die Standorte solcher Anlagen wählt man so, daß die Gewächshäuser mit billiger Industriewärme versorgt werden können.
Wir wollen nicht verschweigen, daß Hydroponik-Kulturen auch gewisse Schwierigkeiten mit sich bringen. So verbleiben beispielsweise im Kies Wurzelteile, die bei der Zersetzung giftige Stoffe bilden und die nachfolgenden Kulturen schädigen. Auch müssen die Pflanzen künstlich mit Kohlendioxid beatmet werden, denn CO_2-erzeugende Mikroorganismen stehen hier ja nicht zur Verfügung.
Vergessen wir andererseits nicht, daß die neue Methode es gestattet, den Produktionsprozeß vor allem von Gemüse weitgehend zu automatisieren, Frühgemüse zeitiger als gewöhnlich in den Handel zu bringen und Pflanzen in Gebieten heranzuziehen, die keinen geeigneten Boden dafür aufweisen.
Vielleicht werden eines Tages die Wissenschaftler einer Weltraum- oder Mondstation Gurken oder Tomaten ernten, die sie in einer „Kultur ohne Boden" herangezogen haben. Als Nebenprodukt liefern ihnen die Pflanzen dann den dringend benötigten Sauerstoff aus dem Kohlendioxid zurück.

Das Wasser im Kreislauf der Natur

Menschen, Tiere und Pflanzen bedürfen des Wassers. Die ältesten menschlichen Siedlungen finden wir an Quellen oder an den Rändern der Flußtäler. Wüsten und felsige Einöden werden von den Lebewesen weitgehend gemieden.
Wasser wird das Blut der Erde genannt. Es tritt als Regen oder Schnee auf. In den Boden eingedrungen, fließt es unterirdisch weiter und tritt als Quelle wieder zutage. Als Bach, Fluß oder Strom nimmt es seinen Weg zum Meer, auf dem bereits ein Teil durch Verdunstung wieder in die Atmosphäre zurückfließt.
71% der Erde sind von Meeren bedeckt. Würde man das Wasser der Weltmeere gleichmäßig über ihre Oberfläche verteilen, so entstünde eine 2600 Meter dicke Wasserhülle. Das Meer wirkt im

Laufe der Jahrtausende beständig als Landschaftsgestalter. Als riesiger Wärmespeicher beeinflussen die Ozeane unser Wetter, und Massenverfrachtungen von Wasser in Meeresströmungen tragen zur Klimagestaltung bei.
Die Luft enthält wechselnde Mengen von Wasserdampf. Mit steigender Temperatur nimmt ihre Aufnahmefähigkeit zu. Aufsteigende Luft kühlt sich ab und gibt ihre Feuchtigkeit, nachdem sie den Sättigungspunkt erreicht hat, als Wolke, Regen, Schnee oder Hagel wieder ab. So kehrt das Wasser zur Erde zurück. Befruchtend oder Verderben bringend, immer wieder schließt sich der Kreislauf des Wassers in der Natur.

Sind alle Düngemittel wasserlöslich?

Düngemittel sind, chemisch gesehen, Salze. Salze haben in Flüssigkeiten eine unterschiedliche Löslichkeit, die wir messen, indem wir die Konzentration der gesättigten Lösung bestimmen. Es gibt leichtlösliche Stoffe, schwerlösliche und praktisch unlösliche Stoffe. Die Löslichkeit ist in unterschiedlichen Lösungsmitteln verschieden. Wir müssen bei der Löslichkeit daher immer angeben, um welches Lösungsmittel es sich handelt. Kochsalz löst sich gut (d. h. in reichlicher Menge) in Wasser, dagegen kaum in Alkohol. Ähnlich verhält sich Zucker.
Die Düngemittel liegen meist als Chloride, Sulfate, Nitrate, Phosphate und Karbonate der Alkalimetalle (Na, K) und der Erdalkalimetalle (Mg, Ca) vor. Besonders die Phosphate und Karbonate der Erdalkalimetalle und das Sulfat des Kalziums sind schwer löslich.
Wir wollen uns hier vor allem mit den Phosphaten beschäftigen. Deshalb besorgen wir uns von einer Düngemittelhandlung einige Löffel Superphosphat, Thomasphosphat und Alkalisinterphosphat.

Wir untersuchen Superphosphat

In ein Reagenzglas geben wir zwei Spatelspitzen voll Superphosphat, fügen einige ml destilliertes Wasser hinzu, schütteln mehrmals und filtrieren davon 4 bis 5 Tropfen in ein Halbmikroreagenzglas. Dort prüfen wir auf das Vorhandensein von Phosphationen (siehe Seite 27). Das Ergebnis wird positiv sein. Wir schließen daraus, daß Superphosphat ein wasserlöslicher Phosphorsäuredünger ist.
Wegen seines Gehaltes an wasserlöslichem Kalziumdihydrogenphosphat ist das Superphosphat ein schnell wirkender Dünger, es wird als Kopfdünger verwendet. In granulierter Form (3 mm Korn-

durchmesser) kann es mit dem Saatgut eingedrillt werden, befindet sich unmittelbar neben dem sich entwickelnden Keimling und wird wegen seiner Körnigkeit nicht zu schnell gelöst.

Der unlösliche Knochen

Wir stellen uns etwas Knochenasche her, indem wir einen ausgekochten Rinderknochen auf einem Tondreieck 1 bis 2 Stunden in die heiße Flamme eines Bunsenbrenners bringen. Energiesparender arbeiten wir, wenn wir ihn in ein Ofenfeuer legen und dort 2 bis 3 Tage belassen. Nachdem der Knochen ausgeglüht ist, wird er von der anhaftenden Asche befreit und in einer Reibschale pulverisiert.

Knochen bestehen zu etwa zwei Dritteln aus anorganischen Substanzen (Trikalziumphosphat, Kalziumkarbonat, Kalziumchlorid, Kalziumfluorid, Magnesiumphosphat). In der Knochenasche ist ihr Gehalt noch wesentlich höher, da ja Eiweiße (Knochenknorpel), Fette und Wasser weitgehend entfernt sind.

Wir schütteln etwas Knochenasche mit destilliertem Wasser und prüfen, wie beim Superphosphat beschrieben, auf Phosphationen. Dabei achten wir sorgsam darauf, daß kein Überschuß an Salpetersäure vorhanden ist. Das Ergebnis wird negativ sein, denn Trikalziumphosphat ist wasserunlöslich. (Tritt doch eine Gelbfärbung auf, so war zuviel Salpetersäure vorhanden.)

Zwei Spatelspitzen Knochenasche wollen wir nun in einem Reagenzglas mit einigen Tropfen konzentrierter Schwefelsäure anfeuchten und dann sehr vorsichtig (Schutzbrille tragen!) 2 ml destilliertes Wasser hinzugießen. Wir schütteln um und filtrieren dann einige Tropfen in ein Halbmikroreagenzglas. Die Prüfung auf Phosphationen fällt positiv aus. Wir schließen daraus, daß das unlösliche Trikalziumphosphat der Knochenasche unter Einwirkung der Schwefelsäure in eine wasserlösliche Phosphorverbindung (Monokalziumphosphat) übergeführt wurde. Wir bezeichnen die Überführung eines unlöslichen Phosphats in den löslichen Zustand als Aufschließen.

Durch Aufschluß von mineralischen Rohphosphaten wird Superphosphat gewonnen. Da wir in Deutschland nur über unbedeutende Mengen an Phosphatmineralien verfügen, beziehen wir Phosphate in Form von Apatit oder auch Apatit-Konzentrate teils aus Nordafrika, teils aus der Sowjetunion. Durch den Säureaufschluß mit Schwefelsäure oder auch Salpetersäure erhält man das leicht wasserlösliche Superphosphat (Hauptbestandteil Monokalziumphosphat, gemischt mit anderen Reaktionsprodukten, z. B. Gips). Der Aufschluß mit Phosphorsäure führt zu fast reinem Monokalziumphosphat, das als Doppelsuperphosphat bezeichnet wird.

Thomasphosphat — nur ein Abfallprodukt?

Bei der Stahlgewinnung aus phosphorhaltigen Erzen nach dem Thomasverfahren fällt eine Schlacke an, die in gemahlenem Zustand als Thomasmehl in den Handel kommt.
Wir untersuchen zunächst Thomasmehl auf seinen Gehalt an Phosphationen. Wir schlämmen eine Spatelspitze davon in einem Halbmikroreagenzglas auf, filtrieren einige Tropfen ab und prüfen in der bekannten Weise. Thomasmehl enthält kein wasserlösliches Kalziumphosphat, deshalb wird das Ergebnis negativ sein.

Wir gehen nun daran, Thomasmehl aufzuschließen, nur nehmen wir diesmal keine Schwefelsäure, sondern schlämmen zwei Spatelspitzen Thomasmehl in 2 bis 3 ml verdünnter (ungefähr 2prozentiger) Zitronensäurelösung auf. Zitronensäure erhalten wir in Apotheken oder Drogerien. Wir können aber auch einige Tropfen Zitronensaft nehmen und ihn mit wenig Wasser verdünnen. Das in der Zitronensäurelösung aufgeschlämmte Thomasmehl schütteln wir mehrfach, filtrieren dann einige Tropfen in ein Halbmikroreagenzglas und prüfen schließlich auf Phosphationen. Aus dem positiven Ergebnis folgern wir, daß bereits verdünnte Zitronensäure das unlösliche Kalziumphosphat des Thomasmehls aufschließen kann.
Phosphate lassen sich auch mit Kohlensäure aufschließen. Um das nachzuprüfen, schlämmen wir einige Spatelspitzen Thomasmehl in einem zu ¾ mit Wasser gefüllten Reagenzglas auf, säuern dann die Aufschlämmung mit Phosphorsäure an, bis Indikatorpapier gerade eine saure Reaktion anzeigt, teilen dann die Aufschlämmung und leiten in die eine Portion etwa ½ Stunde lang Kohlendioxid ein. Kohlendioxid erzeugen wir in einem einfachen Gasentwickler aus Marmorstückchen und verdünnter Salzsäure. (Die zweite Hälfte der Aufschlämmung lassen wir zum Vergleich stehen.)
Wir sehen schließlich, daß sich die Aufschlämmung, in die wir das Kohlendioxid einleiten, mehr und mehr aufhellt. Lassen wir beide Gläser eine Nacht stehen, so erkennen wir, daß der Niederschlag in der behandelten Aufschlämmung wesentlich geringer ist, als in der unbehandelten, wurde doch durch die Kohlensäure ein Teil des anfangs wasserunlöslichen Trikalziumphosphats in eine lösliche Form übergeführt.

Wir haben durch die beiden letzten Versuche wichtige Vorgänge im Boden nachgeahmt. Dort werden gleichfalls die unlöslichen Mineralien durch Säuren aufgeschlossen und damit den Pflanzen zugänglich gemacht. Kohlendioxid entsteht im Boden durch bakterielle Vorgänge (Verwesung und Fäulnis) und wird durch die Wurzelatmung der Pflanzen frei. Viele Mikroorganismen scheiden mit ihren Stoffwechselprodukten Säuren ab. Dazu gehören Äthansäure

(Essigsäure), Butansäure (Buttersäure), 2-Hydroxypropansäure (Milchsäure) und 2-Hydroxy-propantrikarbonsäure (1.2.3) (Zitronensäure). Bodenbakterien finden wir besonders zahlreich in der Nähe von Pflanzenwurzeln, da diese organische Verbindungen ausscheiden. Somit erfolgt also unmittelbar im Wurzelbereich, in der Rhizosphäre der Pflanzen, ein besonders guter Aufschluß. Auch die Wurzeln scheiden Säuren aus. Die innige Berührung der Wurzelhärchen mit den Bodenteilchen wirkt bei der Auflösung fördernd.

Wir prüfen das nach. Dazu lassen wir einige Roggen- oder Maiskörner in feuchten Sägespänen keimen. Nachdem ihre Wurzeln 2 bis 3 cm lang geworden sind, nehmen wir sie heraus, legen sie zwischen einige Streifen blaues Lackmuspapier und belasten ganz wenig, z. B. mit einer Streichholzschachtel. Nach 1 bis 2 Stunden färbt sich das Lackmuspapier an den Berührungsstellen infolge Säureausscheidung der Wurzeln rot. Wollen wir schneller zum Ziel kommen, so zerdrücken wir die Wurzeln zwischen blauem Lackmuspapier.

Nachdem wir nun durch eine Reihe von Versuchen den Aufschluß von Mineralien studiert haben, wollen wir auch noch einen Blick auf den umgekehrten Vorgang werfen. Es ist nämlich durchaus möglich, daß wasserlösliche Mineralien durch chemische Reaktionen im Boden wasserunlöslich werden, daß sie „zurückgehen“.

Wenn wir zu 1 ml klarer Phosphatlösung (z. B. Filtrat einer Superphosphatlösung) tropfenweise Kalkwasser geben, sehen wir, daß sich die Lösung mehr und mehr trübt. Es bildet sich wasserunlösliches Trikalziumphosphat. Dieser Vorgang spielt sich teilweise zwischen Kalziumionen des Bodens und dem Kalziumdihydrogenphosphat des Superphosphatdüngers ab. Auch Magnesium-, Eisen- und Aluminiumverbindungen sowie Ammoniak können ein Zurückgehen der Phosphate bewirken.

Wasser — das Lebenselixier der Pflanze

Pflanzen benötigen Wasser als Lösungsmittel für die Nährsalze, als Transportmittel für Nährsalze und Assimilate (sogenanntes Betriebswasser) und zum Aufbau ihres Körpers. Deshalb finden wir Wasser in allen Teilen des Pflanzenkörpers.

Wir bestimmen Trockengewichte

Wollen wir feststellen, wie hoch der Wassergehalt einer Pflanze oder eines Pflanzenteils ist, so bestimmen wir zunächst durch Wägen das Frischgewicht. Dann trocknen wir die Pflanze, wägen erneut, trocknen weiter und wägen wieder. Bringen uns die beiden letzten Wägungen das gleiche Ergebnis, so ist die Trocknung beendet. Das Trocknen kann an der Luft geschehen. Dabei müssen wir dafür sorgen, daß der Wind nichts wegbläst. Schneller geht es natürlich auf dem warmen Ofen bei einer Temperatur von ungefähr 100 bis 110°C oder im Trockenschrank bei der gleichen Temperatur.

Einen behelfsmäßigen Trockenschrank bauen wir aus einer großen Konservendose, in die wir ein Drahtnetz einziehen. Die Dose setzen wir waagerecht in einen kleinen Dreifuß aus starkem Draht und heizen von unten mit kleiner Flamme (Spiritusbrenner). Wir achten darauf, daß die Temperatur nicht zu hoch ansteigt, weil sonst eine Zersetzung der Pflanzenteile eintritt.

Den Wassergehalt errechnen wir aus der Differenz zwischen Frischgewicht und Trockengewicht und geben ihn in Prozent des Frischgewichtes an. Er kann sehr unterschiedlich sein. Bei Samen (etwa Getreide) liegt er zwischen 6 und 14%. Holzige Teile enthalten 50%, saftige Kräuter 70 bis 80%, Kakteen (Saftpflanzen) und fleischige Früchte 85 bis 95% und Algen sogar 95 bis 98% Wasser.

Im Verlauf des Trocknungsprozesses welken die grünen Pflanzenteile, verblassen, werden spröde und lassen sich leicht zerkrümeln. Früchte mit fleischigem Fruchtknoten (Pflaume) oder Blütenboden (Apfel) schrumpfen stark zusammen. Pflaumen, Äpfel, Birnen, Aprikosen, Weinbeeren, Kartoffeln, Kraut und Möhren sind als Trockenobst oder Trockengemüse lange haltbar.

Diffusion — einfach dargestellt

Unter Diffusion (lat. diffundere = sich ausbreiten) verstehen wir eine selbständige Ausbreitung von Masseteilchen in einem Medium. Ihre Ursache ist die Brownsche Bewegung. Die Diffusion verläuft stets vom Ort der höheren zu dem der niedrigeren Konzentration. Wir verzeichnen sie bei festen und gasförmigen Körpern. Bei Gasen ist die Diffusionsgeschwindigkeit am größten.

Wir wissen, daß Dampf- oder Gasmoleküle sich in einem Raum mehr oder weniger schnell ohne unser Zutun ausbreiten. Lassen wir eine Flasche mit Ammoniaklösung oder, was wesentlich angenehmer ist, eine Parfümflasche offen stehen, riechen wir nach einiger Zeit diesen Stoff in der Umgebung. Die Moleküle der Substanzen sind auf Grund ihrer Wärmebewegung zwischen die Moleküle der Luft eingedrungen. Das tun sie auch, wenn sie schwerer sind als die Moleküle des Gases, mit dem sie sich vermischen, das heißt also, entgegen der Schwerkraft.

Die Diffusion in Flüssigkeiten

In Flüssigkeiten dauert die Diffusion länger als in Gasen, da die Moleküle flüssiger Stoffe dichter gelagert sind. Wir füllen einige kleine Bechergläser oder große Reagenzgläser mit Wasser und bringen vorsichtig einen Kupfersulfat-, Kaliumpermanganat- oder Fuchsinkristall auf den Grund der Gefäße. Dann lassen wir sie einige Tage eschütterungsfrei stehen. Wir werden feststellen, daß die Flüssigkeiten mehr und mehr durch die in sie diffundierenden Ionen oder Moleküle blau, rotviolett oder rötlich gefärbt werden. Es dauert allerdings einige Wochen, bis eine Verteilung eingetreten ist.
Überschichten wir in einem Trinkglas etwas Fruchtsirup vorsichtig mit Wasser, so sehen wir zunächst eine deutliche Trennungsfläche zwischen beiden Flüssigkeiten. Wir lassen das Glas einige Tage stehen. Dann beobachten wir, daß die scharfe Grenze verwischt ist. Saugen wir vorsichtig mit einem Trinkhalm etwas Wasser dicht unter der Oberfläche ab, so werden wir feststellen, daß es süß schmeckt.
Wir können auch ein Stück Würfelzucker auf den Boden einer mit Wasser, Kaffee oder Tee gefüllten Tasse legen, sie erschütterungsfrei stehen lassen und nach 1 Stunde kosten.

Versuche mit einer Schweinsblase

Erfolgt die Diffusion durch eine poröse Scheidewand, so nennen wir den Vorgang Osmose. Mit ein paar einfachen, aber eindrucksvollen Vorversuchen wollen wir uns die Grundlagen für das Verständnis der osmotischen Vorgänge erarbeiten.

Ausgangspunkt: Ein Niederschlag

Wir füllen zwei Reagenzgläser zu einem Drittel mit Wasser. In dem einen Glas lösen wir einen kleinen Kristall von Kaliumhexazyanoferrat(II), in dem anderen einen Kupfersulfatkristall. Beide Lösungen gießen wir zusammen (Vorsicht, Gift!). Wir beobachten die Bildung eines rotbraunen Niederschlages. Er besteht aus Kupferferrat(II), $Cu_2[Fe(CN)_6]$.

Die Traubesche Zelle

Dieser Versuch wurde 1867 von dem Botaniker Traube entwickelt. In eine Kristallisierschale oder in ein Becherglas mit breitem Boden füllen wir etwa 4 cm hoch eine 5%ige Lösung von Kaliumhexa-

zyanoferrat(II). Auf den Boden des Glases legen wir nun einen großen Kupfersulfatkristall.
Wir beobachten, wie sich an der Oberfläche des Kristalls eine Haut bildet. Sie besteht aus Kupferhexazyanoferrat(II). Wir lernten es im vorigen Versuch kennen. Das wesentliche Merkmal dieser Haut besteht darin, daß sie Wassermoleküle hindurchtreten läßt, aber keine Durchlässigkeit für die Salzmoleküle besitzt. Wir bezeichnen derartige Wände als halbdurchlässige (semipermeable) Membranen. Da die Diffusion stets in Richtung der höheren Konzentration verläuft, wandern ständig Wassermoleküle durch die Membran zum Kristall und lösen diesen auf. Dabei bläht sich die Membran und reißt. Kupfersulfatlösung tritt aus und bildet mit der Lösung von Kaliumhexazyanoferrat(II) sofort eine neue Membran. Dieser Vorgang wiederholt sich mehrmals. Wir sehen am Boden des Gefäßes schließlich ein aufgeblähtes, quallenförmiges, bräunliches Gebilde, aus dem kleine Schläuche ruckartig nach oben wachsen.
Wir versuchen auch, ob es umgekehrt geht, indem wir einen Kristall von Kaliumhexazyanoferrat(II) in eine verdünnte Kupfersulfatlösung legen. Nach Beendigung der Versuche gießen wir die Lösungen nicht achtlos in den Ausguß, sondern denken daran, daß es sich um giftige Substanzen handelt, die wir am besten in einem alten Steingutgefäß sammeln. Wir gießen sie später in ein nicht zu flaches Loch, das wir uns in einer Ecke des Gartens graben.

Der chemische Garten

Wir sollten keine Mühe scheuen und diesen immer wieder beeindruckenden Versuch durchführen. Aus einer Drogerie besorgen wir uns 250 ml Wasserglas. Wir verdünnen es in einem alten Weckglas unter Rühren mit der gleichen Menge destillierten Wassers. Danach werfen wir einige mittelgroße Kristalle der nachfolgend genannten Salze so in das Wasserglas, daß sie gleichmäßig auf dem Boden des Weckglases verteilt sind. Folgende Salze eignen sich für diesen Versuch: Eisen(III)-chlorid, Eisen(II)-sulfat, Kupfersulfat, Kupferchlorid und Kupfernitrat, Kalziumchlorid, Mangansulfat, Aluminiumchlorid, Nickelsulfat, Kobalt(II)-chlorid und Bleinitrat (Vorsicht! Alle löslichen Schwermetallsalze sind Gifte!).

Wir verschließen das Glas mit einem Deckel und lassen es möglichst erschütterungsfrei stehen. Bereits nach einigen Minuten wachsen von den Kristallen verschiedenfarbige, schlauchartige Gebilde empor. Sie nehmen die Form von Pilzen, Moosen, Korallen oder Algen an. Nach einigen Stunden oder Tagen erreichen sie, wenn der eingeworfene Kristall groß genug war, die Oberfläche der Lösung. Die Bedingungen, die zu der Schlauchbildung führen, sind dieselben, wie bei der Traubeschen Zelle, nur bestehen die semipermeablen Membranen diesmal aus den verschiedensten Metallsilikaten. Unseren chemischen Garten können wir lange aufheben, wenn wir das Glas verschlossen halten.

Wir untersuchen den osmotischen Druck

Die grundlegenden Untersuchungen über die osmotischen Erscheinungen stammen von dem deutschen Botaniker Wilhelm Pfeffer. Für seine Experimente stellte er sich eine Zelle her, die aus einem Tonzylinder bestand, in dessen Poren Kupferhexazyanoferrat(II) als semipermeable Membran niedergeschlagen war. An den Tonzylinder schloß Pfeffer ein Quecksilbermanometer zur Messung des osmotischen Druckes an. Die gesamte Anordnung bezeichnen wir als Osmometer.

Da die Herstellung von Kupferhexazyanoferrat(II)-Membranen sehr schwierig ist, wollen wir eine einfachere Ausführung eines Osmometers wählen.

Wir benötigen ein zylindrisches Gefäß, das sich einseitig verjüngt, so daß es einer Flasche ohne Boden ähnelt. Wer Geschick in der Glasbearbeitung besitzt, kann den Boden einer etwa 50 bis 100 ml fassenden runden Flasche absprengen. Sicherer gehen wir, wenn wir uns einen Vorstoß (eine sogenannte Filtertulpe) besorgen. Er dient bei der Filtration unter vermindertem Druck zur Aufnahme der Filtertiegel. Über die offene Seite des Vorstoßes spannen wir die semipermeable Membran. Dazu besorgen wir uns ein Stück Schweins- oder Rindsblase. Wir entfetten sie gut, indem wir sie einen Tag in Sodalösung legen und anschließend mit Wasser waschen. Wir können sie auch mit warmen Seifenwasser entfetten.

Auf das Glasrohr des Vorstoßes schieben wir ein Stückchen Gummischlauch. Wir setzen eine Schlauchklemme darauf und drehen ihre Schraube fest zu. Dann streichen wir den äußeren Rand des Vorstoßes etwa 1 cm breit mit Vaseline ein. Nun spannen wir den Vorstoß in ein Stativ und füllen ihn bis zum Rand mit einer konzentrierten Zuckerlösung, die wir vorher mit roter Tinte oder Methylviolett (Kopierstift) angefärbt haben. Anschließend spannen wir die noch feuchte Blase über die Öffnung und binden sie mit einer feuchten dünnen Schnur fest. Wir verfahren dabei mit größter Sorgfalt. Wenn der geringste Zwischenraum bleibt, waren alle Bemühungen umsonst. Das Osmometer drehen wir nun um und hängen es in ein mit Wasser gefülltes Becherglas. Dann nehmen wir die Schlauchklemme ab und schieben in den Schlauch ein gut passendes, etwa 20 bis 30 cm langes Glasrohr als Steigrohr. Wir markieren den Stand der Lösung durch einen aufgeschobenen klei-

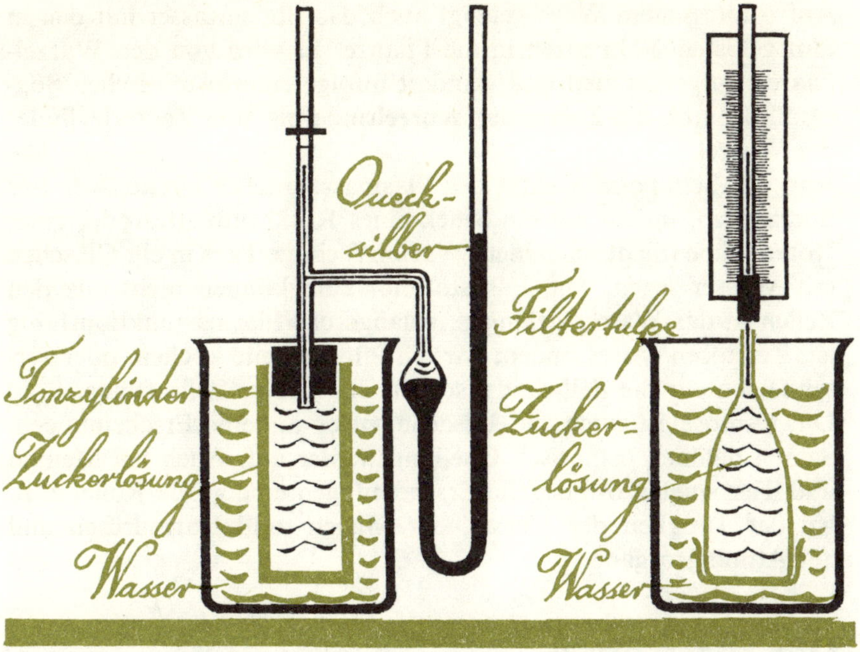

Pfeffersche Zelle (links) und ihre vereinfachte Ausführung (rechts)

nen Gummiring, den wir uns aus Laborschlauch schneiden und notieren die Zeit des Versuchsbeginns.

Schon nach kurzer Zeit wölbt sich die Blase etwas. Gleichzeitig stellen wir einen Anstieg der Flüssigkeitssäule in dem Rohr fest. Er erfolgt in den ersten Stunden ziemlich rasch, wird schließlich langsamer und hört nach einigen Tagen ganz auf.

Wir können den Versuch in verschiedener Weise variieren. Als Membranmaterial können wir Zellophanfolien oder Pergamentpapier probieren, als Füllung des Osmometers eine Natriumchloridlösung oder die Lösungen anderer Salze verwenden. Gewisse Gesetzmäßigkeiten, über die wir uns am besten in der einschlägigen Fachliteratur informieren, lassen sich erkennen, wenn wir Meßreihen mit Salzlösungen unterschiedlicher Konzentrationen durchführen.

Die Pflanzenzelle ist mit einem Osmometer vergleichbar. Ihre semipermeable Membran wird durch den Plasmaschlauch gebildet, der der Zellwand anliegt. Der salz- und zuckerhaltige Inhalt ihrer Zellsafträume, der Vakuolen, entspricht der Lösung im Osmometer. Durch Aufnahme von Lösungsmittel entsteht in der Zelle ein erhöhter Wanddruck, der Turgor. Von ihm sind Formbeständigkeit und Festigkeit der Zellen abhängig.

Auf osmotischem Wege gelangt auch das Bodenwasser mit den in ihm gelösten Nährsalzen in die Pflanze. Es wird von den Wurzelhaaren aufgenommen und wandert infolge eines osmotischen Sog-gefälles durch die Zellen der Wurzelrinde bis zum Zentralzylinder der Wurzel.

Von der Semipermeabilität des Plasmaschlauches können wir uns überzeugen, indem wir ein Stück eines Rotkrautblattes oder einer Roten Rübe (nicht schneiden! Warum?) einige Tage in ein Gläschen mit Wasser legen. Die Farbstoffmoleküle können nicht aus den Zellen in das Wasser gelangen, solange das Plasma funktionsfähig ist. Zerstören wir es, indem wir die Pflanzenteile kochen, oder zerschneiden wir die Zellwände, so tritt der farbige Zellsaft aus.

Die Osmose ist auch die Ursache vieler anderer Erscheinungen. Samen nehmen osmotisch Quellungswasser auf. Auch bei Mensch und Tier spielen osmotische Erscheinungen eine große Rolle, z. B. bei der Tätigkeit der Nieren, der Magen- und Darmdrüsen und der Atmungsorgane.

Die Plasmolyse

Gegen Husten gab es früher ein Hausmittel, an dessen Stelle heute schneller und besser wirkende Hustensäfte getreten sind. Von einem schwarzen Rettich wurden die Blätter und der lange „Schwanz" abgeschnitten. Dann wurde der obere Teil durch einen Querschnitt abgehoben und das Innere so ausgehöhlt, daß eine etwa 2 cm dicke Schicht stehenblieb. Mit einem Holzstäbchen wurde der Rettich nach unten durchstoßen. Den entstandenen Hohlraum füllte man mit Kandiszucker und setzte das Oberteil wieder auf. Nun wurde der Rettich auf einen Kaffeetopf oder einen kleinen Krug gesetzt. Bereits nach einigen Stunden begann aus der unteren Öffnung ein Zuckersaft zu tropfen. Nach einigen Tagen war der Zucker vollkommen gelöst, und der Rettich war stark zusammengeschrumpft. Der aufgefangene Saft brachte, löffelweise genommen, eine wesentliche Hustenlinderung. Auch Leser, die keinen Husten haben, sollten den Saft ruhig einnehmen — er ist sehr gesund. Finden wir für den Versuch gerade keinen Rettich, dann probieren wir es mit einer Rübe oder einer großen Kartoffel und verwenden anstelle von Zucker Salz, da wir diesen Saft ohnehin nicht zu uns nehmen.

Dem Vorgang liegt eine osmotische Erscheinung zugrunde. Der Zucker (bzw. das Salz) entzieht den Zellen des Rettichs Wasser und löst sich. Im Grunde wandert das Wasser in Richtung der höheren Konzentration. Der Turgor sinkt dabei, der Rettich welkt. Legen wir ihn anschließend in ein Gefäß mit Wasser, so nehmen seine

Zellen dieses auf, und ihr Turgor steigt an. Ähnliche Erscheinungen beobachten wir beim Einlegen von Früchten in Zuckerlösungen oder in Alkohol, beispielsweise bei der Bereitung eines Rumtopfes.
Legen wir ein Löwenzahnblatt in eine konzentrierte Kochsalzlösung, so wird es schlaff. Bringen wir es sofort wieder in reines Wasser, so strafft es sich. Der Blütenschaft des Löwenzahns rollt sich, wenn wir ihn durch zwei Längsschnitte vierteln. Durch Eintauchen in Wasser wird die Krümmung verstärkt. Tauchen wir ihn in eine Kochsalzlösung, so beginnt er sich zu strecken.

Plasmolyse unter dem Mikroskop

Für uns entsteht dabei die Frage, wie sich das Zellplasma bei diesen Vorgängen verhält. Wir wollen deshalb die Erscheinungen bei einer einzelnen Zelle verfolgen. Zunächst brauchen wir geeignetes Untersuchungsmaterial. Es soll dünnwandig sein, möglichst farbigen Zellsaft enthalten und aus nur einer Zellschicht bestehen. Alle drei Forderungen sind erfüllt, wenn wir Staubfadenhaare von Tradescantia virginica verwenden. Sollten wir sie nicht selbst als Zierpflanze im Garten haben, so wird uns ein Gärtner sicher gern aushelfen. Wir sollten uns auf alle Fälle eine Tradescantia pflanzen, weil wir in ihren Staubfadenhaaren auch sehr gut die Protoplasmaströmung, den Zellkern und die Kernkörperchen beobachten können.
Als Zimmerpflanzen finden wir oft Tradescantia-Arten, die allerdings in ihrem Äußeren gänzlich von den im Freiland wachsenden abweichen. Wir können sie vermehren, indem wir Blumentöpfe mit sandiger Mistbeeterde füllen und da hinein die Stecklinge bringen.
Auch Joch- und Grünalgen sowie die durchsichtigen Blättchen des Sternmooses *(Minium)* sind für unsere Untersuchungen gut geeignet. Material, das uns jederzeit zur Verfügung steht, ist die Küchenzwiebel *(Allium cepa)*. Deshalb wollen wir den Versuch an ihr beschreiben. Der Leser kann das Verfahren dann sinngemäß auf die anderen Objekte anwenden.
Wir schneiden eine Zwiebel längs durch und trennen die einzelnen Blätter sorgfältig. Dann bereiten wir uns einen Objektträger vor. Wir polieren ihn mit einem nichtfasernden Tuch und bringen anschließend in seine Mitte mit einem Glasstab einen Wassertropfen. Nun schneiden wir ein Blatt der Zwiebel mit einer Rasierklinge quer an und ziehen mit der Pinzette einen etwa 1 mm breiten Streifen der Epidermis (Oberhaut) ab. Wir übertragen ihn sofort in den Wassertropfen, da er sich an der Luft rollt. Dann legen wir ein Deckglas auf. (Mit einer Kante an den Tropfen gegen eine Nadel setzen, mit der Pinzette langsam kippen.) Sollten jetzt unter dem Deckglas wasserfreie Stellen sein, so bringen wir mit dem

Glasstab oder einer Pipette einen Tropfen Wasser an den Deckglasrand. Es dringt infolge Kapillarwirkung unter das Deckglas. Überschüssiges Wasser saugen wir mit einem Filterpapierstreifen ab. Betrachten wir nun unser sogenanntes Naßpräparat unter dem Mikroskop bei etwa 200facher Vergrößerung, so sehen wir langgestreckte Zellen mit Zellkern. Haben wir das Häutchen von der Unterseite des Zwiebelblattes genommen, so sehen wir außerdem zahlreiche Spaltöffnungen.

Nach diesen vorbereitenden Arbeiten können wir mit dem eigentlichen Versuch beginnen. Es kommt darauf an, um die Zwiebelzellen eine Lösung zu bringen, deren Konzentration höher ist als die des Zellsaftes. Sie darf aber keine für die Zellen giftigen Stoffe enthalten. Geeignet sind Traubenzucker, Natriumchlorid und Kaliumnitrat; eventuell auch Kalziumnitrat und Magnesiumchlorid. Wir stellen uns von einer der genannten Substanzen etwa 1 ml konzentrierte

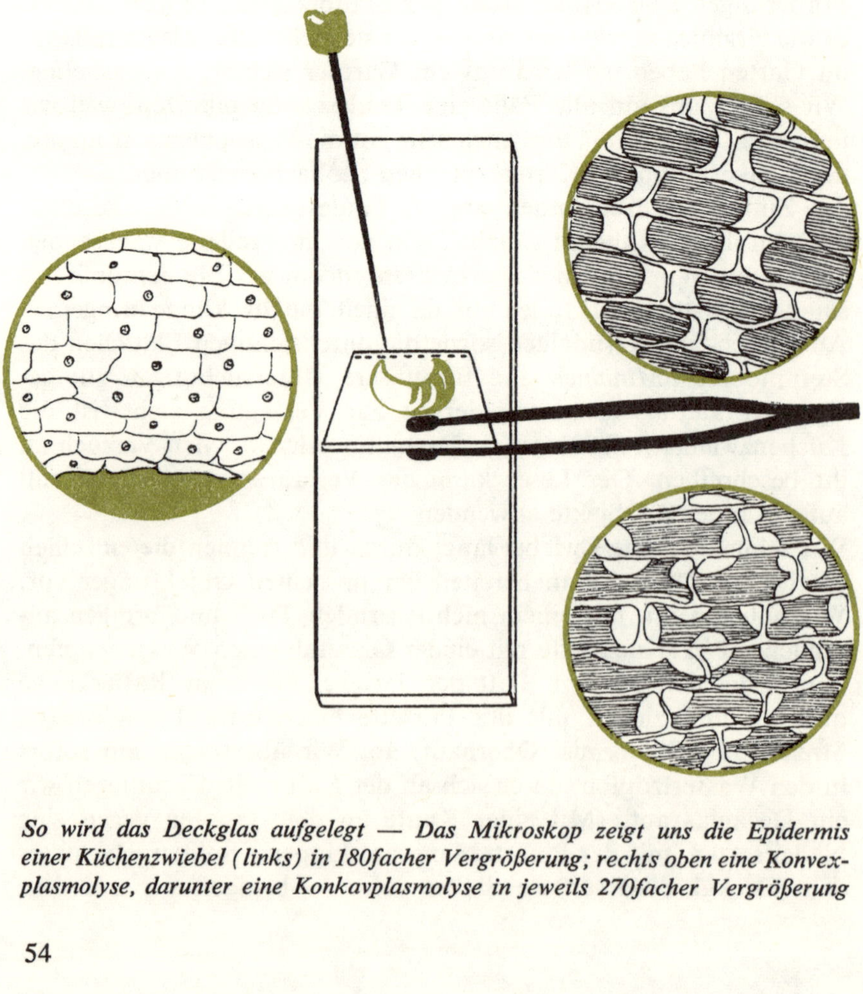

So wird das Deckglas aufgelegt — Das Mikroskop zeigt uns die Epidermis einer Küchenzwiebel (links) in 180facher Vergrößerung; rechts oben eine Konvexplasmolyse, darunter eine Konkavplasmolyse in jeweils 270facher Vergrößerung

Lösung her. (Bei Traubenzucker und Natriumchlorid fast konzentriert, bei Kaliumnitrat nur etwa 10%ig.)
Einige Tropfen davon müssen wir unter dem Deckglas hindurchsaugen. Das gelingt uns, wenn wir an einen Rand des Deckglases einen Filterpapierstreifen legen und an den gegenüberliegenden die Lösung tropfen.
Wir werden bald sehen, daß der Protoplast in den Zellen zu schrumpfen beginnt. Er löst sich schließlich von der Zellwand, und diese entspannt sich, weil sie vom Innendruck befreit wird. Diese wichtige Erscheinung, die schon 1855 entdeckt wurde, nennen wir heute Plasmolyse (d. h. Lösen, Ablösen des Plasmas). Das Plasma kann sich dabei entweder glatt ablösen und sich abgerundet in der Mitte der Zelle sammeln oder aber teilweise an der Wand haften, wie wir es in den umseitigen Zeichnungen sehen.
Wenn wir nun umgekehrt Wasser durch unser Präparat saugen, werden wir feststellen, daß die Plasmolyse rückgängig gemacht wird. Der Protoplast liegt schließlich wieder der Wand an. Wir sprechen jetzt von Deplasmolyse. Zu bemerken ist hierbei, daß plasmolysierte Zellen allmählich aufhören zu wachsen und schließlich absterben.
Die Untersuchung der Plasmolyse hat großen wissenschaftlichen und praktischen Wert. Sie gestattet, die Durchlässigkeit der Zellwand und des Plasmas zu untersuchen. Außerdem liefert sie uns den Beweis, daß die Zelle lebt, da nur lebendes Plasma semipermeabel ist. Schließlich kann man mittels der sogenannten Grenzplasmolyse den osmotischen Wert des Zellsaftes bestimmen und daraus die in der Zelle herrschenden Drücke berechnen. Es ist nicht möglich, an dieser Stelle allgemeingültige Aussagen über die Größe von osmotischen Drücken zu machen, denn sie schwanken nicht nur innerhalb einer Zelle, sondern sind auch innerhalb der einzelnen Gewebeschlichten recht unterschiedlich. Schließlich ändern sich die osmotischen Werte der Pflanzen in Anpassung an die Bedingungen der Umwelt. Häufig ermittelte man in den Grundgeweben von Landpflanzen Werte zwischen 5 und 10 Atmosphären. Es wurden aber auch Drücke von mehr als 40, ja sogar über 100 at gemessen, so z. B. bei Salzpflanzen, über die später noch etwas gesagt werden wird.
Grenzplasmolyse ist der Zustand der Zelle, bei dem sich der Protoplast eben abzulösen beginnt. Zu ihrer Bestimmung müssen die Zellen in Lösungen unterschiedlicher Konzentrationen gebracht werden. Der osmotische Druck der Lösung, die gerade in der Lage ist, die Plasmolyse einzuleiten, entspricht etwa dem osmotischen Druck des Zellsaftes.
Besonders hohe Zellsaftkonzentrationen sind bei den Salzpflanzen

(Halophyten) anzutreffen. Andernfalls wären diese nicht in der Lage, selbst bei hoher Salzkonzentration Wasser aufzunehmen. Werden Halophyten schnell in reines Wasser gebracht, so nehmen sie es rasch auf, ihr Turgor steigt plötzlich, und die Zellen können dabei platzen.

Die Kräfte des Wassertransports

Große Wassermengen wandern täglich durch die Pflanzen. Nur ein geringer Teil davon (etwa 0,2%) wird zum Aufbau der Pflanzensubstanz chemisch gebunden, die Hauptmenge dient zum Transport der Nährsalze, zur Aufrechterhaltung des Turgors und als Ersatz für das verdunstete Wasser.

Im Verlaufe einer Wachstumsperiode verdunstet eine Maispflanze bis zu 200 l Wasser. Bei einer Birke mit 200 000 Blättern sind es täglich 60 bis 70 l. Bei trockenem und heißem Wetter steigert es sich auf 300 bis 400 l. 20 000 bis 25 000 l Wasser verdunstet 1 Hektar Buchenwald pro Tag.

Die Pflanzen nehmen das Wasser vorwiegend durch ihre Wurzeln auf, aber auch Blätter, Zweige und Knospen sind dazu in der Lage. Wichtig ist, daß das Verhältnis zwischen Aufnahme und Abgabe von Wasser, die Wasserbilanz der Pflanze, ausgeglichen ist. Eine Störung dieses Verhältnisses führt beispielsweise zum Welken, zum Verdorren und damit zum Absterben. Ein gut entwickeltes Wurzelsystem, ein einwandfrei funktionierendes Leitungssystem und eine Reihe von Schutzeinrichtungen, die die Verdunstung herabsetzen, sind die Grundlagen für die richtige Wasserbilanz der Pflanze. Damit wollen wir uns in diesem und im nächsten Kapitel beschäftigen.

Zunächst weisen wir den Wurzeldruck nach

Die Pflanzen, besonders diejenigen trockener Standorte, besitzen ein weitverzweigtes und oft tiefgehendes Wurzelsystem. Von seinen Ausmaßen können wir uns erst dann eine rechte Vorstellung machen, wenn wir hören, daß bei einer Winterroggenpflanze 14 Millionen Wurzeln mit einer Gesamtlänge von 600 km und einer Fläche von 225 m^2 festgestellt wurden. An diesen befanden sich 15 Milliarden Wurzelhärchen, insgesamt 10 000 km lang, mit einer Oberfläche von 400 m^2.

Wurzeln nehmen das Kapillarwasser des Bodens osmotisch auf. Der Zellsaftdruck ihrer Oberhautzellen (Epidermiszellen) liegt unter dem höchsten erreichbaren Wert, es besteht ein Sog zwischen ihm und dem Boden. Dieses Soggefälle setzt sich nach den innen liegenden Rindenzellenschichten fort. Dadurch wird ein Wasserstrom bis zu dem gefäßhaltigen Zentralzylinder der Wurzel bewirkt. Den dadurch in den Gefäßen der Wurzel entstehenden Druck wollen wir nachweisen.

Wir schneiden den Stamm beziehungsweise Stengel einer Sonnenblume, einer Dahlie, einer Tabakpflanze, einer Fuchsie, Geranie, Begonie oder kräftig gewachsenen Brennessel 5 bis 10 cm über dem Boden mit einem scharfen Messer ab. Über den Stumpf schieben wir ein etwa 4 cm langes Schlauchstück aus weichem Gummi und dichten es mit Vaseline ab. Nun setzen wir in den Schlauch ein langes, nicht zu weites Glasrohr, das wir mit Draht an einem Stab befestigen, den wir neben der Pflanze in den Boden stecken. Sollten Schlauch und Glasrohr nicht zueinander passen, so müssen wir über den unteren Teil des Rohres erst ein enges Schlauchstück schieben. Wir feuchten es an und setzen es dann in den weiten Schlauch ein. Dann füllen wir etwa 5 cm hoch Wasser in das Glasrohr. Auf das Wasser bringen wir 1 Tropfen Speiseöl. Wir verhindern damit während unseres Versuches eine Wasserverdunstung. Den Wasserstand markieren wir durch einen aufgeschobenen Gummiring.

Wir lassen den Versuch einige Tage laufen. Den Boden um die Pflanze halten wir während dieser Zeit immer gut feucht. Wichtig ist außerdem, daß die Pflanze einen warmen Standort hat. Führen wir den Versuch in der Wohnung durch, so muß unsere Pflanze einen genügend großen Blumentopf haben. Wir stellen sie an einem warmen Ort in der Wohnung auf und begießen die Erde reichlich mit lauwarmem Wasser.

Wir beobachten, daß in dem Glasrohr, das wir auf den Stumpf der Pflanze aufgesetzt hatten, eine wäßrige Flüssigkeit emporsteigt. Wir notieren uns fortlaufend die Höhe des Flüssigkeitsstandes (siehe Abbildung Seite 58).

Der nächste Schritt: Wir messen

Mit der umseitig abgebildeten Anordnung ist es sogar möglich, die Flüssigkeitsmenge zu messen, die als Blutungssaft von den Wurzelzellen in die Gefäße gepreßt wird und aus diesen an der Verletzungsstelle wieder austritt. Wir verfahren in der gleichen Weise wie beim vorigen Versuch, nur schieben wir diesmal ein T-Stück aus Glas in den Schlauchstutzen. Das eine Rohr des T-Stückes verschließen wir mit weichem Gummischlauch und aufgesetzter Schlauchklemme, das andere haben wir vorher in der Flamme leicht nach unten gebogen. Daran schließen wir mit Gummischlauch ein zur Spitze ausgezogenes Glasröhrchen an. Es mündet über einem Becherglas, einer kleinen Flasche oder über einem Meßzylinder. Die Auffanggefäße sollen schattig stehen, weil sonst zu große Verdunstungsverluste auftreten. Die auftretenden Saftmengen sind oft recht erheblich. Am größten sind sie während des Frühjahres. Da bei manchen Pflanzen die Blutungssäfte reichlich Zucker enthalten (bis zu 10%), bohrt man ihre Stämme seitlich an und nutzt den aufgefangenen Saft zur Zuckergewinnung, so beim Zuckerahorn, bei der Zuckerpalme und bei Agaven, die jährlich sogar bis zu 1000 l Saft liefern können. Der mexikanische Pulque ist ein durch Vergärung von Agavensaft gewonnenes alkoholisches Getränk. Birken bluten etwa 1 Monat lang und liefern täglich bis zu 6,5 l Saft. Birkenwein war im alten Rußland ein beliebtes Getränk. Wenn wir im Frühjahr mit offenen Augen durch die Natur wandern, können wir an den Stümpfen frischgefällter Birken den Blutungsvorgang gut beobachten. Weinreben bluten zwar nur einige Tage, liefern aber täglich bis zu 1 l Wasser. Auch sie sind deshalb für uns ein geeignetes Versuchsobjekt.

Mit Hilfe von Quecksilbermanometern war es möglich, Wurzeldrucke zu messen. Dabei wurden nicht selten Werte ermittelt, die

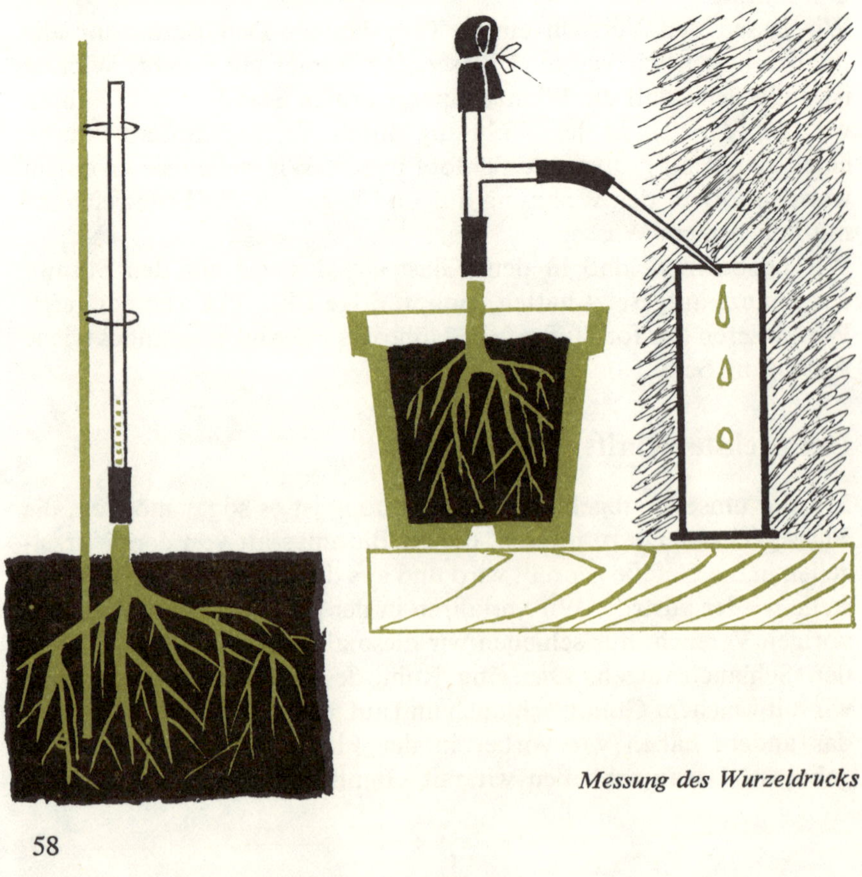

Messung des Wurzeldrucks

größer waren als 1 Atmosphäre. Wasser kann durch einen Druck von 1 Atmosphäre etwa 10 m hoch gehoben werden. Es entsteht nun die Frage, wie es kommt, daß das Wasser bei Bäumen noch wesentlich höher, nämlich auch bis zum letzten Blatt in der äußersten Spitze ansteigt. Hier müssen noch andere Kräfte wirksam sein.

Wir spüren der Transpiration nach

Transpiration ist die Wasserdampfabgabe der Pflanzen. Die Blätter mit ihren zahlreichen Spaltöffnungen sind die Organe der Wasserverdunstung.
Wir füllen zwei große Reagenzgläser bis 2 cm unter den Rand mit Wasser, stellen in das eine Glas einen gut beblätterten, in das andere Glas einen entblätterten Pflanzensproß (etwa einen Fliederzweig). Zur Verhinderung der direkten Verdunstung geben wir etwas Öl auf das Wasser, markieren den Wasserstand mit Gummiringen und stellen beide Gläser in einem Reagenzglasgestell in die Sonne.
Schon am nächsten Tag können wir feststellen, daß der Wasserspiegel in dem Glas mit dem beblätterten Sproß erheblich gesunken ist. In dem anderen Glas dagegen bemerken wir nur eine geringe Wasserabnahme, die sich dadurch erklärt, daß etwas Wasser von dem Sproß aufgesogen wird.
Das aus den Blättern verdunstete Wasser wird ständig aus dem Pflanzeninnern ersetzt. Dadurch entsteht eine Saugwirkung, die rückwärtig bis in die Wurzeln reicht.

Wasserverdunstung an einem belaubten und einem unbelaubten Zweig

Die Saugwirkung wird beobachtet

Auf ein etwa 40 cm langes Glasrohr schieben wir ein 3 cm langes Stück weichen Gummischlauch. Nun suchen wir einen kleinen Gummistopfen, den wir gerade noch in den Schlauch einsetzen können. Ferner stellen wir uns in einem Becherglas eine konzentrierte (!) Zuckerlösung her und färben sie durch Zugabe von roter Tinte an. — Vom Sproß einer Brennessel schneiden wir den oberen Teil (10 bis 15 cm) mit einer Rasierklinge ab und setzen ihn sofort in ein Glas mit Wasser. Wer sich ein Stück Weinrebe beschaffen kann, sollte es der Brennessel vorziehen, es ist weniger empfindlich. Die Beschaffung dürfte nicht zu schwierig sein, denn Wein muß nach der Blüte zurückgeschnitten werden. Auch Flieder eignet sich für den Versuch.
Entsprechend dem Durchmesser des Sproßstückes durchbohren wir nun den Gummistopfen. In die Bohrung schieben wir den Sproß und dichten mit etwas Vaseline ab. Der Stopfen wird nun in den Schlauch gesetzt. Wir drehen dann das Rohr, füllen es

vollständig mit abgekochtem, also luftfreiem Wasser, verschließen es mit dem Zeigefinger, drehen es um, tauchen es die Zuckerlösung und entfernen den Finger von der Öffnung. Dabei dürfen sich in dem Rohr keine Luftblasen befinden. Andernfalls wiederholen wir das Eintauchen.

Wir befestigen unsere Versuchsvorrichtung an einem Stativ und stellen sie in die Sonne. Wer nicht über ein Stativ verfügt, kann sich mit einem großen, mit feuchtem Sand gefüllten Blumentopf helfen, in dem ein etwa 50 cm langer Holzstab steckt. An dem Stab können wir das Glasrohr mit Draht befestigen. Ist der Stab lang genug, bietet er auch dem Sproß noch eine Stütze.

Bereits nach 24 Stunden sehen wir, daß die gefärbte Zuckerlösung in dem Rohr emporsteigt. Nach etwa 10 Tagen hat sie eine Höhe von 10 bis 15 cm erreicht. Schließlich dringt aber Luft aus den Zwischenzellräumen, den Interzellularen, des Zweiges in das Glasrohr. Die Verbindung zwischen Stengel und Wasser wird unterbrochen, ein weiterer Anstieg der Flüssigkeit ist nun nicht mehr möglich.

Wasserdampf und Kobaltchlorid

Das Transpirationswasser verläßt die Pflanze vorwiegend als Wasserdampf durch die Spaltöffnungen, die Stomata (stomatäre Transpiration). Eine Wasserdampfabgabe durch die gesamte Blattoberfläche (kutikuläre Transpiration) ist wegen der der Epidermis aufliegenden Kutikula erschwert. Bei vielen Pflanzen liegen die Spaltöffnungen vorwiegend auf der Blattunterseite. Dort muß folglich in unmittelbarer Nähe der Oberhaut Wasserdampf nachzuweisen sein. Ein empfindliches Nachweismittel für Wasserdampf ist das Chlorid des zweiwertigen Kobalts. Es bildet nämlich zwei verschieden gefärbte Hydrate, die ineinander leicht umwandelbar sind:

$$\underset{\text{blauviolett}}{CoCl_2 \cdot H_2O} \underset{-5\,H_2O}{\overset{+5\,H_2O}{\rightleftharpoons}} \underset{\text{rosa}}{CoCl_2 \cdot 6\,H_2O}$$

Wir brauchen das rosafarbige Hexahydrat nur zu erwärmen, um das Blauviolett des Monohydrats oder das Blau des wasserfreien Salzes zu erhalten.

Für die Versuche wollen wir uns Kobaltpapier herstellen. Wir besorgen uns etwas Kobaltchlorid, rubinrote wasserlösliche Kristalle. Davon lösen wir 1 g in 10 bis 15 ml Wasser. Mit dieser Lösung tränken wir Filterpapierstreifen (10 mal 5 cm). Wir fädeln sie auf einen Draht auf und trocknen sie über dem Ofen oder im Trockenschrank bei 100°C. Das Papier färbt sich blau. An feuchter Luft schlägt die Farbe in Rosa um. („Geheimtinte“ ist eine wäßrige

Kobaltchloridlösung; schreiben wir mit ihr auf weißem Papier, so sind die Schriftzüge kaum zu erkennen, bei gelindem Erwärmen des Papiers treten sie aber deutlich blau hervor.) Den Kobaltpapiervorrat bewahren wir in einem gut verschlossenen Glasgefäß auf. Vor dem Gebrauch müssen wir das Papier nochmals scharf trocknen.

Wir legen nun ein frisch gepflücktes Laubblatt (Primel und Pelargonie z. B. haben Stomata nur an der Blattunterseite) zwischen Kobaltpapierstreifen und decken sie beiderseitig mit Glasplatten (gereinigten Fotoplatten) ab. Das Kobaltpapier an der Blattunterseite färbt sich in kurzer Zeit rot, das andere bleibt noch einige Zeit blau. Wir liefern damit den Beweis, daß die Wasserdampfabgabe vorwiegend an der Blattunterseite erfolgt.

Der Versuch läßt sich auch unmittelbar an der Pflanze durchführen. Wir passen dann die Glasplatten der Blattgröße an, klemmen sie mit Windklammern zusammen und sorgen durch eine geeignete Unterstützung dafür, daß sie das Blatt nicht herunterziehen.

Aus Weiß mach Rot

Wir füllen ein altes Marmeladenglas, ein hohes Becherglas oder einen Erlenmeyerkolben zu drei Vierteln mit Wasser und färben dieses durch Zusatz roter Tinte kräftig an. In das Wasser stellen wir einige Stengel weiß, gelb oder hellblau blühender Pflanzen (Taubnessel, Margerite, Nelken, Vergißmeinnicht usw.) und einen Fliederzweig. Nach einigen Stunden oder auch Tagen können wir feststellen, daß unter dem Einfluß der Transpiration das Wasser mit dem Farbstoff in die Blätter und Blüten vorgedrungen ist und diesen längs der „Blattnerven", der Gefäße, eine rote Farbe verleiht. Sehr schöne Wirkungen lassen sich auch bei Maiglöckchen erzielen, bei denen sich die Spitzen der sechs weißen, zu einer Glocke verwachsenen Kronblätter kräftig rot färben.

Erkenntnis durch Ringelungsversuche

Wenden wir unsere Aufmerksamkeit nun dem Fliederzweig zu, den wir in die Farblösung gesetzt hatten. Wenn wir seine Blätter gegen das Licht halten, sehen wir, daß sie ebenfalls gerötet sind. Wir nehmen den Flieder aus der Lösung und zerlegen den Stengel mit einer Rasierklinge in Längs- und Querschnitte.

Wir sehen, daß nur bestimmte Teile des Stengels die rote Farbe zeigen, jene nämlich, in denen die Organe der Wasserleitung, die Gefäße liegen. Es ist dies der Holzteil der Gefäßbündel (Leitbündel) mit seinen Tracheen und Tracheiden. Rinde, Bast und Mark sind ungefärbt. Im Holzteil sind es wiederum nur die äußersten Schichten, die das Wasser leiten. In den Siebröhren des Bastteiles werden die Assimilate von den Stätten ihrer Produktion, den Blättern, zu Stengel, Stamm und Wurzel weiterbefördert. Demnach müßte es möglich sein, einen Zweig im frischen Zustand zu halten, wenn wir ein Stück seiner Rinde und seines Basts unterbrechen, das Holz aber unverletzt lassen. Wir führen einen solchen Ringelungsversuch durch.

Geeignet sind dafür fast alle Zweige, wir werden aber Schwarzem Holunder, Weide, Pappel und Johannisbeere den Vorzug geben. Von einem frisch geschnittenen Zweig schälen wir vorsichtig ein 1 bis 2 cm breites Stück der Rinden- und Bastschicht ringförmig ab. Dann führen wir, am besten unter Wasser, etwa 5 bis 10 cm unterhalb der Ringelungsstelle einen Schrägschnitt und stellen den Zweig sofort ins Wasser, das aber keinesfalls an die Ringelung heranreichen darf. Sollten wir in den nächsten Tagen an der geringelten Stelle Austrocknungserscheinungen beobachten, so umwickeln wir sie mit Heftpflaster oder Isolierband. Haben wir eine der genannten Pflanzen in unserem Garten, so führen wir die Ringelung unmittelbar an einem ihrer Zweige durch, den wir an der Pflanze belassen. Das Frühjahr ist dafür die günstigste Zeit.

Zweigstück vom Holunder mit Ringelung

Wenn wir so sorgfältig arbeiten, werden wir in jedem Fall beobachten, daß der Turgor der Blätter, die oberhalb der Ringelung liegen, nicht abnimmt. Die Erfahrung lehrt uns schließlich, daß auch das alte Holz und das Mark nicht an der Wasserleitung beteiligt sein können, denn wir treffen oft Bäume an, die in vollem Grün stehen, obwohl ihre Stämme innen hohl sind.

An Querschnitten durch Kürbisstengel können wir bereits mit unbewaffnetem Auge die „Leitbündel“ gut erkennen, die für den Flüssigkeitstransport verantwortlich sind. Sie liegen in zwei Reihen angeordnet um die sternförmige Höhlung in der Mitte.

Schutzsysteme der Pflanzen

Zwischen den Organismen und ihrer Umwelt bestehen vielseitige Wechselbeziehungen. Jedes pflanzliche Lebewesen entwickelt sich wohl nach eigenen, ihm innewohnenden Gesetzen, im Ablauf seiner Lebenserscheinungen ist es aber von den Einflüssen seiner Umwelt — Temperatur, Licht, Wasser, Boden und Luft sowie in gewisser Hinsicht auch Mensch und Tier — abhängig. Sie wirken formend auf die Pflanze, die umgekehrt wieder verändernd ihre Umwelt beeinflußt.

Die Pflanzen bilden mit ihrer Umwelt eine Einheit, sie haben sich im Laufe einer langen Entwicklung den äußeren Lebensbedingungen angepaßt. Dabei bildeten sich bei einzelnen Gruppen von Organismen besondere Merkmale in der Lebensweise, dem Bau und der Gestalt heraus. Sie spezialisierten sich. Eine übergroße Spezialisierung brachte aber stets die Gefahr des Aussterbens mit sich, wenn sich die Umweltverhältnisse wieder änderten. Im allgemeinen können sich die Organismen auf neue Bedingungen umstellen, da die im Laufe ihrer Entwicklung erbliche Festigung der erworbenen Eigenschaften in Grenzen veränderlich ist. Die sogenannten Standortmodifikationen (Modifikation = Abänderung) beweisen uns das. Wir wissen, daß der Löwenzahn eine wenig anspruchsvolle Pflanze ist und sowohl im Gebirge als auch im Tiefland vorkommt. Gebirgs- und Tieflandsform unterscheiden sich dabei wesentlich in ihrem Wuchs. Wir sagen, daß die Umwelteinflüsse des Hochgebirges den Löwenzahn modifiziert haben. Wird aber Samen der Gebirgsform im Tiefland ausgesägt, so wachsen aus ihnen Pflanzen, die sich von den schon im Tiefland vorhandenen Formen nicht unterscheiden.

Die Wissenschaft, die die Beziehungen der Organismen zu ihrer Umwelt untersucht, nennen wir Ökologie. Sie bedient sich der Erkenntnisse der Morphologie (Lehre von der Gestalt und dem Aufbau der Organismen), der Tiergeographie und der Physiologie (Wissenschaft von der Funktion des Organismus und der Organe). Wir wollen aus den Umwelteinflüssen nur einen herausgreifen und uns in diesem Abschnitt vor allem damit beschäftigen, wie sich die Pflanzen den unterschiedlichen Wasserverhältnissen (Hydraturverhältnissen) angepaßt haben. Wir haben bereits untersucht, welche große Bedeutung das Wasser für die Pflanzen besitzt, wie sie es aufnehmen und weiterleiten. Wir lernten die Kräfte des Wassertransportes kennen. Wir wissen, daß eine normale Entwicklung der Pflanze dann gewährleistet ist, wenn ihre Wasserbilanz normal ist, das heißt, wenn die aufgenommene Wassermenge ebenso groß ist wie die abgegebene. Wenn wir die Frage lösen wollen, wie es möglich ist, daß die Pflanzen ihre Wasserabgabe auf die Aufnahme abstimmen können, müssen wir uns näher mit dem Bau der Blätter befassen.

Rasierklinge, Holundermark und viel Geduld

Wir haben schon einmal Teile eines Blattes unter dem Mikroskop betrachtet. Damals ging es uns um die Form der Zellen und ihren Inhalt. Jetzt wollen wir uns für die einzelnen Zellschichten des Blattes interessieren. Dazu müssen wir uns Querschnitte durch

Blätter anfertigen. Das ist nicht schwierig, wenn wir die folgenden Hinweise beachten und etwas Geduld haben.

Es hat keinen Zweck, ein Blatt etwa auf einer festen Unterlage mit einem Messer in Scheibchen zerlegen zu wollen. Selbst wenn uns diese sehr dünn erscheinen, sind sie doch für die mikroskopische Betrachtung noch viel zu dick. Diejenigen von uns, die in einer Arbeitsgemeinschaft arbeiten, werden sicherlich über ein Handmikrotom verfügen. Trotzdem sollten auch sie die einfache Schnitttechnik nach dem Einklemmverfahren üben. Dieses Verfahren wenden wir dann an, wenn wir Blätter, weiche Stengel oder Wurzeln schneiden wollen.

Wir lösen von mehrjährigen Zweigen des Schwarzen Holunders vorsichtig Rinde und Holzteil so ab, daß wir eine unverletzte Markstange erhalten. Ein etwa 5 cm langes Stück davon halbieren wir mit einer Rasierklinge, wobei wir darauf achten, daß glatte Schnittflächen entstehen. In den oberen Teil der beiden Hälften legen wir ein mit der Schere zurechtgeschnittenes Blattstück. Es soll seitlich nicht überstehen. Dann pressen wir mit Daumen und Zeigefinger der linken Hand die beiden Hälften fest zusammen und halten sie so, daß sie nur wenig über den leicht gekrümmten Zeigefinger hinausragen.

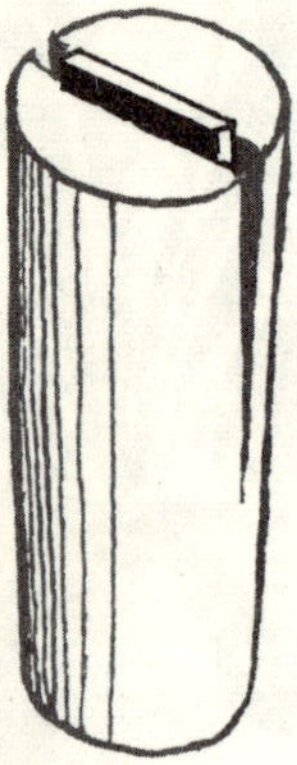

Einklemmen eines Blattstückes in Holundermark

Mit einem kleinen Pinsel oder notfalls mit einem Glasstab feuchten wir die obere zu schneidende Fläche an und führen nun mit einer ebenfalls angefeuchteten Rasierklinge den ersten Schnitt, um eine glatte Fläche zu erhalten. Das Mark mit dem Blatt halten wir so, daß die Schneide der Klinge parallel zur Breitseite des Blattes ansetzt. Die Klinge selbst führen wir vorsichtig über den Zeigefinger. Die linke Hand wird beim Schneiden aufgestützt. Damit die feinen Schnitte nicht eintrocknen, werden sie sofort — am besten mit einem zarten Pinsel — auf bereitgelegte Objektträger in Wassertropfen übertragen. Anschließend legen wir Deckgläser auf und betrachten die Schnitte bei schwacher Vergrößerung unter dem Mikroskop. Wir sehen dabei verschiedene Schichten unterschiedlich geformter Zellen. Das Blatt wird an seiner Ober- und Unterseite von einer Schicht lückenlos miteinander verbundener Zellen begrenzt. Sie enthalten einen farblosen Zellsaft und wenig randständiges Zytoplasma. Wir nennen sie Oberhaut- oder Epidermiszellen. An ihrer Außenhaut haben diese Zellen gewöhnlich einen Stoff, das Kutin, abgeschieden. Er ist feinkörnig und überzieht wie ein dünnes Häutchen (Kutikula) die Blätter und auch alle anderen oberirdischen Teile von Landpflanzen.

Epidermis und Kutikula haben eine Schutzfunktion. Ihr fester Bau bietet der Pflanze mechanischen Schutz, durch ihren wachsartigen

Tafel 1 a (links oben)

Versuchspflanzen im Gefäßversuch

Tafel 1 b (links unten)

Feldversuch mit Versuchsparzellen zur Ermittlung der Düngebedürftigkeit des Bodens

Tafel 2 (oben)

Kultur von Gurken im Gewächshaus

Querschnitt durch ein Blatt der Bohne

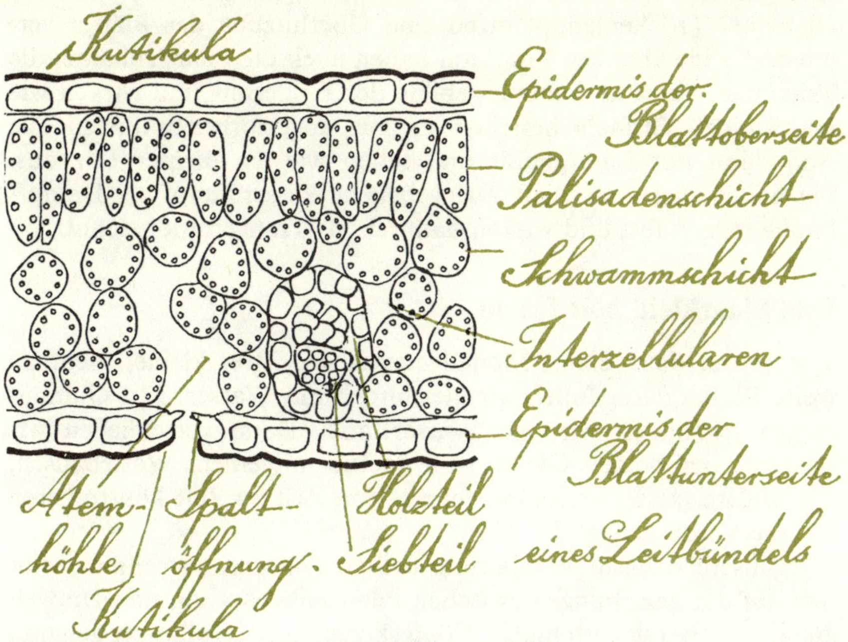

Charakter ist die Kutikula zusammen mit den lückenlos aneinandergefügten Zellen der Epidermis vor allem ein wirksamer Verdunstungsschutz. Das wollen wir beweisen.

Das schützende Kleid

Wir besorgen uns zwei Äpfel einer Sorte mit gutausgebildeter Wachsschicht, etwa Gelber Edelapfel. Von dem schwereren der beiden Äpfel entfernen wir durch dünnes Schälen die Epidermis mit der Kutikula. Wir legen dann beide Äpfel auf die Schalen einer Waage und bringen sie ins Gleichgewicht, indem wir von dem geschälten Apfel dünne Scheiben abschneiden. Dann wägen wir sie. Schließlich lassen wir beide Äpfel auf einem Teller an der Luft liegen und stellen während mehrerer Tage den Gewichtsverlust des geschälten Apfels im Vergleich zu dem ungeschälten fest. Ähnlich können wir auch mit zwei Kartoffeln verfahren, indem wir von einer durch Schälen die schützende Korkschicht entfernen. Durch Messungen konnte festgestellt werden, daß geschälte Äpfel nach einem Tag 15mal mehr Wasser abgegeben hatten als ungeschälte. Bei Kartoffeln fand man sogar das 64fache.
Daß die Epidermis auch noch andere Schutzfunktionen hat, wissen wir aus dem Biologieunterricht. Ihre wachsartigen Überzüge ver-

hindern eine Benetzung mit Wasser und damit Fäulnisbildung. Ihre glatten Flächen reflektieren das Licht gut. Dadurch wird vor allem bei Trockenlandpflanzen eine Überhitzung der Blätter vermieden. Eine ähnliche Funktion haben auch die Pflanzenhaare, die Trichome. Sie sind Anhangsgebilde der Epidermis und wirken wie ein Schirm. Oftmals bestehen sie aus abgestorbenen Zellen. Sie sind dann mit Luft gefüllt und sehen wie ein dichter Filz aus. Sie halten den vom Blatt abgegebenen Wasserdampf als Dampfhaube in sich fest und wirken dadurch als Transpirationsschutz.

Das Haarkleid hält feucht

Wir setzen dazu einen Modellversuch an. Zwei kleine, nicht zu weite Bechergläser füllen wir gleichhoch mit Wasser. Mit Gummiringen markieren wir den Wasserstand. Dann verschließen wir das eine der beiden Gläser ganz locker mit einem Wattebausch, das andere lassen wir offen stehen. Von Zeit zu Zeit kontrolileren wir die Verdunstung.
Für unsere nächste Wanderung sollten wir uns vornehmen, einmal auf die Beziehungen zwischen Pflanzenbehaarung und Umwelt zu achten. Bei der Mehligen Königskerze, auch Wollkraut genannt (griechisch Verbascum lychnitis; lychnos = Lampe), ist der Filz aus Sternhaaren so dicht, daß ihre Blätter früher als Lampendocht verwendet wurden.

Regeltechnik im Pflanzenreich

Soll in einem Behälter, der Zu- und Abfluß hat, der Flüssigkeitsstand in einer bestimmten Höhe gehalten werden, so genügt es oft, einen Schwimmer anzubringen, der über ein Gestänge das Ventil am Zuflußrohr öffnet oder schließt. Wir haben es in diesem einfachen Falle mit einer automatischen Regelung zu tun. Solche Reglersysteme gibt es auch im Pflanzenreich. Die Spaltöffnungen der Blätter können wir zu ihnen zählen. Es sind, wie wir bereits hörten, Einrichtungen in den Blättern, die den Gasaustausch und die Wasserdampfabgabe regeln.

Betrachten wir daraufhin noch einmal ein Laubblatt unter dem Mikroskop, so sehen wir eine Vielzahl feiner Spalten, die seitlich von zwei meist bohnenförmigen Zellen, den Schließzellen, begrenzt sind. Bei hohem Wassergehalt der Pflanzen verdicken sich die Schließzellen und weichen infolge ihres besonderen Baus so auseinander, daß viel Wasser aus den Atemhöhlen verdunsten kann. Sinkt der Wassergehalt, werden die Schließzellen wieder dünner und länger, sie schließen sich, die Verdunstung wird eingeschränkt.

Die Zahl der Spaltöffnungen im Blatt ist außerordentlich groß, sie schwankt je nach Pflanzenart zwischen 40 und 300 je mm²; ein dreizähliges Blatt der Bohne hat rund 3 bis 4 Millionen. An Maispflanzen wurden im Mittel 104 Millionen Öffnungen je Pflanze festgestellt. Die von ihnen eingenommene Oberfläche beträgt rund 0,75% der gesamten Blattfläche. Das erscheint uns wenig, verglichen mit dem Ausmaß der Transpiration.

Epidermis mit Stomata von Hortensie (Hydrangea hortensis) Vergrößerung 400 ×, links, und Schwertlilie (Iris germanica), rechts, Vergrößerung 80 ×

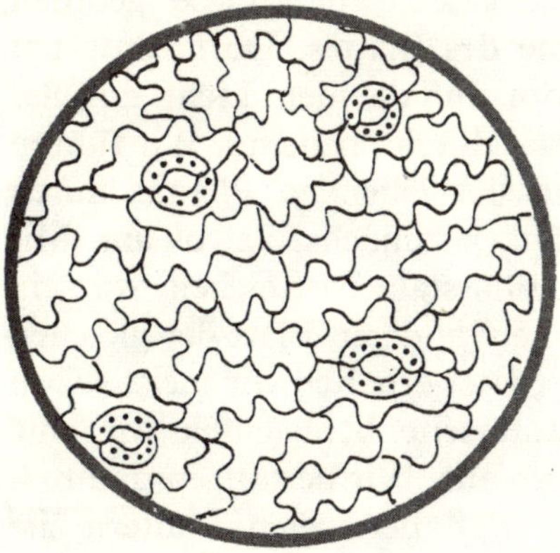

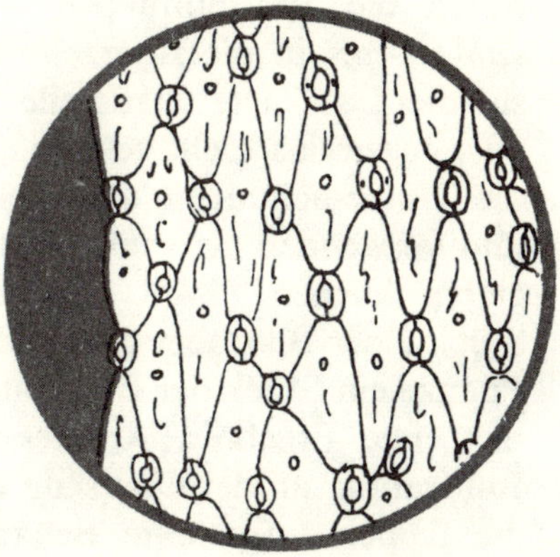

Der anatomische Feinbau der Spaltöffnungen offenbart sich erst, wenn man starke Vergrößerungen anwendet und mit einem Mikrotom Quer- und Längsschnitte anfertigt.
Wichtige Größen, die die Bewegung der Schließzellen beeinflussen, sind Licht, Luftfeuchtigkeit, Lufttemperatur und Wassergehalt des Blattes. Ihr Spannungszustand, ihr Turgor, hängt andererseits auch von chemischen Prozessen im Blatt ab, nämlich von der Umwandlung des Zuckers in Stärke und umgekehrt.
Bei den meisten Pflanzen sind die Spaltöffnungen im Dunkeln geschlossen, bei Tagesbeginn öffnen sie sich. Steigen die Temperaturen in den Mittagsstunden stark an und sinkt damit die Luftfeuchtigkeit, läßt sich auch dann ein Schließen der Öffnungen feststellen. Am Nachmittag öffnen sie sich erneut. Mit Beginn der Dämmerung schließen sie sich wieder. Wenn wir bedenken, wie wichtig der Öffnungszustand der Spaltöffnungen für den Gasaustausch und die damit verbundene Ernährung der Pflanze ist, wird uns klar, daß dieses Regulationssystem einwandfrei arbeiten muß. Die Biologen haben verschiedene Methoden entwickelt, um die Spaltöffnungsweite zu bestimmen, unter anderem die direkte Be-

trachtung mit dem Mikroskop, die Herstellung eines Kollodium- oder Zelluloidabdruckes und seine mikroskopische Betrachtung, die auf Seite 60 beschriebene — allerdings recht grobe — Kobaltpapiermethode und die Anwendung eines Porometers.

Wir infiltrieren

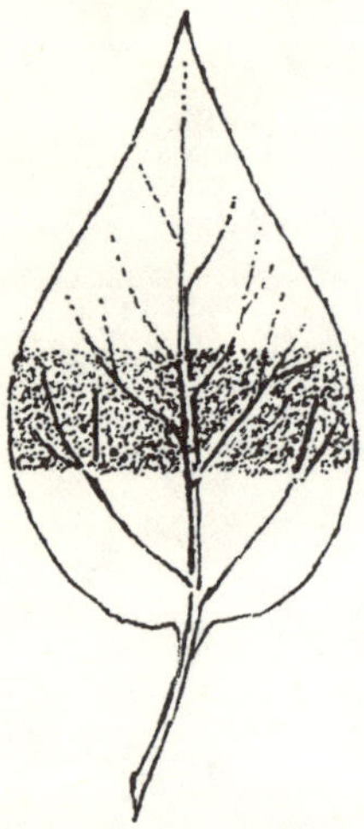

Petroleum-Infiltration an einem Blatt; die Mitte wurde verdunkelt, die Spaltöffnungen blieben geschlossen

Der Pflanzenphysiologe Hans Molisch hat eine Methode vorgeschlagen, die einfach durchführbar ist, die Infiltrationsmethode. Bestreichen wir eine Stelle eines Blattes mit einer Flüssigkeit, die in der Lage ist, die Kutikula zu benetzen, so dringt sie schnell durch die Spaltöffnungen — vorausgesetzt, daß diese geöffnet sind — bis in die Interzellularräume des Blattes. Dort verdrängt sie die Luft. Die Blattstelle sieht im auffallenden Licht dunkler aus; gegen das Licht gehalten, wird sie durchscheinend. Wir führen die Untersuchungen unmittelbar an der lebenden Pflanze durch und verwenden als Infiltrationsflüssigkeit zunächst Petroleum. Mit einem kleinen Pinsel oder einem Glasstab bestreichen wir ein Stück einer Blattoberseite und an einem anderen Blatt der gleichen Pflanze ein Stück der Blattunterseite. Hier erhalten wir meist schon das erste Ergebnis. An der Blattunterseite beobachten wir eine Infiltration, an der Oberseite bleibt sie aus. Wir bestätigen dadurch die früher aufgestellte Behauptung, daß bei vielen Blättern die Stomata auf der Blattunterseite liegen.

Dann führen wir den gleichen Versuch zu verschiedenen Tageszeiten aus. Wir stellen dabei fest, daß die Infiltration verschieden schnell vor sich geht oder auch ganz ausbleibt. Das hängt vom Öffnungszustand der Spaltöffnungen ab. Oft erscheinen anfangs nur kleine durchscheinende Punkte. Das können wir besonders gut bei Lindenblättern zu Beginn der Abendstunden beobachten. Auch Weinlaub, Akelei, Rittersporn und Rose sind für diese Versuche gut geeignet.

Wir wollen nun den Einfluß des Lichtes auf das Öffnen der Stomata untersuchen. Wir legen am Abend einen 1 cm breiten Streifen Aluminiumfolie (sogenanntes Silberpapier) um die breiteste Stelle der Blattspreite und klemmen ihn mit einer Büroklammer vorsichtig fest. Am nächsten Tag gegen 10 Uhr vormittags entfernen wir ihn und bestreichen die gesamte Blattunterseite dünn mit Petroleum oder Benzol. (Benzol ist feuergefährlich! Seine Dämpfe sind giftig!) Infiltration beobachten wir nur an den Stellen des Blattes, die gut belichtet waren.

Führen wir die gleiche Untersuchung gegen 14 Uhr durch, wird der Unterschied nicht mehr so deutlich sein. Wir wissen ja, daß in

der starken Mittagshitze ein Spaltenschluß die Austrocknung verhindert.
Schließlich untersuchen wir noch die Brauchbarkeit anderer Flüssigkeiten für diese Methode, zum Beispiel Alkohol, Dimethylbenzol (Xylol; brennbar), Benzin (feuergefährlich) und Paraffinöl (brennbar). Dabei ist zu bemerken, daß die verschiedenen Flüssigkeiten auch unterschiedlich gut durch die Spalten dringen. So können wir in den späten Nachmittagsstunden bei Verwendung von Benzol oft noch eine Infiltration beobachten, während sie bei Alkohol am selben Blatt ausbleibt. Wir schließen daraus, daß der Verschluß der Spalten wohl weitgehend fortgeschritten, aber noch nicht beendet ist.

Vom Trockenschlaf der Pflanzen

Pflanzliche Samen müssen wir trocknen und bei richtiger Temperatur lagern, wenn wir ihre Keimkraft erhalten wollen. Schnittlauchsamen, Eicheln, Bucheckern und Kastanien bleiben nur 1 Jahr keimfähig, Kohlsamen 4 bis 5 Jahre, Gurkensamen 5 bis 8 Jahre. Roggen verliert seine Keimkraft nach rund 10 Jahren, Gerste und Weizen kann man noch länger aufbewahren. Auch unsere Gartenkräuter sind in dieser Beziehung sehr ausdauernd. Es hat wohl einzelne Fälle gegeben, daß bestimmte Samen aus Sammlungen noch nach mehr als 200 Jahren keimten, der sogenannte „Mumienweizen" jedoch, jene Grabbeigaben aus ägyptischen Königsgräbern, hat seine Keimfähigkeit längst verloren. Allzu gern wird dem Unerfahrenen aber das Gegenteil erzählt.
Wenn wir etwas aussäen, dann erwarten wir hohe Erträge. Das Saatgut muß von guter Qualität sein. Saatgut, das wir in Kleinpackung kaufen, brauchen wir nicht erst zu überprüfen. Die Saatzuchtbetriebe haben das bereits für uns getan. Wir achten lediglich auf trockene Lagerung und auf die Jahreszahl, die den Packungen aufgestempelt wurde.
Saatgut, das wir uns selbst gezogen haben, müssen wir aber vor der erneuten Aussaat einer Wertbeurteilung unterziehen. Dazu gehören die Bestimmung des Tausendkorngewichtes, die Untersuchung der Keimkraft und der Triebkraft.

Wir bestimmen das Tausendkorngewicht

Wir werden einsehen, daß große und schwere Samen einen kräftigeren Keimling und ein besser ausgebildetes Nährgewebe (Endosperm) haben als kleine und leichte. Es ist üblich, das Gewicht

von 1000 Körnern festzustellen und es mit den festgelegten Mindestanforderungen zu vergleichen.
Wir entnehmen aus dem uns vorliegenden Saatgut wahllos mehrere kleine Portionen, zählen davon — am besten auf einem Bogen Papier durch Beiseiteschieben mit einem Holzstäbchen — 1000 Körner ab und wägen sie aus (Briefwaage genügt!). Für helle Samen nehmen wir dunkles Papier und umgekehrt. Selbstverständlich genügt es auch, 500 Samen oder nur 10 abzuzählen, zu wägen und dann auf 1000 zu schließen. Wir müssen aber bedenken, daß sich Fehler im Zählen oder Wägen immer stärker auswirken, je kleiner wir die Portionen wählen.
Die folgende Übersicht zeigt die geforderten Tausendkorngewichte für bestimmtes Saatgut. Bleiben wir bei unserem Saatgut unter diesen Werten, so sind keine guten Erfolge zu erwarten.

Saatgut	Tausendkorn-gewicht in g	Saatgut	Tausendkorn-gewicht in g
Mais	320 bis 380	Raps	4 bis 5,5
Weizen	38 bis 58	Kohlarten	2,8 bis 3,3
Gerste	38 bis 54	Möhren	1,2 bis 1,4
Roggen	28 bis 44	Salatarten	1,0 bis 1,2
Hafer	26 bis 44		

Die Keimprobe

Ab Mitte Mai können Gurken gesteckt werden. Häufig ist es üblich, sie im Zimmer vorzukeimen. Die Kerne werden in Sägespäne oder in ein Tuch gelegt und bei Zimmertemperatur feucht gehalten. Ihre Keimzeit beträgt 3 bis 8 Tage. Der Kleingärtner gewinnt dabei gleichzeitig einen Überblick über die Keimfähigkeit seines Saatgutes. Sie soll bei Gurken 85% betragen. Nach der Keimfähigkeit richtet sich ja schließlich die Aussaatmenge. Gerade bei Gurken hat schon mancher mit enttäuschtem Gesicht vor dem liebevoll vorbereiteten Beet gestanden.
Zur Prüfung der Keimfähigkeit von Saatgut zählen wir genau 100 Körner ab und bringen sie im feuchten Medium zum Keimen. Feinkörniges Saatgut verteilen wir am besten gleichmäßig auf feuchtem Filterpapier in einer flachen Schale (Petrischale), die wir mit einer Glasscheibe abdecken. Grobkörniges Saatgut bringen wir in einer flachen, mit feuchter Komposterde oder Sand gefüllten Kiste zum Keimen. Wir verteilen die Samen gleichmäßig in Reihen und drücken sie leicht ein. Grassamen drücken wir nur flach an. Das Kästchen wird mit einer Glasscheibe bedeckt und an einen mäßig warmen Ort gestellt.

Wir sorgen für Belüftung der Keimlinge, indem wir täglich einmal die Glasscheibe abnehmen. Dabei feuchten wir gleichzeitig das Papier oder den Sand an und notieren uns, wieviel Samen zu keimen beginnen. Folgende Mindestanforderungen werden an die Keimfähigkeit von Saatgut gestellt:

Saatgut	nach Tagen	Keimfähigkeit in %
Getreide, Raps	10	95
Mais	8	85
Klee	10	90
Futtermöhren	21	60
Erbsen	10	80
Bohnen	8	90
Petersilie	15	60
Salat	10	85
Zwiebeln	12	80
Tomaten	12	80

Die Triebkraft wird geprüft

Hat untersuchtes Saatgut eine Keimkraft von 97%, so ist damit noch nicht gesagt, daß unter den natürlichen Bedingungen im Ackerboden 97 von 100 Keimen die Erdoberfläche erreichen. Die Keime müssen ja noch den Widerstand einer Erdschicht überwinden, der bei schweren Böden oft recht erheblich ist. Bei schwerem Gartenboden sollen wir die Samenkörner sowieso nicht höher mit Erde bedecken, als ihr eigener Durchmesser beträgt. Im Ackerboden betragen die Aussaattiefen für Winterroggen 1,5 bis 2 cm, für Winter- und Sommerweizen, Zuckerrüben und Sommergerste 2 bis 4 cm und für Mais 4 bis 8 cm. Diese Bodenschichten müssen die Keimlinge durchstoßen können. Haben sie nicht die Kraft dazu, wachsen sie noch einige Zeit, krümmen sich dabei und gehen schließlich zugrunde.

Wir bestimmen die Triebkraft, indem wir feststellen, wieviel Prozent Keime der ausgelegten Samen eine Sand-, Kies- oder Ziegelsplittschicht durchstoßen können. Durch die Wahl der unterschiedlichen Materialien werden wir den verschiedenen Bodenbedingungen gerecht.

Wir sieben zunächst Sand und sterilisieren ihn, indem wir ihn in einem alten eisernen Topf oder einem Tiegel erhitzen. Dann füllen wir ihn halbhoch in ein kleines Holzkästchen, eine Schale oder einen großen Blumentopf. Wir feuchten gut an und streichen die Oberfläche mit einem Brettchen glatt. Darauf legen wir in Reihen mit gleichen Abständen 100 Samenkörner aus und bedecken sie mit

einer 3 bis 4 cm hohen Schicht sterilen Sandes. Das Gefäß halten wir bei Zimmertemperatur und sorgen für gleichmäßige Feuchtigkeit. Nach 10 Tagen führen wir die erste Zählung durch, notieren gewissenhaft und werten alle 5 Tage erneut aus. Den Versuch können wir abbrechen, wenn die Keimzeit der entsprechenden Pflanzen um 10 Tage überschritten ist.
Die Triebkraft soll bei Getreide und Hülsenfrüchten 85%, bei Mais und Hanf 75%, bei Lein 82% und bei Süßlupine 68% betragen. Hohe Werte lassen uns einen gesunden und lebensfähigen Pflanzenbestand mit guten Ernten erwarten.

Wir studieren die Quellung

Samen brauchen Wasser, um keimen zu können. Lufttrockene Samen saugen es mit Kräften bis zu 1000 Atmosphären ein. Sie können deshalb auch aus verhältnismäßig trockenem Boden so viel Wasser aufnehmen, daß die bis dahin in ihnen ruhende Lebenstätigkeit beginnen kann.

Der Erbsenspuk

Wir füllen ein kleines Trinkglas mit lufttrockenen Erbsen und gießen bis zum Rand Wasser nach. Dann stellen wir das Glas versteckt im Zimmer auf. Die Erbsen beginnen zu quellen, ihr Volumen vergrößert sich, die oberen Erbsen werden aus dem Glas herausgedrückt und fallen deutlich hörbar zu Boden... „es spukt im Zimmer".

Erbsen als Sprengstoff

Eine möglichst dünnwandige Medizinflasche füllen wir mit trockenen Erbsen. Dann gießen wir bis zum Rand Wasser nach und drehen die Flasche so lange, bis alle Luftblasen aus den Zwischenräumen nach oben gestiegen sind. Wir legen ein Läppchen über den Flaschenhals und befestigen es mit einem Gummiring. Die Flasche legen wir nun in einen großen, mit Wasser gefüllten Topf. Bereits nach einigen Stunden sehen wir, wie sich die Erbsen in der Flasche infolge Platzmangels plattdrücken. Wenn wir nach 1 bis 2 Stunden wieder kontrollieren, kann es sein, daß die Flasche schon gesprengt wurde. Es ist aber auch möglich — und das besonders bei dickwandigen Flaschen —, daß wir uns einen ganzen Tag gedulden müssen.

Auch Steine werden zerstört

Auch der folgende Versuch gibt uns Einblick in die Größe der Quellungskräfte. Wir rühren etwas Gips mit Wasser zu einem nicht zu steifen Brei an. Den Brei streichen wir mit einem alten Messer in ein Papp- oder Holzschächtelchen (Streichholzschachtel). Bevor er erstarrt, drücken wir kreuzweise zwei Reihen lufttrockene Erbsen oder Maiskörner in den Gips. Nach dem Erstarren entfernen wir die Schachtel. Den Gipsblock legen wir in ein Gefäß oder auf einen Teller mit Wasser. Am nächsten Morgen ist der Block infolge der Druckwirkung der quellenden Samen gesprengt.
Es gibt noch viele Möglichkeiten, diesen Effekt zu nutzen — dem Leser sei es überlassen, hier allein weiterzuarbeiten.
Wollen wir starke Quellungsdrucke erzielen, nehmen wir stets eiweißreiche Samen (Hülsenfrüchte), bei denen durch die Quellung annähernd eine Verdoppelung des Volumens auftritt. Es ist zum Beispiel auch möglich, für anatomische Untersuchungen die nahtförming zusammengefügten Knochen menschlicher oder tierischer Schädel zerstörungsfrei zu trennen, wenn die Schädel mit eiweißreichen Samen gefüllt und in Wasser gelegt werden.

Die Luft, eine nie versiegende Nährstoffquelle

Kohlendioxid, Sauerstoff und in einigen Sonderfällen auch Stickstoff sind die Gase, die die Pflanzen zum Aufbau ihrer Körpersubstanz oder zur Aufrechterhaltung ihrer Lebensvorgänge aus der Luft entnehmen. Dort stehen sie ihnen in nahezu unbegrenzter Menge zur Verfügung.
Die organische Substanz der Pflanzen besteht zu einem großen Teil aus Kohlenstoff. Er stammt aus dem Kohlendioxid der Luft. Das konnten Priestley, Ingenhousz und vor allem Liebig nachweisen. Sie widerlegten die damals herrschende Ansicht, daß der Kohlenstoff aus dem dunklen Humus des Bodens stamme. Luft enthält 0,031 Volumen-% oder 0,047 Masse-% Kohlendioxid. Das erscheint uns zunächst wenig, ergibt aber umgerechnet eine Kohlenstoffmenge von rund $6{,}0 \cdot 10^{11}$ t = 600 Milliarden Tonnen. Die heute lebenden Pflanzen enthalten 270 Milliarden Tonnen Kohlenstoff.
Das ist die knappe Hälfte der Kohlenstoffmenge der Atmosphäre. Man hat berechnet, daß alle grünen Pflanzen jährlich 170 Milliarden Tonnen Kohlenstoff oder umgerechnet $1{,}7 \cdot 10^{11}$ t aus dem Kohlendioxid der Atmosphäre und des Wassers in organische Stoffe verwandeln. Der Gehalt der Atmosphäre an Kohlendioxid müßte demnach ständig abnehmen und wäre in 30 Jahren pflanzlicher

Tätigkeit erschöpft, würde nicht durch Atmung, Gärung, Fäulnis, Verwesung, durch vulkanische Tätigkeit und mit den Industriegasen immer wieder Kohlendioxid an die Atmosphäre abgegeben werden.

Die Zusammensetzung der Luft ist kaum Schwankungen unterworfen. Auch in den untersten Schichten der Ionosphäre — ab 80 km Höhe — hat sie eine ähnliche Zusammensetzung wie an der Erdoberfläche. Während langer Zeiträume hat sich ihr Kohlendioxidgehalt nicht geändert. Das beweist uns, daß in der Natur ein Gleichgewicht zwischen Bildung und Verbrauch dieses wichtigen Gases besteht.

Was nur die Pflanze kann

Für eine hundertjährige Buche mit 200 000 Blättern wurde eine Blattfläche von 1220 m^2 ermittelt. Grüne Pflanzen können an einem Sommertag stündlich je Quadratmeter ihrer Oberfläche 1 bis 2 kg Kohlenhydrate (z. B. Stärke) bilden. Nehmen wir an, die Buche bilde nur 1 kg Kohlenhydrat je Quadratmeter Blattfläche, so braucht sie dazu rund 750 ml Kohlendioxid. Läuft dieser Vorgang an einem normalen Sommertag 10 Stunden lang ab, dann sind das schon 7,5 l reines CO_2 je Quadratmeter Blattfläche. Sie kommen in 25 000 l atmosphärischer Luft vor. Die gesamte Buche verbraucht also täglich das Kohlendioxid von 30,5 Millionen Liter Luft.

Die Pflanzen von einem Hektar Buchenwald entnehmen der atmosphärischen Luft jährlich etwa 3 t Kohlenstoff. Diese kommen in 15 Millionen Kubikmeter Luft vor. Das ist die Luftmenge, die sich 1,5 Kilometer hoch über dem Hektar Buchenwald türmt.

Für uns taucht dabei die Frage auf, welche Reaktionen sich mit dem von der Pflanze eingeatmeten Kohlendioxid abspielen. Das erste nachweisbare Produkt der „Assimilation", der Verwertung von CO_2 aus der Luft, ist die Stärke. Sie ist aber nicht das erste Produkt, das wirklich gebildet wird, sondern sie entsteht durch Zusammenlagern von Molekülen der Glukose, des Traubenzuckers. Nehmen wir an, es würde zunächst Glukose gebildet, dann ließe sich der Gesamtvorgang durch folgende Gleichung darstellen:

$$6\,CO_2 + 6\,H_2O + 674\,000\text{ cal} \rightarrow C_6H_{12}O_6 + 6\,O_2.$$

Glukose selbst ist eine verhältnismäßig komplizierte Verbindung. Wir wissen heute, vor allem durch den Einsatz radioaktiver Isotope, daß sie über zahlreiche Zwischenstufen entsteht, also auch nicht das Primärprodukt der Assimilation ist. In letzter Zeit konnte

Hexosediphosphat als erstes Assimilationsprodukt nachgewiesen werden.
Bei diesen Vorgängen spielt das Licht eine große Rolle. Wir bezeichnen ja den Aufbau der Kohlenhydrate aus Kohlendioxid und Wasser als eine „Photosynthese“ (photos = Licht). Durch Experimente konnte nachgewiesen werden, daß das Licht lediglich zur Zerlegung des Wassers erforderlich ist; ein Vorgang, den man Photolyse nennt. Das Wasser wird unter Lichteinwirkung im Beisein von Blattgrünfarbstoffen (Chlorophyll) in Wasserstoff und Hydroxylgruppen gespalten:

$$H_2O \rightarrow H + OH.$$

Der Wasserstoff wird mittels verschiedener Überträgersysteme auf bereits organisch gebundenes Kohlendioxid übertragen. Welche Stoffe dabei als Überträger wirken, ist noch nicht restlos geklärt. Es steht auch noch nicht fest, wieso die Spaltung des Wassers nicht sofort rückläufig ist. Die bei der Wasserspaltung entstandenen Hydroxylgruppen lagern sich möglicherweise zu Wasserstoffperoxid zusammen, das dann zu Wasser und Sauerstoff zerfällt.

$$2\,OH \rightarrow H_2O_2 \rightarrow H_2O + \tfrac{1}{2}O_2.$$

Es ist sicher nachgewiesen, daß der bei der Photosynthese freiwerdende Sauerstoff aus dem Wasser stammt.
Chlorophyllhaltige Pflanzen sind also in der Lage, sich von anorganischen Substanzen zu ernähren, sie sind autotrophe (selbsternährende) Lebewesen. Die Photosynthese ist eine Form der autotrophen Lebensweise, sie ist ein Teilgebiet der Assimilation des Kohlenstoffs, das heißt der Aufnahme anorganisch gebundenen Kohlenstoffs und seiner Umarbeitung in organische Körpersubstanz. Die Pflanze speichert auf diese Weise Energie in chemisch gebundener Form, die sie bei dem umgekehrten Vorgang, bei der Dissimilation, zur Aufrechterhaltung ihrer Körperfunktionen wieder in Freiheit setzen kann:

$$C_6H_{12}O_6 + 6\,O_2 \rightarrow 6\,CO_2 + 6\,H_2O + 674\,000\ \text{cal.}$$

Doch genug der Theorie! Das Gebiet der Assimilation ist so vielseitig und interessant, daß es sich lohnt, Spezialliteratur zu lesen. Viele Fragen haben die Pflanzenphysiologen hier noch zu klären. Sie arbeiten gemeinsam mit Wissenschaftlern anderer Zweige der speziellen Biologie, mit Biochemikern und Biophysikern, mit Protoplasmaforschern, Zytologen und Histologen. Sie bedienen sich dabei modernster Methoden und hochentwickelter Geräte. Dazu gehören das Arbeiten mit markierten Atomen oder der Einsatz des Ultraabsorptionsschreibers (URAS) zur Kohlendioxidbestimmung und damit zur Messung der Assimilationsleistung grüner pflanzlicher Gewebe und viele andere Verfahren.

Versuche zur Assimilation und Dissimilation

Durch eine Reihe einfacher, aber recht anschaulicher Versuche wollen wir die im vorhergehenden Abschnitt aufgestellten Theorien untermauern. Die Natur liefert uns Untersuchungsmaterial in reicher Menge.

Nachweis von Stärke in Früchten und Blättern

Stärkekörner der Kartoffel

Von einer rohen Kartoffel schneiden wir eine Scheibe ab und bringen mit einem Glasstab oder einer Pipette einen Tropfen alkoholischer Jodlösung auf die Schnittfläche, die sich sofort dunkelblau färbt.

Streichen wir mit der so behandelten Schnittfläche über einen Objektträger und betrachten diesen unter dem Mikroskop bei 50- bis 400facher Vergrößerung, so sehen wir zahlreiche Stärkekörner, die eine dunkle Färbung angenommen haben. Schon bei 200facher Vergrößerung läßt sich gut ihr schichtenförmiger Aufbau erkennen. Die Jodatome, die sich zu Kettenmolekülen verbinden, lagern sich in die Hohlräume der Stärkemoleküle ein. Dabei entsteht eine blaue Adsorptionsverbindung. Die Reaktion ist äußerst empfindlich und eignet sich noch zum Nachweis von 0,0025 mg Stärke.

Wir schlämmen eine Spatelspitze voll Mehl (Reisstärke, Kartoffelstärke, Weizenmehl) in einem mit Wasser halbgefüllten Reagenzglas auf. Dann teilen wir die Aufschlämmung. Mit dem einen Teil führen wir die Jod-Stärke-Reaktion durch, den anderen Teil verdünnen wir mit dem gleichen Volumen Wasser, teilen wieder und prüfen erneut. So verfahren wir weiter, bis wir keine Blaufärbung mehr beobachten können.

Wir wollen bei diesen Versuchen darauf achten, daß wir nicht zu konzentrierte Jodlösungen nehmen. Die Jodlösung beziehen wir fertig als Tinctura jodi aus der Apotheke oder stellen sie uns her, indem wir 1 g Jod in 10 ml 96%igem Alkohol (Primasprit; nur in Notfällen Brennspiritus) lösen. Vor der Verwendung verdünnen wir einen Tropfen der dunkelbraunen Jodlösung mit 20 Tropfen Wasser.

Sehr vorteilhaft ist es auch, mit einer Jod-kaliumjodidlösung zu arbeiten. Wir erhalten sie ebenfalls käuflich. Wollen wir sie selbst herstellen, müssen wir 0,5 g Jod in 10 ml einer 10%igen Kaliumjodidlösung auflösen und anschließend bis auf 150 ml mit destilliertem Wasser auffüllen.

Die meisten Pflanzen lagern 30 bis 50% ihrer Assimilationsprodukte in Form von Stärke. Wir weisen diese durch die Sachssche Jodprobe nach.

Wir schneiden ein Blatt — Flieder, Kapuzinerkresse, Schwarzer Holunder, Bohne, Spinat oder Kohl —, das der Sonne ausgesetzt war, am Mittag oder während des Nachmittags ab. In einem Becherglas kochen wir es vorsichtig einige Minuten in Wasser. Dabei werden die Zellen abgetötet; die Stärkekörner quellen. Wir passen aber gut auf, daß das Blatt nicht zerkocht. Anschließend übergießen wir es in einem anderen Becherglas mit heißem Alkohol (96%ig, notfalls Brennspiritus. Vorsicht Feuergefahr!). Dabei ziehen wir die Farbstoffe aus dem Blatt. Der Alkohol färbt sich grün. Wir müssen ihn eventuell mehrmals erneuern. In einer braunen Flasche bewahren wir ihn für spätere Versuche auf.

Wenn das Blatt farblos geworden ist, spülen wir es mit Wasser ab und trocknen es vorsichtig zwischen Filterpapier. Dann legen wir es in eine Porzellanschale und tropfen Jodlösung oder Jod-Kaliumjodidlösung darüber. Die Lösungen dringen in das Blatt ein und färben die in den Zellen gebildete Stärke blau. Wir sehen die Färbung gut, wenn wir das Blatt mit Wasser waschen, bis die braune Farbe der Jodlösung beseitigt ist.

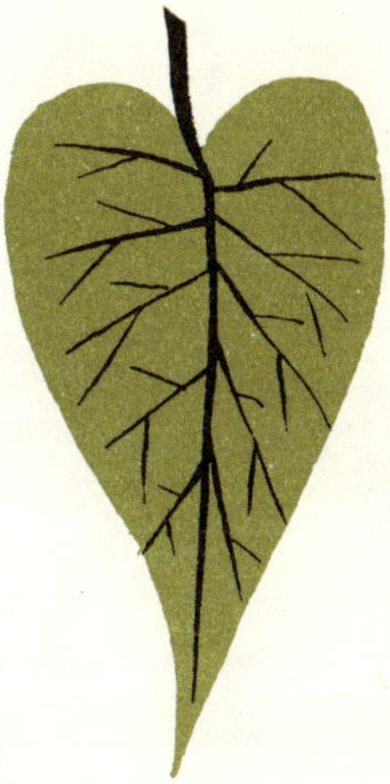

Führen wir die Probe mit am Morgen geschnittenen, also längere Zeit unbelichteten Blättern durch, so fällt sie negativ aus. Die Blätter nehmen lediglich die braune Färbung der Jodlösung an. Das ist uns ein Beweis dafür, daß die am Tage gebildete Stärke während der Nacht abgebaut und weitertransportiert oder veratmet wird.

Wir können nun versuchen, Stärke in künstlich belichteten Blättern nachzuweisen. Zur Belichtung nehmen wir Glühlampen von 100 beziehungsweise 300 Watt. Zu verschiedenen Zeiten prüfen wir einzelne Blätter oder Blattstücke. Vielleicht gelingt es uns auch festzustellen, nach welcher Zeit der direkten Sonnenbestrahlung in Blättern die erste Stärke nachweisbar ist. Wir müssen allerdings dafür sorgen, daß die Blätter längere Zeit vorher gut verdunkelt waren. Wenn wir am Abend vorher eine Tüte aus schwarzem Papier über das Zweigstück stülpen, gelingt uns das ohne Schwierigkeiten.

Im letzten Versuch dieser Reihe wollen wir die Bedeutung der Spaltöffnungen für den Gasaustausch und damit für die Ernährung der Pflanze prüfen. Ehe wir ein Blatt belichten, verschmieren wir einen Teil der Spaltöffnungen mit Vaseline. Bei der Jodprobe werden wir nur an den Blattstellen eine Blaufärbung beobachten, an denen die Spaltöffnungen einen ungehinderten Gasaustausch ermöglichten.

Fotografie mit Blättern

An einem unserer Versuchsobjekte verdunkeln wir einige Blätter mindestens 24 Stunden lang durch Überstülpen einer schwarzen

Papiertüte. Wir können dann sicher sein, daß die am Vortage photosynthetisch gebildete Stärke abgebaut ist.
Am Abend oder morgens zeitig entfernen wir die Tüte und bedecken das Blatt mit einer Schablone aus schwarzem Papier oder Aluminiumfolie (Silberpapier). Im einfachsten Falle legen wir einen 1 cm breiten Streifen rund um das Blatt und befestigen ihn mit einer Büroklammer. Effektvoller ist es, das gesamte Blatt mit lichtundurchlässigem Material abzudecken, in das wir vorher Buchstaben oder Zeichen eingeschnitten haben. Wir lassen das Blatt tagsüber in der Sonne, schneiden es dann ab, entziehen ihm in der bekannten Weise das Chlorophyll und weisen die an den belichteten Stellen gebildete Stärke durch die Jodprobe nach.

Wir werden erstaunt sein, welch klargezeichnete „Stärkebilder" wir erhalten. Es bestehen so enge Zusammenhänge zwischen Lichtmenge und gebildeter Stärke, daß es geschickten Experimentatoren sogar gelingt, auf diese Weise Abzüge von fotografischen Negativen zu machen. Das bekannteste Bild dieser Art stellte der Pflanzenphysiologe Hans Molisch her, indem er ein Negativ, das ein Brustbild von ihm darstellte, auf ein Blatt der Kapuzinerkresse legte. Kapuzinerkresse *(Tropaéolum)* zählt zu unseren beliebtesten und anspruchslosesten Zierpflanzen und war früher in jedem Garten zu finden. Ihren Samen erhalten wir für wenige Pfennige im Fachgeschäft.

Ohne Chlorophyll geht es nicht

Wir lassen ein paar Samenkörner (Gerste, Bohne, Erbse, Mais) in einem feuchten Tuch einige Stunden quellen und stecken sie anschließend in einen Blumentopf mit guter Gartenerde. Den Topf verdunkeln wir vollständig, indem wir einen Pappkarton darüberstülpen. Wenn sich die Keimpflanzen zeigen, lassen wir sie noch einige Tage im Dunkeln wachsen. Die Keimlinge bleiben farblos. Ziehen wir sie am Licht weiter, so nehmen sie allmählich Grünfärbung an. Chlorophyll kann sich folglich nur am Licht bilden. Im Dunkeln entsteht lediglich eine farblose Vorstufe, das Protochlorophyll.
Auch die Keime von Kartoffeln bleiben farblos, solange sie nicht vom Licht getroffen werden. Bedecken wir ein Stück Rasen mit einem Brett oder anderem lichtundurchlässigem Material, so können wir schon nach einer Woche eine deutliche Entfärbung des Grases beobachten.
Es gibt Blätter, in denen sich nicht in der gesamten Blattspreite Chlorophyll bildet. Sie enthalten dann weiße beziehungsweise gelbe Streifen oder Flecken. Solche panaschierten Blätter kennen wir

vom Sachsengras und vielleicht auch vom Holunder her. Führen wir an ihnen abends die Jodprobe durch, so liefert uns diese nur an den vorher grünen Stellen eine Dunkelfärbung.

Versuche zur Photolyse

In einem zur Hälfte mit Wasser gefüllten Mörser zerreiben wir junge Blätter von Brennessel oder Löwenzahn. Wir erhalten eine grüne Aufschlämmung von Zellgruppen, Einzelzellen, Zellstücken und Chloroplasten. Zur Entfernung der groben Bestandteile filtrieren wir sie durch ein Papierfilter oder einen Glasfiltertiegel G 4. Von der grünen Aufschlämmung füllen wir je 10 ml in 2 Reagenzgläser. Dazu geben wir je 1 ml einer verdünnten Lösung von Kaliumhexazyanoferrat(III) — Vorsicht, giftig! — und verschließen die Gläser mit Watte. Das eine Reagenzglas lassen wir im Dunkeln, das andere belichten wir einen Tag lang.

Danach führen wir auf einer Tüpfelplatte oder in Halbmikroreagenzgläsern folgende Reaktionen durch:
Wir versetzen 3 Tropfen verdünnter Lösung von Kaliumhexazyanoferrat(III) mit 1 Tropfen verdünnter Eisen(III)-chloridlösung. Es bildet sich eine dunkelbraune Lösung.
In gleicher Weise verfahren wir mit Kaliumhexazyanoferrat(II). Dabei entsteht ein tiefblauer Niederschlag von sogenanntem Berliner Blau. Nun versetzen wir 3 Tropfen der unbelichteten Aufschlämmung mit 1 Tropfen Eisen(III)-chloridlösung. Es bildet sich eine dunkelbraune Färbung als Zeichen dafür, daß das Kaliumhexazyanoferrat(III), das wir anfangs zugesetzt hatten, unverändert geblieben ist.
Führen wir die gleiche Untersuchung mit der belichteten Aufschlämmung durch, erhalten wir einen kräftigen tiefblauen Niederschlag. Wir folgern daraus, daß sich das Kaliumhexazyanoferrat(III) in Kaliumhexazyanoferrat(II) umgewandelt hat. Es ist reduziert worden, die Fe^{+++}-Ionen des roten Salzes wurden zu Fe^{++}-Ionen. Als Reduktionsmittel wirkte Wasserstoff. Er kann deshalb nur aus dem Wasser stammen und entstand dort durch Photolyse unter Einwirkung der Chloroplasten.

Wir untersuchen den Gasaustausch

Wir brauchen ein hohes Becherglas (300 bis 500 ml), einen dazu passenden Trichter, dessen Stiel nicht zu lang ist, ein Reagenzglas und einige junge Sprosse von Wasserpflanzen (Wasserpest, Hornkraut, Tausendblatt). Wir geben die Sprosse in das Becherglas und füllen dieses bis 2 cm unter den Rand mit kohlendioxidangereichertem Wasser. Dazu müssen wir durch Leitungswasser einen Kohlendioxidstrom leiten oder es mit Selterswasser versetzen. Dann stülpen wir den Trichter über die Sprosse. Das Trichterrohr soll etwa 2 cm unter der Wasseroberfläche enden. Wir bewegen den Trichter ein wenig, damit die an den Pflanzen haftenden Luftblasen entfernt werden. Auf das Trichterrohr setzen wir ein mit Wasser gefülltes Reagenzglas. Wir stellen das Becherglas ins Sonnenlicht und beobachten von Zeit zu Zeit. Wir sehen, wie von den Sprossen Gasbläschen aufsteigen. Sie werden durch den Trichter in das Reagenzglas geleitet. Unterbrechen wir die Belichtung, hört auch die Gasentwicklung allmählich auf. Bei erneuter Belichtung setzt sie wieder ein. Hat sich das Gas mehrere Zentimeter hoch im Reagenzglas angesammelt, verschließen wir das Glas unter Wasser mit dem Daumen, nehmen es heraus und drehen es um. Durch die Spanprobe — glimmender Span entflammt — identifizieren wir das Gas als Sauerstoff.

Daß Landpflanzen ihren Kohlenstoffbedarf aus dem Kohlendioxid der Luft decken, erkennen wir aus dem folgenden Versuch. Wir ziehen Keimpflanzen in kohlendioxidfreier Atmosphäre. Bereits

Nachweis der Assimilationstätigkeit von Wasserpflanzen (links), daneben Keimpflanzen in Hungerkultur

nach einigen Tagen beobachten wir durchgreifende Schäden an den Pflanzen. Schließlich „verhungern“ sie.

Dazu setzen wir in einem Blumentopf gezogene Keimpflanzen unter eine Glasglocke (siehe die nebenstehende Abbildung). Neben den Blumentopf stellen wir ein Schälchen mit Kalilauge. Diese bindet das Kohlendioxid der Luft unter Bildung von Kaliumkarbonat. Auf die Glocke setzen wir ein Chlorkalziumrohr. Es ist mit gebranntem Kalk gefüllt, der ebenfalls Kohlendioxid bindet, Glaswolle oder Watte verhindert das Hindurchfallen der Branntkalkstückchen.

Mikroorganismen als Helfer des Menschen

Als im Jahre 1683 der Kammerbewahrer der Stadt Delft, Antony van Leeuwenhoek, einen seiner 4,5 cm langen und 2,5 cm breiten selbstgefertigten Linsenapparate gegen das Licht hält, um damit die Kanälchen im menschlichen Zahn zu betrachten, stößt er das Tor zu einer bisher unbekannten Welt, zur Welt der Mikroorganismen auf. Leeuwenhoek sieht mit seinen 270fach vergrößernden Linsen die Bakterienflora im Zahnbelag, „unscheinbare Tierchen, die sich auf das fröhlichste bewegen“. Er stellt Versuche an, beobachtet und zeichnet. Der Naturwissenschaftler Leeuwenhoek beobachtet so gut, daß er bereits die Hauptformen der winzigen „Tierchen“, der Bakterien, erkennt. Sein bedeutendstes Werk, „Die Geheimnisse der Natur“ („Arcana naturae detecta“), enthält eine Zeichnung dieser Kleinlebewesen, auf der wir die längliche Form der Bazillen, die runde der Kokken und die gewundene der Spirillen bereits gut erkennen können.

Es gibt wohl kaum einen Wissenschaftler, der nicht den Wunsch in sich trägt, mitzuhelfen, das Geschehen in der Natur zu enträtseln. So war und ist es auch auf jenem Gebiet, das Leeuwenhoek als Neuling betreten hatte.

Wenn Biologen und Ärzte in der Bakteriologie neue Erkenntnisse gewinnen wollen, brauchen sie die tätige Mithilfe der Physiker, der Linsenschleifer, Konstrukteure und Feinmechaniker. Unsere optische Industrie liefert Lichtmikroskope mit mehr als 1000facher Vergrößerung. Elektronenübermikroskope mit ihren mehrtausendfachen Vergrößerungen gestatten, bis in die Grenzgebiete zwischen anorganischer und organischer Materie vorzudringen, in das Reich der Viren.

Es wird behauptet, daß die nur 0,15 bis 100 μm großen Bakterien die mächtigsten Lebewesen der Welt seien. Mächtig wegen ihrer

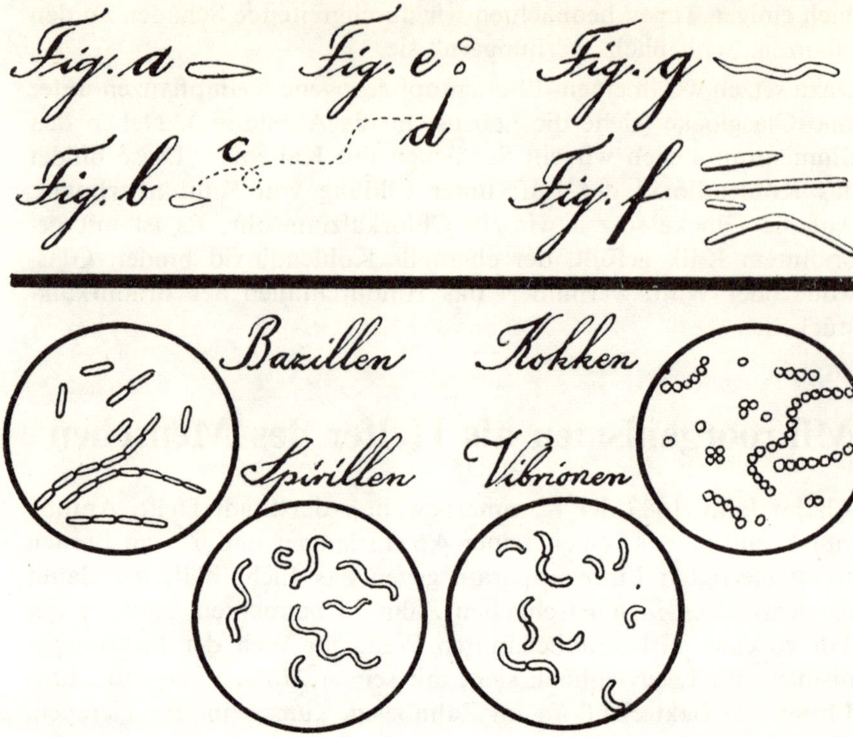

Bakterien, wie Leeuwenhoek sie sah — darunter verschiedene bekannte Bakterienformen

Zahl, gibt es doch kaum eine Stelle auf der Erde, wo keine Bakterien leben.

Bakterien vermehren sich durch Spaltung, die unter günstigen Bedingungen alle 30 Minuten eintritt. Würde ihre Vermehrung nicht durch Raum- oder Nahrungsmangel unterbrochen, so entständen aus einem Bazillus in 36 Stunden so viele, daß sie 100 Eisenbahnwaggons füllen würden.

Bakterien werden oft als „Geißeln der Menschheit" bezeichnet, denn auch in unseren Tagen sterben noch jährlich Millionen Menschen als ihre Opfer an Lungenentzündung, Diphtherie, Scharlach, Tuberkulose, Typhus, Ruhr oder Cholera. Dank der Arbeit unserer Gesundheitsorgane und der Hygiene jedes einzelnen haben diese Krankheiten bei uns ihren Schrecken verloren.

Es gibt aber viele Arten von Bakterien, die zum Helfer des Menschen geworden sind. Ihre Zahl ist größer als die der krankheitserregenden Arten. Sie werden vom Menschen in ihrer Entwicklung gefördert, ja oft sogar gezüchtet und sinnvoll eingesetzt. Mit ihnen wollen wir uns beschäftigen.

Die Arbeitsgeräte des Bakteriologen

Sollen unsere bakteriologischen Arbeiten erfolgreich sein, so werden an uns, an unseren Arbeitsplatz und an unsere Geräte besondere Anforderungen gestellt. Sorgsamkeit und Sauberkeit sind bei allen wissenschaftlichen Arbeiten wichtig, für die folgenden Versuche sind sie aber oberstes Gebot. Der Bakteriengehalt der Luft schwankt je nach der Staubmenge zwischen einigen 100 und 500 000 Keimen je Kubikmeter, in 1 g Sandboden wurden mehrere 100 000 und in 1 g Humusboden sogar 100 Millionen Bakterien ermittelt. Wir müssen also unseren Arbeitsplatz mit seinen Geräten und den Kulturen, die wir später herstellen wollen, vor Staub und Verschmutzung schützen. Dennoch ist für unsere Arbeiten kein teures Laboratorium mit gekachelten Wänden und gefliestem Boden nötig. Ein kleiner sauberer Tisch, den wir in jeder Zimmerecke — die Küche ausgenommen — aufstellen, tut es auch. Die Arbeitsfläche soll leicht zu säubern sein. Das erreichen wir, indem wir auf den Tisch Linoleum, Gummi, Plastfolien oder -platten oder eine Glasscheibe legen. In einem kleinen verschließbaren Schränkchen bringen wir unsere Arbeitsgeräte unter. Wir haben dann ständig Ordnung auf unserem Arbeitsplatz und vermeiden, daß sich Kinder oder Fremde an unseren Geräten und Chemikalien vergreifen. Das Schränkchen können wir uns aus einer mittelgroßen Holzkiste selbst basteln. Wir reiben es mit Glasscherben oder Sandpapier glatt und streichen es mit weißer Ölfarbe oder mit Nitrolack. Es wird uns auch bei anderen Versuchen gute Dienste leisten.

Bei unseren Versuchen tragen wir einen Arbeitskittel oder eine Plastschürze. Vor und nach dem Arbeiten waschen wir uns stets die Hände und vergessen auch nicht, den Arbeitsplatz zu reinigen. Dafür verwenden wir Desinfektionslösungen. In Apotheken und Drogerien sind verschiedene Mittel erhältlich. Wir können uns zum Beispiel eine Kleinpackung Chloramin kaufen. 1 g dieses weißen Pulvers lösen wir in 100 ml Wasser und bewahren die Lösung in einer Braunglasflasche gut verschlossen auf. Das Etikett muß die deutlich lesbare Aufschrift „Desinfektionsmittel, Chloraminlösung, etwa 1%ig" tragen. Beim Reinigen der Hände übergießen wir diese erst mit Chloraminlösung und waschen anschließend mit Wasser und Seife (Bürsten der Nägel nicht vergessen!). Den Arbeitsplatz säubern wir mit einem Lappen, der mit Chloraminlösung getränkt ist.

Die Meinung, daß Versuche mit Bakterien und anderen Mikroorganismen ohne Zuhilfenahme eines Mikroskopes nicht durchführbar seien, ist unbegründet. Auch wenn uns kein Mikroskop zur Verfügung steht, können wir uns dieses interessante Gebiet erschließen. Viele unserer Leser arbeiten aber sicherlich in Arbeitsgemeinschaften. Dort stehen ihnen meist auch einige recht gute Mikroskope zur Verfügung. Zur Beobachtung von Bakterienkolonien und Pilzkulturen leisten uns schon Geräte mit mittelstarken Objektiven von ungefähr 20facher Eigenvergrößerung gute Dienste. Bei Betrachtung von lebenden Bakterien oder von Bakterienpräparaten sollte die Eigenvergrößerung des Objektivs 50- bis 100fach sein.

Haben wir die Absicht, mit den zuletzt angegebenen starken Eigenvergrößerungen zu arbeiten, müssen wir uns die physikalischen Grundlagen der mikroskopischen Optik erarbeiten. Wir vermeiden dann Fehler, bewahren uns vor Enttäuschungen, und tragen zur Schonung der teuren Geräte bei. Es sind reichlich gute Beidenungsanleitungen für Mikroskope im Handel, aus denen man sich auch über die Funktion informieren kann, es sei aber trotzdem auf einiges an dieser Stelle besonders hingwiesen.

Die Gesamtvergrößerung berechnen wir, indem wir die auf dem Objektiv eingravierte Zahl der Eigenvergrößerung mit der des Okulars multiplizieren. So ergibt das Objektiv 18 × mit dem Okular 5 × eine Gesamtvergrößerung von 90 ×, mit dem Okular 10 × von 180 ×.

Wir beginnen die Betrachtung stets mit dem schwächsten Objektiven, um uns mit der Gesamterscheinung des Gegenstandes vertraut zu machen. Ist das geschehen, dann bringen wir einen Teil des Gegenstandes, für den wir uns besonders interessieren, in die Mitte des Sehfeldes und setzen die stärkeren Objektive ein.

Weit verbreitet ist die irrige Ansicht, daß wir mehr sehen, wenn wir recht starke Okulare verwenden und demzufolge zu einer hohen Gesamtvergrößerung kommen. Die Qualität des mikroskopischen Bildes hängt aber wesentlich von dem Auflösungsvermögen des Objektivs ab, und dieses steigt wieder mit dem Winkel, unter dem das Licht in das Objektiv eintritt. Es hängt ebenfalls von der Brechungszahl des Mediums ab, das sich zwischen Präparat und Objektiv befindet. Das wird gewöhnlich Luft sein (Brechungszahl 1,0). Wir sprechen dann von Trockensystemen. Trägt ein Objektiv des Mikroskopes, mit dem wir arbeiten, die Gravur „Ölimmersion“, dann ist es so berechnet, daß sich als Medium zwischen Präparat und Objektiv Zedernholzöl (Immersionsöl; Brechungszahl 1,51) befindet. Ein Objektiv mit der Gravur „Ölimmersion 90/130“ hat zum Beispiel eine 90fache Eigenvergrößerung und eine numerische Apertur von 1,30. Die numerische Apertur berechnet der Hersteller als Produkt der Brechungszahl

und des Sinus des halben Öffnungswinkels. Wegen ihrer starken Eigenvergrößerung und der hohen numerischen Aperturen ist der Abstand der Frontlinsen der Immersionsobjektive vom Gegenstand sehr gering.
Arbeiten wir mit Ölimmersion, dann schieben wir zunächst, wie schon empfohlen, das Präparat bei starker Vergrößerung mit einem Trockenobjektiv in die Mitte des Sehfeldes, heben den Tubus und setzen das Immersionsobjektiv ein. Dann bringen wir vorsichtig einen Tropfen Immersionsöl auf die Mitte des Deckglases und senken nun mit dem Grobtrieb unter seitlicher Beobachtung das Objektiv in den Öltropfen. Anschließend heben wir mit dem Grobtrieb den Tubus so lange, daß die Verbindung zwischen Öl und Objektiv gerade noch besteht, schauen nun ins Okular und senken den Tubus mit dem Grobtrieb, bis wir den Gegenstand erkennen. Dann stellen wir mit dem Feintrieb nach. Wir stellen also hier im Gegensatz zu Trockenobjektiven von oben nach unten ein, müssen dabei aber sehr gefühlvoll arbeiten, sonst kann es uns passieren, daß wir zu weit nach unten drehen, das Deckglas zerdrücken und vielleicht sogar die Frontlinse beschädigen. Zur Reinigung der Objektive nach der Betrachtung verwenden wir einen weichen Lappen und einige Tropfen Dimethylbenzol oder noch

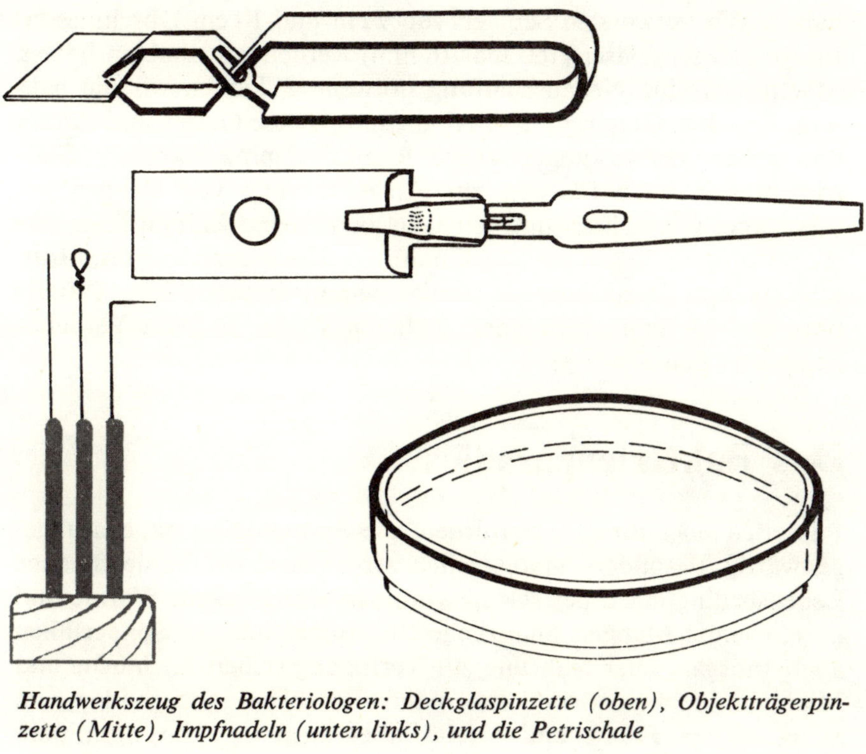

Handwerkszeug des Bakteriologen: Deckglaspinzette (oben), Objektträgerpinzette (Mitte), Impfnadeln (unten links), und die Petrischale

besser Benzin. Der Leiter unserer Arbeitsgemeinschaft wird uns weitere Hinweise geben.
Wir brauchen ferner die üblichen Objektträger, von denen einige einen Hohlschliff zur Betrachtung von Objekten im hängenden Tropfen haben sollen. Zum Bedecken der Objekte und für Dauerpräparate benötigen wir Deckgläser von 0,17 mm Dicke. Objektträger und Deckgläser lassen sich sauber handhaben, wenn wir die speziell dafür entwickelten Pinzetten verwenden. Die Deckglaspinzette nach Cornet ist die bekannteste. Impfnadeln zum Übertragen von Keimen stellen wir uns selbst her. Wir glätten einige 6 cm lange Stücke einer alten Kocherspirale (in Instituten verwendet man den teuren Platindraht) und schmelzen sie in 15 cm lange Glasröhrchen oder Glasstäbe ein. Die freien Enden können wir zu einem Winkel oder einer Öse biegen. Ösen biegen wir über einem 2 mm starken Nagel. Ein einfaches Gestell zur Aufbewahrung der Impfnadeln erhalten wir, wenn wir ein Holzklötzchen mit Bohrungen versehen.
Vor dem Gebrauch müssen wir die Impfnadeln ausglühen, um sie keimfrei zu machen. Wir nehmen dazu einen Spiritusbrenner, der uns auch bei vielen anderen Arbeiten gute Dienste leistet. Ferner besorgen wir uns einige Petrischalen. Das sind flache, runde Glasschalen, die einen Deckel mit sehr weit übergreifendem Rand haben. Wir verwenden Schalen von 7 cm und 10 cm Durchmesser. Einige Reagenzgläser (160 mal 16 mm) werden wir ohnehin haben. Macht sich eine Neuanschaffung notwendig, kaufen wir die bakteriologischen Gläser gleicher Abmessung. Diese Gläser sind stärker und haben keinen umgebogenen Rand. Erlenmeyerkolben, Glastrichter, ein paar Flachen zur Aufbewahrung von Reagenzien, Glasstäbe, Glasröhren und ein Glasspatel vervollständigen unsere Ausrüstung. Einige spezielle Geräte — Heißwassertrichter, Brutschrank und Sterilisator — werden wir noch behandeln. Ständig brauchen wir schließlich einen größeren Vorrat an guter Verbandwatte und Zellstoff.

Das Bakterienparadies

Bakterien oder ihre Dauerformen, die Sporen, sind nahezu allgegenwärtig. Besonders häufig treffen wir sie dort, wo für sie günstige Lebensbedingungen herrschen, wo ihnen Feuchtigkeit, Wärme und ausreichende Mengen pflanzlicher, tierischer oder in Sonderfällen auch anorganischer Nahrung zur Verfügung stehen. In Jauche und Mist, im Kompost und im nährstoffreichen Ackerboden, im Schlamm der Flüsse und Teiche, aber auch in Nahrungsmitteln und im tierischen und menschlichen Körper sind sie in großer Zahl anzutreffen. Fruchtbarer Ackerboden enthält 10 dz Bakterien je Hektar. Die Ausscheidungen des menschlichen Darms bestehen zu einem Drittel ihres Trockengewichtes aus Bakterien.

Wir untersuchen Zahnschleimbakterien

Auf einen Objektträger bringen wir mit einer Tropfpipette 2 Tropfen destilliertes Wasser. Dann kratzen wir mit einem angespitzten Holzstäbchen etwas Zahnschleim aus den Zwischenräumen unserer Zähne und verrühren ihn in dem Wasser. Einen Tropfen davon übertragen wir mit einem Glasstab auf einen zweiten Objektträger. Dort verrühren wir ihn mit einem Tropfen schwarzer Ausziehtusche. Mit einem Streichholz streichen wir die Mischung dünn über den gesamten Objektträger aus. Wir können zum Ausstreichen auch ein Deckglas nehmen, das wir zur besseren Handhabung in einen gespaltenen Holzstiel einklemmen. Den Ausstrich lassen wir an der Luft trocknen. Danach betrachten wir ihn bei etwa 400- bis 600facher Vergrößerung unter dem Mikroskop.
War der Ausstrich dünn genug, so sehen wir weiße Zahnbazillen, Spirillen, Vibrionen und eventuell sogar Kokken auf schwarzem Untergrund. Durch dieses von Professor Burri entwickelte Verfahren färben wir also nicht den Gegenstand, den wir betrachten wollen, sondern seinen Hintergrund. Wir führen eine negative Färbung aus. Die Tusche bildet mit ihren allerfeinsten Kohlenstoffteilchen eine Schicht von ungefähr 0,5 μm Dicke. Aus ihr ragen die Bakterien noch hervor. Nur sie werden vom Licht durchdrungen. Ihre Umrisse erscheinen dabei sehr scharf. Wenn der Versuch beim ersten Mal mißlingt, haben wir entweder zu dick oder auch zu dünn ausgestrichen. Vielfach kommt ein gutes Bild auch dann noch zustande, wenn wir durch die Irisblende unter dem Mikroskoptisch die Lichtverhältnisse ändern. Das Burri-Verfahren ist für die Untersuchung vieler Bakterienarten anwendbar. Wir sollten es auch bei den Bakterien anwenden, die in den folgenden Abschnitten betrachtet werden.

Positive Färbung von Zahnschleimbakterien

Wir verrühren auf einem Deckglas etwas Zahnschleim so mit einem Tropfen Wasser, daß fast das gesamte Glas bedeckt ist. Wir lassen wieder an der Luft trocknen, fassen dann das Glas mit einer Pinzette und ziehen es dreimal mit dem Ausstrich nach oben durch die Flamme unseres Spiritusbrenners. Wir beschreiben dabei einen Kreis. Durch die Erwärmung in der Flamme kleben die Bakterien

am Deckglas fest, sie werden fixiert. Bei der sich anschließenden Färbung können sie nicht mehr abgewaschen werden.
Zur Färbung verwenden wir Lösungen von Methylviolett, Fuchsin oder Karbolfuchsin. Methylviolett ist der färbende Bestandteil der Kopierstiftminen. Wir lösen ein Stück einer Mine in wenig destilliertem Wasser auf und filtrieren die Lösung durch ein Papierfilter. Selbstverständlich sind die genannten Farbstoffe auch als Lösungen für mikroskopische Zwecke in Kleinabfüllungen im Handel.

Methylviolett darf niemals in offene Wunden, etwa kleine Schnittwunden kommen; es wirkt unter Umständen tödlich!
Auf dem fixierten Bakterienausstrich verteilen wir nun einige Tropfen der Farbstofflösung. Wir lassen sie 3 bis 5 Minuten einwirken. Der Farbstoff wird von den Bakterien aufgenommen. Den überschüssigen Farbstoff müssen wir mit destilliertem Wasser gut abspülen. Wir nehmen dazu am besten eine Spritzflasche. Nach dem Trocknen an der Luft geben wir auf die Mitte eines Objektträgers einen Tropfen Kanadabalsam und legen das Deckglas mit der Schichtseite darauf. Bei 400facher Vergrößerung oder, wenn möglich, mehr, sehen wir die Zahnschleimbakterien mit scharfen Umrissen. Lassen wir den Objektträger auf waagerechter Unterlage mehrere Wochen liegen, so erhärtet der Balsam. Wir erhalten ein Dauerpräparat. Wir versehen das Deckglas später mit einem Lackrand. Über die Feinheiten der Präparationstechnik informieren wir uns in der überall erhältlichen mikroskopischen Spezialliteratur. Die Färbung unseres Dauerpräparates bleibt nur erhalten, wenn wir neutralen Kanadabalsam verwendet haben. Außerdem muß der Ausstrich gut lufttrocken gewesen sein, weil sich Kanadabalsam in Gegenwart von Wasser trübt. Zum Schluß noch ein Hinweis: Wer oft und viel Präparate zu färben hat, dem ist die Anschaffung von Färbebänkchen oder Färbetrögen zu empfehlen. Das sind Glasgefäße für einen oder mehrere Objektträger.

Untersuchung im hängenden Tropfen

Wir wollen nun Tümpelwasser oder Jauche nach dem von Robert Koch stammenden Verfahren des hängenden Tropfens untersuchen. Wir nehmen dazu Objektträger mit Hohlschliff. Um den Rand des Schliffs streichen wir etwas Vaseline. Wir erhalten sie in jeder Apotheke, dort wird sie als Salbengrundlage verwendet. Nun glühen wir eine Impfnadel mit Öse in der Flamme aus, lassen sie abkühlen und tauchen sie dann in das Tümpelwasser oder in die Jauche, die wir vorher mit Wasser im Verhältnis 1 : 1 verdünnt haben. Das Wassertröpfchen in der Öse setzen wir in die Mitte eines gut gereinigten Deckglases. Wir halten das Gläschen mit einer Pinzette.

Hängender Tropfen

Durch schnelles Drehen des Gläschens erreichen wir, daß der Tropfen nach unten hängt. Nun setzen wir das Deckglas vorsichtig auf den Objektträger. Der Tropfen soll sich dabei in der Mitte der Höhlung befinden, darf aber den Grund nicht berühren. Wir drükken das Deckglas mit der Pinzette leicht auf die Vaseline, damit es gleichmäßig auf ihr aufliegt. Dadurch erhalten wir eine feuchte Kammer, aus der kein Wasser verdunsten kann. Wir können unsere Objekte längere Zeit beobachten. Das Mikroskop stellen wir auf den Rand des Tropfens ein. Das erleichtert uns einmal die Einstellung, zum anderen sammeln sich die Bakterien vorwiegend dort an. Das Verfahren gestattet uns, Bakterien im lebenden Zustand zu beobachten, ihre Bewegung zu sehen und eventuell, wenn wir starke Vergrößerungen verwenden, ihre Sporenbildung und Entwicklung zu verfolgen. Selbstverständlich werden wir neben Bakterien auch zahlreiche Einzeller aus dem Reich der Protisten (z. B. Pantoffeltierchen und Amöben) sehen.

Heubazillen in der Kahmhaut

In einem Glas übergießen wir Heu, Laub oder andere Pflanzenteile mit Wasser, bedecken den Aufguß und lassen ihn stehen. Im Winter stellen wir ihn zweckmäßig an einen warmen Ort im Zimmer, vermeiden aber direkte Ofenhitze. Schon nach einer Woche sehen wir an der Oberfläche des Aufgusses eine graue Haut, die sich schleimig anfaßt. Wir übertragen etwas davon in einen Wassertropfen und untersuchen, nachdem wir ein Deckglas aufgelegt haben, unter dem Mikroskop. Bei 200facher Vergrößerung sehen wir viele Reihen von Heubazillen. Ihre Anordnung läßt darauf schliessen, daß es sich um Teilungsketten handelt.
Auch die Betrachtung anderer Kahmhäute, etwa von eingelegten Gurken oder vom Sauerkrauttopf, liefert uns ähnliche Ergebnisse. Kahmhäute sind geschlossene Decken, die sich beim Wachsen von Bakterien oder Hefen an der Oberfläche der Lösungen entwickeln. Die Zellen bilden Schleime, verkleben dadurch und so entstehen zusammenhängende, oft mehrere Millimeter dicke Häute.

Geißelfärbung nach Bunge-Coerner-Fischer

Viele Bakterien haben die Fähigkeit, sich selbständig fortzubewegen. Wir sehen die Bewegung von Bakterien besonders gut bei der Betrachtung von Jauche im hängenden Tropfen. Was wir nicht sehen, sind die Organe der Fortbewegung, die Bakteriengeißeln. Wir sehen sie auch dann noch nicht, wenn wir einen Ausstrich verdünnter Jauche eintrocknen lassen, die Bakterien in der Hitze

fixieren und anschließend färben, Geißeln nehmen die üblichen Farbstoffe nicht an, sie müssen vor dem Färben gebeizt werden.
Die Methode der Geißelfärbung stammt von dem deutschen Bakteriologen Löffler, der vor allem durch die Entdeckung des Diphtheriebakteriums und seine Arbeiten auf dem Gebiet der Tierseuchen bekannt geworden ist. Wir wollen die Löfflersche Geißelfärbung nicht durchführen, weil wir in ihrem Verlauf auf das giftige Anilin zurückgreifen müßten. Aus der Vielzahl von Geißelfärbeverfahren, die inzwischen entwickelt wurden, wollen wir ein einfaches herausgreifen.
Wir benötigen geringe Mengen folgender Chemikalien: Gerbsäure (Tannin), Eisen(II)-sulfat, Fuchsin und 96%iges Äthanol (Primasprit). Wir lösen in einem Reagenzglas 1 g Gerbsäure in 10 ml Wasser. Das Glas setzen wir am besten in ein Wasserbad von 80°C. Nachdem sich alles gelöst hat, nehmen wir das Glas heraus und lassen es auf Zimmertemperatur abkühlen. Inzwischen haben wir 2 g Eisen(II)-sulfat in 4 ml destilliertem Wasser gelöst. Von dieser Lösung geben wir 2 ml zu der Gerbsäurelösung. Durch Schütteln vermengen wir beide Lösungen. Nun bereiten wir uns wenige ml einer gesättigten Lösung von Fuchsin in Äthanol, wenn wir es nicht vorziehen, ein Fläschchen fertiger Lösung zu kaufen. Davon tropfen wir 0,5 ml (etwa 10 Tropfen) zu der Gerbsäure-Eisensulfat-Mischung. Wir schütteln wieder und lassen danach das Glas 1 Tag lang stehen. Dann ist die Beize fertig, wir können beginnen.
Wir beizen und färben am besten auf einem Deckglas, das sauber und vor allem fettfrei sein muß. Wir legen es zum Entfetten in ein Schälchen mit Äther (Vorsicht! Alle Flammen löschen!). Das gereinigte Deckglas dürfen wir dann nur noch mit einer sauberen Pinzette anfassen. Auf die Mitte des Deckglases geben wir 1 Tropfen Wasser und verrühren darin eine Öse voll Jauche. Die Jauche

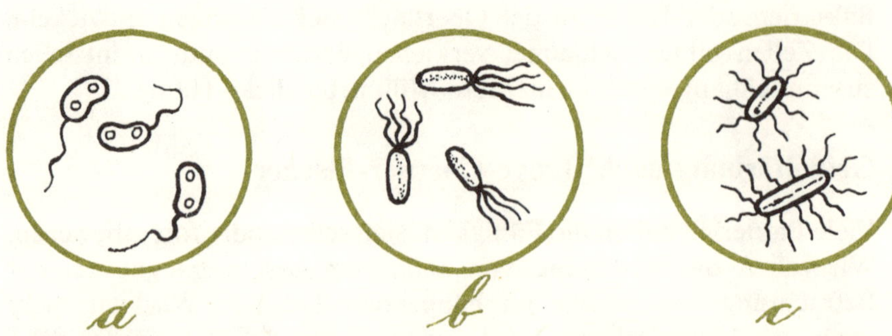

Verschiedene Formen der Begeißelung: a — polständige Einzelgeißel, b — polare Geißelbüschel, c — Geißeln über den ganzen Bakterienkörper verteilt

konzentrierter zu nehmen hat keinen Zweck, da sonst die Bakterien zu dicht liegen.
Wir lassen die Jauche auf dem Deckgläschen eintrocknen, ohne zu erwärmen. Dann tropfen wir so viel Beize darauf, daß das Deckgläschen davon bedeckt wird. Wir lassen die Beize 2 Minuten lang einwirken, dann spülen wir mit destilliertem Wasser ab. Es kann möglich sein, daß eine Einwirkzeit von 2 Minuten zu kurz ist, denn nicht alle Beizen fallen gleichmäßig aus. Das werden wir an der Qualität unseres Präparates später sehen. Wir werden deshalb an mehreren Präparaten die günstigste Einwirkzeit ermitteln.
Nach dem Beizen müssen wir das Präparat färben. Wir nehmen dazu verdünnte Karbolfuchsinlösung. Nach dem Auftropfen des Farbstoffes erwärmen wir das Deckgläschen, indem wir es mit der Pinzette in großem Abstand über die Flamme halten. Danach spülen wir wieder mit destilliertem Wasser ab. Nun muß das Präparat an der Luft trocknen. Durch gelindes Erwärmen können wir die Trockenzeit verkürzen. Zum Erwärmen von Präparaten können wir uns auch ein Wärmetischchen selbst basteln. Wir setzen an einen Eisen- oder Kupferblechstreifen 4 starke Drähte als Füße an. Der Tisch wird über dem Spiritusbrenner leicht erwärmt und dann der Objektträger oder das Deckglas darauf gelegt.
Auf die Mitte eines Objektträgers bringen wir nun einen Tropfen Kanadabalsam, legen das Deckglas mit der Präparatseite auf den Balsam und betrachten es bei starker Vergrößerung unter dem Mikroskop. Die verschiedenen Möglichkeiten der Begeißelung sind links in der Abbildung dargestellt.

Kochrezepte für Nährlösungen

Wollen wir Bakterien oder andere Mikroorganismen in Reinkultur gewinnen oder weiterzüchten, so müssen wir ihnen geeignete Ernährungsmöglichkeiten schaffen. Wir brauchen Nährlösungen und Nährböden. Sie müssen anorganische Salze, Kohlenstoff- und Stickstoffverbindungen enthalten. Kohlenstoff ist in jeder organischen Substanz enthalten. Stickstoff bieten wir ihnen im Pepton, einem Gemisch von Polypeptiden, das bei der Eiweißverdauung entsteht. Auch Ammoniumnitrat ist eine geeignete Stickstoffquelle.
Wir brauchen deshalb Fleischbrühen oder Aufgüsse von organischen Substanzen. Seit 1881 wird, auf Vorschlag von Robert Koch, den Nährlösungen Gelatine zugesetzt. Das hat den Vorteil, daß die Nährsubstanzen, nachdem sie heiß in Petrischalen oder Reagenzgläser gegossen wurden, beim Abkühlen erstarren. Das Plattenverfahren von Koch ist besonders zur Isolierung von Bakterien

unentbehrlich geworden. Später ersetzte man die Gelatine verschiedentlich durch Agar-Agar. Es wird auch Ceylontang genannt; denn es handelt sich um ein Produkt aus getrockneten ostasiatischen Meeresalgen. Agar-Agar ist sehr kohlenhydratreich. Es erstarrt bei 45° C und besitzt die Fähigkeit, steife Gelees zu bilden.
Die Filtration von Nährböden, die Agar-Agar oder Gelatine enthalten, bereitet jedoch Schwierigkeiten. Bouillons und Aufgüsse können wir durch Tücher seihen und danach durch Papier filtrieren. Bei Gelatine und Agar geht das nicht, denn die Poren der Filter verstopfen sehr schnell. Wir legen deshalb als Filtermaterial Watte in den Trichter. Dabei kommt es aber oft vor, daß der Nährboden schon im Trichter erstarrt. Wir müssen die Watte öfters wechseln.

Heißwassertrichter und Zellstoffpropfen für Reagenzgläser, die Pfropfen rechts und links sind entweder zu groß oder zu klein, der mittlere ist richtig bemessen

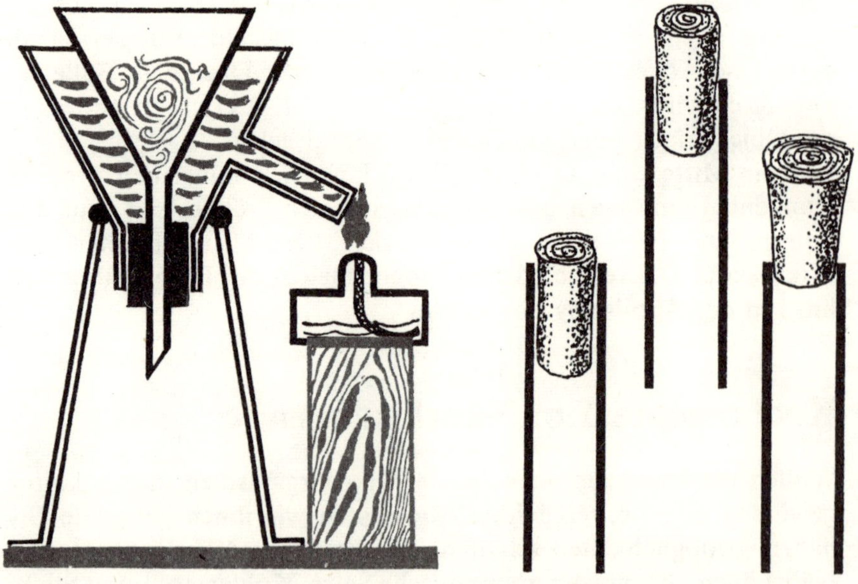

Diesen Schwierigkeiten gehen wir aus dem Wege, wenn wir zur Filtration einen Heißwassertrichter verwenden. Er besteht aus einem Glastrichter, der in einem Kupferblechmantel steckt. In dem Raum zwischen Glastrichter und Mantel befindet sich Wasser. Auch der seitlich angebrachte Rohrstutzen ist mit Wasser gefüllt. Unter den Stutzen stellen wir einen Spiritusbrenner als Heizquelle. Das Heißwasser zirkuliert und hält den Trichter warm. Der Trichter hängt so hoch in einem Dreifuß, daß man noch bequem unter ihm arbeiten kann.

Wir filtrieren einen Teil der Nährgelatine beziehungsweise des Nähragars unmittelbar in Petrischalen, einen Teil in Reagenzgläser in Mengen von ungefähr 3 und 6 ml. Wir achten aber sorgsam darauf, daß die Substanzen nicht an den Rand der Gläser gelangen, weil sonst der Zellstoff festklebt, mit dem wir unsere Gläser verschließen. In den Petrischalen ist durch den übergreifenden Deckel ein staubsicherer Verschluß gewährleistet. Die Reagenzgläser verschließen wir mit selbstgedrehten Pfropfen aus Zellstoff.
Wir breiten dazu die Zellstofflagen flach aus und schneiden uns 3 bis 4 cm breite Streifen. Dabei müssen die Fasern im Zellstoff quer zur Schnittrichtung liegen. Wir rollen auf der Tischplatte die Stopfen so groß, daß sie mit leichtem Druck in das Glas passen. Sie werden bis zur Hälfte hineingeschoben. Zu kleine Stopfen rutschen zu tief ins Glas. Sind sie zu groß ausgefallen, so sitzen sie nur oben auf. Wir müssen dann noch einmal aufwickeln, die Zellstoffbahnen mit der Schere verkürzen und erneut rollen.
Nun müssen wir die Gläser und Schalen mit ihrem Inhalt keimfrei machen, wir müssen sie sterilisieren. Dafür gibt es grundsätzlich zwei Möglichkeiten. Geräte und leere Gläser sterilisieren wir in Heißluft bei mindestens 160° C. Für diese Zwecke gibt es Trockensterilisierschränke, die aber nicht billig sind. An der Anschaffung dieser Geräte soll unsere Arbeit jedoch nicht scheitern. Den Arbeitsgemeinschaften in den Schulen steht vielleicht ein elektrischer Trockenschrank mit automatischer Temperaturregelung zur Verfügung. Er ist als Trockensterilisator und auch als Brutschrank gut geeignet, sofern er eine ausreichende Temperaturkonstanz gewährleistet. Fehlt ein solcher Schrank, so behelfen wir uns mit einem alten eisernen Topf, den wir mit einem passenden Deckel versehen. In den Deckel bohren wir 2 Löcher. Durch das eine sollen Gase und Dämpfe abziehen können, in dem anderen steckt ein Stopfen mit Thermometer. Wir stellen den Topf auf einen Dreifuß mit Asbestdrahtnetz und heizen mit einem Bunsenbrenner oder direkt auf dem Gaskocher. Gasflammmen gestatten uns bei diesen behelfsmäßigen Einrichtungen eine gute Temperaturregulierung. Wir sterilisieren 30 Minuten lang. Auch elektrische Backöfen oder Gasbackröhren können wir für die Trockensterilisation verwenden, wenn wir dafür sorgen, daß sie durch unsere Arbeiten nicht verschmutzen. Die Backröhren können wir hier ausnahmsweise benutzen, weil es sich ja lediglich um die Sterilisation von bereits gesäuberten Geräten handelt. Sonst vermeiden wir jedoch streng jede Benutzung von Gerätschaften, in denen später wieder Lebensmittel aufbewahrt oder zubereitet werden sollen!
Nährsubstanzen werden im strömenden Dampf keimfrei gemacht. Einen alten Wecktopf oder einen anderen großen Topf versehen

wir mit einem passenden Einsatz aus durchlöchertem Blech. Auf den Einsatz können wir unmittelbar die Petrischalen stellen. Die Reagenzgläser bringen wir in weiten Bechergläsern unter. Wir bedecken sie zweckmäßig mit Pergamentpapier oder festem Packpapier, damit das heruntertropfende Kondenswasser ablaufen kann und die Zellstoffpfropfen trocken bleiben. Der Einsatz darf nicht auf dem Boden des Topfes stehen, denn dort wollen wir ja wenigstens 5 cm hoch Wasser einfüllen. Auf einer geeigneten Heizquelle bringen wir das Wasser zum Sieden. Vom Beginn des Siedens an sterilisieren wir 20 bis 30 Minuten lang.

Durch die Sterilisation töten wir die Bakterien, nicht aber ihre sehr wiederstandsfähigen Dauerformen, die Sporen. Wenn wir das nicht beachten, beginnen diese schließlich zu keimen. Wir könnten die Sporen mit höheren Temperaturen töten, damit würden wir aber die Nährlösungen zerstören. Wir wenden deshalb einen kleinen Trick an. Nach der Sterilisation lassen wir die Gläser einfach 2 bis 3 Tage stehen. In dieser Zeit beginnen die Sporen unter den günstigen Bedingungen auszukeimen, und es fehlt ihnen die schützende Hülle. Wenn wir jetzt wieder unter den gleichen Bedingungen sterilisieren, gehen sie zugrunde. Sterile Röhrchen und Petrischalen bewahren wir kühl auf.

Wie setzen wir nun unsere Nährsubstanzen zusammen?

Nährbouillon

Einen kleinen Brühwürfel lösen wir in 250 ml Wasser. Wir lassen kurz aufkochen. Nach dem Abkühlen filtrieren wir die Brühe durch ein Papierfilter. Die groben Bestandteile (geronnenes Eiweiß und Fett) bleiben zurück.

Die so hergestellte Nährbouillon ist bedingt brauchbar. Um eine den Anforderungen des modernen bakteriologischen Arbeitens entsprechende Bouillon zu bereiten, befreien wir Rindfleisch — auch Pferdefleisch und Kalbfleisch sind geeignet — von Knochen, Fett und Sehnen und drehen 100 g davon durch einen Fleischwolf oder schneiden sie in kleine Würfel. Wer viele Versuche plant, nimmt entsprechend mehr Fleisch. Im Becherglas übergießen wir das Fleisch mit 200 ml Wasser und lassen es bei Zimmertemperatur ungefähr 12 Stunden lang stehen. Im Dampftopf kochen wir es 30 Minuten lang, seihen anschließend durch ein Tuch und pressen den Rest des Fleischwassers von den Fleischstückchen ab. Mit Wasser füllen wir anschließend auf 200 ml auf. Die reichliche Hälfte des Fleischwassers geben wir in einen Erlenmeyerkolben und verschließen mit einem Watte- oder Zellstoffpfropfen. Wir

brauchen es später zur Herstellung von Nährgelatine oder Nähragar.
Anschließend verarbeiten wir die andere Hälfte des Fleischwassers weiter. (Die folgenden Angaben sind für 100 ml Fleischwasser berechnet.) Wir stellen das Glas mit dem Fleischwasser in ein Wasserbad von 60°C. Wir können das Glas auch in den Dampftopf stellen. Während es sich erwärmt, mischen wir 1 g Pepton siccum (in jeder Apotheke erhältlich) mit 0,5 g Kochsalz. Von dem Fleischwasser gießen wir dann etwa 200 ml in ein kleines Becherglas und setzen unter Rühren die Pepton-Kochsalzmischung langsam zu. Die Mischung gießen wir wieder zur Hauptmenge zurück. Das Wasserbad erhitzen wir anschließend zum Sieden und kochen so lange, bis sich alles Pepton gelöst hat. Dann nehmen wir das Glas heraus, tropfen in die noch heiße Bouillon Sodalösung, bis ein pH-Wert von 7,5 erreicht ist, die Lösung also gerade alkalisch reagiert; denn Bakterien entwickeln sich besonders gut in schwach alkalischer Lösung. Wir rühren dabei mit einem Glasstab um. Wir hören mit Alkalisieren auf, wenn blaues Lackmuspapier nicht mehr gerötet wird und auf rotem Lackmuspapier eine schwache Blaufärbung festgestellt werden kann. Anschließend filtrieren wir die Nährbouillon durch ein Papierfilter in die Reagenzgläser. Diese verschließen wir mit Zellstoffpfropfen und sterilisieren im Dampftopf.

Nährgelatine

Durch die vorangegangenen Arbeiten haben wir schon einige Übung erlangt. Die Herstellung von Nährböden wird uns keine Schwierigkeiten mehr bereiten.
Zu 100 ml Fleischwasser geben wir 1 g Pepton, 0,5 g Kochsalz und 10 g Gelatine. Speisegelatine kaufen wir meist in Tafelform. Wir schneiden sie mit einer Schere in kleine Stücke. In Drogerien und Apotheken bekommen wir die Gelatine oft auch gekörnt. Wir lassen die Gelatine 1 Stunde quellen. Dann stellen wir das Gefäß so lange in ein Wasserbad von 40 bis 50°C, bis sich alles gelöst hat. Danach erhitzen wir das Wasserbad zum Sieden oder sterilisieren im Dampftopf. Die noch heiße Lösung müssen wir nun neutralisieren. Dazu nehmen wir ungefähr 1 n-Natronlauge (4 g Natriumhydroxid in 100 ml Wasser lösen). Danach setzen wir 1%ige Sodalösung bis zur schwach alkalischen Reaktion zu. Die warme Lösung filtrieren wir im Heißwassertrichter durch Watte. Läuft sie klar durch, können wir sie in die entsprechenden Gefäße abfüllen. Anschließend sterilisieren wir.

Bleibt das Filtrat trübe, müssen wir es mit Eiweiß klären. Wir nehmen 1 Kaffeelöffel (bei großen Ansätzen eventuell das Ganze) vom Weißen eines rohen Hühnereies und schütteln es in einem Erlenmeyerkolben kräftig mit der doppelten Menge kalten Wassers. Wir fügen es zu der auf 50°C abgekühlten Nährlösung, rühren kräftig um und setzen dann das Gefäß mit der Nährlösung 15 bis 30 Minuten in den Dampftopf. Wenn wir nun filtrieren, wird die Nährgelatine anfangs trübe, später klar durchlaufen. Den trüben Teil gießen wir in das Filter zurück. Ehe wir in die Röhrchen abfüllen, prüfen wir nochmals mit Lackmus auf schwach alkalische Reaktion. Eventuell müssen wir noch einige Tropfen Sodalösung zugeben.

Nähragar

Wenn es uns gelungen ist, etwas Agar-Agar aufzutreiben, sollten wir die Mühe der Herstellung von Nähragar nicht scheuen. Agar hat den Vorteil, daß es sich aus gebrauchten Nährböden zurückgewinnen läßt, wenn wir diese 3 Tage in 1%ige Chloraminlösung legen (ab und zu rühren), 3 bis 4 Tage unter häufigem Wasserwechsel wässern und das Agar schließlich in Mullsäckchen zum Trocknen aufhängen.

Zur Bereitung von Nähragar zerschneiden wir 15 g Stangenagar in kleine Stückchen, verrühren es mit wenig Wasser und lassen entweder 24 Stunden quellen oder stellen es 1 Stunde in den Dampftopf. Das vorgequollene Agar geben wir mit 1 g Pepton und 0,5 g Kochsalz zu 100 ml Fleischwasser. Die Mischung erhitzen wir 1 Stunde im Dampftopf. Dann neutralisieren wir mit Natronlauge, machen mit Sodalösung alkalisch, filtrieren und sterilisieren. Bei der Filtration von Nähragar kann es vorkommen, daß wir die Watte mehrmals wechseln müssen.

Bakterien werden gezählt

Myriaden von Bakterien und anderen Kleinlebewesen schweben an Staubteilchen haftend in der Luft, leben im Wasser und im Boden, haben sich in Pflanzen, Menschen und Tieren angesiedelt. Sie haften an Gebrauchsgegenständen und bevölkern unsere Speisen und Getränke, wenn wir diese nicht vorschriftsmäßig lagern.

Wir wollen einmal versuchen, die Zahl der Bakterien im Ackerboden, in Milch oder im Wasser, in Luft oder an Dingen zu ermitteln, mit denen wir täglich umgehen.

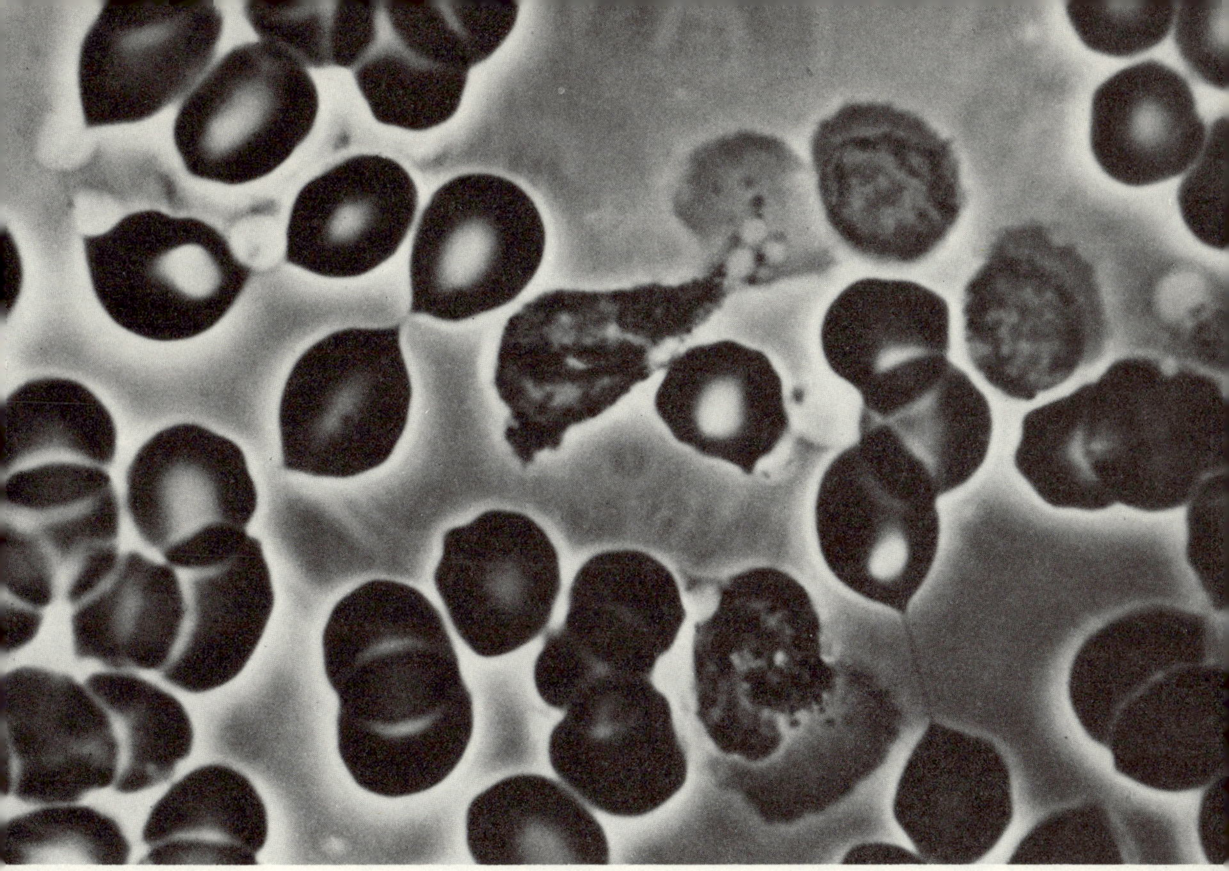

Tafel 3 (2 Seiten zuvor)

In Hydrokultur gezogene Getreidekeimlinge, die im Winter ein vitaminreiches Grünfutter geben

Tafel 4 a (links oben)

Laboruntersuchung im Pflanzenzüchtungsinstitut

Tafel 4 b (links unten)

In einer Petrischale in Reinkultur auf Nährboden gezüchtete Bakterien

Tafel 5 (oben)

Lebendes Blut mit roten und weißen Blutkörperchen sowie Lymphzellen (mikroskopische Aufnahme)

Tafel 6 (nächste Seite)

Untersuchung mit dem Elektronenmikroskop, das bis zu 100 000fach vergrößert

Wieviel Bakterien leben in 1 Gramm Ackerboden?

Zunächst sei vorausgeschickt, daß die Anzahl der Bakterien in 1 g guter Ackererde so groß ist — oft über 100 Millionen —, daß wir sie gar nicht alle auszählen könnten, selbst wenn es uns gelänge, sie sichtbar zu machen. 1 g Boden ist also zu viel. Wir müssen weniger nehmen, vielleicht $^1/_{1\,000\,000}$ g. So geringe Mengen können wir aber nicht mehr wägen. Wir kommen jedoch zum Ziel, wenn wir eine Verdünnungsreihe ansetzen.
Wir stellen uns in ein Reagenzglasgestell 6 Reagenzgläser, von denen jedes mit 9 ml destilliertem Wasser gefüllt ist. In das erste Glas schütten wir 1 g des zu untersuchenden Ackerbodens. Wir setzen einen Stopfen auf das Glas und schütteln den Inhalt gut durch. Dabei verteilen wir die Bakterien gleichmäßig im Wasser, erreichen also jetzt bereits eine Verdünnung von 1 : 10. Entnehmen wir mit einer sauberen Pipette genau 1 ml der Aufschlämmung, geben sie zu den 9 ml im zweiten Reagenzglas und schütteln wieder gut durch, so ist die Verdünnung jetzt 1 : 100. Davon entnehmen wir, nachdem die Pipette gut gereinigt wurde, wieder 1 ml, übertragen in das nächste Glas und schütteln. So verfahren wir mit sämtlichen Gläsern. Im sechsten Glas beträgt die Verdünnung schließlich 1 : 1 000 000. Aus diesem Glas nehmen wir 1 ml Aufschlämmung für unsere Keimzahlbestimmung.
Wir verflüssigen nun die Nährgelatine oder das Nähragar in einem unserer Gläschen, indem wir dieses in ein Wasserbad stellen oder vorsichtig im warmen Luftstrom unseres Spiritusbrenners erhitzen. Die Schmelze gießen wir nun in eine sterile Petrischale. Dort

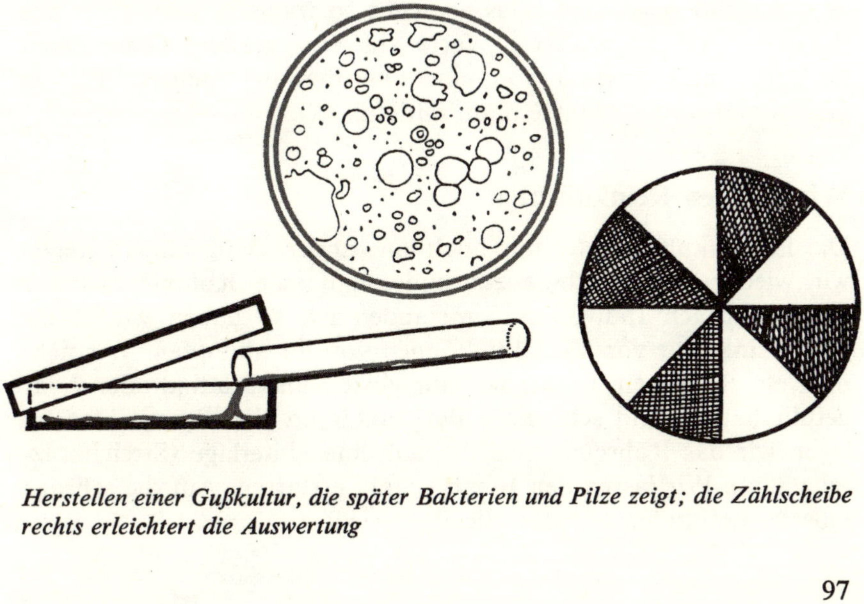

Herstellen einer Gußkultur, die später Bakterien und Pilze zeigt; die Zählscheibe rechts erleichtert die Auswertung

vermengen wir sie, ehe sie erstarrt, durch leichtes Neigen der Petrischale mit 1 ml der Verdünnung. Beim Eingießen in Petrischalen heben wir ihren Deckel immer nur so weit an, daß wir die Öffnung des Röhrchens in den Zwischenraum schieben können. Wir lassen die Gelatine erstarren. Die Schale müssen wir dabei auf eine waagerechte Unterlage stellen.

Die Bakterien sind nun in der erstarrten Gelatine gleichmäßig verteilt. Für uns sind sind sie allerdings noch unsichtbar. Lassen wir aber die Plattenkultur an einem warmen Ort stehen, so beginnen sich die Bakterien lebhaft zu vermehren. Dazu trägt die nährstoffreiche Gelatine bei. Aus einem einzigen Bakterium werden schließlich so viele Nachkommen, daß die Kolonien mit unbewaffnetem Auge als Punkte oder Flecken zu sehen sind. Nehmen wir an, daß jede Kolonie aus einem einzigen Bakterium entstanden ist, so brauchen wir nur noch die Kolonien auszuzählen, um zu erfahren, wieviel Bakterien in einer Probe waren. Das Zählen wird erleichtert, wenn wir unter die Petrischale eine Zählscheibe legen. Wir fertigen sie uns aus Pappe mühelos selbst an. War die Verteilung der Bakterien in der Gelatine gleichmäßig, so genügt es, wenn wir einige Sektoren auszählen und auf die Gesamtfläche schließen. Liegt das Ergebnis vor, berechnen wir unter Berücksichtigung des Verdünnungsgrades den Keimgehalt von 1 g Akkererde.

Selbstverständlich ist diese Methode noch mit einigen Fehlern behaftet. So kann es bei hohem Keimgehalt beispielsweise vorkommen, daß in der Gelatineplatte zwei oder gar noch mehr Bakterien dicht beieinander liegen. Ihre Nachkommen verschmelzen zu einem Fleck und werden von uns als von einem Bakterium abstammend angesehen. Das ist nicht so tragisch, kommt es uns doch nur auf angenäherte Werte an. Wer größere Genauigkeit anstrebt, muß sowieso von einer Verdünnung mehrere Platten gießen und die Ergebnisse dann mitteln.

Wir züchten Reinkulturen

Die Plattenkultur bietet uns noch eine andere Möglichkeit. Legen wir wieder die Annahme zugrunde, daß jede Kolonie aus nur einem einzigen Individuum entstanden ist, so haben wir in ihr eine Reinkultur vor uns. Wir können von ihr abimpfen. Wir nehmen ein Röhrchen, in das wir nur etwa 3 ml Gelatine oder Agar gefüllt hatten, und schmelzen den Inhalt im Wasserbad. Danach legen wir das Röhrchen einseitig auf eine Unterlage (Streichholzschachtel). Wir lassen den Inhalt schräg erstarren. Auf die schräge Oberfläche impfen wir nun die Bakterienart.

Schrägerstarren von Nähragar

Wir glühen dazu eine Impfnadel in der Flamme aus. Nach dem Erkalten übertragen wir mit ihr etwas von einer Kolonie der Platte auf die Oberfläche der Gelatine oder des Agars in dem Röhrchen. Es beherbergt jetzt eine einzige Bakterienart und stellt somit eine Reinkultur dar. Bewahren wir das Röhrchen bei Temperaturen über 20°C auf, können wir die Entwicklung der Bakterien gut beobachten.

Die Methode der Reinkulturen ist von außerordentlicher Bedeutung. Nach diesem Verfahren werden zum Beispiel im Institut für Mikrobiologie und experimentelle Therapie in Jena, das von Professor Dr. Knöll geleitet wird, systematisch Erdproben aus aller Welt auf Strahlenpilze mit antibiotischer Wirksamkeit untersucht. Antibiotika sind bekanntlich Stoffwechselprodukte von Mikroorganismen. Es gibt sehr viele von ihnen, aber nicht alle sind Heilmittel. Soll ein Antibiotikum als Heilmittel eingesetzt werden, so muß es sehr wirksam gegen den Erreger der Krankheit und ungiftig für den Organismus des Patienten sein. So kommt es, daß zur Zeit nur etwa 20 Antibiotika im klinschen Gebrauch sind, zum Beispiel Streptomyzin, Penizillin und Aureomyzin. Das Institut erhält in Plastikbeuteln Erdproben aus aller Welt und untersucht etwa 1500 bis 2000 Proben im Jahr. Die Erde wird aufgeschlämmt, verdünnt, und eine Probe wird auf Testplatten bebrütet. Es entwickeln sich Strahlenpilzkolonien. Von ihnen wird schließlich abgeimpft und weitergezüchtet. Ist die antibiotische Wirksamkeit in vielen Arbeitsgängen festgestellt, kann man daran gehen, die Antibiotikabildner in großem Maßstab zu züchten. 1943 entwickelte Prof. Dr. Knöll im Labor des Jenaer Glaswerkes Schott & Gen. die Penizillingewinnung. Penzillin war 1928 von dem englischen Bakteriologen Sir Alexander Fleming zufällig entdeckt worden. Es wird heute in vielen Ländern der Erde in großen Mengen aus Pilzkulturen gewonnen und ist infolge seiner relativ guten Verträglichkeit bei hoher Wirksamkeit gegenüber vielen gefährlichen Krankheitserregern aus dem modernen Arzneimittelschatz nicht mehr wegzudenken.

Stichkulturen

Es gibt Bakterien, die in der Lage sind, Gelatine zu verflüssigen. Heubazillen gehören zu ihnen. Sie sondern ein trypsinähnliches Ferment ab, das gelatineverdauend wirkt. (Trypsin findet sich im Saft der Bauchspeicheldrüse. Es gehört zu einem Gemisch von eiweißabbauenden Fermenten.) Diese Eigenart zieht der Bakteriologe als wesentliches Merkmal bei der Bestimmung der Bakterien heran. Zur Untersuchung dieser Erscheinung stellen wir uns eine Stichkultur her. Wir nehmen ein zur Hälfte mit Nährgelatine gefülltes Röhrchen. Mit einer geraden Impfnadel impfen wir von einer Platte ab. Die Impfnadel stechen wir nun von der Mitte der Oberfläche senkrecht fast bis zum Grunde der Gelatine und ziehen sie vorsichtig wieder heraus. An den Rändern des Stichkanals haften nun die Bakterien. Bei 20 bis 22° C lassen wir die

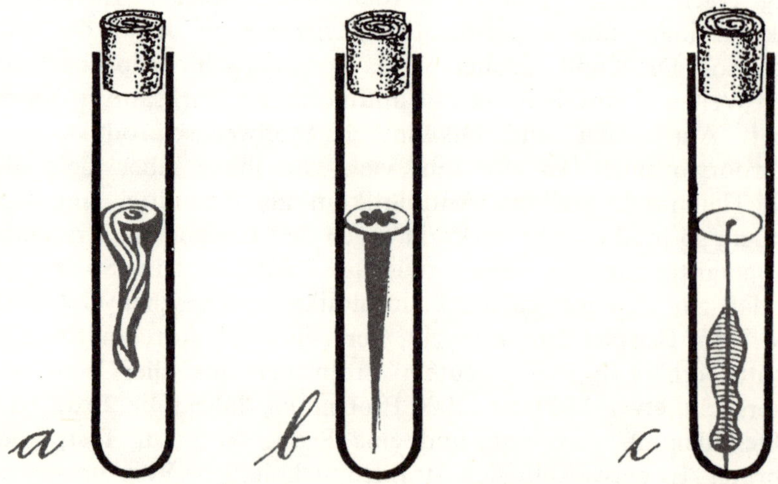

Stichkulturen: a — aërobe Bakterien, b — aërob und anaërob lebende Art, c — anaërob lebende

Röhrchen stehen. Selbstverständlich haben wir sie nach dem Impfen sofort wieder mit dem Zellstoffpfropfen verschlossen. Nach 1 Woche, spätestens aber nach 14 Tagen, können wir gut erkennen, wie sich die Bakterien entwickeln.

Wichtig ist, daß wir während der Bebrütung in regelmäßigen Abständen die Beobachtungen und Ergebnisse protokollieren. Aus den beigefügten Abbildungen sind 3 Möglichkeiten des Wachstums in der Stichkultur zu erkennen.

a) Die Bakterien haben in der Umgebung des Stichkanals die Gelatine verflüssigt. Auch an der Oberfläche ist eine Verflüssigung eingetreten. Wir vermuten, daß es sich um aerob lebende Arten handelt (aeros = Luft).

b) Die Bakterien sind an der Oberfläche und bis in die Tiefe des Stichkanals gewachsen. Sie können sich an der Luft entwickeln, kommen aber auch ohne Luftsauerstoff aus. Sie sind fakultativ anaerob (fakultativ = wahlweise; an = ohne).

c) Die Bakterien haben sich nur dort entwickelt und demzufolge die Gelatine verflüssigt, wo keine Luft hinkommt. Sie sind obligat anaerob (obligat = unerläßlich, verbindlich).

Wollen wir nur auf Verflüssigung prüfen, so kommen wir mit einer zweitägigen Bebrütung der Stiche bei 37° C aus. Danach stellen wir die Gläser kühl und sehen, ob die Gelatine flüssig bleibt oder wieder erstarrt. Es ist gut, wenn wir ein nichtbeimpftes Vergleichsröhrchen zur Kontrolle mit durch den Versuch führen.

Die Bestimmung der Bakterien ist nicht einfach. Neben der Gelatineverflüssigung müssen noch eine Reihe weiterer Eigenarten untersucht werden, so die Färbbarkeit nach Gram, die Farbe ihrer Kolonien, die Form und Begeißelung der Bakterien, die Neigung zur Kapselbildung, Polfärbbarkeit, Säurefestigkeit, die Farbstoffbildung auf Kartoffelkulturen und anderes mehr.

Keimgehalt von Milch, Wasser und Luft

Es ist allgemein bekannt, daß die Milchleistung einer Kuh sinken kann, wenn man ihre Pflege vernachlässigt. Selbstverständlich wird auch die Milch eines ungepflegten Tieres einen hohen Keimgehalt aufweisen. Hinzu kommt noch der Grad der Sauberkeit der Melkmaschine beziehungsweise der Hände des Melkenden und der verwendeten Gefäße. In 1 g Putzstaub von Kühen konnten durch die Plattenmethode 200 Millionen Keime ermittelt werden. Prof. Backhaus fand in 1 ml Milch einer Kuh, die in der Körperpflege ziemlich vernachlässigt worden war, 170 000 Keime. Nach 3 Wochen intensiver Pflege betrug der Keimgehalt nur noch 3200 im ml.

Zur Untersuchung des Keimgehaltes setzen wir wieder eine Verdünnungsreihe an und verfahren dann in der gleichen Weise, wie es bei der Untersuchung des Ackerbodens beschrieben wurde. Es ist üblich, die Milch nach der Keimzahl in Klassen einzuteilen:

Klasse	Zahl lebender Keime in 1 l
I	weniger als 500 000
II	500 000 bis 4 Millionen
III	4 bis 20 Millionen
IV	mehr als 20 Millionen

Vielleicht prüfen wir auch einamal den Keimgehalt des Spülwassers einer Milchkanne vor und nach der Reinigung mit heißem Sodawasser.
Der Einsatz von Melkmaschinen oder Melkständen entspricht den Forderungen der modernen Milchhygiene. Im Fischgrätenmelkstand läuft die Milch vom Euter durch Milchleitungen in eine Vakuumkühlung und kommt von dort sofort in den Milchtank, ohne mit der Luft in Berührung zu kommen.
Auch Trinkwasser muß ständig auf seinen Keimgehalt untersucht werden. An und für sich gehören die Bakterien des Trinkwassers zu harmlosen Stämmen. Bedenklich wird es allerdings, wenn ein zu hoher Keimgehalt feststellbar ist oder gar, wenn unter den Kolonien solche vom *Escherichia coli* (einem Darmbakterium) nachgewiesen werden. Das kann bei Brunnen auf dem Lande der Fall sein, wenn sie sich in einem schlechten baulichen Zustand befinden oder in zu großer Nähe von Dungstätten liegen. Meist werden dann in dem Wasser Stickstoffverbindungen (NH_3) chemisch nachweisbar sein, die auf eine Zersetzung von Eiweiß, also auf eine Verunreinigung durch Fäkalien schließen lassen. *Escherichia coli* ist normaler Bestandteil der Darmflora und an sich ungefährlich, seine Anwesenheit weist aber auf die Möglichkeit des Auftretens krankheitserregender Darmbakterien, vor allem Typhus- und Choleraerreger, hin.
Bei der Untersuchung von Trinkwasser wenden wir die in den vorhergehenden Versuchen geschilderten Methoden an.
Einen groben Überblick über den Keimgehalt der Luft können wir uns verschaffen, wenn wir uns zwei Gelatine- oder Agarplatten so gießen, daß wir wieder den Deckel der Schale nur so weit abheben, wie es zum Einführen des Röhrchens unbedingt erforderlich ist. Nach dem Erstarren der Platten nehmen wir an einem bestimmten Ort (Straße, Stube, Klassenzimmer usw.) am Morgen, am Mittag oder am Abend den Deckel der einen Platte eine Zeitlang ab (10, 20 oder 30 Minuten). Wir setzen während dieser Zeit den Deckel auf ein sauberes Blatt Papier neben die Platte, kehren ihn aber auf keinen Fall um; da sonst Bakterien auf seine Innenseite gelangen. Nachdem wir die Schale verschlossen haben, lassen wir sie wieder bei Zimmertemperatur stehen. Daneben stellen wir die ungeöffnete Schale zur Kontrolle. Bereits nach wenigen Tagen wachsen die ersten Kolonien, nach 10 Tagen zählen wir aus. Auf der Kontrollplatte dürfen keine Keime wachsen. Es ist klar, daß wir mit dieser Methode nicht den Keimgehalt einer bestimmten Luftmenge feststellen können. Wir können aber Vergleiche anstellen zwischen der Luft in Städten zu verschiedenen Tageszeiten oder der Luft in verschiedenen Räumen unserer

Schule oder Wohnung. Dabei wählen wir selbstverständlich immer gleiche Öffnungszeiten der Platten.
So fand man in 1 ml Großstadtluft morgens etwa 400, mittags etwa 8000 und abends sogar 11 000 Keime. Der Keimgehalt steigt mit dem Staubgehalt an, denn 1 g Straßenstaub kann 20 000 bis 2 000 000 Keime enthalten.

Wir prüfen Hygieneregeln

Immer wieder wird auf die Einhaltung hygienischer Regeln hingewiesen. Wenn wir wissen wollen, wieviel Keime an unseren Fingerspitzen haften, tippen wir einmal leicht auf eine sterile Platte. Wir können auch eine Fliege in die Petrischale einsperren und sie mehrfach über die Nährgelatine laufen lassen.
Besonders im Herbst und Frühjahr sind Schnupfen und Grippe stark verbreitet. Unsere Gesundheitsorgane erinnern dann immer wieder durch Plakate: „Huste oder niese nicht anderen Leuten ins Gesicht!". Behusten wir doch einmal eine sterile Platte. Ich konnte auf einer Agar-Agar-Platte, die ich dreimal kräftig behustet hatte, nach viertägiger Bebrütung bei 30° C im Brutschrank 260 Keime je Quadratzentimeter der Platte auszählen. Zur Zählung verwendete ich eine 6mal vergrößernde Präparierlupe.
Wie wäre es, wenn wir auf eine sterile Platte einen Kuß leicht aufdrücken? Schon nach einer zweitägigen Bebrütung sehen wir dann Kolonien von Kokken. Es treten Mundstreptokokken neben zahlreichen Kolonien des harmlosen Hautbewohners *Staphylococcus albus* auf.

Die Bakterien an einem Geldschein

Geldscheine gehen durch die Hände vieler Leute. An ihnen haften Keime. Wir falten einen 10-Mark-Schein ein- oder zweimal und drücken ihn dann leicht auf eine Nährplatte. Die Platte lassen wir 2 Tage bei Zimmertemperatur stehen oder bebrüten sie. Über das Bebrüten wird anschließend noch etwas gesagt werden. Wir dürfen diesmal mit dem Auszählen nicht zu lange warten, da sonst viele kleine Kolonien zu einer großen verwachsen. Wir legen unter die Platte einen Bogen Millimeterpapier und zählen unter dem Mikroskop bei 50- bis 180facher Vergrößerung aus. Bei stärkerer Vergrößerung hat eine Auszählung keinen Zweck mehr, da die Fläche, die im Sehfeld erscheint, kleiner ist als 1 mm^2. Ich konnte auf einem alten 1-Markschein durchschnittlich 131 Keime je Quadratmillimeter Scheinfläche ermitteln, so daß der Bakteriengehalt einer Scheinseite sich auf rund 1 030 000 errechnete!

Unser Brutschrank

Wir hatten bisher immer davon gesprochen, daß wir die Platten an einen mäßig warmen Ort stellen. Besser ist es natürlich, den Bakterien von Anfang an die richtigen Temperaturbedingungen zu geben. Wir bebrüten die Platten meist bei Temperaturen von 22°C. Gelatine verträgt ohnehin keine höheren Temperaturen, da sie schon bei 25°C verflüssigt wird. Lediglich Agar-Agar-Platten lassen sich noch bei Temperaturen von 30 bis 37°C bebrüten (Agar erstarrt bei 40 bis 45°C). Wir sehen also, daß wir bei unseren einfachen Versuchen im Sommer ohne Brutschrank auskommen. Im Gegenteil, wir müssen oft darauf achten, daß die Platten nicht zu warm werden, und sie vielleicht gar an einen kühleren Ort bringen.

Die schon erwähnten Trockenschränke eignen sich gut als Brutschränke, sofern sie eine Temperaturkonstanz von ±1°C haben. Der findige Leser, der den Wunsch hat, mit einem Brutschrank zu arbeiten, wird sich sicherlich etwas Geeignetes zusammenbasteln. Oft genügt schon eine doppelwandige Kiste mit Heuisolierung. Sie muß im Deckel ein Loch zum Abziehen von Dämpfen oder Gasen haben. Auf einem durchlöcherten Zwischenboden stehen die Gläser und Petrischalen. Als Heizquelle genügt eine Glühlampe, die über ein Relais mit Kontaktthermometer aus- und eingeschaltet wird. Selbstverständlich muß die Installation einwandfrei ausgeführt sein, damit Kurzschlüsse und Brandgefahr ausgeschlossen sind. Bei Verwendung einer Glühlampe als Heizquelle decken wir unsere Kulturgefäße mit schwarzem Papier ab, da Bakterien eine ständig starke Beleuchtung nicht vertragen.

Ich konnte recht brauchbare Ergebnisse mit einem alten Gasbackofen erzielen, den ich mir auf elektrische Heizung umbaute. In den doppelten Boden des Ofens baute ich zwei Tonplatten mit 500-Watt-Spiralen ein. Sie wurden hintereinander geschaltet, kamen also nicht zum Glühen. Das Ein- und Ausschalten besorgte ein selbstgebautes Relais. Wenn wir ein Relais vom Aquarium nehmen, müssen wir erst prüfen, welche Belastung es aushält.

Bei langer Bebrütung von Platten kommt es vor, daß die Nährböden austrocknen. Am Deckel der Petrischalen kondensiert Wasser, tropft herunter und breitet sich auf der Oberfläche der Platte aus. Dadurch kann es geschehen, daß die Kolonien zusammenfließen. Wir können das vermeiden, wenn wir die Schalen umgekehrt in den Brutschrank stellen. In den Deckel, der jetzt unten ist, können wir noch ein Stückchen Filterpapier (2 × 2 cm) legen. Wir flammen es vorher kurz ab, das heißt, wir ziehen es so schnell durch die Spiritusflamme, daß es nicht anbrennt. Anschließend bringen wir 1 Tropfen Propantriol (Glyzerin) darauf.

Bakterien und Hektarerträge

Ein Prinzip im Leben der Pflanze ist die Anhäufung organischer Substanz in ihrem Organismus. Bei den selbsternährenden (autotrophen) Lebewesen erfolgt dies durch Photo- beziehungsweise Chemosynthese. Zur Photosynthese befähigte Bakterien enthalten einen dem Chlorophyll a verwandten Farbstoff, das Bakteriopurpurin. Es wird vielfach auch Bakterienchlorophyll genannt.

Andere autotrophe Bakterien führen eine Chemosynthese durch. Die dabei freiwerdende Energie nutzen sie zum Aufbau anorganischer und organischer Substanz aus. So oxydieren die Schwefelbakterien, deren Erforschung wir dem russischen Bakteriologen Winogradsky verdanken, Schwefelwasserstoff zu Schwefel und Wasser. Dabei wird Energie frei. Im Ackerboden spielen diese sulfurisierenden Bakterien keine Rolle.

1890 fand Winogradsky, daß gewisse autotrophe Bodenbakterien die Energie, die sie für die Kohlendioxidassimilation brauchen, Oxydationsprozessen entnehmen, die bei der Umwandlung von salpetriger Säure und Salpetersäure ablaufen. Nitritbakterien oxydieren Ammoniak zu salpetriger Säure, die von Nitratbakterien sofort zu Salpetersäure weiteroxydiert wird. Dabei wird jedesmal Energie gewonnen. Nitratbakterien müssen beispielsweise 135 mg salpetriger Säure oxydieren, um die Energie zu erhalten, die sie für die Assimilation von 1 mg Kohlenstoff brauchen. Die Salpetersäure setzt sich mit Metallionen im Boden zu Nitraten um. So sind die indischen, ägyptischen und chilenischen Salpeterlager entstanden.

Unter Denitrifikation verstehen wir die Reduktion von Nitraten zu Nitriten und Ammoniak oder freiem Stickstoff. Der Stickstoff entweicht oder liegt in einer für die Organismen nicht unmittelbar verwertbaren Form vor. Denitrifizierende Bakterien leben anaerob. Nasse Böden, in denen eine Verdrängung der Bodenluft durch Wasser stattgefunden hat, sind reich an ihnen. Durch Lockerung der unteren Bodenschichten müssen wir für eine gute Durchlüftung und für die Erhöhung der Wasserdurchlässigkeit sorgen. Pflügen wir die Krume zu tief unter, so sterben die aeroben Bakterien infolge Sauerstoffmangels ab.

Neben den autotrophen Bakterien gibt es zwei Gruppen heterotropher (fremdernährender), die in der Lage sind, atmosphärischen Stickstoff zu binden. Die einen sind die freilebenden Stickstoffbinder, die anderen die Knöllchenbakterien der Leguminosen.

Die freilebenden Stickstoffbinder bilden Ammoniak aus atmosphärischem Stickstoff und aus Wasserstoff, den sie durch chemische Prozesse gewinnen, zum Beispiel durch Vergären von Zucker zu Buttersäure. Die Bakterien brauchen das Ammoniak zum Aufbau von Aminosäuren und Eiweiß. Nach ihrem Absterben und der Zersetzung und dem Aufschluß ihrer Substanz durch andere Bakterien kommt der gebundene Stickstoff den höheren Pflanzen zugute. Schätzungsweise nimmt der Gehalt an Bodenstickstoff durch ihre Tätigkeit pro Jahr und Hektar um 20 kg zu! Der jährliche Stickstoffentzug durch die Vegetation beträgt etwa 50 kg je Hektar.

Azotobacter chroococcum

Wir wollen nun einmal versuchen, einen freilebenden Stickstoffbinder in Erdproben nachzuweisen. *Azotobacter chroococcum* lebt aerob. Wir nehmen aus etwa 20 cm Tiefe einige Proben guter Garten- oder Ackererde. Die Proben vermengen wir gut. 200 g davon wägen wir ab, vermengen sie innig mit 4 g Staubzucker, füllen sie in einen kleinen Blumentopf, feuchten sie an und lassen sie 1 Woche lang im Zimmer stehen. Wir erreichen dadurch eine Anreicherung von Azotobacter.

Nun brauchen wir eine Kulturflüssigkeit. Sie muß frei von Stickstoff sein. Wir lösen in 100 ml Leitungswasser 2 g Traubenzucker (Dextropur) und 0,05 g Dikaliumhydrogenphosphat. Wenn möglich, geben wir noch eine winzige Menge Natriummolybdat als Biokatalysator dazu. Diese Lösung füllen wir 5 cm hoch in einen Erlenmeyerkolben und impfen sie mit etwa 5 g der vorbehandelten Gartenerde. Den Erlenmeyerkolben stellen wir warm, möglichst bei 30° C. Nach etwa 3 Tagen sehen wir auf der Kulturflüssigkeit eine weiße Schicht. Wir entnehmen mit einer Impfnadel mit Öse eine Probe davon und untersuchen sie im hängenden Tropfen. Wir stellen fest, daß Azotobacter beweglich ist. Er bildet dicke, kurze Stäbchen und stellt durch seine Größe von 4 bis 6 Mikron einen Riesen unter den Bakterien dar.

Die weiße Schicht auf der Kulturflüssigkeit erreicht schließlich eine erstaunliche Dicke. Sie besteht zum größten Teil aus Azotobacter chroococcum. Wir können davon eine kleine Menge in einen zweiten Erlenmeyerkolben mit Kulturlösung übertragen und sich dort entwickeln lassen. Wir reichern dadurch Azotobacter mehr und mehr an. Eine Öse davon übertragen wir in einem Wassertropfen auf den Objektträger, legen ein Deckglas auf und betrachten ihn unter dem Mikroskop. Bringen wir noch einen Tropfen wäßrige Jodlösung an den Rand des Deckglases so, daß diese unter das Deckglas dringt, färben sich die Bakterien schön braun.

Bacillus amylobacter

Er ist der bekannteste anaerobe Stickstoffbinder, der frei im Boden lebt. Um ihn zu gewinnen, durchstechen wir eine mittelgroße Kartoffel mit einem Korkbohrer, nachdem wir sie gründlich gereinigt haben. Die eine Öffnung des Stichkanals verschließen wir dann mit einem Teil des Kartoffelpfropfens aus dem Bohrer. Den Kanal füllen wir mit Gartenerde. In einem hohen Becherglas überschichten wir die Kartoffel mit Wasser.

Bereits nach drei Tagen setzt eine Gasbildung ein. Ein Teil der Erde wird aus dem Stichloch herausgeschleudert. Nach weiteren 2 Tagen sehen wir eine Kahmhaut an der Oberfläche. Es beginnt sich Schaum zu bilden. Die Gasentwicklung verstärkt sich von Tag zu Tag. Schließlich wird die Kartoffel durch die Gase an die Oberfläche getragen. Sie ist weich, ein übler Geruch entströmt ihr. Wir entnehmen mit der Öse der Impfnadel eine Probe unter der Kahmhaut und übertragen sie auf einem Objektträger in einen Tropfen einer Lösung von Jod in Jodkalium. Wir kaufen die Lösung fertig (siehe auch Versuche zur Assimilation) oder stellen sie her, indem wir in einer Flasche 1 g Jod mit 2 g Jodkalium vermengen, 5 ml destilliertes Wasser zusetzen, warten, bis sich alles gelöst hat, und dann mit destilliertem Wasser auf 300 ml auffüllen.

Unter dem Mikroskop sehen wir schlanke Stäbchen von *Bacillus*

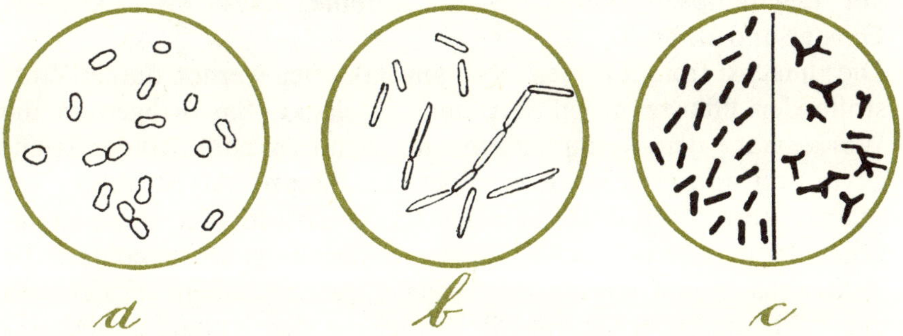

Bodenbakterien: a — Azotobacter chroococcum, b — Buttersäurebakterien, c — Bacterium radicicola aus jungen Knöllchen (links) und entartete Formen aus alten Knöllchen (rechts)

amylobacter. Sie sind tiefblau gefärbt, weil sie einen stärkeähnlichen Stoff enthalten, der mit Jodlösung die bekannte Blaufärbung ergibt. Eventuell sehen wir auch große, ovale Sporen an den Enden der Bazillen. Bacillus amylobacter wird vielfach unter der Bezeichnung Clostridium butyricum geführt (griechisch butyro = Butter), weil er in der Lage ist, aus Zucker oder Stärke freie Buttersäure abzuspalten. Der höchst unangenehme Geruch faulender Kartoffeln rührt von dieser Buttersäure (Butansäure) her. Man stellt industriell n-Butansäure durch Einwirkung von Bacillus butylicus auf Zucker oder Stärke her.

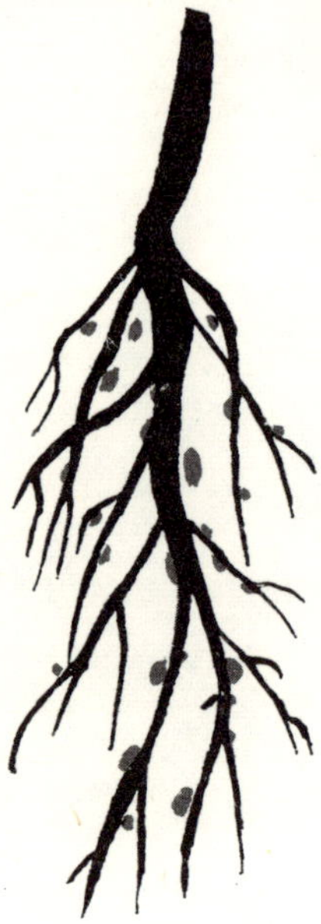

Symbiose von Bakterien mit Schmetterlingsblütlern

Wenn wir im Sommer eine Bohnenpflanze ausgraben und die Erde vorsichtig abschütteln, sehen wir an den Wurzeln zahlreiche kugelige Verdickungen. Diese Wurzelknöllchen wollen wir einmal genauer untersuchen. Wir schneiden ein Wurzelstück mit einem Knöllchen an und reinigen es durch Abspülen mit Wasser. Nachdem es getrocknet ist, tauchen wir es in Alkohol. Wir zünden den Alkohol an und flammen so das Knöllchen ab. Danach zerschneiden wir es mit einer Rasierklinge, die wir einige Male durch die Spiritusflamme gezogen haben, um sie steril zu machen.

Die frische Schnittfläche tupfen wir auf einem Objektträger ab und untersuchen anschließend unter dem Mikroskop. Schon bei 300- bis 400facher Vergrößerung sehen wir zahlreiche Stäbchen, die gestreckt oder leicht gekrümmt und an den Enden gerundet sind. Es handelt sich dabei um ein Bakterium, das zu den nützlichsten und zugleich interessantesten Bakterien unserer Böden gehört. Es heißt *Bacterium radicicola* (lateinisch radix = Wurzel), wird aber auch *Rhizobium leguminosarum* genannt. Wir finden die Erscheinung der Knöllchenbildung nämlich vorwiegend an den Wurzeln der Leguminosen (Hülsenfrüchte; Lupine, Erbse, Wicke, Klee, Ginster und Bohne).

Die zunächst frei im Boden lebenden Bakterien werden durch Wirkstoffe der Pflanze mobilisiert und angelockt. Sie dringen in die Wurzelhaare der Keimpflanzen ein, wandern zum Rindenparenchym und infizieren gewissermaßen die Pflanze. Als Reaktion der Pflanze kommt es durch vermehrtes Wachstum der Parenchymzellen der primären Wurzelrinde zur Gallbildung. Dort wandern die Bakterien ein und leben zunächst als Parasiten, indem sie sich von der Wirtspflanze ernähren. Sie vermehren sich lebhaft und beginnen schließlich Stickstoffverbindungen zu produzieren. Dabei verarbeiten sie den Stickstoff der Atmosphäre, der mit der Luft in die Bodenhohlräume eindringt. Die dabei gebildeten Stickstoffverbindungen entziehen ihnen die Wirtszellen meist in Form von Aminosäuren. Sie beginnen also mit ihren Wirtspflanzen in Symbiose, in Lebensgemeinschaft, in einem Verhältnis gegenseitiger Hilfeleistung, zu leben. Dabei entarten die Bakterien, sie vergrößern und gabeln sich. Wir nennen diese Formen Bakteroide.

Untersuchen wir den Inhalt eines Knöllchens gegen Ende der Vegetationsperiode, so sehen wir diese entarteten Formen. Sie werden schließlich von den Zellen ihres Wirtes verdaut oder wandern in den Boden, wo sie während des Winters weiterleben und später erneut zur Infektion befähigt sind. Aus der Lebensweise dieser Bakterien ergeben sich folgende Vorteile: Die Leguminosen können

auf stickstoffarmem Boden gedeihen. Ihr Organismus wird mit Stickstoffverbindungen angereichert (Stickstoffsammler). Das macht sie sehr geeignet zur Zwischenfrucht und auch zur Gründüngung. Die Anreicherung beträgt bei gelben Lupinen etwa 143 kg Stickstoff je Hektar, bei Erbsen rund 223 kg Stickstoff je Hektar. Prjanischnikow hat errechnet, daß 200 000 ha Klee und 100 000 ha Luzerne jährlich ebensoviel gebundenen Stickstoff liefern wie ein großes chemisches Werk.
Auch andere Pflanzen profitieren davon, besonders wenn sie in Mischkulturen, zum Beispiel Hafer — Wicke, angebaut werden. Voraussetzung ist aber, daß die Bakterien in ausreichender Menge im Boden vorhanden sind. Ist das nicht der Fall, so kann man die Felder mit Reinkulturen von ihnen impfen. Sie können auch kurz vor der Aussaat auf das Saatgut aufgetragen werden. Dadurch steigen nicht nur die Erträge, auch der Eiweißgehalt der Futterpflanze erhöht sich. Das muß sich natürlich auch auf die Milchleistung auswirken.
Wir können *Bacterium radicicola* in einer Nährlösung züchten. 30 g Erbsen- oder Bohnenmehl rühren wir mit 100 ml lauwarmem Wasser in einem großen Erlenmeyerkolben zu einem steifen Brei an. (Wir erhalten das Mehl, indem wir die trockenen Samen durch eine alte Kaffeemühle drehen und anschließend in einer Reibschale weiter zerkleinern.) Dann gießen wir noch 500 ml Wasser dazu. Die Aufschlämmung lassen wir einen Tag stehen. Ab und zu schütteln wir. Nachdem sich die groben Bestandteile abgesetzt haben, gießen wir die verhältnismäßig klare Flüssigkeit ab und filtrieren sie. Sie enthält jetzt reichlich Erbsen- beziehungsweise Bohneneiweiß. Wir lösen in ihr 15 g Traubenzucker, kochen auf, verschließen den Kolben mit Watte oder Zellstoff und sterilisieren. Diese Flüssigkeit impfen wir mit dem Inhalt einiger Wurzelknöllchen. Etwa 10 Tage danach beobachten wir eine Schleimentwicklung. Die mikroskopische Untersuchung des Schleims ergibt, daß er reich an Knöllchenbakterien ist.

Gärungserreger in Haushalt und Technik

Wohl jeder von uns hat schon einmal erlebt, wie ein kohlenhydratreiches Nahrungsmittel, vielleicht ein Fruchtsaft oder Kompott zu gären begann, wie sich auf ihm Schaum bildete, hervorgerufen durch die vielen tausend Gasbläschen, die pausenlos aus der Flüssigkeit nach oben steigen.
Schon seit Tausenden von Jahren werden Gärungsvorgänge vom Menschen nutzbringend angewendet. Die chemischen und biologi-

schen Grundlagen blieben ihm bis in die nahe Vergangenheit verschlossen. Zu den ältesten schriftlichen Überlieferungen, die wir haben, gehören die in Keilschrift verfaßten Texte der Ureinwohner Babyloniens. Sie sind 9000 Jahre alt, aber in ihnen wird bereits das Bier erwähnt. Es verwundert uns auch nicht, daß die Menschen früher glaubten, die Gärung vollziehe sich unter göttlichem Einfluß. So bezeichneten die Germanen ihren aus Honig gebrauten Met als Göttertrank, während Griechen und Römer Bacchus den Gott des Weines priesen und die Ägypter einem Gott des Bieres Opfer darbrachten. Auch die alten Ägypter würzten ihre Speisen schon mit Essig, den sie durch Weitervergärung von Alkohol gewannen. Aber erst durch die berühmten Arbeiten des Franzosen Louis Pasteur wissen wir Genaueres über die Bedeutung der Mikroorganismen bei der Essigsäure-, Milchsäure- und Buttersäuregärung.
Die Förderung der industriellen Anwendung, der Ausbau bereits bekannter Verfahren und das Erschließen von neuen Anwendungsgebieten sind die Aufgaben der industriellen Mikrobiologie. Äthanol und organische Säuren, Antibiotika, Fermente und Vitamine sind ihre Hauptprodukte.
Wir wissen heute, daß die Gärungen rein chemische Prozesse sind, deren Reaktionsgeschwindigkeit durch Biokatalysatoren wesentlich beschleunigt wird. Diese Biokatalysatoren sind kompliziert aufgebaute organische Stoffe. Wir nennen sie Fermente oder Enzyme. Sie werden von Bakterien oder Hefen produziert, können aber auch aus Kulturen abgetrennt und unabhängig von den lebenden Zellen eingesetzt werden.

Alkoholische Gärung

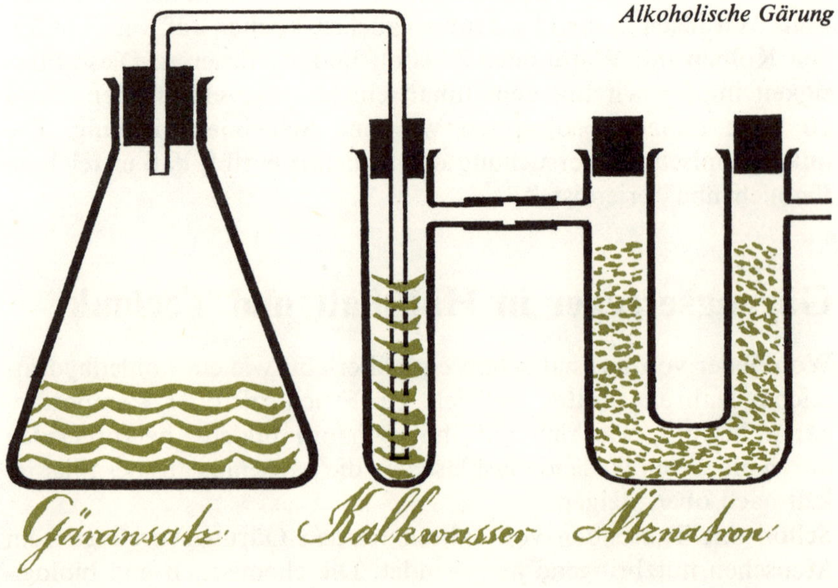

Die alkoholische Gärung

In einen großen Enghals-Erlenmeyerkolben oder einen Rundkolben geben wir 250 ml Wasser, 25 g Traubenzucker, 2 bis 3 g Ammoniumnitrat, 1 g Kaliumdihydrogenphosphat und eine Spatelspitze voll Magnesiumsulfat. In einem Becherglas rühren wir etwa 3 g Bäckerhefe mit 5 ml kaltem Wasser an. Die Aufschlämmung geben wir zu der Zuckerlösung. Wir verschließen den Kolben mit einem Stopfen, in dem ein winklig gebogenes Ableitungsrohr steckt. Es führt in ein Gläschen mit frischem Kalkwasser. Wollen wir ganz exakt verfahren, so füllen wir das Kalkwasser in ein Reagenzglas mit seitlichem Ansatz. An diesen schließen wir ein mit Ätznatron oder Natronkalk gefülltes U-Rohr an. Durch die Füllung des U-Rohres halten wir das Kohlendioxid der Luft zurück.

Sprossen einer Hefezelle; darunter Sproßverbände

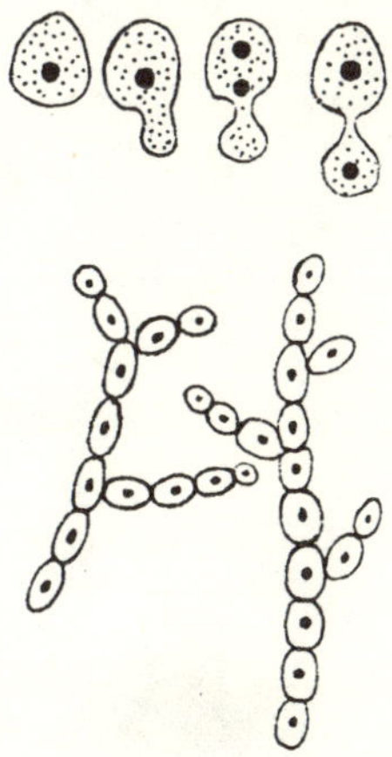

Die Gärapparatur stellen wir so in Ofennähe auf, daß die Temperatur nicht unter 30°C sinkt. Bei 35°C verläuft die Gärung am raschesten. Die Hefezellen vermehren sich lebhaft durch Sprossung. Sie finden in den Salzen, die wir in den Kolben gegeben hatten, die Elemente, die sie für ihre Lebenstätigkeit brauchen. Dabei bilden sich in den Hefezellen Fermente, die den Traubenzucker zu Äthanol umwandeln. Kohlendioxid wird frei. Der Vorgang läuft über zahlreiche Zwischenstufen und wird durch folgende Gesamtgleichung wiedergegeben:

$$C_6H_{12}O_6 \rightarrow 2C_2H_5{-}OH + 2CO_2.$$

Das Kohlendioxid perlt durch das Kalkwasser und trübt es durch Bildung von Kalziumkarbonat. Auf der Gärflüssigkeit bildet sich durch die vielen aufsteigenden Gasbläschen ein Schaum. Nach einigen Stunden entnehmen wir mit einer sauberen Pipette einen Tropfen der trüben Flüssigkeit und untersuchen ihn als hängenden Tropfen unter dem Mikroskop. Wir beobachten bereits bei schwacher Vergrößerung kugel- oder eiförmige Zellen. Sie enthalten einen Kern, zahlreiche Fettkügelchen und Zellsafträume (Vakuolen). An einigen Zellen sehen wir eine Wölbung. Die Ausstülpung wächst zur Größe der Mutterzelle heran, trennt sich von ihr oder bleibt an ihr haften. Durch diese fortgesetzten „Sprossungen" entstehen schließlich Zellkolonien.

Nach einigen Tagen hört in unserem Gärkolben die Schaumbildung auf. Die Flüssigkeit klärt sich, am Grunde beginnt sich die Hefe abzusetzen. Nehmen wir von dieser Hefe eine Probe, setzen ihr eine sehr verdünnte wäßrige Jodlösung zu und betrachten einen Ausstrich davon unter dem Mikroskop, so sehen wir, daß manche Zellen kräftig rotbraun gefärbt sind. Sie sind reich an einer besonderen Stärkeform, dem Glykogen. Es kommt vor allem in der

Leber und in den Muskeln der Tiere vor, bildet sich aber auch in chlorophyllfreien Pflanzen, zum Beispiel in Pilzen.

Wir erwärmen den Gärkolben im Wasserbad auf 60° C. Die Flüssigkeit schäumt auf, weil das in ihr gelöste Kohlendioxid ausgetrieben wird. Wir trennen die Hefe durch Filtration von der Flüssigkeit.

Wir wollen nun nachweisen, daß durch die Gärung Äthanol entstanden ist. Ein Reagenzglas füllen wir zur Hälfte mit der Gärflüssigkeit. Auf das Reagenzglas setzen wir mit einem einfach durchbohrten Stopfen ein leeres Chlorkalziumrohr als Kühler auf. Es wird oben durch einen Stopfen verschlossen, in dem ein Winkelrohr steckt. Wir erhitzen die Flüssigkeit im Reagenzglas über kleiner Flamme zum Sieden. Dabei steigt ein Gemisch von Wasserdampf-Äthanoldampf auf. Es kondensiert in dem Chlorkalziumrohr und fließt zurück. Hat das Rohr eine Temperatur von 78° C erreicht (Siedetemperatur des Äthanols), so kondensiert nur noch das Wasser. Der Äthanoldampf entweicht durch das Winkelrohr. Er läßt sich entzünden.

In einer einfachen Destillationsapparatur (Kolben, Winkelrohr, Kühler, Vorlage) destillieren wir anschließend das restliche Gärgemisch. Wenn wir 5 ml eines klaren Destillats vorliegen haben, hören wir auf. Die erhaltene Flüssigkeit besteht aus hochprozentigem Alkohol. Sie riecht allerdings in der Regel unangenehm, weil sie mit giftigen (!) Fuselölen und Methanol verunreinigt ist. Wer keine Destillationsvorrichtung hat, hilft sich mit der Apparatur entsprechend der nebenstehenden Abbildung.

In unserem Destillat wollen wir den Alkohol durch die Jodoformprobe nachweisen. In ein Reagenzglas geben wir 3 Tropfen des Destillats und 30 Tropfen Jod-Jodkaliumlösung. Wir schütteln und setzen dann so lange tropfenweise Natronlauge zu, bis die braune Farbe des Jods gerade verschwindet. Schon nach kurzem Warten beobachten wir die Bildung eines gelben Niederschlages aus feinsten Kristallen von Jodoform (Trijodmethan, CHJ_3). Außerdem tritt ein charakteristischer Geruch auf. Wenn wir leicht erwärmen, beschleunigen wir die Reaktion. In der gleichen Weise können wir Äthanol in verschiedenen Getränken nachweisen.

Die Gärungsindustrie nimmt einen bedeutenden Platz in der Volkswirtschaft ein, denn Äthanol wird vor allem in der Industrie vielseitig verwendet. Als Genußmittel schädigt es den menschlichen Organismus. Es wirkt lähmend auf das Zentralnervensystem und vergiftet die Körperzellen. Jeder vernünftige Mensch wird den Alkohol weitgehend meiden. Es ist auch verboten, reinen Alkohol durch Destillation selbstvergorener Zuckerlösungen oder Fruchtsäfte zu gewinnen. Wenn wir es dennoch taten, so blieben wir noch in den für Versuche erlaubten Grenzen.

Hefen spielen in der Trauben- und Fruchtweinbereitung, in den Brauereien und Brennereien und beim Backprozeß eine entscheidende Rolle. Die Qualität der Produkte hängt von der Reinrassigkeit der verwendeten Hefen ab. Deshalb werden sie auf Nährböden und in Nährlösungen reingezüchtet. Hefe ist reich an Eiweißen und

Prüfung des Äthanoldampfes auf Brennbarkeit (links) und behelfsmäßige Destillationsvorrichtung (rechts)

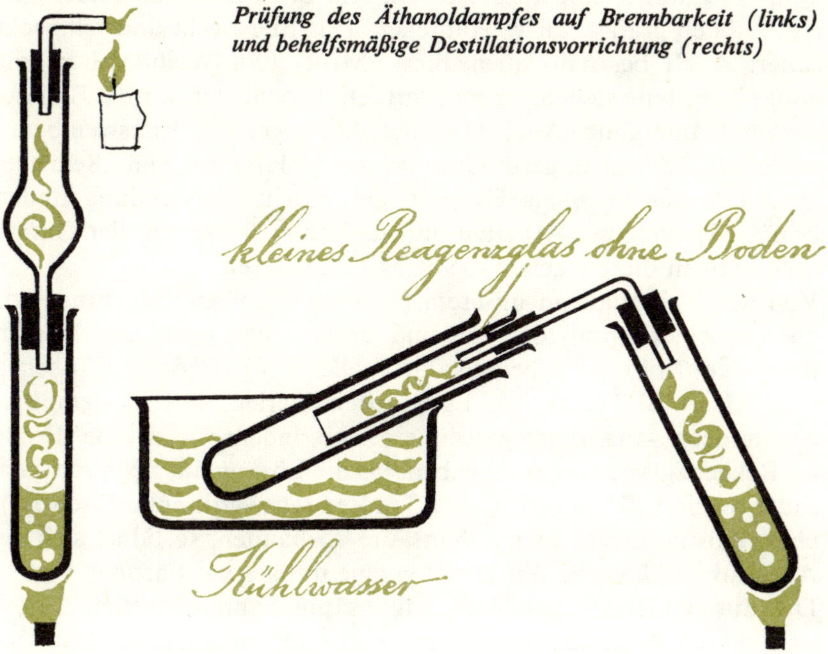

Fetten. Sie ist ein wertvolles Mast- und Kraftfutter für Tiere. Nährhefe in Flockenform ist auch ein Stärkungsmittel für den Menschen. Sie wird vorher von den Bitterstoffen befreit. Medizinische Hefe (gereinigte Bäckerhefe und Bierhefe) ist reich an Vitaminen, besonders der B-Gruppe. Sie und die aus ihr hergestellten Präparate werden bei Furunkulose, bei Ekzemen, bei infektiösen Darmkatarrhen und bei Zuckerkrankheit als Medikament angewendet.

Säurebildung durch Mikroorganismen

Wenn heute auch die Hauptmenge an Äthansäure industriell durch katalytische Oxydation von Äthanol gewonnen wird, so hat doch die biologische Methode der Essiggärung ihre Bedeutung noch nicht verloren. Die durch Gärung erzeugte Äthansäure ist in Aroma und Farbe den synthetischen Produkten überlegen und wird deshalb zum Würzen von Speisen und zum Einlegen in Industrie und Haushalt sehr geschätzt. Essigsäurebakterien, zum Beispiel *Bacterium aceti*, vergären in Anwesenheit von Luftsauerstoff Äthanol zu Äthansäure.

Wir füllen in einen Erlenmeyerkolben 2 cm hoch Bier, verschließen den Kolben mit einem Wattebausch und lassen ihn einige Tage lang bei Zimmertemperatur stehen. Auf der Flüssigkeit bildet sich ein weißlich-graues, zartes Häutchen. Das Bier riecht und schmeckt sauer. Auch bei halbvollen Bier-, Most- und Weinflaschen, die einige Tage lang stehengelassen wurden, beobachten wir die Bildung weißer Kahmhäute. Auch mancher Anhänger der Hausweinbereitung läßt sich nur ungern daran erinnern, daß einst sein „Selbstgemachter" nur noch als Essig in der Küche Verwendung finden konnte. Unsauberes Arbeiten und schlechter Verschluß der Gärgefäße können die Ursachen dieser Mißerfolge sein.

Von der Kahmhaut in unserem Erlenmeyerkolben entnehmen wir die Öse einer Impfnadel voll und untersuchen im Wassertropfen unter dem Mikroskop bei etwa 600facher Vergrößerung. Wir sehen viele kleine Stäbchen von Essigsäurebakterien. Die in dem Bier entstandene Äthansäure weisen wir nach, indem wir zu einer Probe im Reagenzglas etwas Soda geben, bis die Lösung nur noch schwach sauer reagiert. Dann geben wir 2 Tropfen sehr verdünnter Eisen(III)-chloridlösung dazu. War Äthansäure vorhanden, so bildet sich ein Azetatokomplexsalz: Wir erhalten eine dunkelrote Färbung.

Die durch Gärung gebildete Äthansäure kann höchstens 14%ig sein, da die Bakterien bei höheren Konzentrationen absterben.

1870 entdeckte Scheele in saurer Milch eine Säure, die er Milchsäure nannte. Sie entsteht durch Tätigkeit von Bakterien aus dem in der Milch enthaltenen Milchzucker. Bis zum heutigen Tage sind zahlreiche Milchsäurebildner entdeckt worden. Man hat sie in der Gruppe *Lactobacillus* zusammengefaßt. Die gebildete Milchsäure unterdrückt gleichzeitig die Buttersäuregärung. Ähnlich ist es auch bei der Käsebereitung. Dort hemmt beim Reifungsprozeß die Milchsäure die Ausbreitung von Fäulniserregern (Bakterienhemmung). Sie wird gegen Ende des Reifungsprozesses von Schimmelpilzen und Ammoniakbildnern wieder zerstört. Mit einer Käseschnitte essen wir übrigens rund 10 Milliarden Bakterien.

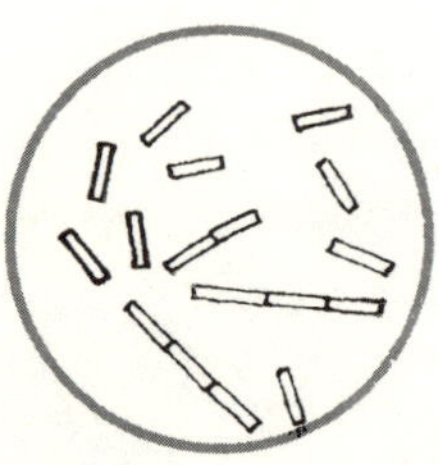

Bacillus bulgaricus

Auch bei der Bereitung von Kefir, Kumys und Yoghurt wird die reine Milchsäuregärung angewendet. Yoghurt ist ein nahrhaftes und leichtverdauliches Gärungsprodukt von Kuh- und Schafmilch. Es entsteht unter der Einwirkung von *Lactobacterium bulgaricum*. Wir kochen etwa 100 ml Milch, geben sie in einen Erlenmeyerkolben und versetzen sie, nachdem sie sich abgekühlt hat, mit etwas frischem Yoghurt. Wir verschließen den Kolben mit Watte und stellen ihn warm, am besten bei 40° C in einem Brutschrank. Schon nach einigen Stunden setzt die Gärung ein. Nach 1 bis 2 Tagen hat sich eine käsende Masse abgesetzt, über der wir eine schwachgetrübte Flüssigkeit beobachten. Wir entnehmen ihr einen Tropfen. Unter dem Mikroskop erkennen wir bereits bei 300- bis 400facher Vergrößerung große Mengen rechteckiger Stäbchen von *Lactobacterium bulgaricum.*

Um davon ein Dauerpräparat herzustellen, verdünnen wir 1 ml der klaren Flüssigkeit mit 20 ml Wasser. Damit bestreichen wir dünn den mittleren Teil eines Objektträgers, den wir vorher mit Äther (feuergefährlich!) gereinigt haben. Wir lassen den Ausstrich eintrocken. Dann fixieren wir die Bakterien, indem wir den Objektträger dreimal mit der Schichtseite nach oben durch die Flamme ziehen. Anschließend färben wir in der bekannten Weise mit Methylenblau. (Reichlich Farblösung auftropfen, über kleinster Flamme erwärmen — nicht kochen! —, Erwärmung zweimal wiederholen, abkühlen lassen, überschüssigen Farbstoff mit reichlich Wasser abspülen, trocknen lassen. Wir schließen das gefärbte Präparat in Kanadabalsam ein. Die Bakterien sehen wir in dunkelblauer Farbe. Die ebenfalls sichtbaren hellblauen Körnchen sind angefärbte Kaseinteilchen. Kasein ist ein Eiweiß.

Steht uns kein Yoghurt zur Verfügung, so fertigen wir uns in gleicher Weise ein Dauerpräparat von Milchsäurebakterien an. Wir entnehmen sie der Molke, die sich in saurer Milch abscheidet. Die Bildung von Milchsäure weisen wir bei der Züchtung von Milchsäurebakterien auf Kreideagar nach. Wir sterilisieren einige Gramm Kreide ($CaCO_3$) in einem Reagenzglas 30 Minuten lang im Dampftopf. Zwei Spatelspitzen davon geben wir in eine sterile Petrischale. Dann schmelzen wir im Wasserbad ein Röhrchen Nähragar und kippen in die Schmelze einen Spatel voll Milchzucker (in Apotheken erhältlich). Das Agar impfen wir mit stark verdünnter, geronnener Milch und gießen es dann in die Petrischale. Durch Hin- und Herneigen der Schale vermischen wir die Kreide mit dem Agar. Es soll nicht weiß, sondern nur leicht getrübt erscheinen.

Nach dem Erstarren bebrüten wir die Platte mit dem Deckel nach unten bei 38° C im Brutschrank oder in der Nähe des warmen Ofens. Es bilden sich stecknadelkopfgroße weiße Kolonien von Milchsäurebakterien. Sie haben einen klaren Hof. Die von den Bakterien gebildete Milchsäure hat die Kreide in der Umgebung der Kolonien aufgelöst. Wer eine Keimzahlbestimmung durchführen will, muß vor dem Impfen die bekannte Verdünnungsreihe ansetzen.

Die unreine Milchsäuregärung finden wir bei eingelegtem Kraut,

bei Gurken und bei der Silage von Grünfutter. Neben Kohlendioxid und Wasserstoff bilden sich dort noch Äthansäure und Äthanol. Fäulnisbakterien können sich nicht entwickeln. Sie werden durch die Säuren gehemmt. Außerdem setzt man der Silage Methansäure und Kalziummethanat als Konservierungsmittel zu. Der Landwirt benutzt solche Silierungsmittel besonders für eiweißreiche, schwer vergärbare Futterpflanzen. Durch die Silage stehen der Landwirtschaft in den Wintermonaten hochwertige Futterstoffe zur Verfügung.
Die Buttersäurebildung an nassen Kartoffeln haben wir bereits untersucht. Ranzigwerden von Butter läßt auf das Vorhandensein von Buttersäurebakterien schließen. Diese Bakterien können aus Butter freie Fettsäure und Propantriol abspalten. Die dabei entstehende n-Butansäure riecht und schmeckt bereits in Spuren unangenehm. Kühle Lagerung und gute Verpackung verhindern das Ranzigwerden der Butter.

Eine faule Angelegenheit

Im Jahre 1862 erhielt der französische Bakteriologe Louis Pasteur eine Prämie, die von der französischen Akademie der Wissenschaften ausgesetzt worden war. Pasteur gelang es nämlich nachzuweisen, daß eine Bildung von Mikroorganismen in Aufgüssen und Lösungen organischer Stoffe durch Urzeugung unmöglich sei. Er konnte zeigen, daß das Faulen von Stoffen eine Folge der Lebenstätigkeit von Mikroorganismen ist, die von außen durch die Luft oder durch verunreinigte Gegenstände herangebracht worden waren. Gleichzeitig wies er nach, daß eine Veränderung organischer Stoffe dann nicht mehr auftrat, wenn die Kleinlebewesen durch mehrmaliges Erhitzen abgetötet worden waren. Wir bezeichnen heute eine schonende Erhitzung von Nahrungs- und Genußmitteln auf 60 bis 80° C, die der vorübergehenden Haltbarmachung dienen soll, als Pasteurisieren.
Ein riesiges Leichenfeld, bedeckt mit abgesorbenen Tieren und Pflanzen, wäre unsere Erde, würden nicht Mikroorganismen ständig dafür sorgen, daß die tote organische Substanz zersetzt wird. Die Abbauvorgänge durch Bakterien nennen wir Verwesung und Fäulnis. Verwesung erfolgt bei ungehindertem Zutritt von Luftsauerstoff, Fäulnis liegt dann vor, wenn der Abbau ohne oder bei mangelhaftem Sauerstoffzutritt vor sich geht. Die Verwesung ist also ein langsamer Oxydationsprozeß, bei dem Kohlendioxid, Wasser, Ammoniak und Nitrate entstehen, während die Mineralstoffe zurückbleiben. Durch die Fäulnisbakterien werden vorwie-

gend Eiweiße abgebaut. Ammoniak, Stickstoff, Kohlendioxid und Schwefelwasserstoff werden dabei in Freiheit gesetzt. Wohl die wenigsten Menschen haben beim Öffnen eines verdorbenen Eies angenehme Empfindungen, aber gerade der Schwefelwasserstoff, dessen widerlicher Geruch unsere Nase beleidigt, hat im Ackerboden eine hervorragende Bedeutung. Er wird bakteriell zu Sulfaten oxydiert oder setzt sich in mannigfaltiger Weise im Wasser mit Metallverbindungen zu unlöslichen Sulfiden um. So entstanden die Kupferschieferlager im Mansfelder Revier. Auch die Entstehung der Schwefellagerstätten dürfte auf die Tätigkeit von Mikroben zurückzuführen sein.

Wir gewinnen Biogas

In einer großen Flasche von wenigstens 1 *l* Inhalt vermengen wir Tierkot (Kuhmist) mit der gleichen Menge Wasser, setzen einen Stopfen mit Ableitungsrohr auf die Flasche und lassen sie an einem warmen Ort stehen. Bereits nach einigen Tagen setzt Gasentwicklung ein. Sie ist anfangs zögernd, wird aber dann immer lebhafter. Wir fangen das Gas in einem Standzylinder pneumatisch auf. Es brennt bei Entzündung langsam ab. An der Gefäßwand schlägt sich Wasserdampf nieder, im Gefäß bleibt Kohlendioxid zurück. Wir weisen es mit Kalkwasser nach.
Das Gas, das wir bei dem Versuch erhalten, besteht zu einem großen Teil aus Methan, einem Kohlenwasserstoff der Formel CH_4, Methan wird auch Sumpfgas genannt. Es bildet sich am Grunde von Tümpeln und Teichen in der Schlammschicht. Wir wollen es auffangen. Dazu nehmen wir eine Bier- oder Limonadenflasche. Wir füllen sie mit Wasser, verschließen, tauchen sie mit der Öffnung nach unten in Wasser ein und öffnen den Verschluß unter Wasser. In die Öffnung der Flasche setzen wir einen Trichter. Anschließend stochern wir mit einem Stock im Schlamm unterhalb des Trichters. Es steigen, besonders in den warmen Jahreszeiten, viele Gasblasen auf. Sie werden von dem Trichter in die Flasche geleitet. Wer Geduld hat, kann die gesamte Flasche mit Methan füllen. Beim Öffnen der Flasche strömt es aus. Wir können es anzünden. Gewarnt sei jedoch davor, Methan-Luftgemische zu entzünden. Ein solches Gemisch, das 6 bis 12% Methan enthält, explodiert sehr heftig. Methan kommt als Grubengas in Bergwerken vor. Es ist die Ursache gefürchteter Explosionen, der schlagenden Wetter.

Wir können von dem Teichschlamm auch eine Portion mitnehmen und in eine Gärflasche füllen. Es ist vorteilhaft, wenn wir noch etwas stark in der Zersetzung begriffenes Laub zufügen. Die

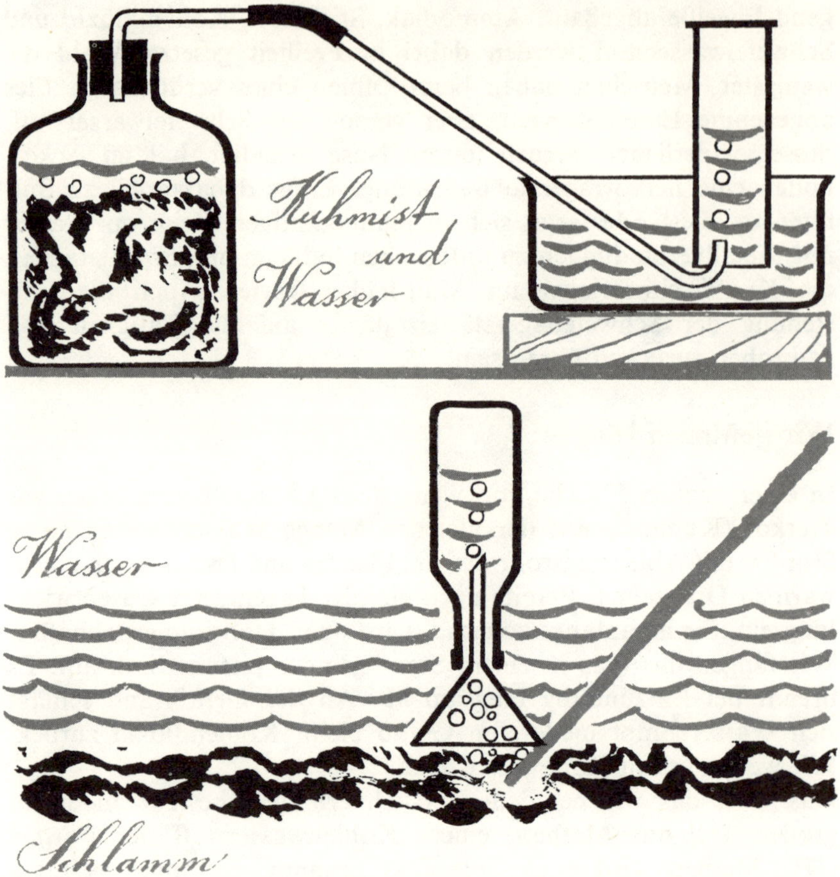

Gewinnung von Biogas (oben) und Sumpfgas aus Teichschlamm (darunter)

Flasche wird zu drei Viertel mit der Schlamm-Laubmischung gefüllt. Darüber gießen wir einige cm hoch Wasser. Die Geschwindigkeit der Methangärung hängt natürlich von der Außentemperatur ab. Hat die Gärung eingesetzt, warten wir erst 2 bis 3 Tage, ehe wir das Gas auffangen. Dann ist nämlich die Luft aus der Gärflasche verdrängt und die Bildung von Methan-Luftgemisch vermieden. Die Gärung hält viele Wochen an. Sie liefert bei Verwendung von 5-l-Flaschen 1 bis 2 l täglich.

Bakterien zersetzen Filterpapier

In eine Petrischale füllen wir 5 mm hoch Garten- oder Ackerboden, feuchten ihn an, streichen glatt und legen darauf 2 Streifen Filterpapier. Wir sorgen dafür, daß das Papier während des Versuches feucht bleibt. Das Papier verfärbt sich nach 1 bis 2

Wochen. Es wird zunächst hellbraun, dann dunkelbraun. Nach etwa 3 Wochen sehen wir, daß es an den dunklen Stellen zerfällt. Die Zellulosezersetzung, die wir hier beobachtet haben, verläuft aerob. Wir können sie wesentlich beschleunigen. In eine Petrischale legen wir ein Rundfilter. Darauf krümeln wir etwas Erde und streuen anschließend wenig Magnesium-Ammonium-Phosphat dazu. Dann legen wir ein zweites Rundfilter darauf. Mit einer sehr verdünnten Lösung von Dikaliumhydrogenphosphat feuchten wir beide Rundfilter an. Schon nach wenigen Tagen sehen wir an der Bildung brauner bis schwarzer Flecke, daß das Bakterienwachstum lebhaft vor sich geht.

Wollen wir die anaerobe Zellulosezersetzung studieren, dann überschichten wir in einem Reagenzglas oder in einem schlanken Meßzylinder einen Filterpapierstreifen mit Wasser, dem wir vorher einige Körnchen Dikaliumhydrogenphosphat, Magnesiumsulfat, Ammoniumsulfat und Natriumchlorid zugesetzt haben. Dann impfen wir mit wenig Mist, faulenden Blättern oder Schlamm.

Der Aufschluß von Zellulose findet weitgehend im Boden, im Wasser, im menschlichen und tierischen Darm statt. Neben Methan bilden sich Wasserstoff, Äthansäure und Butansäure. Das Ferment der zellulosespaltenden Bakterien, die Zellulase, vermag die ziemlich beständige Zellulose abzubauen, ein Vorgang, zu dem die Fermente anderer Bakterien nicht fähig sind.

Die Zellinhalte können durch andere Bodenorganismen erst dann angegriffen werden, wenn die Zellulose der Membranen abgebaut worden ist. Pflanzenfresser haben in ihrem Darm große Mengen zellulosezersetzender Bakterien. Erst dadurch sind sie fähig, die großen Mengen Zellulose zu verwerten, die sie mit der Nahrung aufnehmen. Im Magen werden diese Bakterien durch die Magensäure in ihrer Entwicklung gehemmt. An der Darmwand lebt in großen Mengen ein säurebildendes Bakterium, das gewissermaßen einen chemischen Schutzwall bildet, hemmend auf andere Arten wirkt und dadurch Entzündungen der Darmwand verhindert. Es ist das *Bacterium coli (Escherichia coli;* colon = Dickdarm*).*

Wenn wir vom Nutzen und Schaden der Mikroorganismen sprechen, so können wir diesen Abschnitt nicht beschließen, ohne an die große Gruppe der wärmeliebenden, der thermophilen Bakterien und Pilze zu denken. Großer Schaden wird jedes Jahr der Volkswirtschaft durch Selbsterhitzung beziehungsweise Selbstentzündung von gestapelter Kohle, von Torf und Heu zugefügt. In zu feucht eingelagertem Heu kann die Temperatur bis auf 85°C steigen. Die entstehenden Gase entzünden sich bei Luftzutritt.

Der Mensch versteht es aber auch, Prozesse der Selbsterhitzung zu nutzen. Im Misthaufen trägt die entstehende Wärme, 60 bis 70°C, zur schnelleren Verrottung bei und in einigen Großstädten hat man sogar Anlagen — biothermische Kammern — zur Verarbeitung des anfallenden Mülls geschaffen. In der Sowjetunion wurden Kammern mit einem Fassungsvermögen von 1000 m³ gebaut. Sie liefern in kurzer Zeit einen für Düngezwecke verwertbaren Humus. In der Landwirtschaft kann der Mist nach Zugabe von Wasser und Jauche bei 35° C vergoren werden. Das entstehende Biogas hat einen großen Heizwert. Es kann im landwirtschaftlichen Betrieb für Heiz- und Kochzwecke verwendet werden. Durch zusätzliche Heizung mit einem Teil des anfallenden Gases werden die Vorgänge in den Gärkammern wesentlich beschleunigt.

Der Botaniker als Sammler

Wenn wir einmal unter unseren Freuden und Bekannten umfragen, werden wir erstaunt sein, wie viele von ihnen Sammler sind. Die Sammelobjekte freilich sind recht unterschiedlich. Sehr verbreitet ist das Sammeln von Briefmarken, viele betreiben es mit wahrer Leidenschaft. Andere sammeln Mineralien und beenden kaum einen Urlaub oder eine Wanderung, ohne ihre Sammlung um einige wertvolle Stücke bereichert zu haben. Es gibt Sammler von Stempelmarken, Käseetiketten, Biergläsern, Aschenbechern, Fahrkarten, alten Lampen, Uhren, Bügeleisen usw. Wir sollten grundsätzlich jeden Zweig des Sammelns begrüßen, wenn er nicht zum Zwecke des Gelderwerbes betrieben wird, wenn er lehrreich ist und wenn er dem Sammler in den Stunden der Beschäftigung Freude bereitet.

In der Biologie ist das Sammeln von Naturobjekten eine Notwendigkeit, denn man kann diese Wissenschaft nicht nur vom Schreibtisch aus betreiben. Man muß vielmehr hinausgehen in die Natur, muß sich mit ihr beschäftigen, muß sie beobachten, um ihre Gesetzmäßigkeiten zu erforschen. Dabei entsteht der Wunsch, diesen oder jenen Gegenstand mit nach Hause zu nehmen, um ihn dort näher zu untersuchen.

Die Beschäftigung mit der Natur weckt und fördert in uns die Liebe zu ihr. Ein richtiger Sammler wird nicht blindwütig alles zusammenraffen, was ihm unter die Finger kommt. Er wird durch seine Tätigkeit zu einem Verfechter des Naturschutzgedankens werden. Er wird sich der zu Recht gezogenen Grenzen wohl bewußt sein und als verantwortungsbewußter Mensch auch erzieherisch auf andere einwirken. Wir sollten stets den Mut haben, jenen Menschen energisch entgegenzutreten, die teils aus Unkenntnis, teils aus Übermut die Natur schänden.

„Es ist verboten, wildwachsende Pflanzen mißbräuchlich zu nutzen oder ihre Bestände zu verwüsten; hierzu gehören besonders die offensichtlich übermäßige Entnahme von Blumen oder Farnkräutern, das böswillige und zwecklose Niederschlagen von Stauden und Uferpflanzen, das unbefugte Abbrennen der Pflanzendecke und dergleichen, auch wenn dabei im einzelnen ein wirtschaftlicher Schaden nicht entsteht." Dies ist der erste Abschnitt des Paragraphen 1 der Verordnung zum Schutze der wildwachsenden Pflanzen und der nichtjagdbaren wildlebenden Tiere, auch Naturschutzverordnung genannt.

Neben diesen allgemeinen Hinweisen enthält dieses Gesetz noch eine Liste der vollkommen und der teilweise geschützten Pflanzen, durch die die Grenzen unserer Sammeltätigkeit abgesteckt sind.

Vollkommen geschützte Pflanzenarten dürfen weder beschädigt, noch von ihrem Standort entfernt werden. Dazu gehören:

a) Straußfarn, Hirschzunge, Königsfarn;

b) Federgras, alle Lilien, Schachblume, Siegwurz, Orchideen (Knabenkräuter), Pfingstnelke, Berghähnlein, Alpen-Anemone, Grosses Windröschen, Akelei, Küchenschelle, Frühlingsadonisröschen, Weiße und Gelbe Seerosen, Diptam, Seidelbast, Stranddistel, Blaudistel, Alpenveilchen, Aurikel, Rote Primeln, Gelber Fingerhut, Enziane, Edelweiss, Edelrauten-Hochgebirgsarten.

Von den folgenden *teilweise geschützten* Arten dürfen unterirdische

Teile (Wurzelstöcke, Zwiebeln) oder die Rosetten nicht beschädigt oder von ihrem Standort entfernt werden:
Maiglöckchen, Meerzwiebel, Hyazinthe, Schneeglöckchen, Märzenbecher, Christrose, rosetten- oder polsterbildende Arten von Leimkraut, Hauswurz, Steinbrech, Mannsschild, die vorher nicht genannten Primelarten.

Wir legen ein Herbar an

Mit dem Anlegen einer Sammlung gepreßter Pflanzen, einem Herbarium, kurz Herbar genannt, erschöpft sich die botanische Sammeltätigkeit nicht. Gewöhnlich wird aber jeder biologisch Interessierte mit einem Herbar beginnen. Der berühmte deutsche Biologe Ernst Haeckel kannte schon mit 12 Jahren die Pflanzenwelt seiner Heimat. Sein Herbarium wuchs während seiner Schulzeit auf fast 12 000 Arten an. Es wird heute noch im Herbarium Haussknecht in Jena aufbewahrt, das mit seinen 2 Millionen Exemplaren heute zu den größten Herbarien Europas gehört.
In einem Herbar finden wir nicht nur höhere Pflanzen, auch Flechten, Moose und Pilze sind dort vertreten. Schließlich können wir auch noch Pflanzenteile zusammentragen; Früchte und Samen, Holz und Rinde, Blätter und Zweige mit Knospen. Wichtig ist immer, wie wir sammeln und nicht wieviel. Anfangs beschränken wir uns darauf, unsere Heimat zu durchforschen. Später können wir die Sammlung auf weitere Gebiete ausdehnen. Wir arbeiten nicht planlos, sondern sammeln nach bestimmten Gesichtspunkten, so zum Beispiel die Pflanzen einer bestimmten Familie, diese aber möglichst vollständig, die Pflanzen einer Lebensgemeinschaft (etwa Wiese, Teich, Nadelwald, Schuttplatz, Ackerunkräuter), die Samen unserer Kulturpflanzen oder die Zapfen unserer heimischen Nadelhölzer. Vor jedem Gegenstand notieren wir sofort Fundort, Datum des Fundes und Besonderheiten der Umgebung (benachbarte Pflanzen, Bodenverhältnisse usw.). Verlassen wir uns auf keinen Fall auf unser Gedächtnis! Wichtig ist ferner, daß wir unsere Funde unbeschädigt nach Hause bringen. Dort gehen wir daran, sie genau zu bestimmen. Dafür gibt es umfangreiche Literatur. Ein gutes Bestimmungsbuch gehört in die Bibliothek jedes Naturfreundes.

Unsere Ausrüstung

Noch vor 50 Jahren gehörte zur Ausrüstung eines Botanikers eine längliche, ovale Blechtrommel, die sogenannte Botanisiertrommel.

So werden lange Pflanzen in die Presse gelegt

Sie wurde an einem Riemen über der Schulter getragen. In ihr trug man die gesammelten Pflanzen nach Hause. Solche Blechtrommeln haben den Nachteil, daß sie sich während der langen Wanderung in der Sonne stark erhitzen, die Pflanzen welken. Wir nehmen deshalb besser einen flachen Pappkarton, den wir bequem im Rucksack unterbringen. Die Pflanzen legen wir zusammen mit einem Zettel, auf dem die oben erwähnten Beobachtungen vermerkt sind, locker zwischen Zeitungspapier und bringen dies in den Karton. Noch besser ist es, wenn wir gleich eine Pflanzenmappe oder die Pflanzenpresse mitnehmen, in die wir die Pflanzen provisorisch einlegen. Die Herstellung der Pflanzenpresse wird im nächsten Abschnitt beschrieben. Unsere Ausrüstung wird durch einen kleinen Gartenspaten, eine Schere, ein kräftiges Taschenmesser, Pinzette und Lupe vervollständigt. Selbstverständlich vergessen wir auch das Bestimmungsbuch nicht.

Wie sammeln wir?

Die Hauptsache ist, daß wir die vollständige Pflanze nehmen, das heißt einschließlich der Wurzel. Bei einigen Arten finden wir auch Exemplare, die Knospen, Blüten und Früchte zugleich haben. Wir graben die Pflanze vorsichtig aus und befreien die Wurzeln von

der anhaftenden Erde. Ist Wasser in der Nähe, können wir die Wurzeln durch leichtes Hin- und Herschwenken abspülen. Ehe wir die Pflanzen in den Karton oder in die Presse legen, trocknen wir die nasse Wurzel oder bei Wasserpflanzen die gesamte Pflanze ab, damit das Papier nicht aufweicht. Dazu legen wir die Pflanze zwischen Zeitungspapier und üben einen leichten Druck aus.
Sind die Pflanzen für die Presse zu groß, knicken wir sie mehrfach, und zwar so, wie wir sie später aufkleben wollen. Können wir nur Pflanzenteile mitnehmen, wie bei Sträuchern oder Kletterpflanzen, so machen wir uns an Ort und Stelle Notizen über Bau und Aussehen der gesamten Pflanze. Das ist später für die Bestimmung unerläßlich. Auch die Blütenfarben vergessen wir nicht zu notieren.

Das Pressen von Pflanzen

Nachdem wir die Pflanze eindeutig bestimmt haben, können wir sie zum Pressen vorbereiten. Wenn uns die Bestimmung nicht gelingt, brauchen wir die Pflanze nicht wegzuwerfen. Wir notieren uns wichtige Merkmale, besonders der Blüte, die nach dem Pressen nicht mehr eindeutig feststellbar sind und ziehen später einen Fachmann zu Rate.
Es gibt viele Arten von Pflanzenpressen. Zwei wollen wir kurz beschreiben. Die Gitterpresse besteht aus zwei Rahmen aus Holz oder Metall, die mit starkem Drahtgitter (Maschenweite 0,5 bis 1,0 cm) bespannt sind. Die Rahmen haben eine Größe von 40 cm mal 25 cm. Wir fertigen sie aus Buchenholzleisten von 4 cm Breite und 1 cm Dicke an. Die beiden Rahmen werden mit Lederriemen oder fester Schnur zusammengehalten. Auf jeden Fall vermeiden wir einen zu hohen Preßdruck. Es hat also keinen Zweck, die Pflanzen mit einem Stapel Bücher zu belasten, wie man es oft noch sieht. Dadurch werden die fleischigen Teile zerdrückt. Sie werden später schwarz.
Die einfachste Art einer Pflanzenpresse besteht aus zwei starken Pappen (40 cm mal 25 cm) von 3 bis 5 mm Dicke. Wir halten sie ebenfalls mit Riemen oder Schnur zuammen, Die Pappen passen sich den eingelegten Pflanzen besser an als die Gitterpresse, denn erfahrungsgemäß sind die Schichten in der Mitte dicker. Solche Pressen verursachen uns kaum Kosten. Wir können uns mehrere davon herstellen und brauchen in der Hochsaison nicht zuviel Pflanzen in eine Presse einzulegen. Die Stapel sollen nicht höher sein als 10 bis 15 cm.
Ich habe mit zwei Sperrholzplatten immer schöne Ergebnisse erzielt. Wer es besonders gut machen will, durchlöchert die Platten mehrfach, damit die Luft besser an die Pflanzen herankommt.

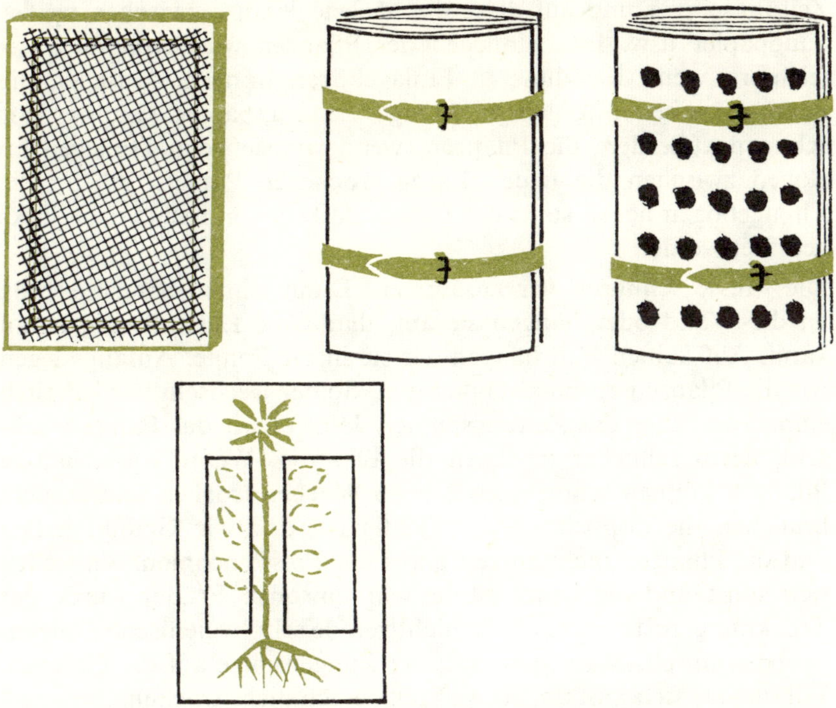

Rahmen einer Gitterpresse; daneben einfache Pressen aus Pappe oder durchlöchertem Sperrholz; bei Pflanzen mit dickem Stengel muß der tote Raum ausgefüllt werden

Nun kann das Einlegen beginnen. Die Pflanzen selbst legen wir auf weißes, saugfähiges Papier (Saugpost). Wir ordnen sie so an, daß es gefällig aussieht, vermeiden aber Künsteleien. Die Blätter müssen so liegen, wie sie in der Natur am Stengel sitzen, dürfen aber nicht geknickt sein und sollen möglichst nicht übereinanderliegen. Kehren die Blätter während des Ausrichtens doch wieder in eine nicht gewünschte Lage zurück, so zerdrücken wir ihre Stiele leicht mit dem Fingernagel. Wir achten auch darauf, daß einige Blätter mit ihrer Blattunterseite nach oben zeigen. Sind einzelne Stiele oder andere Pflanzenteile zu stark ausgebildet, entsteht in der Presse ein toter Raum neben ihnen. Das Papier liegt dann nicht auf sämtlichen Teilen der Pflanze auf; die Blätter im toten Raum werden nicht glatt. Um das zu vermeiden, füllen wir die toten Räume mit entsprechend breiten Papierstreifen aus. Das werden wir mitunter auch bei solchen Blättern tun müssen, deren Mittelrippe besonders dick ist.

Sind alle Vorbereitungen abgeschlossen, dann decken wir die Pflanze mit einem Bogen weißen Papiers ab. Darauf kommen 6 bis 8 Bogen

Zeitungspapier und auf diese die nächste Pflanze zwischen weißes Saugpapier usw. Das Umlegen der Pflanzen wird wesentlich erleichtert, wenn wir diese in Einlagebogen bringen, zwischen die dann die oben angegebene Menge Zeitungspapier kommt. Wir schonen außerdem die Pflanzen, wenn wir sie beim Umlegen im Bogen zwischen die neuen Lagen trockenen Papiers geben. Die Einlagebogen liegen so in der Presse, daß sie von rechts nach links geöffnet werden.

Die Presse schnüren wir zusammen. Dann lehnen wir sie schräg an die Wand oder hängen sie auf, damit die Luft allseitig heran kann. Auf keinen Fall hängen wir sie in die Sonne. Anfangs legen wir die Pflanzen zweimal täglich um. Später wechseln wir lediglich einmal am Tage das Zeitungspapier. Je öfter wir das Papier wechseln, desto schneller trocknen die Pflanzen. Wenig wasserhaltige Pflanzen können schon nach 2 bis 3 Wochen trocken sein, andere brauchen die doppelte Zeit. Wichtig ist, daß wir Geduld haben und die Pflanzen nicht zu zeitig aus der Presse nehmen. Sie wellen sich sonst und die ganze Mühe war umsonst. Früher wurde der Trocknungszustand durch die nicht gerade sehr hygienische Zungenprobe ermittelt. Man tippte mit der Zungenspitze auf die Pflanzen. Fühlten sie sich kalt an, so waren sie noch nicht trocken.

Nicht alle Pflanzen lassen sich so einfach trocknen, wie es hier besprochen wurde. Deshalb noch einige Hinweise:

Pflanzen mit fleischigen Blättern (Dickblatt, Fetthenne, Hauswurz, Sommerwurz) befestigen wir an einer dünnen Schnur und tauchen sie bis zur Blüte in kochendes Wasser. Dann werden sie sorgfältig abgetrocknet und eingelegt.

Kleine Zwiebeln oder Knollen halbieren wir. Große Zwiebeln und Knollen kochen wir kurz ab und teilen sie dann durch Längsschnitte in Scheiben. Die Scheiben pressen wir mit.

Wasserpflanzen mit zarten, geschlitzten Blättern lassen sich nur mühevoll ausbreiten. Wir tauchen sie in eine Schüssel mit Wasser. Dadurch entfalten sie sich. Dann schieben wir ein Stück Pergamentpapier darunter und heben sie vorsichtig heraus. Auf dem Pergamentpapier lassen wir sie an der Luft vortrocknen. Dann legen wir sie ein.

Nadelhölzer tauchen wir vor dem Einlegen in heißes Wasser. Dadurch verhindern wir, daß nach dem Trocknen die Nadeln abfallen. Wir können sie auch in Collodium elasticum eintauchen, eine Löung von Kollodium in Äther (Vorsicht! Feuergefährlich und explosiv!) mit einem Zusatz von 2% Rhizinusöl. Das hat sich auch bei Korbblütlern bewährt, deren Blüten nach dem Trocknen besonders leicht auseinanderfallen.

Rauhblättrige Pflanzen (Lungenkraut, Vergißmeinnicht, Natternkopf) schwefeln wir, um die Farben zu bewahren. Wir halten die frische Pflanze in Schwefeldioxid (Schwefelfaden abbrennen) oder stellen sie in einem hohen, schlanken Glas (altes Weckglas) in eine Mischung von 4 Teilen Wasser, 2 Teilen Primasprit und etwa 2 Teilen 5prozentige wässrige Lösung von Schwefeldioxid (schweflige Säure), daß die Pflanze einige Zentimeter eintaucht, die Blütten mit der Mischung aber nicht in Berührung kommen. Das Gefäß wird abgedeckt. Bei beiden Verfahren behandeln wir so lange, bis die Blütenfarben verloren gegangen sind. Nach dem Trocknen kehrt die alte Farbe zurück. Bei dem zweiten Verfahren bleiben die geschwefelten Pflanzen noch so lange an der Luft liegen, bis Feuchtigkeitsspuren verdunstet sind. Dann wird gepreßt.

Nach dem Trocknen in der Presse lassen wir alle Objekte noch einige Tage zwischen sauberem Papier liegen. Dadurch verlieren sie die letzten Feuchtigkeitsspuren. Kleben wir sie zu zeitig auf, so wellt sich das Herbarpapier.

Das Aufkleben der Pflanzen

Mit dem Aufkleben beginnt für uns der schönste Teil der Arbeit. Bei jeder Pflanze, die wir der Presse entnehmen, kommen uns Erinnerungen an den Fund und seine Begleitumstände. Vielleicht fanden wir sie erst nach langem Suchen oder drangen unter vielen Mühen zu ihrem Standort vor. Wir freuen uns, wenn das Pressen gut gelungen ist, und werden nun dafür sorgen, daß die Pflanze ansprechend angeordnet und sauber befestigt wird.

Für die Herbarbogen eignet sich jedes feste Papier. Es soll holzfrei und möglichst weiß sein. Das Format hängt von der Art des Herbars ab. Meist werden wir mit Blättern DIN A4 (21 cm mal 29,7 cm) auskommen (Herbarien in Museen haben meist das Format 27 cm mal 43,5 cm). Wir legen uns gleich zu Anfang einen Vorrat Zeichenkarton an, denn wenn wir immer wieder nachkaufen müssen, haben wir nicht die Gewähr, daß Art und Qualität des Papiers gleich sind; unser Herbar wird nicht einheitlich. Dabei muß beachtet werden, daß der Karton so dick ist, daß er den empfindlichen Pflanzen einen Halt gibt, er soll eine möglichst glatte Oberfläche haben, weil wir die Herbarblätter beschriften wollen.

Wir entnehmen die Pflanzen vorsichtig der Presse und legen sie so auf den Karton, daß die Fläche gut genutzt wird und ein gefälliges Bild entsteht. Müssen wir die Pflanze diagonal legen, dann soll ihre Achse von links unten nach rechts oben verlaufen. Die rechte untere Ecke muß für die Beschriftung frei bleiben.

Nun können wir mit dem Aufkleben beginnen. Wir befestigen die

Pflanzen mit schmalen Klebestreifen so auf dem Papier, daß sie jederzeit wieder abgenommen werden können. Die Klebestreifen befeuchten wir nur an den Enden, denn an die Pflanze selbst darf kein Leim kommen. Unschön sieht es aus, wenn die Klebestreifen nicht durchsichtig sind. Wir nehmen am besten Zellophanstreifen oder Klebefalze für Briefmarken. Selbstklebefolie eignet sich nicht, da sie auf der gesamten Fläche mit Kleber beschichtet ist.
Es ist klar, daß wir auf den Bogen immer nur eine Pflanze oder manchmal mehrere verschieden entwickelte Exemplare einer Art kleben. Wir beschriften die Bogen in der rechten unteren Ecke. Es empfiehlt sich, eine Schablone anzufertigen und die Zeilenbegrenzungen mit einer feinen Nadel durch mehrere Bogen durchzustechen. Die Beschriftung sollte wie folgt angeordnet werden:

Wissenschaftlicher Pflanzenname
deutscher Pflanzenname
Fundort (konkrete Angaben)
Datum des Fundes

Zum Beispiel:

Ranunculus aquatilis L.
Wasser-Hahnenfuß
Sandteich bei D. Nähe östlicher Damm
14. 8. 1971

Viele Sammler geben noch Ordnung und Familie an. Dafür ist die linke obere Ecke des Blattes geeignet. Für unser Beispiel stände dort:

Ordn. Ranales — Hahnenfußartige
Fam. Ranunculaceae — Hahnenfußgewächse

Wir können den Familiennamen auch farbig über den wissenschaftlichen Namen schreiben. Es steht uns natürlich frei, weitere wichtige Vermerke auf dem Herbarblatt anzubringen (etwa Angaben über Giftigkeit, Blütenfarbe, medizinische Verwendbarkeit). Jedes Blatt halten wir in einem Inhaltsverzeichnis fest. Das erleichtert uns später das Auffinden.
Zum Schluß sei noch die Aufbewahrung der Herbarblätter besprochen. Am einfachsten ist es, die Blätter in Schnürmappen aus starker Pappe zu legen. Die Pappen müssen 1 bis 2 cm größer sein als die Herbarblätter. Wir bewahren die Mappen so auf, daß sie vor Staub und Feuchtigkeit geschützt sind. Sehr praktisch ist es auch, die Blätter in Kästen einzulegen, die wir uns aus starker Pappe selbst basteln. Die eine Längsseite der Kästen soll klappbar sein, damit sich die Blätter leichter herausnehmen lassen. Beim Herausnehmen heben wir die Blätter gleichmäßig an. Sonst biegen

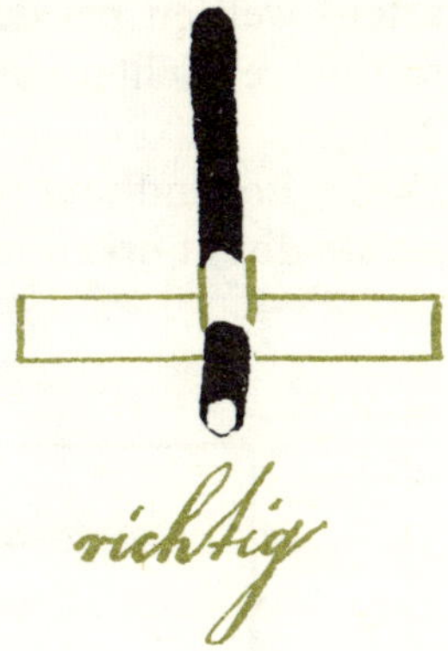

So sieht ein Herbarblatt aus

sie sich, und die empfindlichen Pflanzen zerbrechen. Auch die starken Pappkästen mit Schieber und vorderer Klappe für Schreibmaschinenpapier sind sehr zu empfehlen, leider aber für uns zu teuer. Schön ist es, wenn wir ein Fach unseres Schreibtisches oder den Schieber eines Schrankes nur für unser Herbar einrichten können.

Unsere Sammlung müssen wir von Zeit zu Zeit durchsehen. Wir stellen dabei fest, ob sich Ungeziefer eingenistet hat. Mit Naphthalin und Kampfer können wir schädliche Insekten vertreiben. Besser ist es, wenn wir die Sammlung imprägnieren. Wir legen die Mappen in eine gutschließende Kiste, am besten in einen Blechbehälter, und stellen darin ein Schälchen mit Kohlendisulfid (Schwefelkohlenstoff) oder Tetrachlormethan (Tetrachlorkohlenstoff) auf. (Vorsicht! Beide Flüssigkeiten sind Gifte. Kohlendisulfid ist außerdem feuergefährlich!) Vorhandene Schädlinge (Milben, Staubläuse, kleinere Käfer-

arten) werden bei der Kohlendisulfidbehandlung in 6 bis 8 Tagen restlos vernichtet, bei Tetrachlormethan dauert es nur etwa 1 bis 2 Tage.

Diese Behandlung wiederholen wir, auch wenn die Durchsicht nichts direkt erkennen läßt, alle 3 Jahre.

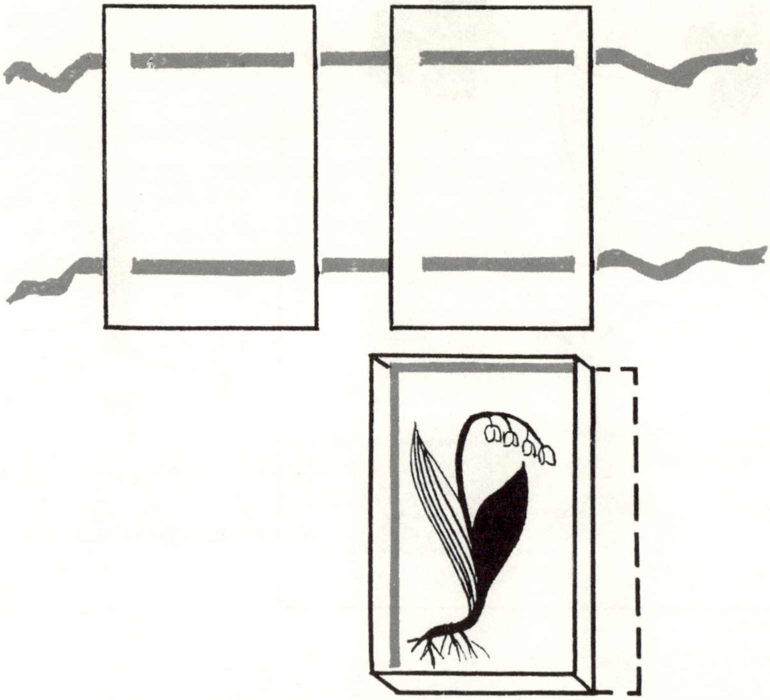

Schnürmappen oder Pappkästen dienen zur Aufbewahrung der Blätter

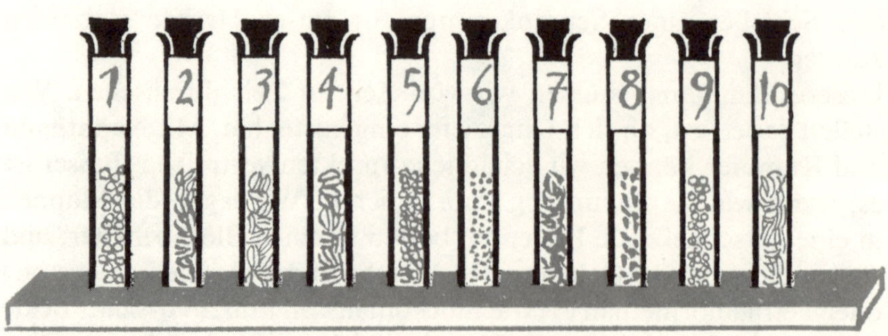

Samensammlung

Von allerlei Sammlungen

Wir legen eine Samensammlung an

Eine Samensammlung ist eine schöne Ergänzung für ein Herbarium. Sie ist einfach anzulegen, bietet uns aber viel Interessantes. Pflanzliche Samen sind ja nicht nur „Körner“. Viele von ihnen besitzen mannigfache Einrichtungen, die dazu beitragen, daß sie besser durch den Wind, durch das Wasser oder durch Tiere verbreitet werden. So finden wir Flügel, haarförmige Flugeinrichtungen, Schwimmblasen, Klebeeinrichtungen, Haken und Widerhaken. Dornen und Krallen oder Einrichtungen, mit denen sie sich in den Boden bohren. Wir bewahren die Samen in Glasgefäßen auf. Dazu eignen sich Reagenzgläser oder Tablettenröhrchen. In flachen Pappkartons (z. B. Strumpfkartons) können wir die Gläser unterbringen. Übersichtlich wird unsere Samensammlung, wenn wir etwa 2 cm starke Holzleisten mit Bohrungen versehen, in die wir die Gläser stecken. Wir verwenden nur trockenes Holz, damit sich die Leisten später nicht verziehen. Die Leisten hobeln wir glatt oder glätten sie mit Sandpapier und Glasscherben. Dann werden sie mit einem Zentrumsbohrer gebohrt. Für die normalen Reagenzgläser brauchen wir 16-mm-Bohrungen. Wer es besonders gut machen will, kann die Leisten mit farblosem Lack streichen. Die Röhrchen beschildern wir einheitlich. Außerdem erhält jedes eine Nummer. Wir schreiben sie mit einem feinen Pinsel und Nitrolack auf das Glas dicht unterhalb des Stopfens. Die Nummer erleichtert das Auffinden nach dem Inhaltsverzeichnis. Außerdem verhindern wir dadurch, daß Verwechslungen vorkommen, wenn sich die Etiketten vom Glas gelöst haben sollten. Wir können die Sammlung nach verschiedenen

Gesichtspunkten ordnen (Pflanzenfamilien — Kulturpflanzen — Unkräuter — Einrichtungen zur Verbreitung usw.).
Keimlinge, die wir aus den selbstgesammelten Samen in Blumentöpfen gezogen haben, können wir in verschiedenen Entwicklungsstadien pressen. So erhalten wir sehr schöne Entwicklungsreihen.

Die Blattsammlung

Wohl jeder hat schon in seinen ersten Schuljahren herbstlich gefärbte Blätter mit nach Hause gebracht und in einem alten Lesebuch getrocknet. Eine Blattsammlung sieht nicht nur schön aus, sie trägt auch dazu bei, daß wir unsere heimischen Laubbäume und Sträucher schneller kennenlernen. Später können wir uns auch an die Ziersträucher und ausländischen Bäume unserer Parkanlage heranwagen. Dazu brauchen wir aber ein gutes Bestimmungsbuch. Im Buchhandel gibt es eine reiche Auswahl, zu empfehlen ist z. B. das Buch „Welcher Baum ist das?“ von Alois Koch und Dietmar Aichele (Kosmos-Verlag, Stuttgart), das die einheimischen und eingeführten Holzgewächse Mitteleuropas in belaubtem und unbelaubtem Zustand zu bestimmen gestattet. Auch die Winterknospen sind in vielen Abbildungen gezeigt, sodaß man sehr schnell und auch sicher zum Namen der gefundenen Pflanze kommt.
Blätter sind nicht sonderlich empfindlich. Sie lassen sich gut pressen. Wichtig ist nur, daß wir von jeder Art zwei Exemplare aufkleben, damit wir die Blattoberseite und die meist verschieden gestaltete Blattunterseite sehen. Wir können auch abweichende Formen sammeln.
Vielleicht haben wir schon einmal ein Blatt gefunden, das so weit zerfallen war, daß nur noch die Blattnerven, die Gefäße, übrigblieben, wenn wir leicht darauf klopften. Solche Blätter sind aber meist unansehnlich, viele der feinen Verästelungen sind zerstört. Es eignet sich nicht mehr für unsere Sammlung. Wir können uns aber frische Laubblätter durch ein sehr einfaches Verfahren zu Hause präparieren. Wir legen das Blatt in eine flache Schale und übergießen es mit 5- bis 10%iger Natron- oder Kalilauge (Vorsicht! Ätzend!). Dadurch werden die empfindlichen Zellen des Blattgewebes aufgelöst, die widerstandsfähigen Gefäße bleiben erhalten. Wir gießen dann die Lauge ab und wässern die „Blätter“. Mit einem Pinsel entfernen wir unter Wasser die letzten Reste der weichgewordenen Gewebe. Dann gießen wir das Wasser ab.
Nun müssen wir die Gefäße härten und bleichen. Wir lösen in einem Reagenzglas eine Spatelspitze Chlorkalk, geben 2 Tropfen Äthansäure (Speiseessig) dazu und übergießen damit das Blattskelett in der Schale. Wir lassen es etwa 1 Stunde in der Lösung,

spülen es dann mit Wasser ab und trocknen es zwischen nichtfaserndem saugfähigem Papier. Nach dem Trocknen reihen wir es in die Blattsammlung ein. Das direkte Aufkleben der Blattskelette ist schwierig. Es geht am besten mit alkoholischer Schellacklösung. Einfacher geht es, wenn wir das Skelett auf ein Blatt schwarzen Papiers legen (Papier für Scherenschnitte) und mit einem Bogen Zellophan überkleben.
Wer keine Laugen hat, kann die Blätter auch in einer Schale mit Wasser faulen lassen. Das dauert allerdings einige Wochen. Sie werden dann genau so bearbeitet wie nach der Laugenbehandlung.

Der Naturdruck

Zum Schluß sei noch ein Verfahren betrachtet, das nichts unmittelbar mit dem Sammeln zu tun hat, durch das wir aber unsere Sammlungen ergänzen können.
Wir schneiden uns 2 Glasplatten mit den Maßen 10 cm mal 14 cm. Bei sehr schwachem gelben Licht oder bei weitgehender Verdunklung legen wir auf die eine Platte ein Blatt hart arbeitendes Chromsilberpapier im Format 9 mal 12 mit der Schichtseite nach oben. Auf die Schicht legen wir ein Laubblatt. Darauf decken wir die andere Glasscheibe. Beide Platten halten wir mit Gummiringen oder mit Plastklammern (Fotoklammern) zusammen. Wer einen Kopierrahmen besitzt, nimmt natürlich diesen. Nun hängen wir über die Platten im Abstand von 1 m eine 40- oder 60-Watt-Glühlampe und belichten. Über die Belichtungszeit läßt sich nichts Verbindliches sagen. Sie hängt von der Stärke des Laubblattes und von der Empfindlichkeit des Fotopapiers (Kontaktpapiers) ab. Je länger wir belichten, um so deutlicher erhalten wir die Struktur der Blätter. Wir machen mit einem Blatt eine Testreihe. Während des Belichtens bedecken wir es mit einem lichtundurchlässigen Papier, das wir in bestimmten Zeitabständen (nach 1, 2, 4, 8, 16, 32, 64 Sekunden) immer einen Zentimeter weiterschieben. Dadurch entstehen Streifen, die uns nach dem Entwickeln die richtige Belichtungszeit zeigen.
Wir entwickeln das Papier in Metol-Hydrochinon so lange, bis die freie Fläche, die um das Laubblatt herumlag, tiefschwarz geworden ist. Wir erhalten also ein negatives Bild.
In derselben Art können wir auch Blüten, Blütenstände (Gräser geben sehr schöne Bilder) oder ganze Pflanzen aufnehmen. Dafür wählen wir das Papierformat 18 mal 24 cm. Die Glasplatten sind dann entsprechend 1 bis 2 cm größer.
Naturforscher sind meist in der Fotografie keine Laien. Sie werden das Verfahren auch mit anderen Papieren versuchen. Lichtpaus-

papier geringer bis mittlerer Empfindlichkeit gestattet uns, negative oder positive Bilder herzustellen. Besonders einfach ist die Entwicklung von Positivpapier, das zur Vervielfältigung von technischen und Bauzeichnungen verwendet wird (Ozalid-Papier). Das belichtete Papier wird lediglich mit gasförmigem Ammoniak behandelt. Wir legen das Papier in eine kleine Holzkiste und stellen dazu ein Becherglas mit Salmiakgeist.

Die Pflanze und ihre Umwelt

In der Natur finden wir die Organismen in ganz bestimmten Lebensräumen, den sogenannten Biotopen. Die Lebewesen eines Biotopes sind durch die dort herrschenden Lebensbedingungen voneinander abhängig, sie sind miteinander verbunden und bilden eine Lebensgemeinschaft, eine Biozönose.
Bei unseren Wanderungen oder Exkursionen müssen wir Tiere und Pflanzen, die wir finden oder beobachten, stets als Teile eines Ganzen sehen. Es genügt nicht, etwa ihren anatomischen Aufbau zu studieren, wir müssen auch versuchen, die Abhängigkeit der Organismen von Klima und Boden und die Wechselbeziehungen zwischen Pflanze—Pflanze, Tier—Tier und Pflanze—Tier zu erkennen. Wir wollen dabei auch nie vergessen festzustellen, inwieweit der Mensch das Geschehen in einer Lebensgemeinschaft verändert, indem er durch Nutzung und Bebauung aus den natürlichen Biozönosen halbnatürliche oder Kulturbiozönosen schafft. Nutzung der Wiesen und Bearbeitung des Naturbodens, Forst- und Teichwirtschaft, Begradigung der Bäche und Verseuchung des Wassers, Bau von Städten und Industrieanlagen, das alles sind Eingriffe, die sich fördernd oder schädigend auf die Organismen einer Lebensgemeinschaft auswirken können.
Raubbau und Verwüstung der Natur sollten für immer der Vergangenheit angehören. Wo wir doch einschneidende Eingriffe in die Natur vornehmen müssen, versuchen wir durch Folgemaßnahmen das gestörte biologische Gleichgewicht wiederherzustellen; denken wir nur an die Bepflanzung von Abraumhalden bei Braunkohlentagebauen. Unser Staat stellt dafür jährlich große Summen zur Verfügung. So wurden auch nach 1945 große Teile unseres Landes zu Naturschutz- und Landschaftsschutzgebieten erklärt.

Die Lebensgemeinschaften unserer Heimat

Es gibt sehr viele Lebensgemeinschaften unserer Heimat. Dazu gehören der Bach, der Teich, der Laubwald, der Nadelwald, der

Auenwald, die Waldblöße, die Wiese und die Hecke. Auch die Organismen des Parks, einer Mauer, eines Obstgartens oder eines Weinberges bilden eine Lebensgemeinschaft.

Um eine Lebensgemeinschaft in ihrer Gesamtheit zu erfassen, brauchen wir umfangreiche Kenntnisse aus den verschiedensten Wissensgebieten. Wir müssen uns als Botaniker, Zoologen, Bodenkundler und Meteorologen betätigen. Ein einzelner kann diese Aufgabe nicht lösen. Hier tut sich aber ein lohnendes Arbeitsgebiet für die Arbeitsgemeinschaften junger Naturforscher auf.

Beobachtungen in Biozönosen erstrecken sich über längere Zeiträume, über Monate, ja oft Jahre. So berichtete der Direktor der Forschungsstelle für Limnologie (der Wissenschaft von den Binnengewässern), Dr. habil. Schräder, in einer Fernsehsendung, daß er mit einer Forschungsruppe von 1959 an jahrelang die physikalischen und chemischen Umweltbedingungen am Stechlinsee studierte, daß seine Mitarbeiter die dort vorkommenden Organismen bestimmten, eine Arten-Bestandsaufnahme vornahmen und die Bedingungen der Biozönose „Oligotropher (nährstoffarmer) Seentyp" studierten. Mit Wasserschöpfern entnahmen sie Proben aus verschiedenen Tiefen und untersuchten sie chemisch und mikrobiologisch; Schleppnetze, Pflanzengreifer und Bodengreifer brachten den Wissenschaftlern Material vom Grunde des Sees, und mit Tauchgeräten stiegen sie selbst hinab, um die Besiedlung zu studieren. Über 92 Bakterienstämme, 159 Arten Rädertierchen, 53 Arten Wasserflöhe, 52 Arten Milben und 103 Arten gepanzerter Amöben wurden in mühevoller Arbeit isoliert und bestimmt.

Wir untersuchen eine Biozönose

Was müssen wir tun, wenn wir eine Biozönose in ihrer Gesamtheit erfassen wollen? Wir wählen uns als Beispiel eine Lebensgemeinschaft, die nicht zu umfangreich ist, die Hecke. Hecken finden wir überall, als Naturhecken im Dorfe oder am Rande der Stadt und als Kulturhecken vielleicht als Begrenzung unseres Gartens oder an der Schule. Hecken beleben die Landschaft, sind ein wichtiger Wind- und Schneeschutz und bieten vielen nützlichen Tieren Unterschlupf und Schutz. Zunächst untersuchen wir die Zusammensetzung der Pflanzenwelt. Wir bestimmen die Pflanzen und stellen sie geordnet nach Bäumen, Sträuchern und Kräutern in einer Tabelle zusammen. In der Tabelle sehen wir Spalten für folgende Eintragungen vor: Häufigkeit der Pflanzen, Geselligkeit, Zeitpunkt der Laubentfaltung, Blütezeit, Fruchtbildung, Verbreitung der Früchte, Laubverfärbung, Laubfall.

Die Häufigkeit der Pflanzen drücken wir durch folgende arabische Zahlen aus:

1 sehr spärlich, 2 spärlich, 3 wenig zahlreich, 4 zahlreich, 5 sehr häufig.

Die Geselligkeit drücken wir in römischen Zahlen aus:

I allein, II in Trupps, III kleine Flächen, IV Teppiche, V große Flächen.

Vielfach ist es üblich, die Artmächtigkeit anzugeben. Man berechnet dann, wieviel Prozent der Aufnahmefläche durch die einzelnen Pflanzenarten bedeckt werden.

Bäume, markante Sträucher und einzeln vorkommende Kräuter tragen wir in eine Lageskizze ein. Sie soll maßstabsgerecht sein, die Angaben der Himmelsrichtung und einen Vermerk über die geographische Höhenlage enthalten.

Bei der Pflanzenbestimmung werden wir auch zahlreiche Tierarten beobachten. Zur Tierbestimmung verwenden wir z. B. die dreibändige Exkursionsfauna von Deutschland, die Prof. Stresemann im Verlag Volk und Wissen herausgegeben hat. Wir ordnen die Tiere nach Stämmen, Unterstämmen und Klassen. Ihre Häufigkeit bezeichnen wir wie bei den Pflanzen.

Nun gilt es, die Beziehungen zur unbelebten Umwelt zu untersuchen. Eine Arbeitsgruppe entnimmt Bodenproben und untersucht sie. Die Meteorologen interessieren sich für die Windgeschwindigkeiten in bestimmten Abständen vor und hinter der Hecke. Sie messen zu verschiedenen Tages- und Jahreszeiten die Temperaturen im Boden und in bestimmten Höhen über dem Boden. Auch die Fotografen haben allerhand Arbeit. Sie halten Pflanzen und Tiere im Bild fest. Mit ihren Belichtungsmessern können sie außerdem eine wichtige Aufgabe lösen. Sie messen die unterschiedlichen Lichtverhältnisse vor und in der Hecke. Wir brauchen diese Werte später, um den Drang der Pflanzen nach dem Licht zu verstehen.

Nachdem so in mühevoller Kleinarbeit viele Einzelergebnisse zusammengetragen sind, werten wir sie nach verschiedenen Gesichtspunkten aus. Wir versuchen, festzustellen, ob Zusammenhänge erkennbar sind zwischen der Bodenqualität und den Pflanzenarten und ihrer Entwicklung. Wir untersuchen das Verhältnis zwischen Pflanzen und Tieren am Beispiel der Samenverbreitung, der Blütenbestäubung und der pflanzenfressenden Tiere. Säugetiere der Hecke verbreiten die Samen von Klebkraut und Nelkenwurz; Vögel tragen zur Verbreitung der Hagebutte, des Holunders, der Schlehe und des Pfaffenhütchens bei. Auch Insekten und der Wind sind an der Samenverbreitung beteiligt.

Wir finden bestimmte Vogelarten in der Hecke. Grasmücken, Meisen und der Neuntöter, der seine Beute vorwiegend auf Dornen spießt, werden sicherlich nicht fehlen. Einer Reihe von Tieren ist die Hecke der Ausgangspunkt zum Angriff. Das Wiesel gleitet lautlos aus ihr hervor; Neuntöter und Sperber stürzen sich vom erhöhten Standort auf die erspähte Beute. Marienkäfer, Larven von Schwebfliegen und Florfliegen machen Jagd auf Blattläuse. Tier- und Pflanzenleben der Hecke spiegeln den immerwährenden Kampf ums Dasein wider. Auch unter den Pflanzen zeigt sich eine deutliche Rivalität. In der Hecke findet sie besonders ihren Ausdruck im Drang der Pflanzen nach dem Licht, denn durch den dichten Pflanzenbestand ergeben sich recht unterschiedliche Lichtverhältnisse. Die Brennesseln in der Hecke sind oft über 1 m hoch, das Kreuzlabkraut erreicht Höhen, die wir bei frei stehenden Artgenossen nicht finden, und auch Schößlinge von Hasel und Holunder zeichnen sich durch besonderes Längenwachstum aus. Heckenrose und Brombeere sind Spreizklimmer; sie klettern oft an anderen Pflanzen empor, auf die sie ihre waagerecht gespreizten Seitenzweige auflegen, wobei ihre Stacheln ein Abrutschen verhindern. Außerdem türmen sich von Jahr zu Jahr ihre Triebe stockwerkartig übereinander. Viele Pflanzen haben Einrichtungen, die ihnen das Emporwinden oder Emporklettern an anderen ermöglichen. Der Hopfen windet sich an Bäumen und Sträuchern empor. Sechs Reihen Klimmhaken verhindern ein Abgleiten seines schwachen Stengels. Sie sind nach unten gerichtet. Das merken wir, wenn wir mit dem Finger am Stengel zuerst von oben nach unten und dann in umgekehrter Richtung entlangfahren. Auch das Klebkraut ist reich mit Stacheln besetzt. Der Efeu hält sich mit Kletterwurzeln an seiner Unterlage fest. Die Zaunwinde schmiegt sich linkswindend anderen Pflanzen an und klettert zum Licht.

Vielgestaltig ist das Leben in der Hecke. Es ruht auch in der Nacht nicht. Der Windenschwärmer besucht die Blüten der Zaunwinde, und in warmen Sommernächten erscheint der Leuchtkäfer. So liefert uns die Hecke Material zu vielseitiger Betätigung. Gehen wir an die Arbeit, damit wir Einblick in die Gesetzmäßigkeiten gewinnen, die dem Leben der Organismen in einer Lebensgemeinschaft zugrunde liegen!

Symbiosen im Pflanzenreich

Das Wort „Symbiose“ kommt aus dem Griechischen. Übersetzt heißt es „Zusammenleben“. Damit ist aber noch nicht alles gesagt, was die Biologen unter Symbiose verstehen; sie wenden dieses Wort dann an, wenn verschiedenartige Organismen zu gegenseitigem Vorteil zusammenleben. Die beiden Partner einer Symbiose, die Symbionten, passen sich gegenseitig an, und ihr Zusammenleben unterliegt gewissen Gesetzen. Wir wollen nun einen kurzen Blick auf die Symbiosen werfen, bei denen beide Symbionten Pflanzen sind. Symbiosen zwischen Pflanzen und Tieren oder zwischen zwei Tierarten lassen wir hier unberücksichtigt. Bei der Untersuchung der Knöllchenbakterien haben wir bereits eine Symbiose kennengelernt.

Wir untersuchen eine Flechte

In den Flechten treffen wir das klassische Beispiel einer gegenseitigen Anpassung an. Wie wir wissen, bilden in den Flechten Algen und Pilze eine Lebensgemeinschaft. Eine der häufigsten Flechten ist die Gelbflechte *(Xanthoria)*, die für uns am schnellsten und leichtesten zugänglich ist. Wir finden sie an Weiden, Pappeln und Obstbäumen, aber auch am Holz alter Zäune. Sie besteht aus einem graugrünen Flechtenthallus (Flechtenlager), über dem sich orangefarbige Schüsselchen, die Fruchtkörper oder Apothezien, erheben. Wir lösen ein Stück der Rinde mit der Flechte vom Baum. Dann schneiden wir ein etwa 1 cm^2 großes Stück heraus. Wir legen es in ein Schälchen mit Wasser und lassen es so lange weichen, bis der Flechtenthallus geschmeidig geworden ist und sich leicht von der Rinde löst. In sauberem Wasser spülen wir ihn ab. In einem Becherglas mit wenig Wasser kochen wir dann das Flechtenstückchen kurz auf und lassen es im Kochwasser erkalten. Durch das Abkochen wird die Luft aus dem Flechtenthallus entfernt.
Nun müssen wir dünne Schnitte durch die Flechte anfertigen. Die Schnittechnik ist uns bekannt. Wir schneiden zwischen Holunder- oder Sonnenrosenmark. Die Schnitte müssen sehr dünn sein. Das wird uns nicht sofort gelingen. Haben wir Geduld dabei! Die Schnitte werden dann in einem Wassertropfen (Deckglas auflegen!)

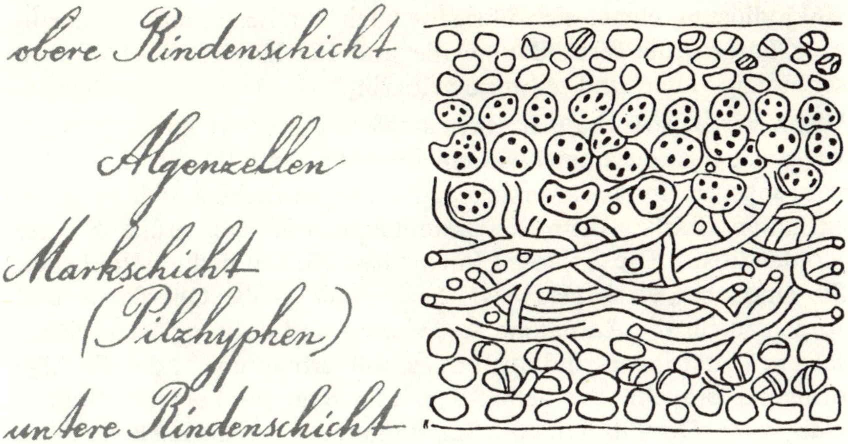

Querschnitt durch den Thallus einer Flechte

mit dem Mikroskop untersucht. Dabei kann es uns passieren, daß sich der Schnitt im Wasser stark verdreht; die mikroskopische Beobachtung wird dadurch erschwert. Wir können das Verdrehen vermeiden, wenn wir die Flechte vor dem Schneiden eine Stunde in Propantriol (Glyzerin) legen und die Schnitte auch in einem Tropfen Propantriol untersuchen.
Die mikroskopische Betrachtung zeigt uns, daß die Flechte aus mehreren Schichten besteht. An der Oberseite liegt eine Rindenschicht aus dicht aneinandergefügten, dickwandigen Pilzfäden (Pilzhyphen). Darunter folgt eine Schicht, in der wir zahlreiche grüne, kugelige Gebilde erkennen. Es sind Grünalgen. Nun folgt eine Markschicht mit locker liegenden Pilzhyphen, und an der Unterseite der Flechte sehen wir wieder eine Rindenschicht.
Wer die Möglichkeit hat, sich eine Chlorzinkjodlösung herzustellen, sollte das unbedingt tun und einen der Schnitte damit anfärben. In den gefärbten Schnitten sehen wir nämlich die Pilzfäden gelb bis bräunlich, die Wände der Algen aber kräftig blau (Jodstärkereaktion). Von der Chlorzinkjodlösung stellen wir uns nur kleine Mengen her, da sie nicht lange haltbar ist. Wir lösen in einem Halbmikroreagenzglas 5 g Zinkchlorid (Reinzink in Salzsäure lösen, Lösung eindampfen! Vorsicht! Knallgas!) in 2,5 ml Wasser. In einem anderen Reagenzglas lösen wir 0,5 g Kaliumjodid und 25 mg Jod in 1,5 ml Wasser. Beide Lösungen gießen wir zusammen. Bildet sich ein Niederschlag, lassen wir ihn absetzen. Die darüberstehende Lösung saugen wir mit einer Pipette vorsichtig ab. Wir übertragen sie in eine kleine Braunglasflasche (saubere Medizinflasche). Dort geben wir noch ein mohnkorngroßes Jodblättchen dazu. (Chlor-

zinkjodlösung eignet sich übrigens auch zur Bestimmung pflanzlicher Fasern. Sie färbt Baumwolle und Flachs violett. Hanf wird schmutzig violett und teilweise gelbgrün.)

Wenn wir den Aufbau der Schüsselflechte studiert haben, werden wir auch das Zusammenwirken von Alge und Pilz in dieser Ernährungsgemeinschaft verstehen. Die Algen färbten sich blau, sie enthalten Stärke; denn sie assimilieren wie jede grüne Pflanze Kohlendioxid. Die farblosen Pilzhyphen können nicht assimilieren. Sie sind aber stark verzweigt, haben eine große Oberfläche und sorgen so für die Aufnahme von Wasser und darin gelösten Nährsalzen. Unter ihnen sind auch Stickstoffverbindungen, die die Alge dringend braucht. Sie liefert dem Pilz dagegen kohlenstoffreiche Nährstoffe. Der Pilz hat, vom Standpunkt der Ernährung betrachtet, den größeren Vorteil. Er ist aber in anderer Hinsicht der aktivere Teil. Durch die Lage seiner Hyphen wird die Gestalt der Flechte bestimmt. Am Thallusrand bilden parallelliegende Pilzhyphen Haftfasern.

Nur durch die Symbiose können die Flechten auch dort gedeihen, wo keine organischen Nährstoffe zur Verfügung stehen. So hängt zum Beispiel die Bartflechte frei in der Luft, und Krustenflechten besiedeln selbst den nackten Fels, scheiden gesteinsauflösende Flechtensäuren aus und werden dadurch zum Wegbereiter der Vegetation.

Es gibt auch Symbiosen von Pilzen mit höheren Pflanzen. Wenn wir einmal unter dem Mikroskop oder mit einer starken Lupe die haarfeinen Enden von Wurzeln der Kiefer oder der Buche untersuchen, so stellen wir fest, daß sie von zahlreichen Wurzelpilzen umsponnen sind. Die Pilzhyphen dringen sogar in die Außenschichten der Wurzeln ein. Sie bilden im Boden ein weitverzweigtes Netz und sind in der Lage, dem Baum umfangreiche Mengen an stickstoffhaltigen Nährsalzen zu liefern, während ihnen umgekehrt durch die Baumwurzel Kohlenhydrate zur Verfügung stehen.

Die Mykorrhiza, wie wir diese Form der Symbiose nennen, ermöglicht es unseren Waldbäumen, sich besser zu entwickeln. Werden beispielsweise Samen der Kiefer einmal in pilzreicher Walderde ausgesät und zum anderen in Erde, die durch vorheriges Erhitzen sterilisiert wurde, so zeigen sich deutliche Unterschiede in der Entwicklung. Die Pflanzen in der sterilisierten Erde kümmern sehr stark. Werden sie nun mit einer Aufschlämmung humusreicher Walderde begossen, so beginnen sie sich zu kräftigen.

Der wachsgelbe chlorophyllose Fichtenspargel (Gewöhnlicher F.; *Monótropa hypópitys L.*) lebt dagegen ausschließlich auf Kosten der Pilze. Mit Hilfe von Pilzfäden kann er in ausreichender Menge

Wasser mit Nährsalzen, aber auch organische Stoffe aus dem Waldboden erhalten. Er ist also ein Saprophyt, ein Fäulniszehrer.
Ähnlich liegen die Verhältnisse auch bei einigen heimischen Orchideenarten, so bei Nestwurz *(Neottia)* und bei Korallenwurz *(Corallorhiza)*. Orchideensamen sind nährstoffarm. Die Keimlinge vieler Formen können sich nur entwickeln, wenn die Samen kurz nach der Quellung von Pilzen infiziert werden. Das ist auch der Grund dafür, warum es Gärtnern vielfach nicht gelungen ist, Orchideen heranzuziehen. Wir kennen aber heute Arten, die sich pilzfrei heranziehen lassen. Seit 70 bis 80 Jahren werden auch in Europa Orchideen gezogen, und zwar in einer Mischung von Torfmoos, geschnittenem Buchenlaub und Farnwurzeln des Königsfarns *(Osmunda regalis)*. Diese Osmundawurzeln wurden vorwiegend aus Italien bezogen. Deshalb ist der Königsfarn dort fast ausgerottet. Professor Dr. Bergann und Gärtnermeister Mehlhorn vom Botanischen Institut der Pädagogischen Hochschule Potsdam ist es gelungen, Orchideenkeimlinge in kiefernstreuartigen PVC-Borsten heranzuziehen. Die Borsten können aus PVC-Abfällen geschnitten werden. Sie werden mit Nährsalzlösung getränkt. Dafür eignen sich Wopil oder Nährsalz S 1. Man bezeichnet diese Verfahren als Hydrokultur. Das Material ist leicht zu pflegen, nahezu unverwüstlich, muß nicht wie *Osmunda* alle zwei Jahre erneuert werden und eignet sich auch für viele andere Pflanzen.

Aus dem Reizleben der Pflanze

Ähnlich wie Mensch und Tier zeigt auch die Pflanze Reizempfindlichkeit. Licht und Wärme, Schwerkraft der Erde, mechanische und chemische Einflüsse wirken als Reize auf sie ein. Die Pflanze reagiert darauf durch Bewegungen. Manche niederen Pflanzen sind dabei in der Lage, sich aktiv kriechend oder schwimmend von der Stelle zu bewegen. Wir sprechen in diesen Fällen von freien Ortsbewegungen oder Taxien.
Höhere Pflanzen reagieren auf Reize nur durch Bewegung von Organteilen; wir beobachten Drehungen, Krümmungen oder Klappbewegungen. Ist die Richtung der ausgeführten Bewegung vom Reiz unabhängig, dann sprechen wir von Nastien, wird sie vom Reiz bestimmt, nennen wir sie Tropismen. Tropismen können positiv oder negativ sein, das heißt, sie sind zur Reizquelle hin- oder von ihr abgewendet. Daneben gibt es auch autonome Bewegungen der Pflanzen. Sie werden nicht durch einen Reiz ausgelöst. Ihre Ursachen sind innere Veränderungen physikalisch-chemischer Natur. Es sind vorwiegend Bewegungen an wachsenden Organen (Auf-

rollen junger Farnblätter, kreisende Bewegungen der Sproßspitze von Windepflanzen usw.).

Versuche mit der phototropischen Kammer

Aus einem Pappkarton von etwa 25 cm Höhe, 20 cm Breite und 15 cm Tiefe (kräftiger Schuhkarton mit gutschließendem Deckel) stellen wir uns eine phototropische Kammer her. Wir kleben den Karton innen mit stumpfem schwarzem Papier aus (Papier für Scherenschnitte). In den Boden schneiden wir in etwa 15 cm Höhe ein rundes Loch von 3 cm Durchmesser. Dann bekleben wir ein Stück Karton von 9,5 cm mal 9,5 cm mit schwarzem Papier und biegen es so zu einer Röhre, daß sich das schwarze Papier im Innern der Röhre befindet. Mit einem Papierstreifen überkleben wir die Nahtstelle. Die Röhre setzen wir so in das Loch ein (Pappwinkel benutzen!), daß sie etwa 3 cm in das Innere der Kammer hineinreicht.

In einen Blumentopf mit feuchter Gartenerde säen wir einige Senfkörner oder Bohnen. Wir stellen den Blumentopf in einem Untersetzer, damit der Karton nicht aufweicht, in die phototropische Kammer. Die Röhre verschließen wir mit schwarzem Papier. Wenn die Keimpflanzen 2 cm hoch sind, stellen wir die Kammer am Fenster auf und lassen Licht durch die Röhre in das Innere der Kammer fallen. Nach einigen Tagen oder vielleicht auch schon nach Stunden sehen wir, wie sich die Pflanzen in Richtung des Lichteinfalls krümmen. Später wachsen sie in die Röhre hinein.

Phototropische Kammer; daneben Haferkeimlinge für einen Versuch

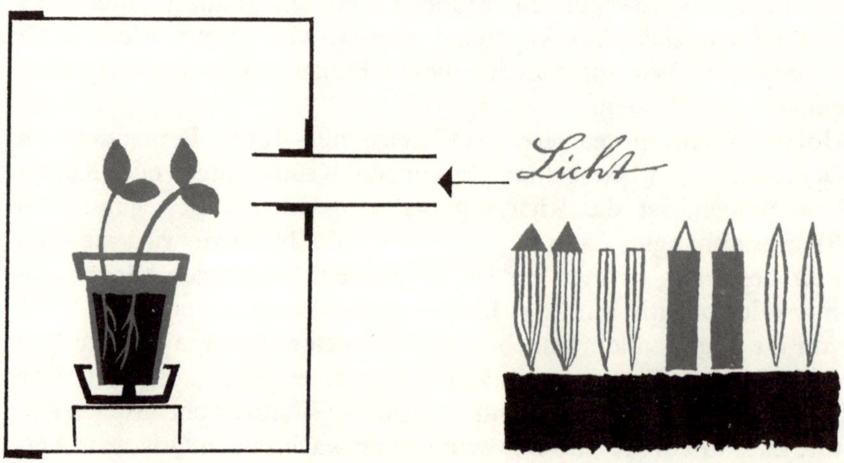

Sie sind positiv phototrop. Ihre Wurzeln wachsen in die entgegengesetzte Richtung. Sie sind negativ phototrop.
In einem Blumentopf ziehen wir uns 20 Haferkeimlinge. Wenn sie 3 cm lang sind, belichten wir sie in der phototropischen Kammer. Zuvor setzen wir auf 5 Keimlinge 0,5 bis 0,7 mm lange Tütchen aus schwarzem Papier oder Aluminiumfolie. Von 5 Keimlingen schneiden wir 3 mm der Spitze ab. Über weitere 5 Keimlinge schieben wir Röhrchen aus schwarzem Seidenpapier (mit schwarzer Tusche färben), so daß ein 3 mm langes Stück der Spitze frei bleibt. Die anderen 5 Keimlinge lassen wir unverändert. Nach 5 bis 6 Stunden beobachten wir zum erstenmal. Die Keimlinge, deren Spitzen verdunkelt beziehungsweise abgeschnitten worden sind, zeigen keine merkliche Krümmung. Die beiden anderen Gruppen krümmen sich deutlich in Richtung des einfallenden Lichtes.
Bei der phototropischen Krümmung wirken viele Faktoren zusammen. Sie beruht im wesentlichen darauf, daß die Wuchsstoffe im Keimling auf die Seite transportiert werden, die dem Licht abgewandt ist. So wird das schnelle Wachstum auf dieser Seite und die sich daraus ergebende Krümmung bewirkt. Die Empfindlichkeit für Lichtreize ist an den verschiedenen Stellen der Keimlinge sehr unterschiedlich. Bei Haferkeimlingen ist sie in den ersten beiden Millimetern der Spitze sehr groß, nimmt aber dann sehr schnell ab. Daraus erklärt sich auch die geringe Krümmung von Keimlingen mit fehlender oder abgedeckter Spitze.
Krümmungen von Blattstielen haben wir bei Garten- oder Zimmerpflanzen sicher schon beobachten können. Die Kompaßpflanzen (z. B. der Stachellattich) stellen in starkem Sonnenlicht ihre Blätter vertikal und in Nord-Süd-Richtung. Die Sonne trifft dann bei ihrem höchsten Stand, im Süden, nur noch die Schmalseite der Blätter. Bei der Nord-Süd-Stellung der Blätter wird die Blattfläche vom Osten her von der Morgensonne und vom Westen her von der Abendsonne getroffen.
Die Blattstiele sind hier die Organe der Krümmung. Die Reize werden aber nur durch die Blattspreite aufgenommen. Dabei nehmen die Pflanzen geringe Helligkeitsunterschiede wahr und krümmen sich dann zur Seite der intensiveren Beleuchtung. Dabei können sie Lichtintensitäten unterscheiden, die das menschliche Auge nicht wahrzunehmen vermag. Wicken- und Linsenkeimlinge, aber auch die schon erwähnte Kapuzinerkresse zeichnen sich durch besondere Empfindlichkeit aus. Um das zu beweisen, wollen wir Keimpflanzen, die wir in einem Blumentopf gezogen haben, von entgegensetzten Seiten mit Glühlämpchen belichten, die geringe Helligkeitsunterschiede haben. Andere Lichteinflüsse schalten wir selbstverständlich aus. Wir verlegen den Versuch in einen Karton,

sorgen aber für genügende Belüftung, beispielsweise durch wiederholtes kurzzeitiges Öffnen.
Bei allseitiger Belichtung werden wir keine Krümmung oder Änderung der Blattstellung wahrnehmen können.

Das Wecker-Karussell

Wer einen alten Wecker besitzt, kann noch einen schönen Versuch ausführen. Wir höhlen einen großen Flaschenkorken aus, füllen ihn mit feuchter Erde und pflanzen einen Keimling hinein. Den Korken stecken wir auf die Achse des Minutenzeigers. Der Wecker liegt dabei flach mit dem Zifferblatt nach oben in Fensternähe. Wie wir uns denken können, wird sich infolge der Drehung die unterschiedliche Beleuchtungsstärke nicht auswirken. Der Versuch kann auch in der phototropischen Kammer durchgeführt werden.

Die Wirkung der Schwerkraft

Der englische Naturforscher Thomas Andrew Knight konnte schon zu Beginn des vorigen Jahrhunderts durch zahlreiche Versuche beweisen, daß die Pflanzen tatsächlich unter dem Einfluß der Schwerkraft der Erde wachsen. Wir wollen das einmal nachprüfen und stecken dazu in 3 kleine Blumentöpfe je einen Samen der Sonnenblume. Wenn die Pflanzen eine Höhe von 10 cm erreicht haben, legen wir den einen Topf waagerecht, den zweiten schräg. Über den dritten Topf legen wir eine Scheibe aus starker, mit farblosem Lack bestrichener Pappe, durch die der Sproß hindurchragt, und hängen ihn verkehrt im Zimmer auf. Wir beobachten, wie sich die Wachstumsrichtung der Sproßenden ändert.

Keimlinge auf Flößen

Wir lassen in feuchten Sägespänen Erbsen oder Bohnen keimen. Drei Keimlinge mit gerader Wurzel befestigen wir so auf Korkscheiben, daß sie waagerecht liegen. Wir legen erst etwas Watte auf die Korkscheiben, darauf den Keimling und quer darüber etwas zusammengedrehte Watte, die wir mit zwei kleinen Glaskopfstecknadeln an den Korkscheiben befestigen.
Zwei Keimlingen schneiden wir mit einer Rasierklinge ein 3 mm langes Stück der Wurzelspitze ab, von dem zweiten aber erst 3 Stunden, nachdem wir den Versuch angesetzt haben. Wir lassen die Korkplatten in einem Weckglas schwimmen, das zu drei Vierteln mit Wasser gefüllt und durch den Deckel verschlossen ist. Über das Weckglas stülpen wir einen Karton, um auszuschließen, daß

Wecker mit Keimpflanze vom Senf

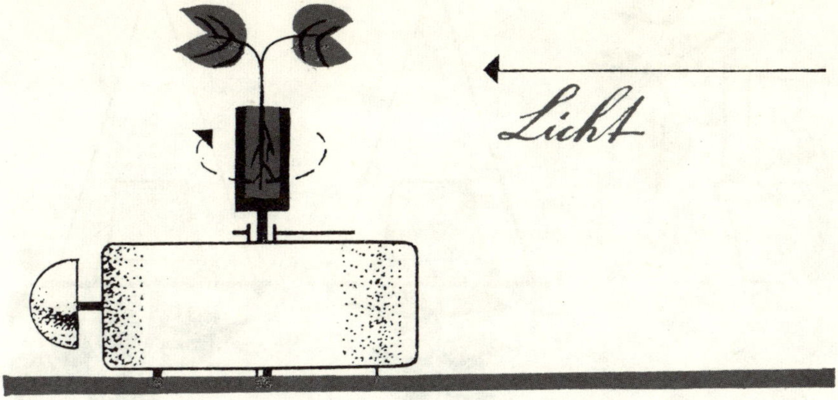

wir eine Veränderung der Wachstumsrichtung als Phototropismus ansehen.
Die Keimlinge zeigen stark geotropische Krümmung mit Ausnahme jenes Keimlings, dessen Wurzelspitze wir gleich zu Anfang abgeschnitten hatten.

Und wieder hilft der Wecker

Auch mit unserem Wecker können wir wieder einen Versuch durchführen. Wir höhlen einen starken Korken bis zur Hälfte so aus, daß nur eine etwa 3 mm starke Wandschicht stehenbleibt. Einen zweiten Korken durchstoßen wir vollständig mit dem Korkbohrer. Beide Korken leimen wir aufeinander. Den entstandenen Hohlraum füllen wir zu drei Vierteln mit gutem Gartenboden und pflanzen genau in die Mitte einen 5 bis 6 cm langen Erbsen- oder Bohnenkeimling. In den verbleibenden oberen Hohlraum drücken wir etwas Watte. Wir befestigen sie mit einigen Klebstofftupfen am Korken. Dann stecken wir die ganze Anordnung, die etwa 8 bis 10 g wiegt, auf die Achse des Minutenzeigers unseres Weckers oder einer alten Wanduhr aus Großmutters Rumpelkammer. Wer findig ist, wird an die Achse einen Eisenstift anlöten, der an den Enden umgebogen und zu Spitzen angefeilt ist. Der Korken erhält dadurch einen besseren Halt. Sicherlich werden unter den Lesern auch Bastler sein, die sich mit Hilfe eines Elektromotors und einer Untersetzung eine Vorrichtung bauen, in der auch kleine Blumentöpfe in Drehung versetzt werden können. Wichtig ist, daß sich die Vorrichtung nicht zu schnell dreht.
Wir werden sehen, daß es gelingt, die Pflanzen der Wirkung der

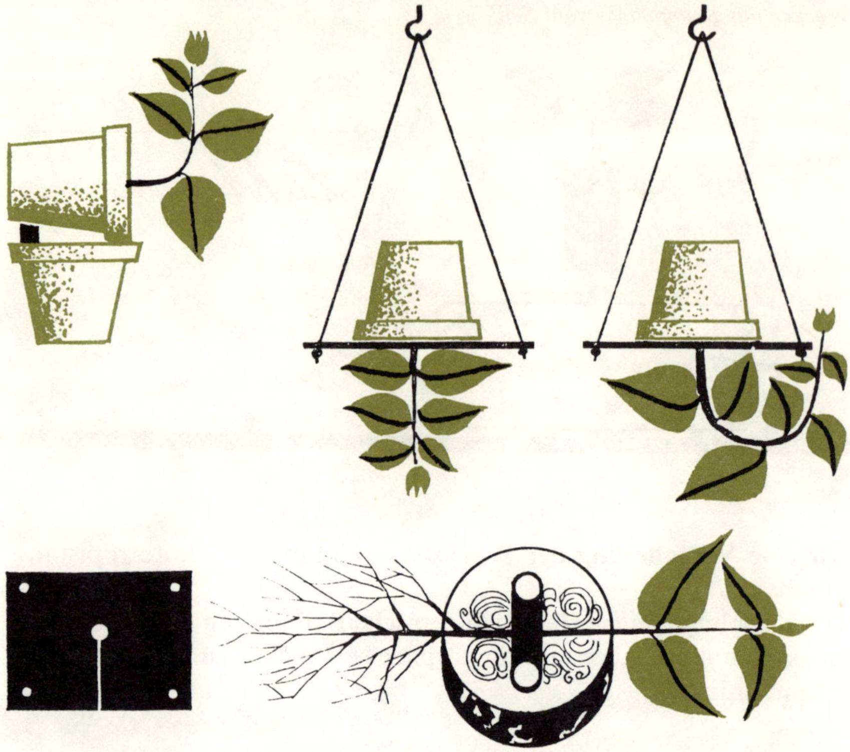

Geotropische Krümmung von Sonnenblumen; darunter die Pappe zum Aufhängen; rechts daneben die Keimpflanze einer Bohne auf der Korkscheibe

Mit dem Wecker wird der Geotropismus ausgeschaltet

Schwerkraft zu entziehen. Sie wachsen horizontal weiter. Achten wir auch bei unseren Wanderungen einmal darauf, wie sich umgeknickte Grashalme und Getreidehalme wieder aufrichten. Wird

beispielsweise bei einer jungen Kiefer der Haupttrieb entfernt, so rückt ein Seitentrieb in die vertikale Lage ein.
Der Geotropismus hat eine große ökologische Bedeutung, denn durch die senkrechte Stellung der Hauptachse und die Schrägstellung der Blätter werden günstige Lichtverhältnisse geschaffen. Durch die Lage der Haupt- und Nebenwurzeln wird eine gute Befestigung im Boden und seine volle Ausnutzung erreicht. Eine vorteilhafte Blütenlage erleichtert schließlich den Insektenbesuch und fördert die Bestäubung.

Von anderen Tropismen und Nastien

Groß ist die Zahl der Bewegungsarten und Reizmöglichkeiten bei Pflanzen. Einflüsse chemischer Substanzen, des Wassers, Verwun-

Zweig der Mimose (Mimosa pudica) (links), daneben Blüte der Berberitze (Berberis vulgaris), darunter Staubblätter und Griffel der Kornblume (Centaurea cyanus) ungereizt und gereizt

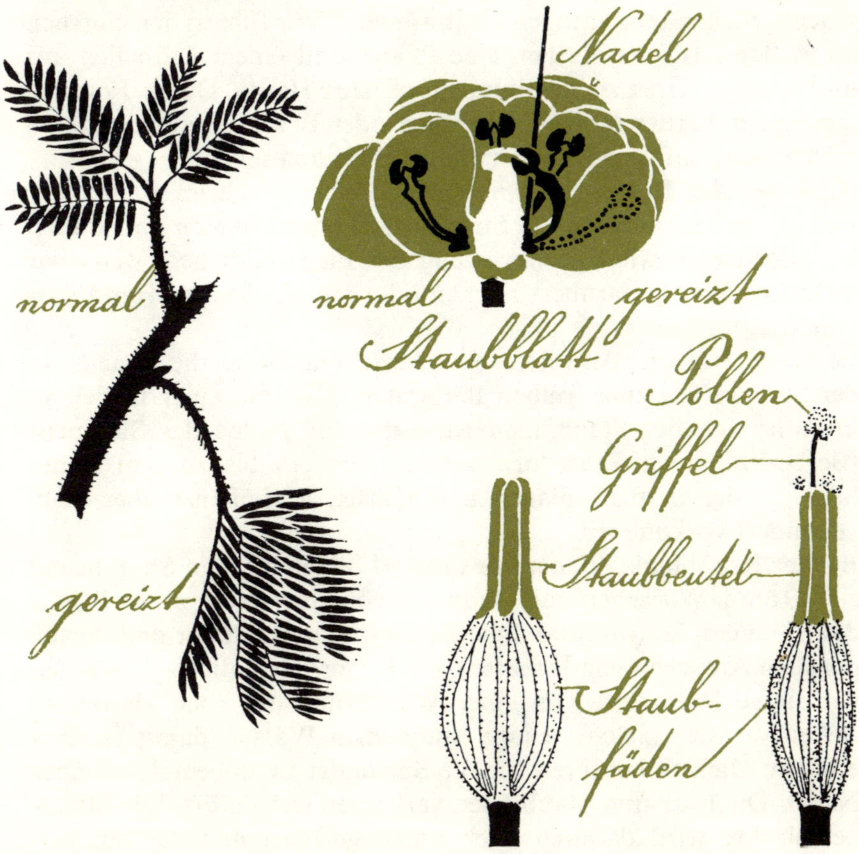

dungen oder Berührungen, auch der Wechsel von Tag und Nacht können die Ursachen sein. Zu den letztgenannten gehören die Schlafstellung von Blättern bei Bohne und Klee. Chemische Einflüsse veranlassen Pilzhyphen und Pollenschläuche zur Veränderung ihrer Wachstumsrichtung. Die Brührungsempfindlichkeit der Pflanzen wollen wir noch in einigen Versuchen studieren.

Um Kontaktreizbarkeit oder Thigmotropismus handelt es sich, wenn die Ranke einer Gurke oder Zaunrübe einen Holzstab berührt, den wir dicht neben ihr in die Erde gesteckt haben. Das Wachstum der Rankenseite, die dem Stab abgewandt ist, wird so intensiv, daß wir schon nach einigen Minuten eine Krümmung beobachten können. Diese Bewegungen sind gerichtet.

Ungerichtete Bewegungen (Nastien) finden wir bei der Mimose, der Berberitze, der Kornblume oder beim Sauerklee. In botanischen Gärten bemerken wir, daß die indische „Sinnpflanze“ *(Mimosa pudica)* bei Berührung ihre Fiederblättchen schräg nach oben klappt, wobei sich gleichzeitig der Blattstiel nach unten bewegt.

Eine ähnliche Bewegung, wenn auch langsamer, können wir am Sauerklee *(Oxalis acetosella)* beobachten. Sauerklee bevorzugt feuchte Stellen in schattigen Laubwäldern. Wir führen den Versuch im Walde aus oder stechen eine Pflanze mit einem Erdballen aus und transportieren sie im Blumentopf nach Hause. Durch Erschütterung der Blätter (Darüberstreichen oder Bewerfen mit Sand) erreichen wir, daß sie sich nach einigen Minuten senken.

Auch bei der Robinie *(Robinia pseudoacacia)*, einem Baum, der vielfach in Parkanlagen, an Straßen und Bahndämmen anzutreffen ist, beobachten wir eine Bewegung der Fiederblättchen, wenn wir mehrmals kräftig darüberstreichen oder mit der flachen Hand daraufschlagen.

Berühren wir die Anwachsstelle, beziehungsweise die Innenseite der Staubgefäße einer gelben Berberitzenblüte mit einer Nadel, so krümmt sich der Staubfaden ruckartig zur Narbe des Stempels. (Berberitze, auch Sauerdorn genannt, ist ein bis zu 3 m hoher Strauch, der in Parkanlagen und Gärten angepflanzt aber auch verwildert vorkommt.)

Bei der Kornblume *(Centauréa cýanus)* bilden die fünf Staubbeutel eine Röhre. Wir sehen das, wenn wir von einer der inneren Blüten des Blütenkopfes (randständige Blüten sind unfruchtbar und dienen nur dem Anlocken von Insekten), die Kronröhre entfernen. Bringen wir einige Exemplare von einer Wanderung mit nach Hause, so stellen wir sie zunächst einige Stunden in Wasser, damit sie sich erholen. Danach berühren wir die Spitze der Staubbeutel mit einer Nadel. Die reizbaren Staubfäden verkürzen sich sofort. Die Staubbeutelröhre wird dadurch nach unten gezogen und der bürstenförmige Stempel „fegt“ den Pollen aus den Staubbeuteln. Nach einigen Minuten kehren die Staubgefäße in die alte Lage zurück. In der Natur wird diese Bewegung durch blütenbesuchende Insekten ausgelöst. Sie dient der Pollenübertragung und Bestäubung.

Wir züchten Pflanzen

Als im Jahre 1747 der Chemiker Andreas Sigismund Marggraf eine Abhandlung über Rüben und den in ihnen vorhandenen Zucker veröffentlichte, hatten die Rüben, die er untersuchte, einen Zuckergehalt von nur 3,3%. Marggraf stellte damals fest, daß es sich um einen „wahren, vollkommenen Zucker“ handelte, „dem bekannten aus Zuckerrohr völlig gleich“. Franz Carl Achard, ein Schüler Marggrafs, hat sein ganzes Leben der Aufgabe gewidmet, den Zucker der Futterrüben für die Zuckergewinnung verwertbar zu machen. Unsere heutigen Zuckerrüben hatte man damals noch nicht; allerdings wissen wir, daß aus einer Wildform, der *Beta maritima*, zunächst eine der heutigen Zuckerrübe verwandtere Form hervorging. Aus ihr wurde vermutlich erst sehr viel später die Runkelrübe gezüchtet.

Achard begann in Kaulsdorf bei Berlin mit dem Anbau von Rüben, die zuckerhaltigen Zellsaft aufwiesen. Diese Arbeiten setzte er von 1801 an auf seinem Gut in Cunern fort. Er betrieb eine systematische Massenauslese. Dabei richtete er sich nur nach der Form der Rüben und sammelte die Samen der Individuen, die mehr im Boden wuchsen und sich durch eine länglich spitze Form von den rundlich bis ovalen und gedrungenen Runkelrüben unterschieden. Nach der Aussaat der Samen im nächsten Jahr las er wieder nach den gleichen Gesichtspunkten aus. So gelang es Achard, den Zuckergehalt der Rüben auf 6% zu steigern.

Nach dem Tode Achards im Jahre 1821 wurde die von ihm begonnene Massenauslese der Zuckerrüben fortgesetzt. 1848 gab es bereits Zuckerrüben mit 9,8% Zucker. Als man — vor allem in Kleinwanzleben — damit begann, durch Polarisationsverfahren den Zuckergehalt in den Rüben exakt und schnell zu bestimmen, und so die wirklich zuckerreichsten Rüben vermehrte, stieg die Erfolgskurve steil an. 1878 waren 11,7%, 1898 15,2% und 1924 21,8% erreicht. Wir bauen heute Zuckerrüben an, die im Durchschnitt 17% verwertbaren Zucker enthalten.

Neben der Steigerung des Zuckergehaltes waren auch noch andere Gesichtspunkte zu berücksichtigen. So mußte die Rübe als zweijährige Pflanze gezüchtet werden. Die Wildpflanze blüht bereits im ersten Jahr. Ihr Körper bleibt dabei klein und nährstoffarm. Auch

heute kommt es vor, daß die eine oder andere Rübe im Feldbestand im ersten Jahr blüht und fruchtet. Hier sind die Anlagen der Wildform wieder durchgeschlagen. Die Samen dieser Rüben nützen uns nichts, weil dieses Schossen im ersten Jahr vielfach vererbt wird.
So wie die Zuckerrübe wurden alle Kulturpflanzen aus Wildformen gezüchtet. Bei manchen Arten läßt sich die Züchtung bis 6000 Jahre zurückverfolgen. Von einer Reihe unserer Kulturpflanzen kennen wir die Wildformen überhaupt nicht, so beim Lein, der schon vor 7000 bis 8000 Jahren von den Sumerern angebaut wurde. Der Pflanzenzüchter braucht ein sehr umfangreiches Wissen auf dem Gebiet der Vererbungslehre und gutes handwerkliches Können. Daneben muß er Geduld und Ausdauer besitzen, denn seine Arbeiten dauern oft viele Jahre, ehe die ersten Erfolge sichtbar werden. Aus diesem Grunde haben wir in diesem Abschnitt unseres Buches auch nur einen bescheidenen Versuch aufgenommen.
Betrachten wir zunächst einige grundsätzliche Methoden, die der Pflanzenzüchter anwenden kann.

Die Auslese

Diese Methode haben sicher viele Leser angewendet, vielleicht unbewußt. Wer zu Hause einen Garten hat, wird eine Pflanze, die ihm besonders zusagt, im nächsten Jahr wieder anbauen wollen. Läßt sie sich nicht ungeschlechtlich vermehren, also durch Wurzelbruchstücke, Ableger, Stecklinge usw., so müssen wir Samen gewinnen. Dabei stellen wir fest, daß innerhalb einer Sorte Unterschiede vorhanden sind. Manche Pflanzen fallen uns durch besonders kräftigen Wuchs auf. Bei Blumen achten wir auf die Form der Blüten, ihre Farbe und ihren Wohlgeruch. Bei Obst und Gemüse legen wir Wert auf Größe und Wohlgeschmack der Früchte. Von diesen Pflanzen werden wir Samen gewinnen, im nächsten Jahr aussäen, dann erneut auswählen und so mehrere Jahre lang verfahren. Wir säen also die Samen immer wieder gemeinsam aus. Dieses Verfahren heißt Massenauslese. Indem wir immer wieder die größten, die kräftigsten Samen auswählen, richten wir uns zunächst nach äußeren Merkmalen. Wir wissen dabei natürlich nicht, ob das von uns bevorzugte Merkmal der Pflanze oder ihrer Früchte auf Modifikationen oder Mutationen zurückzuführen ist.
Durch Massenauslese sind viele unserer sogenannten Landsorten entstanden. Sie zeigen aber keine erbliche Einheitlichkeit, sondern bestehen aus einem Gemisch von verschiedenen Formen. Aus ihnen läßt sich durch die Individualauslese eine gewünschte Linie abson-

dern. Wir sammeln aus einer Vielzahl von Pflanzen (etwa von einem Weizenfeld) die Samen der Pflanzen, die uns geeignet erscheinen, und säen sie so aus, daß auf jedes Zuchtbeet nur die Samen einer einzigen Pflanze kommen. Voraussetzung ist, daß wir gleiche Umweltverhältnisse haben (Bodenqualität, Düngung usw.). Von den Nachkommen scheiden wir alle diejenigen aus, die die gewünschten Eigenschaften nicht zeigen. Von dem Rest wählen wir die uns am geeignetsten erscheinenden und bringen sie wieder auf getrennten Beeten zur Aussaat. In dieser Weise verfahren wir so lange, bis die Nachkommen in den gewünschten Eigenschaften einheitlich sind.

Hat ein Züchter Pflanzen gewonnen, deren Eigenschaften während einiger Jahre gleichblieben, kann er die Sorte beim Bundessortenamt anmelden. Dort erfolgt die offizielle Prüfung, die mehrere Jahre in Anspruch nimmt. Erst ein positives Ergebnis dieser Prüfung führt zur Bezeichnung „Anerkanntes Saatgut“, für das der Züchter durch Gesetz einen patentähnlichen Schutz gegen unerlaubten Nachbau seiner Sorten genießt. Die Einnahmen aus dem Verkauf von Saatgut decken die Unkosten, die sich oft auf mehrere Hunderttausend DM pro Sorte belaufen können.

Die Ausleseverfahren tragen wesentlich zur Erfüllung der Aufgaben in der Landwirtschaft bei, denn Ertragssteigerung ohne Saatgut hoher Qualität ist schwer möglich. Wie mühevoll dabei die Arbeit der Wissenschaftler und ihrer Mitarbeiter ist, sehen wir wohl am besten am Beispiel der Süßlupine. Lupinen besitzen einen hohen Gehalt an Bitterstoffen. In Müncheberg wurden 1928 unter 40 000 Einzelpflanzen 3 Pflanzen mit geringem Bitterstoffgehalt gefunden. Aus ihnen züchtete man die Süßlupine. Sie wird als grüne Pflanze oder als Gärfutter heute oft verfüttert. Ihre eiweiß- und fettreichen Samen sind ein wertvolles Kraftfutter in der Rinder- und Schweinemast.

Die Kombinationszüchtung (Kreuzung)

Die Auslese kann nichts Neues schaffen. Kreuzen wir aber Organismen mit unterschiedlichen Eigenschaften, so finden wir diese, in einem Mischling vereinigt, wieder.

Eine der ersten Kreuzungen, die den Weizenanbau Schwedens wesentlich voranbrachte, führte der schwedische Züchter Nilsson-Ehle um 1910 durch.

Er kreuzte englischen Dickkopfweizen mit schwedischem Landweizen. In seinem neuen Panzerweizen waren die hohe Ertragsfähigkeit der englischen Sorte mit der Winterfestigkeit der schwedischen vereinigt. Die langjährige Arbeit Nilsson-Ehles wurde belohnt, denn die neue Sorte brachte 30 bis 40% höhere Erträge als die damals in Schweden angebauten anderen Weizensorten.

Wenn wir erfolgreich kreuzen wollen, müssen wir die Eigenschaften der Partner genau kennen. Wir müssen wissen, wie sich die Eigenschaften vererben und schließlich müssen wir die handwerkliche Technik des Kreuzens beherrschen.

Die grundlegenden Kreuzungsversuche hat Gregor Mendel, der Lehrer an der Stadtrealschule in Brünn war, in den Jahren 1856 bis 1863 durchgeführt. Er entdeckte wichtige Gesetzmäßigkeiten, fand aber bei seinen Zeitgenossen kaum Verständnis für seine Arbeiten. Mendel begann mit Kreuzungen an Erbsen, die sich in wenigen Merkmalen unterschieden. Insgesamt kreuzte er 26 verschiedene Pflanzenarten und auch einige Arten Tiere. Im Jahre 1900 wurden die von Mendel bei Kreuzungen gefundenen Gesetzmäßigkeiten wiederentdeckt von Hugo de Vries in Amsterdam, von Carl Correns in Tübingen und von Erich von Tschermak in

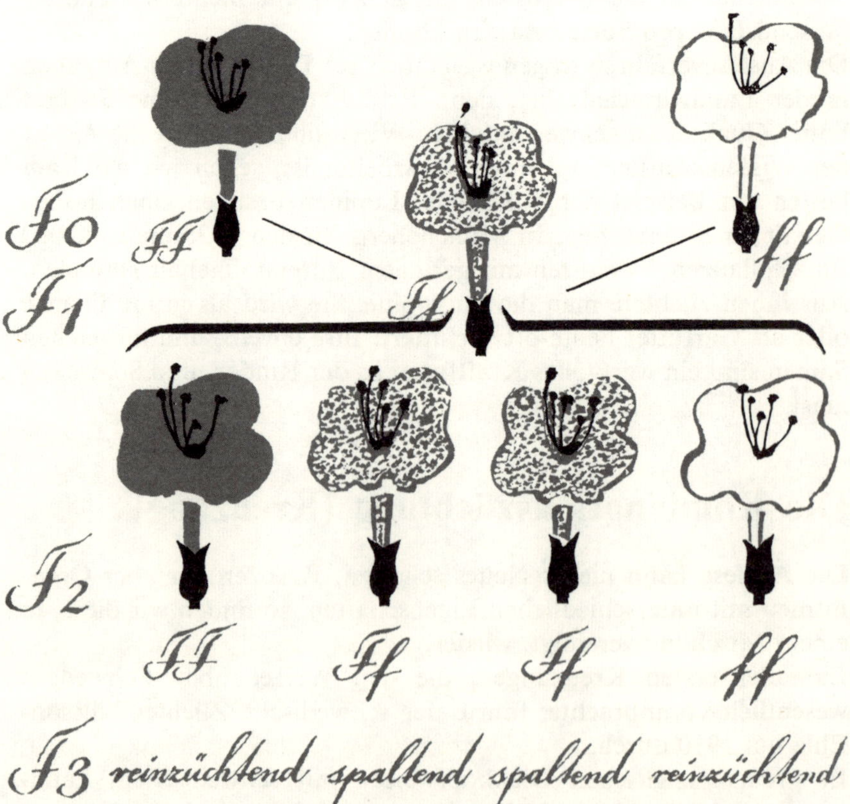

Die zweite und dritte Mendelsche Regel (Nach Correns)

Wien. Alle drei arbeiteten unabhängig voneinander. Wir bezeichnen diese Gesetzmäßigkeiten heute als Mendelsche Regeln. Die erste Mendelsche Regel besagt, daß durch die Kreuzung von Eltern (Parentalgeneration) mit einem oder mehreren unterschiedlichen Merkmalen die Pflanzen der F_1-Generation (Tochter- oder Filialgeneration) einheitlich (uniform) sind. Die aus der Kreuzung einer roten mit einer weißen Wunderblume mit genetischer Reinheit hervorgegangenen Nachkommen der F_1-Generation haben rosafarbige Blüten. Kreuzen wir aber diese Pflanzen miteinander, so sind die Nachkommen nicht mehr einheitlich. Sie spalten in der F_2-Generation in bestimmten Zahlenverhältnissen auf (zweite Mendelsche Regel). Die Merkmale der Großeltern treten wieder auf: 1 rot, 2 rosa, 1 weiß. Bei der Kreuzung von Organismen mit mehreren Merkmalspaaren treten in der F_2-Generation zahlreiche Neukombinationen auf (dritte Mendelsche Regel).

DNS und RNS

Als Gregor Mendel 1866 die Ergebnisse seiner 7 Jahre dauernden Kreuzungsversuche veröffentlichte, war er zu der Erkenntnis gelangt, daß nicht Merkmale, sondern die für die Merkmale verantwortlichen Anlagen auf die Nachkommen vererbt werden. Der Mechanismus dieses Vorgangs konnte freilich nicht erklärt werden. Die Vererbungsforschung hat darüber erst in den letzten Jahren neue wesentliche Erkenntnisse gebracht. Wenn wir kurz darauf eingehen wollen, so sei ausdrücklich betont, daß uns hier nur die Wiedergabe der allereinfachsten Grundgedanken möglich ist. Ein tieferes Eindringen erfordert die Darlegung so vieler chemischer und biochemischer Grundlagen, daß dadurch der Rahmen dieses Experimentierbuches gesprengt würde. Wir verweisen deshalb interessierte Leser auf die zahlreichen Veröffentlichungen in allgemeinverständlicher Darstellung, die in verschiedenen Zeitschriften erschienen sind, ganz besonders aber auch auf das Buch von Prof. Bogen: Knaurs Buch der modernen Biologie, erschienen in der Droemerschen Verlagsanstalt in München.
Bereits vor mehr als 50 Jahren setzte sich, besonders nach den Versuchen des Amerikaners Morgan, mehr und mehr die Erkenntnis durch, daß der Sitz der Erbanlagen in den sogenannten Chromosomen zu suchen ist. Chromosomen finden wir bei allen kernhaltigen Zellen im Zellkern. Die Vererbungsforscher richteten deshalb ihr Augenmerk auf den Feinbau der Zelle und hier besonders wieder auf den Zellkern. Die dabei gewonnenen Erkenntnisse liefen parallel mit der Entwicklung neuer Untersuchungsmethoden und

dem Einsatz bereits bekannter Methoden auf diesem Gebiet. Das Phasenkontrastverfahren und die Elektronenmikroskopie wurden eingeschaltet.
Wie sieht eine pflanzliche Zelle im Feinbau aus?

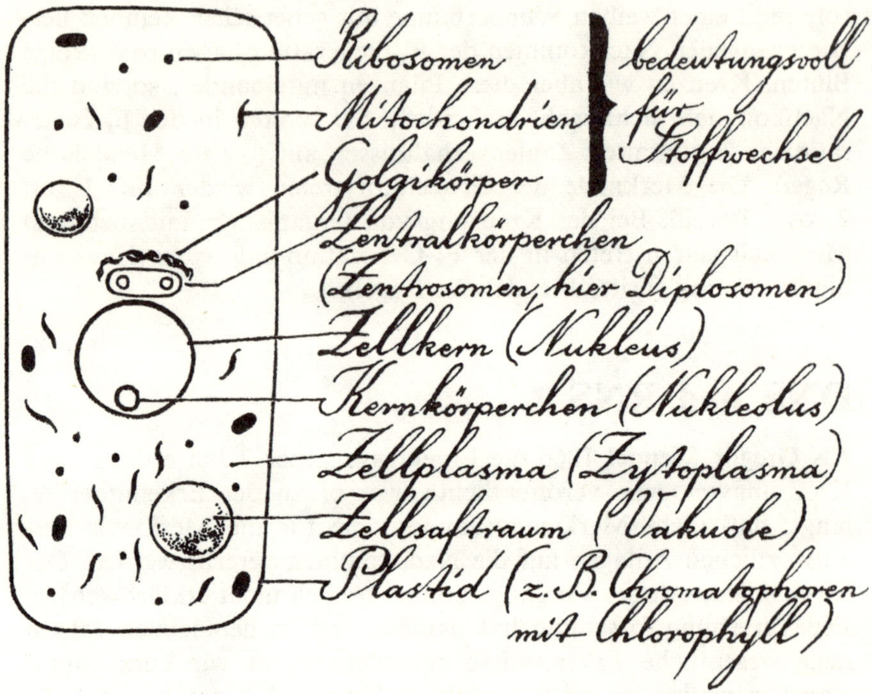

Der Zellkern, für den wir uns ja besonders interessieren, ist hier vereinfacht dargestellt. Seine Wand, die Kernmembran, schließt eine Flüssigkeit, Kernsaft genannt, ein oder mehrere Kernkörperchen (Nukleoli) sowie eine Gerüstsubstanz von gallertartigem Charakter ein. Sie heißt Chromatingerüst (griechisch chroma = Farbe), weil sie färbbar ist.
Das Chromatin gehört chemisch zu den Nukleinsäuren, einer Stoffgruppe, die die Chemiker zu den bizyklischen Heterosystemen zählen. Es sind Ringsysteme von zwei Ringen (bi = zwei), die übrigens miteinander konjugiert sind und im Ring keine einheitlichen Atome, sondern Fremdatome (Heteroatome) haben, wie uns die Formeln zeigen.
In den Nukleinsäuren sind nun drei Stoffe miteinander verknüpft, nämlich Phosphorsäure, ein Zucker und organische Basen. Die 5 verschiedenen Basen, die in den Nukleinsäuren eine Rolle spielen, leiten sich entweder vom Pyrimidin oder vom Purin ab:

Pyrimidin | Purin

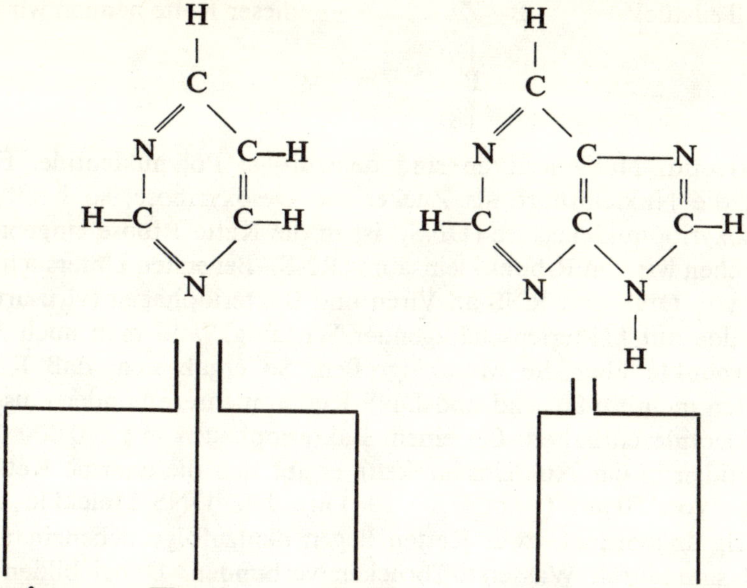

Cytosin (2-Hydroxy-4-amino-pyrimidin) | **Thymin** (2,4-Di-hydroxy-5-methyl-pyrimidin) | **Uracil** (2,4-Di-hydroxy-pyrimidin) | **Adenin** (6-Amino-purin) | **Guanin** (2-Amino-6-hydroxy-purin)

Die Zucker sind Monosaccharide (Einfachzucker) mit 5 Sauerstoffatomen (Pentosen) und zwar hier die Ribose oder deren Desoxyform, die Desoxyribose. Bei einer Desoxyform sind eine oder mehrere Hydroxylgruppen (OH—) im Zuckermolekül durch Wasserstoffatome ersetzt, der Zucker ist desoxydiert.

Organische Basen (B), Zucker (Z) und Phosphorsäure (P) sind miteinander nach folgendem Schema verknüpft:

```
   |
B—Z
   |
   P
   |
B—Z
   |
   P
   |
B—Z
   |
   P
   |
```

Die Bindungen zwischen Z und P sind glykosidisch (glykos = süss; Bindungsart bei Zuckern). Z und P sind miteinander verestert.

Ein Teilstück

```
    |
B — Z
    |
    P
    |
```

dieser Kette nennen wir ein Nukleotid. Nukleinsäuren sind demzufolge Polynukleotide. Enthält die Nukleinsäure als Zucker die Desoxyribose, so heißt sie Desoxyribonukleinsäure (DNS), ist in die Kette Ribose eingebaut, sprechen wir von Ribonukleinsäure (RNS). Bei ersten Untersuchungen von DNS und RNS an Viren und Bakteriophagen (virusartige Gebilde mit bakterienschädigender Wirkung) fand man auch Anhaltspunkte über die Molekülgrößen. So ergab sich, daß RNS-Ketten mehrere tausend und DNS-Ketten mehrere hunderttausend Nukleotide enthalten. Bei einem Bakteriophagen mit 400 000 Nukleotiden in der Nukleinsäurekette ergibt sich die enorme Kettenlänge von 50 μm (1 μm = $1 \cdot 10^{-6}$ m). Die DNS-Moleküle sind paarig angeordnet, zwei Ketten liegen demzufolge nebeneinander und sind durch Wasserstoffbrücken verbunden. Dabei bilden sie eine Doppelwendel, die nach ihren Entdeckern (1953) als Watson-Crick-Spirale bezeichnet wird. (Beide Wissenschaftler erhielten 1962

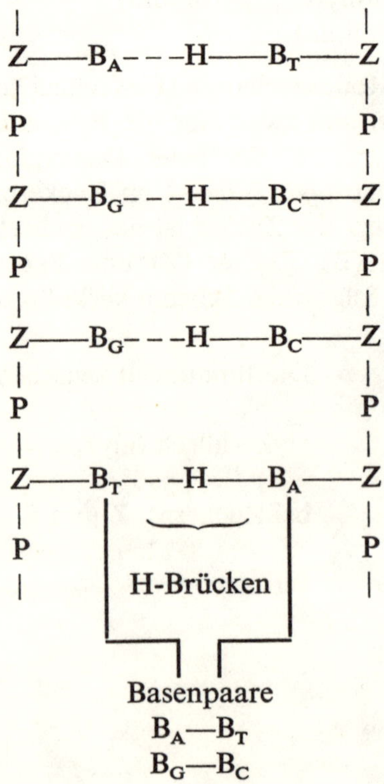

gemeinsam mit Wilkins den Nobelpreis für Physiologie und Medizin.)
Nun sind Wasserstoffbrücken aus Gründen des räumlichen Baues immer nur zwischen ganz bestimmten Basen möglich, nämlich zwischen Adenin (A) und Thymin (T) sowie zwischen Guanin (G) und Cytosin (C). Die Reihenfolge der Basen in den einzelnen Ketten kann recht unterschiedlich sein. Liegt sie aber bei einer Kette fest, dann ist die andere Kette der Doppelwendel dadurch bestimmt, weil ja A nur mit T und C nur mit G über Wasserstoffbrücken verbunden sein können, z. B.: (siehe S. 156 unten).
Die Reihenfolge der Basenpaare in der Nukleinsäurekette, und das ist der Kern der ganzen Angelegenheit, ist die Erbinformation.
Trennt sich die RNS-Wendel durch Längsspaltung, wie das bei Zellteilungen durch Längsspaltung der Chromosomen geschieht, so kann sich zu jeder Kette das entsprechende Gegenstück (A zu T, G zu C und umgekehrt) nachbilden. Die beiden Stränge verhalten sich wie Positiv und Negativ. So entsteht wieder eine Doppelwendel mit der gleichen Anordnung der Moleküle wie in der Ausgangswendel. Dadurch ist es möglich, daß die Anlagen von Strukturen und Eigenschaften auf die nachfolgende Generation übertragen werden können. Der Biologe nennt diesen Vorgang die identische Reproduktion.
Fassen wir noch einmal zusammen! Wir gingen vom Zellkern aus und stellten fest, daß das Chromatingerüst aus Nukleinsäuren besteht. Vor der Zellteilung wandelt sich das Chromatingerüst in Kernfäden oder Chromosomen um, die später durch Längsteilung zu Tochterchromosomen (Chromatiden) werden. Die Chromosomen sind die hauptsächlichsten Träger der Erbanlagen, der Gene. Durch die identische Reproduktion der Gene ist gewährleistet, daß sich nach einer Zellteilung in den Kernen der Tochterzellen die gleichen Gene befinden, wie sie im Kern der Mutterzelle waren.
Nun müssen wir aber folgendes bedenken: Die Gene sind ja nur die Anlagen, die bei der Vererbung übertragen werden. Es sind Träger der „verschlüsselten“ Erbinformationen, die in den Zellen erst wieder „entschlüsselt“ werden müssen. In den Chromosomen ist gewissermaßen „niedergeschrieben“, in welcher Reihenfolge die verschiedenen Aminosäuremoleküle im Zelleiweiß miteinander verknüpft sind. (Wir setzen dabei voraus, daß der Leser weiß, daß im Eiweißmolekül Aminosäuren zu einer Polypeptidkette verknüpft sind.) Dabei wissen wir heute, und das ist ein beachtlicher Fortschritt, daß eine bestimmte Aufeinanderfolge von 3 bzw. 4 Basen im Polynukleotid den Einbau einer bestimmten Aminosäure in ein Eiweißmolekül nach sich zieht. Wie die Übertragung dieser Informationen, das Entschlüsseln im einzelnen geschieht, welche

Rolle dabei die RNS als Botschafter-RNS und als Transport-RNS und die Ribosomen spielen, darüber soll hier nicht gesprochen werden. Die Reihenfolge verläuft in den meisten der bisher untersuchten Fälle von der DNS zur RNS, von da zu den Ribosomen, in denen die Eiweißsynthese erfolgt. Andererseits wurde im Laboratorium des sowjetischen Biologen Gerschenson bei Untersuchungen an Viren festgestellt, daß das Geschehen auch von der RNS auf die DNS ablaufen kann, und schließlich vermutet Prof. Attardi in Pasadena nach Untersuchungen an menschlichen Tumorzellen und Mäusezellen, daß Gene auch außerhalb des Zellkerns im Zytoplasma existieren. Für uns ist das ein Beweis mehr, daß wir auf dem Gebiet der Vererbungsforschung noch allerhand zu erwarten haben. Doch wenden wir uns nun wieder der Praxis zu.

Die Heterosiszüchtung

Inzucht bei Fremdbefruchtern, wie beim Mais, zieht meist Wuchshemmungen nach sich. Die Pflanzen liefern dann nicht die gewünschte Grünmasse. Das Überraschende ist aber, daß durch Kreuzung von Inzuchtlinien in der F_1-Generation eine Wuchsfreudigkeit auftritt, wie man sie selbst bei den Ausgangsformen nicht kennt. Diese sogenannte Bastardwüchsigkeit, auch Heterosis genannt (griechisch heteros = verschieden), hat große Bedeutung für die Ertragssteigerung im Maisanbau. Wir finden bei günstigen Umweltverhältnissen heute Maispflanzen bis zu 3,20 m Höhe, von denen eine einzige Pflanze mehr als 1 kg Trockenmasse liefert. Wir können bei einem Besatz von 6 bis 8 Pflanzen je Quadratmeter, das sind 60 000 bis 80 000 Pflanzen je Hektar, mit Erträgen von 400 bis 500 dz Grünmasse bzw. 80 bis 100 dz Trockenmasse rechnen.

Vor der Einführung der Heterosiszüchtung wurde der mittlere Maisertrag amerikanischer Farmen auf 14,56 dz/ha geschätzt. 1950 betrug er 21,84 dz/ha. Unter besonders günstigen Umständen konnten dort sogar Rekordernten erzielt werden mit bis zu 127 dz Mais pro Hektar! Dieser grandiose Erfolg geht im wesentlichen zurück auf die Maishybridisierung, die nach folgendem Plan verläuft:

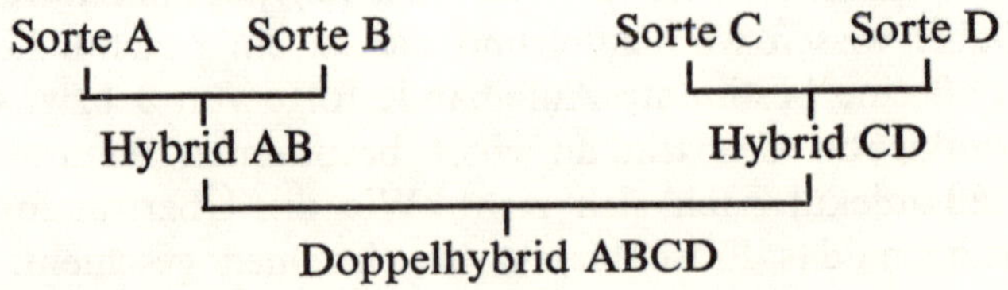

Die Ausgangsmaterialien werden aus geographisch weit entfernten Gebieten gewählt. In der DDR kreuzt man den deutschen Hartmais Schintelmeiser als Mutter mit dem sowjetischen Mais WIR 25 als Vater:

DDR	UdSSR
Schintelmeiser	WIR 25
Mutter	Vater

Hybridisation in der DDR

Anbau der Hybriden als Futtermais in der DDR

Die Aussaat erfolgt so, daß immer 4 Reihen Schintelmeiser mit 2 Reihen WIR 25 abwechseln. Unter den WIR 25 werden Sonnenblumen als Markierungssaat gedrillt.

Mais ist ein Fremdbestäuber. Er ist einhäusig. An den Spitzen des Stengels befinden sich die männlichen Staubblüten (Fahne) in einer Rispe. Die weiblichen Stempelblüten entspringen den Blattachseln der unteren Blätter. Sie sind von einer schützenden Hülle von Hochblättern, sogenannten Lieschblättern, umgeben. Daraus hängen während der Blütezeit lange fadenförmige Griffel. Das ist für die Windbestäubung notwendig.

Wenn sich beim Schintelmeiser die Staubblüten gebildet haben, werden die Pflanzen entfahnt. Die Rispen werden abgeschnitten. Dabei darf keine Staubblüte ausgelassen werden. Die Bestäubung kann nun nur noch durch den WIR 25 erfolgen. Nach der Reife werden die Kolben beim Schintelmeiser mit der Hand herausgebrochen und getrocknet. Sie dienen im nächsten Jahr als Saatgut zum Anbau von Futtermais. Die verbleibenden Pflanzen des Schintelmeiser und WIR 25 werden mit dem Mähhäcksler geerntet und siliert.

Wir züchten Maishybriden

Wir können diese Hybridisierung als Versuch durchführen, wenn es uns gelingt, mit einem einschlägigen Züchterbetrieb Kontakt aufzunehmen und uns von dort je eine Handvoll Körner der als Elternpflanzen geeigneten Sorten zu besorgen. Die landwirtschaftlichen Betriebe bei uns züchten im allgemeinen ihre Sorten nicht selbst.

Wir brauchen ein Beet von 1,20 m Breite und 3,30 m Länge. Es muß gut gedüngt (Bodenreaktion prüfen! Eventuell kalken!) und wenigstens einen Spaten tief gelockert sein. Die Oberfläche bearbeiten wir mit einem Rechen, damit sie feinkrümelig wird. Wir markieren uns im Abstand von 60 cm zwei Längsreihen und stechen auf ihnen mit einem Pflanzholz in 30 cm Abstand 5 cm tiefe Löcher.

Die Aussaat soll zu einer Zeit erfolgen, in der wenigstens über Mittag eine Bodentemperatur von 8 bis 10°C herrscht. Mais ist eine wärmeliebende Pflanze und braucht auch hohe Keimungstemperaturen. Die günstigste Aussaatzeit liegt in unseren Breiten zwischen dem 1. und 15. Mai. Länger sollten wir aber auf keinen Fall warten, da sonst die Zeit zur Körnerbildung nicht ausreicht. Wir säen eine Reihe der Sorte A und eine Reihe Sorte B. Bei der oben angegebenen Beetlänge haben wir dann in jeder Reihe 10 Pflanzen. Vor dem Auslegen muß das Saatgut gegen Pilzkrankheiten gebeizt werden. Am besten ist es aber, wir lassen uns vom landwirtschaftlichen Betrieb bereits gebeiztes Saatgut geben.

Mais verlangt eine gute Pflege (mehrmaliges Lockern) und unkrautfreien Boden. Die Industrie bietet dem Landwirt Maisunkraut-

Mais; rechts entfahnt und gebeutelt

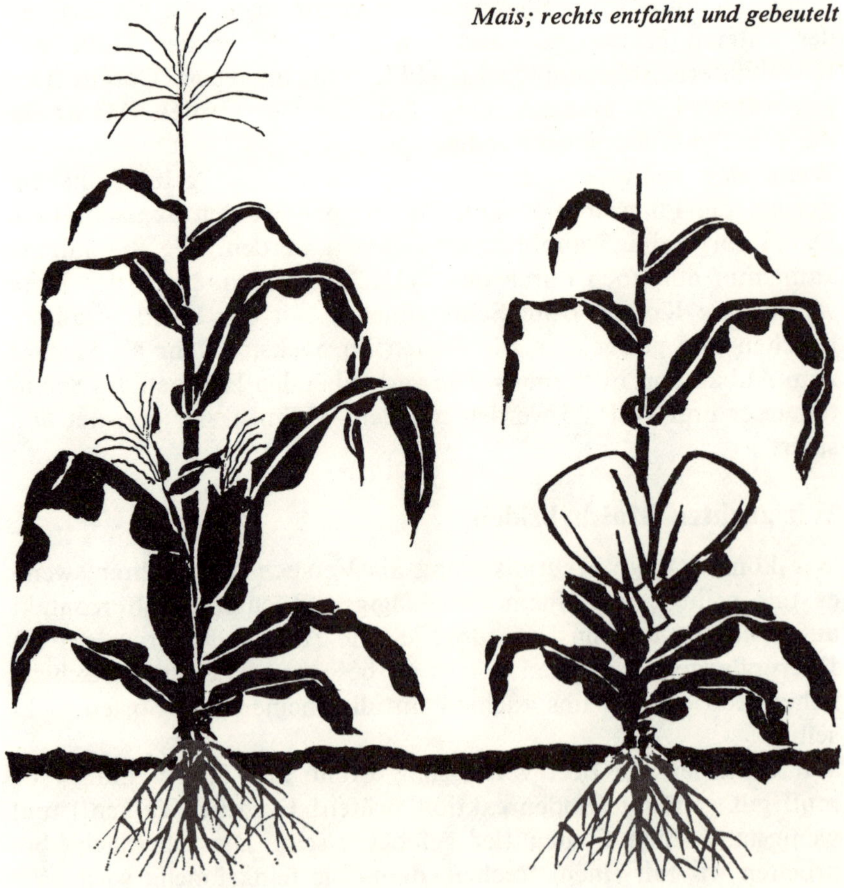

bekämpfungsmittel an, die ihm diese schwere und zeitraubende Arbeit sehr erleichtern.

Es ist wichtig, daß wir die richtige Zeit zum Beuteln abpassen. Bei den weiblichen Blüten darf die haarförmige Narbe noch nicht zu sehen sein. Ist es uns doch einmal passiert, so versehen wir diese Blüte mit einem Etikett. Die Rispen der männlichen Blüten beuteln wir erst kurz vor dem Aufblühen, weil sie gewöhnlich nach 5 Tagen im Beutel unbrauchbar werden. Die Beutel kleben wir uns aus Pergamentpapier. Mit einem dünnen Bindfaden ziehen wir sie nach dem Überstülpen etwa 2 bis 3 cm vom unteren Rand entfernt soweit zusammen, daß sie vom Wind nicht fortgetragen werden können und andererseits der Wind keine Pollen hineinwehen kann.

Wie wir zu beuteln haben, ersehen wir aus folgendem Arbeitsschema:

Sorte A (10 Pflanzen)	M: 8 entfahnen W: 10 beuteln	2 beuteln
Sorte B (10 Pflanzen)	M: 8 beuteln W: keine beuteln	2 entfahnen

(M = männliche Blüten, W = weibliche Blüten).

Wir bestäuben:

1. die 8 entfahnten Pflanzen der Sorte A mit Pollen von Sorte B,
2. die 2 restlichen Pflanzen der Sorte A mit den Pollen der eigenen Pflanzen,
3. die 8 Pflanzen von Sorte B mit eigenem Pollen,
4. die 2 entfahnten Pflanzen von Sorte B mit Pollen von Sorte A.

Die Bestäubung soll bei trockenem Wetter, am besten in den Mittagsstunden, vorgenommen werden. Wir schütteln die Rispen in den Beuteln kräftig, damit möglichst viel Pollen in die Beutel fällt. Dann nehmen wir von der weiblichen Blüte den Beutel ab, halten ihn unter die Narben und streuen aus dem anderen Beutel die Pollen über die Narben. Die danebenfallenden Pollen fangen wir also mit dem daruntergehaltenen Beutel auf. Wir entleeren ihn anschließend ebenfalls über die Narben. Danach beuteln wir die weiblichen Blüten wieder. Wir haben damit aber immer noch keine Gewähr, daß alle Blüten bestäubt sind, denn ein Kolben hat gegen 300 Blüten und nicht alle Narben sind zur gleichen Zeit empfängnisbereit. Wir wiederholen deshalb die Bestäubung nach einigen Tagen.

Nach erfolgreicher Bestäubung werden die haarförmigen Griffel schließlich braun. Wir können die Tüten nach etwa einem Monat abnehmen. Sind dann noch grüne Griffel vorhanden, schneiden wir sie mit der Schere ab.
Ende September — Anfang Oktober sind die Kolben reif. Die sie umhüllenden Lieschblätter sind dann gelb und trocken. Wir brechen die Kolben mit den Lieschblättern aus den Blattachseln, entfernen die Blätter und fädeln die Kolben im unteren Teil auf eine feste Schnur auf. Vor Witterungseinflüssen geschützt, lassen wir sie mehrere Wochen frei hängend trocknen. Wir achten darauf, daß wir die verschiedenen Kolben nicht durcheinanderbringen.
Wir vergleichen Kolbengröße, Körnergröße, Form, Zahl und Gewicht der Körner der beiden Ausgangsarten und den Hybriden. Im nächsten Jahr säen wir wieder die kräftigsten Körner aus.
Der Versuch ist lehrreich und interessant. Die aufzuwendende Zeit ist dabei gar nicht so groß, wie es uns beim Lesen dieser Zeilen erscheinen mag, verteilen sich die Arbeiten doch über mehrere Monate. Die Beutel aus Pergamentpapier können wir uns schon im Winter kleben. Sie müssen etwa 30 cm lang sein.
„Mais wird eines Tages", so äußerte Professor Dr. Oberdorf vom Institut für Pflanzenzüchtung in Bernburg, „eiserner Bestand unter den Futterpflanzen, wie Kartoffel, Klee usw., sein". Zur Zeit gibt es auf der Welt fast 20 000 verschiedene Stämme in den Zuchtgärten. Das Kulturpflanzensortiment der Abteilung Systematik und Sortiment des Instituts für Kulturpflanzenzüchtung in Gatersleben umfaßte 1960 allein 341 Sorten Mais.

Das Tier

Tierbeobachtungen mit Lupe, Mikroskop und Fernglas

Heuaufguß noch immer modern

Etwa 1,5 Millionen Arten Organismen sind bisher auf der Erde ermittelt worden, darunter etwa 1 Million Tierarten. Die Urtierchen oder Protozoa bilden ein selbständiges Reich. Zu den Urtierchen zählen wir die Stämme Geißeltierchen (Flagellata), Wurzelfüßer (Rhizopoda), Sporentierchen (Sporozoa) und Wimpertierchen (Ciliata).

Mit einigen von ihnen wollen wir experimentieren. Die Urtierchen sind so klein, daß wir sie mit dem unbewaffneten Auge meist nicht sehen können. In manchen Fällen kommen wir mit einer starken Lupe aus, bei den meisten Versuchen werden wir aber zum Mikroskop greifen müssen. Dabei kommen wir mit Vergrößerungen zwischen 20- und 200fach gut zum Ziel.

Über Mangel an Untersuchungsmaterial brauchen wir uns nicht zu beklagen, denn Protozoen kommen überall dort vor, wo günstige Lebensbedingungen herrschen, wo ihnen Feuchtigkeit, Wärme und reichlich Nahrung, meist in Form von Bakterien und kleinen Algenarten zur Verfügung steht. In Teichen, Tümpeln, Wasserlachen, an Wasserpflanzen können wir sie finden. Manche Arten besiedeln den Darm von Mensch und Tier. Wir wollen das Finden aber nicht dem Zufall überlassen, sondern sie in Aufgüssen oder Faulkulturen züchten.

Wir züchten Pantoffeltierchen

Pantoffeltierchen ernähren sich vorwiegend von Bakterien. In einer Flüssigkeit, die reich an Fäulnisbakterien ist, vermehren sie sich lebhaft. Wir stellen uns wieder einen Heuaufguß her. In einem hohen Becherglas, einem alten Marmeladen- oder Weckglas übergießen wir etwas Heu oder Laub beziehungsweise eine Mischung aus beiden mit Tümpel- oder Aquarienwasser. Damit das später faulende organische Material nicht im Glas schwimmt, beschweren wir es mit einem Stein. Über das Glas spannen wir ein Stück Tuch oder ein Blatt Papier. Das Glas lassen wir im warmen Zimmer an nicht zu heller Stelle stehen. Nach einigen Tagen beobachten wir die Bildung einer Kahmhaut aus Bakterien. Nach etwa 14 Tagen hat die Entwicklung der Pantoffeltierchen und verschiedener verwandter Arten ihren Höhepunkt erreicht.

Anstelle von Heu können wir auch Salatblätter verwenden. Sie müssen vorher gebrüht werden. Bei Verwendung von Salat geht die Entwicklung der Wimpertierchen noch etwas rascher.

Wollen wir Aufgüsse längere Zeit aufheben, so ist es vorteilhaft, sie alle 2 bis 3 Wochen neu anzusetzen und mit einigen Millilitern Wasser aus dem alten Aufguß zu impfen.

Auf der Suche nach Amöben

In der Kahmhaut des Heuaufgusses finden wir häufig eine der kleinsten Amöben, *Amoeba limax*. Sie ist nur 20 bis 50 μm groß. Wir wählen zu ihrer Betrachtung eine wenigstens 200fache Vergrößerung und blenden stark ab.

Amoeba limax können wir auch im Aquarium fangen. Unter Zuhilfenahme einer Pinzette legen wir ein Deckglas flach auf die Wasseroberfläche. Glas ist zwar spezifisch schwerer als Wasser, es wird aber durch dessen Oberflächenspannung getragen. Nach etwa 30 Minuten nehmen wir das Glas vorsichtig auf und legen es auf einen Objektträger. Wenn wir Glück haben, finden wir in dem Wassertropfen, der am Deckglas haften blieb, die gesuchten Amöben. Ihr durchsichtiger Körper bewegt sich sehr schnell vorwärts.

Das Aquarium ist überhaupt eine gute Fundgrube für Amöben. In seinem Schlamm können wir gelegentlich die bis zu 0,5 mm große *Amoeba proteus* finden. Wir können auch den Algenbelag der Unterwasserpflanzen nach ihr absuchen. Dabei genügt bereits eine starke Lupe. Auch an der Blattunterseite von Schwimmblattpflanzen (zum Beispiel weiße und gelbe Seerose, Froschbiß) ist *Amoeba proteus* zu finden.

Zur mikroskopischen Beobachtung bringen wir die Amöben auf einen Objektträger in einen Wassertropfen. Darauf legen wir ein Deckglas, unter dessen 4 Ecken wir mit Wasser je 2 kleine Deckglassplitter übereinander aufgeklebt haben. Damit ist die Gewähr gegeben, daß die Amöben nicht durch den Deckglasdruck Schaden nehmen. Wir stellen auf die Oberfläche des Objektträgers scharf ein, denn darauf kriechen ja die Amöben. Vielleicht sind wir

Amoeba limax (oben); Amoeba proteus mit Scheinfüßchen (unten)

anfangs sehr enttäuscht, wenn wir gar keine Bewegung sehen. Durch die Erschütterungen sind die Amöben gereizt und haben Kugelgestalt angenommen. Wir lassen den Objektträger 5 Minuten lang ruhig auf dem Objekttisch des Mikroskops liegen. Dann werden wir sehen, wie die Amöben beginnen, Scheinfüßchen auszustrecken und durch das Sehfeld zu kriechen.

Versuche mit Pantoffeltierchen

Wir wollen nun einige spezielle Versuche mit Pantoffeltierchen anstellen, deren Zucht wir bereits auf Seite 164 kennengelernt haben.

Die Paramaecienfalle

Damit wir aus unserem Heuaufguß große Mengen Pantoffeltierchen *(Paramaecium caudatum)* entnehmen können, arbeiten wir mit einer sogenannten Paramaecienfalle. Wir besorgen uns ein Glasrohr, das 50 cm lang ist und einen Durchmesser von 1 bis 2 cm hat. Wir können auch zwei schwerschmelzbare Glasrohre, die gewöhnlich 30 cm lang sind, mit einem Stück Schlauch verbinden. Die Glasrohre müssen in dem Schlauch zusammenstoßen. Das Rohr verschließen wir auf der einen Seite mit einem Stopfen. Dann spannen wir es senkrecht in ein Stativ ein. Nun füllen wir es bis dicht unter den Rand mit der Flüssigkeit des Heuaufgusses. Wir lassen das Rohr einige Stunden stehen.

Die Pantoffeltierchen zeigen eine negative Geotaxis, das heißt, sie bewegen sich vom Erdmittelpunkt fort. Deshalb sammeln sie sich vorwiegend im oberen Teil des Rohres. Betrachten wir diesen mit einer Lupe gegen einen schwarzen Hintergrund, so sehen wir dort eine weißliche Schicht von Pantoffeltierchen. Wir entnehmen sie mit einer Pipette.

Gelatinelösung als Bremsflüssigkeit

Pantoffeltierchen bewegen sich unter dem Mikroskop so schnell durch das Sehfeld, daß eine eingehende Betrachtung nicht möglich ist. Durch Zusatz einer Gelatinelösung können wir ihre Bewegungen verlangsamen. Wir legen ein winziges Körnchen Gelatine auf die Mitte eines Objektträgers und bringen einen Tropfen warmes Wasser darauf. Die Gelatine löst sich auf. Das dauert jedoch einige Zeit. Deshalb empfiehlt es sich, währenddessen den Objektträger auf eine Wärmebank zu legen. Wir biegen sie uns selbst aus einem

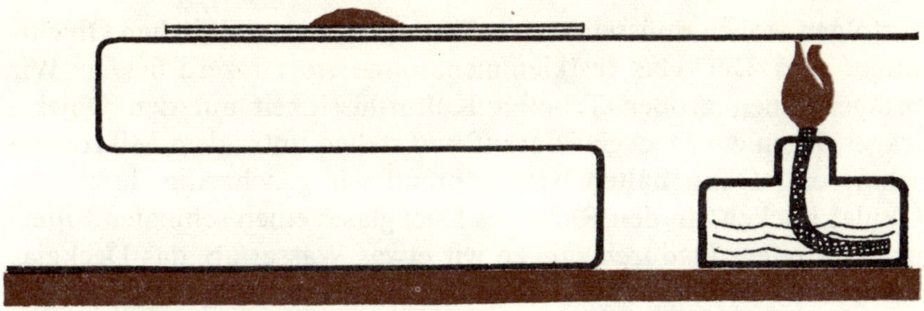

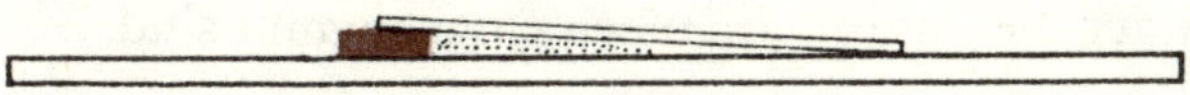

Wärmebank; darunter die Anordnung zum Festklemmen von Pantoffeltierchen

Metallstreifen (siehe obenstehende Abbildung). Unter das freie Ende stellen wir von Zeit zu Zeit einen Spiritusbrenner mit kleiner Flamme. Nachdem sich die Gelatine gelöst hat, lassen wir den Objektträger abkühlen. Neben die Gelatinelösung setzen wir nun einen Tropfen der Pantoffeltierchenkultur. Mit einem Glasfaden oder einer Nadel verrühren wir beide Tropfen, legen dann ein Deckglas auf und betrachten das Präparat bei zunehmender Vergrößerung. Die Pantoffeltierchen werden durch die dickflüssigere Gelatinelösung in ihrer Beweglichkeit gehemmt. Wir können sie in Ruhe betrachten und auch den Schlag ihrer Wimpern deutlich verfolgen.

Wir studieren den Verdauungsvorgang

Wimpertierchen nehmen die Nahrung durch einen Zellmund auf. An ihn schließt sich ein Schlundrohr an, das in ein Bläschen übergeht. Ist das Bläschen, das man auch Empfangsvakuole nennt, mit Nahrung gefüllt, so löst es sich ab und wandert durch den gesamten Zellkörper. Dabei wird die Nahrung verdaut. Schließlich wandert es an die Oberfläche. Dort öffnet es sich. Die unverdaulichen Nahrungsreste werden dabei ausgeschieden. In jedem Pantoffeltierchen sehen wir mehrere solcher Nahrungsvakuolen. Daneben sind auch noch zwei große Bläschen vorhanden, die sich rhythmisch zusammenziehen (pulsierende Vakuolen) und dabei ihren Inhalt durch eine feine Öffnung ausspritzen. Um sie herum liegen sternförmig mehrere Zuführungskanäle.

Wenn wir die Nahrungsaufnahme und die Wanderung der Vakuolen verfolgen wollen, müssen wir die Pantoffeltierchen zwischen Objektträger und Deckglas festklemmen, ohne sie zu zerdrücken. Wir bringen einen großen Tropfen Kulturflüssigkeit auf den Objektträger, legen ein Deckglas darauf und stellen unter dem Mikroskop scharf ein. Dann halten wir, während wir gleichzeitig durch das Okular blicken, an den Rand des Deckglases einen schmalen Filterpapierstreifen. Dadurch saugen wir etwas Wasser ab, das Deckglas senkt sich, die Pantoffeltierchen klemmen fest. Saugen wir jedoch zuviel Wasser ab, so werden sie durch den Deckglasdruck zerquetscht. Deshalb empfiehlt es sich, unter eine Seite des Deckglases einen Deckglassplitter zu legen. Das Deckglas kann sich dort nicht vollständig senken. Wir suchen nun durch Verschieben des Objektträgers die Stelle, an der die Pantoffeltierchen eingeklemmt sind.

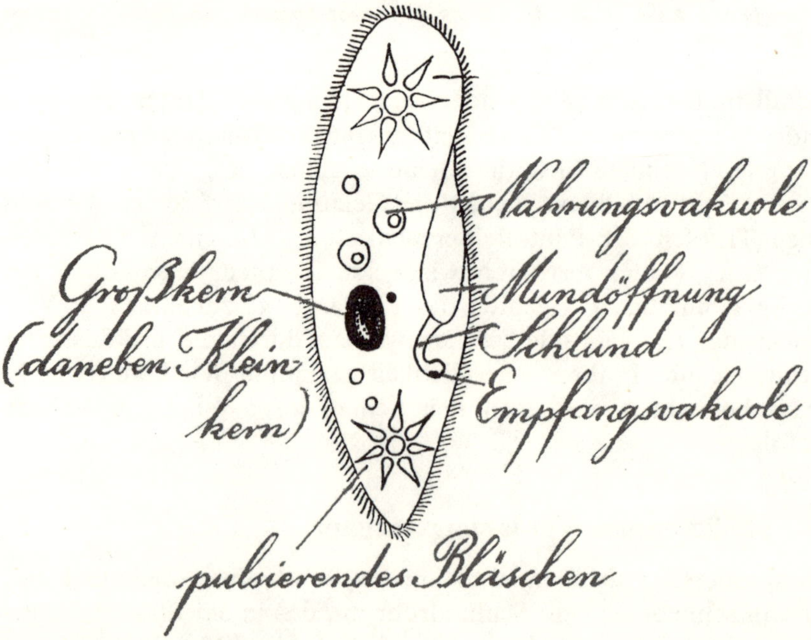

Pantoffeltierchen (Paramaecium caudatum)

Nun verrühren wir einen Tropfen chinesischer Tusche in 2 bis 3 ml Wasser. Davon bringen wir eine geringe Menge an den Rand des Deckglases und saugen ihn durch Anlegen eines etwa 2 mm breiten Filterpapierstreifens an der gegenüberliegenden Seite in die Kulturflüssigkeit. Wir beobachten bei 200facher Vergrößerung. Wir sehen, wie die Pantoffeltierchen die Tuscheteilchen durch die Mundöffnung in die Empfangsvakuole strudeln.

Saugen wir anstelle der Tusche eine wäßrige Kongorotlösung unter das Deckglas, so färbt sich der Inhalt der Vakuolen. Wir können ihre Bewegung im Pantoffeltierchen besser verfolgen. Die Kongorotlösung muß sehr stark verdünnt sein. Wir verdünnen einen Tropfen konzentrierter Farbstofflösung mit etwa 250 ml Wasser.

Die Vakuolen sehen erst blau, dann rot aus. Ihr Inhalt reagiert nämlich zunächst sauer und wird mit fortschreitender Verdauung alkalisch.

Reizphysiologische Versuche

Wir zerfasern ein Löschblattstückchen. Eine Faser legen wir in einen Tropfen der pantoffeltierhaltigen Flüssigkeit. Bei schwacher Vergrößerung sehen wir, daß sich die Pantoffeltierchen vorwiegend an der Faser ansammeln. Sie sind berührungsempfindlich.

Wir bedecken einen Tropfen der Flüssigkeit auf dem Objektträger mit einem Deckglas. Dann versuchen wir durch Anheben des Deckglases mit einer Nadel eine Luftblase darunterzubringen. Nach einiger Zeit sehen wir, wie sich die Pantoffeltierchen an der Luftblase ansammeln. Gelingt es uns nicht, so lassen wir das Präparat so lange liegen, bis die Flüssigkeit zu verdunsten beginnt und Luft unter das Deckglas dringt.

Wir entfetten einen Objektträger durch Waschen mit Sodalösung. Dann spülen wir ihn mit reichlich Wasser ab. Wir können ihn auch durch Abreiben mit Brennspiritus entfetten (Gut abspülen!).

Nun bringen wir einen Tropfen Kulturflüssigkeit auf den Objektträger und daneben einen Tropfen Leitungswasser. Mit einem Glasfaden oder einer Nadel stellen wir eine Verbindung zwischen beiden

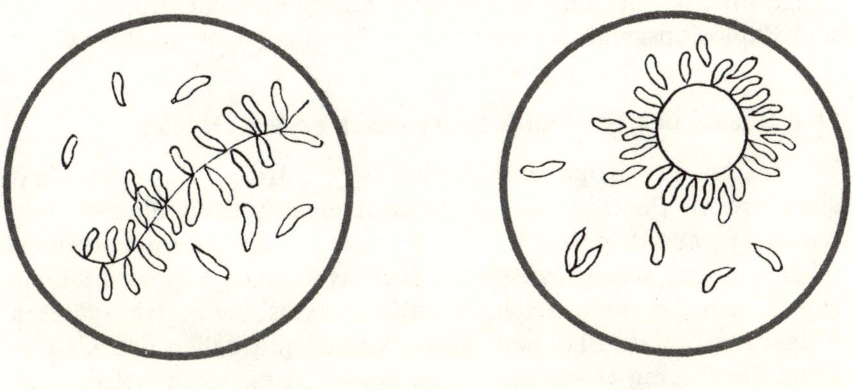

Pantoffeltierchen sammeln sich an der Faser und der Luftblase

Tropfen her. Die mikroskopische Betrachtung bei kleinster Vergrößerung zeigt uns, daß die Pantoffeltierchen in der Kulturflüssigkeit bleiben. Schieben wir an den Rand der Kulturflüssigkeit einen Kochsalzkristall, so weichen sie vor der in die Kulturflüssigkeit hineindiffundierenden Kochsalzlösung in das Leitungswasser zurück. Ähnliche Versuche können wir auch mit anderen Chemikalien durchführen, zum Beispiel mit verschiedenen Salzen, aber auch mit Säuren unterschiedlicher Konzentration. Dabei darf die Konzentration der Säuren 1% nie überschreiten. Wir nehmen zum Beispiel 0,1%ige und 0,001%ige Äthansäure (Essigsäure). Der handelsübliche Speiseessig ist 5%ig. Wir verdünnen ihn deshalb mit der rund 50fachen beziehungsweise mit der 5000fachen Menge Wasser. (1 Tropfen Essig und etwa 2,5 ml Wasser beziehungsweise 1 Tropfen Essig und 250 ml Wasser.)
Pantoffeltierchen werden von stark verdünnten Säuren angelockt. Vor Säuren starker Konzentration weichen sie zurück. Wir stellen hier positive beziehungsweise negative Chemotaxis fest.
Geschickte Experimentatoren werden schließlich auch eine Möglichkeit ersinnen, um die Wärmeempfindlichkeit der Pantoffeltierchen nachzuweisen. So können wir beispielsweise einen angewärmten Draht quer durch den Wassertropfen legen. Wir können auch den Draht seitlich über den Mikroskoptisch herausragen lassen und dort mit einem Brenner erwärmen. Schließlich können wir auch einen schwachen Heizstrom hindurchschicken. Wir nehmen am besten schwachen Kupferdraht aus einer Litze.

Einfache Dauerpräparate von Insekten

Fliegen sind zwar ungebetene Gäste in unserer Wohnung, aber diesmal wollen wir uns ausnahmsweise mit ihnen befassen. Wir fangen einige Fliegen ein und töten sie mit Äther (Vorsicht! Brennbarkeit und Explosionsgefahr!), Benzin oder Spiritus (Feuergefährlich!).

Der Rüssel der Stubenfliege ist unser erstes Objekt

Wir fassen den Kopf einer Stubenfliege *(Musca domestica)* mit einer breiten Pinzette, den Rüssel mit einer spitzen Pinzette und reißen ihn aus dem Kopfe. Dann legen wir ihn in ein Porzellanschälchen mit wenig Wasser und erhitzen über kleiner Flamme zum Sieden. Dadurch treiben wir alle Luft aus, die in dem späteren Präparat störende Bläschen bilden würde, und hellen den Gegenstand gleichzeitig etwas auf. Noch besser ist es, wenn wir ihn mit 15- bis 20%iger Kalilauge (Vorsicht, ätzt!) behandeln. Wir legen

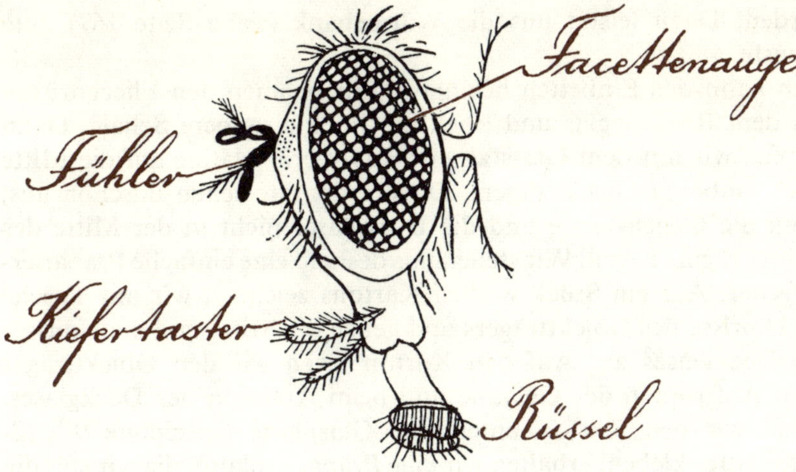

Kopf einer Stubenfliege

ihn entweder einige Stunden in die Lauge oder kochen ihn darin etwa 5 Minuten. Wir geben dazu einige Milliliter Kalilauge in ein Reagenzglas, legen den Fliegenrüssel hinein und kochen unter ständigem Schütteln über kleiner Flamme. Wir halten die Öffnung des Glases von uns abgewandt. Kalilauge stößt beim Kochen und wird aus dem Glas herausgeschleudert. Kalilauge zerstört alle zarten Gewebe, hellt aber den Gegenstand recht gut auf. Wenn es uns geglückt war, die Speicheldrüsen mit dem Rüssel herauszuziehen, so werden wir sie jetzt nicht mehr finden. Wir lassen die Lauge erkalten, gießen sie dann vorsichtig ab und füllen Wasser in das Reagenzglas. Den Rüssel lassen wir einige Zeit darin liegen. Dann erneuern wir das Wasser noch einmal oder mehrmals, bis wir durch Prüfen mit Lackmuspapier keine alkalische Reaktion mehr feststellen können. Die weitere Behandlung des Fliegenrüssels richtet sich nach dem Einbettungsmittel. Wollen wir ihn in Kanadabalsam einschließen, so muß er vollständig entwässert werden; denn der Balsam reagiert auf kleinste Wassermengen durch Trübung. Wählen wir als Einschlußmittel Glyzeringelatine, so entfällt das Entwässern. Wir können den Rüssel unmittelbar nach dem Wässern zu einem Dauerpräparat weiterverarbeiten. Wenden wir uns zunächst diesem einfacheren Verfahren zu.

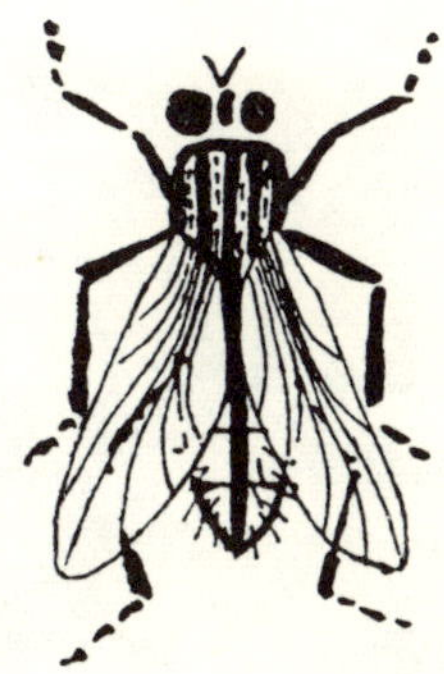

Glyzeringelatine beziehen wir fertig. Wir stellen das Fläschchen mit der Gelatine in ein Wasserbad, bis diese schmilzt. Mit einem Glasstab wollen wir die Gelatine entnehmen. Wir wärmen den Stab über kleiner Flamme vor oder stellen ihn für einige Minuten in die Gelatine im Wasserbad; wenn der Stab kalt ist, erstarrt uns die Gelatine schnell wieder. Auch der Objektträger muß vorgewärmt werden. Dazu leistet uns die Wärmebank (siehe Seite 167) gute Dienste.

Nun kann das Einbetten beginnen. Wir nehmen den Fliegenrüssel aus dem Reagenzglas und legen ihn in eine saubere Schale. Dann tropfen wir mit dem Glasstab etwas Glyzeringelatine auf die Mitte eines sauberen Objektträgers. Dauerpräparate sehen unschön aus, wenn die Gegenstände und die Deckgläser nicht in der Mitte des Objektträgers liegen. Wir stellen uns deshalb eine einfache Präparierhilfe her. Auf ein Stück weißen Kartons zeichnen wir mit Tusche die Umrisse des Objektträgers und geben die Mitte und die Umrisse des Deckglases an. Auf den Karton legen wir den Objektträger beim Auftropfen der Gelatine und beim Auflagen des Deckglases. Wenn wir den Karton unter eine Glasplatte (gereinigte 9 × 12-Fotoplatte) kleben, erhalten wir eine Präparierplatte, die wir ständig gut gebrauchen können.

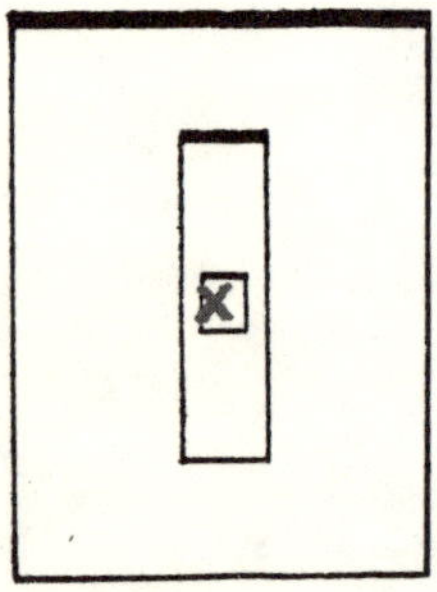

Präparierplatte

Nun übertragen wir mit einer spitzen Pinzette den Fliegenrüssel in die noch warme Gelatine und legen sofort ein angewärmtes Deckglas auf. Das Auflegen des Deckglases muß besonders sorgfältig geschehen — mit einer Kante an den Rand des Tropfens setzen, langsam neigen —, damit alle Luft entweichen kann. Sind trotzdem Luftblasen eingeschlossen, so erwärmen wir das Präparat leicht auf der Wärmebank. Dabei entweichen die Blasen an den Rand des Deckglases. Dort stechen wir sie mit einer heißen Nadel an; sie platzen dann. Das Präparat erhält eine Nummer, die wir mit Tinte auf das Glas schreiben, und bleibt nun ruhig liegen, bis die Glyzeringelatine erstarrt ist. Dann prüfen wir unter dem Mikroskop auf Luftblasen. Notfalls müssen wir noch einmal erwärmen. Das Präparat bleibt dann noch einige Tage waagerecht liegen, dann kratzen wir mit einem Messerchen oder einer Rasierklinge die unter dem Deckglas hervorgequollene Gelatine ab. Nun müssen wir den Deckglasrand noch mit einem Lackring versehen. Der Lack schließt die Glyzeringelatine luftdicht ab und verhindert ein Eindringen von Bakterien, die in der Gelatine einen vorzüglichen Nährboden finden und das Präparat allmählich unbrauchbar machen. Er verhindert auch, daß das Glyzerin des Einschlußmittels Luftfeuchtigkeit anziehen kann. Als Lacke eignen sich Asphaltlack, eine Mischung aus gleichen Teilen Asphaltlack und Bernsteinlack, sowie farbloser Fingernagellack. Der Lack wird mit einem feinen Pinsel aufgetragen.

Asphaltlack wird hergestellt durch Auflösen von 2 Teilen Asphalt in 0,5 Teilen Firnis und 3 Teilen Benzin oder Terpentinöl.

Nun wird das Dauerpräparat gut beschriftet. Links und rechts vom Deckglas kommt je ein Etikett aus weißem, holzfreiem Papier. Zum Beschriften nehmen wir schwarze Tusche. Auf die linke Seite schreiben wir den wissenschaftlichen Namen des eingeschlossenen Objektes, auf die rechte Seite die Art des Einbettungsmittels, Angaben über Färbung, Fundort und Datum der Herstellung. In einem Präparatebuch machen wir uns weitere Notizen zu jedem Präparat. Für unser Präparat wäre folgende Beschriftung erforderlich:

Insecta	Glyzerin-Gelat.
Musca domestica	Kalilauge
Stubenfliege	5. 12. 1972
Rüssel	

Die Präparate bewahren wir vor Staub und Zerstörung geschützt auf. Dafür gibt es Präparatekästen. Sie sind aus starker Pappe und haben innen an den Längsseiten Leisten mit Einkerbungen, in die die Präparate senkrecht eingeschoben werden. Ein Selbstbasteln lohnt bei dem niedrigen Preis der Kästen kaum.
Nun wollen wir uns noch ansehen, wie das Präparat behandelt werden muß, wenn wir es in Kanadabalsam einschließen wollen. Es muß nach dem Kochen in Kalilauge gewässert werden und kommt dann zur Entwässerung in eine Alkoholreihe. Wir legen es nacheinander in kleine Schälchen, die 1 bis 2 ml 30%igen, 70%igen, 96%igen und 100%igen (absoluten) Alkohol enthalten. Das Präparat verbleibt jeweils 10 Minuten in dem Alkohol. Danach legen wir es noch 10 bis 15 Minuten in Dimethylbenzol (Xylol). Dann kommt es sofort in den Balsam. Wir merken uns, daß alle Gegenstände, die wir in Kanadabalsam einschließen wollen, vorher in Dimethylbenzol gelegen haben müssen.
Kanadabalsam ist die Lösung des Harzes der nordamerikanischen Balsamtanne *(Abies balsamea)* in Dimethylbenzol.
An der Beschaffung von Äthanol sollte der Einschluß in Kanadabalsam nicht scheitern. Wir brauchen ja stets nur wenige Milliliter. Einige Mühe bereitet die Herstellung von absolutem Äthanol. Wir gewinnen es aus Primasprit, der ungefähr 96%ig ist. Das gelingt aber nicht durch einfache Destillation, denn Äthanol bildet mit Wasser ein konstant siedendes Gemisch (azeotropes Gemisch) von 95,3% Äthanol und 4,7% Wasser. Wir müssen den Sprit deshalb mit einem wasserentziehenden Mittel destillieren. Wir geben in einen Rundkolben 10 g frischen Branntkalk (Vorsicht, ätzt!) und 30 ml Primasprit, vermischen beide gut durch Schütteln, schließen einen absteigenden Kühler an und destillieren das Äthanol ab. Es ist zwar noch nicht völlig wasserfrei, genügt aber für unsere Zwecke. Wir können es in einer gut verschlossenen Flasche noch einige Zeit über entwässertem Kupfersulfat (Kristalle erhitzen, bis die Blaufärbung verschwindet) stehenlassen. Billiger ist Isopropanol, das wir fast 100%ig kaufen können.

Wir präparieren einen Flügel der Stubenfliege

Mit einer feinen Schere trennen wir den Flügel vom Körper der toten Fliege, legen ihn 15 Minuten in Dimethylbenzol und übertragen ihn von dort in Kanadabalsam. Dabei müssen wir so schnell arbeiten, daß das Dimethylbenzol auf dem Flügel noch nicht restlos verdunstet ist. In gleicher Weise lassen sich auch die Flügel der Honigbiene und die anderer Hautflügler einschließen. Wir werden feststellen, daß Balsampräparate besser gelingen als Gelatinepräparate. Balsampräparate müssen mehrere Monate trocknen. Sie brauchen keinen Lackring.

Das Präparieren der Insektenbeine

Beine der Stubenfliege halten wir mit der Pinzette in warmes Wasser. Mit einem Pinsel befreien wir sie von anhaftendem Schmutz. Dabei streichen wir in Richtung zum Beinende. Dann kommen die Beine zur Entwässerung in Äthanol, schließlich in Dimethylbenzol und werden in Kanadabalsam eingeschlossen.
Ein interessantes Präparat liefert uns das Sammelbein der Honigbiene. Wir behandeln es genau so wie den Fliegenrüssel.

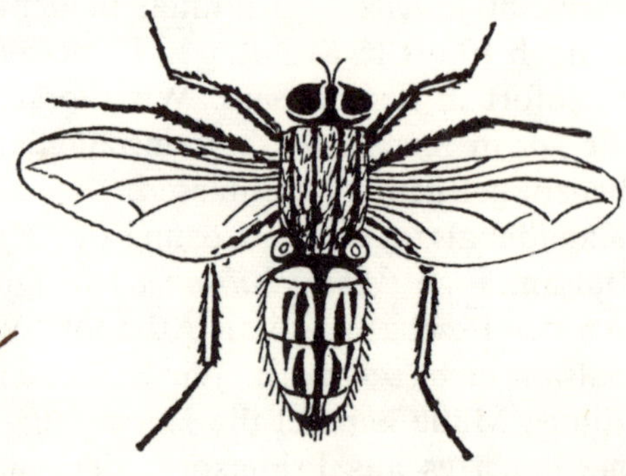

Fuß der Stubenfliege

Durch Einlegen in Nelkenöl können wir das Präparat weiter aufhellen. Wir legen das Bein aus dem 96%igen Alkohol direkt in das Nelkenöl, warten, bis es die gewünschte Aufhellung zeigt und übertragen es dann in Dimethylbenzol. Dabei umgehen wir die Verwendung von absolutem Äthanol. Nelkenöl (Eugenol) erhalten wir in Fachgeschäften und Drogerien. Es wird aus den bekannten Gewürznelken gewonnen. Sie sind die Früchte des Gewürznelkenbaumes *(Eugenia aromatica)*, einer auf den Molukken heimischen Pflanze aus der Familie der Myrtengewächse.

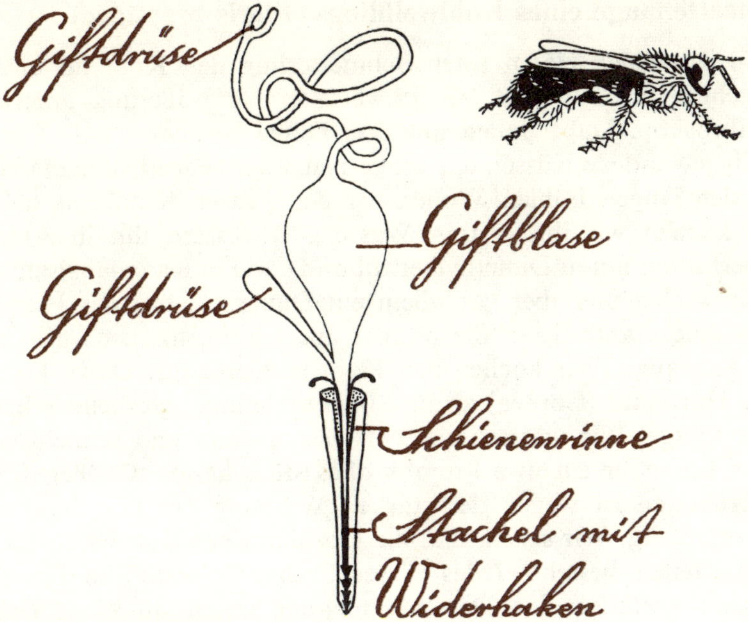

Stechapparat der Honigbiene

Und noch ein Hinweis: Die Insektenpräparate sind oft so dick, daß das Deckglas schräg liegt. Wir stützen es deshalb durch einige kleine Deckglassplitter ab, die in den Balsam mit eingeschlossen werden.

Stechapparat der Honigbiene (Apis mellifera)

Von zwei toten Bienen schneiden wir den Hinterleib mit einer Rasierklinge quer durch. Das Hinterende mit dem Stechapparat kochen wir in Kalilauge (Vorsicht, ätzt!) und wässern es dann. Durch einen vorsichtigen Längsschnitt mit einer spitzen Schere öffnen wir die Bauchseite des Hinterleibes, klappen die beiden Hälften auf und lösen mit einer Präpariernadel vorsichtig den Stechapparat samt Giftblase heraus. Die Giftblase löst sich beim Kochen in Lauge nicht auf, weil sie sehr fest ist und teilweise aus Chitin besteht. Der Giftapparat muß entwässert werden und wird dann wie üblich eingeschlossen. Dabei empfiehlt es sich, von der anderen Biene einen Stachel abzutrennen und so zu legen, daß die Widerhaken gut zu sehen sind. Auch die Stechapparate von Wespen sind lohnende Objekte.

Facettenauge eines Kohlweißlings (Pieris brassicae)

Wir schneiden einem toten Schmetterling den Kopf ab und betrachten ihn zunächst bei schwächster Vergrößerung unter dem Mikroskop. Dabei fallen uns drei Dinge besonders auf: Der spiraliggewundene Rüssel, das große Netzauge (Facettenauge) und die beiden langen Fühler. Wollen wir den ganzen Kopf einschließen, so kochen wir ihn erst in Wasser, entwässern ihn in Alkohol, überführen ihn in Dimethylbenzol und dann in Kanadabalsam.
Wir wollen uns aber vor allem ein Dauerpräparat der Hornhaut des Auges anfertigen. Sie besteht aus Chitin, löst sich also nicht in Kalilauge. Wir kochen den Kopf in Kalilauge. Dabei löst sich die Hornhaut (Cornea) ab und liegt als dünne, glashelle Schale in der Lauge. Wir wässern sie, entwässern dann und schneiden uns zum Einbetten ein etwa 1 mm² großes Stück heraus. Größere Stücke einzubetten ist wegen der starken Wölbung der Hornhaut nicht zweckmäßig. Wir sehen, daß die Hornhaut aus lauter sechseckigen Einzelteilen besteht. Jedes dieser Sechsecke stellt die Hornhaut eines Einzelauges dar. Das Insektenauge besteht aus einer Vielzahl von Einzelaugen. Die von den vielen Einzelaugen aufgenommenen Lichteindrücke ergeben ein mosaikartiges Gesamtbild.

Schuppen eines Schmetterlingsflügels

Schmetterlingsschuppen sind etwa 0,1 bis 0,2 mm lang. Im Volksmund werden sie als „Flügelstaub" bezeichnet. Legen wir aber

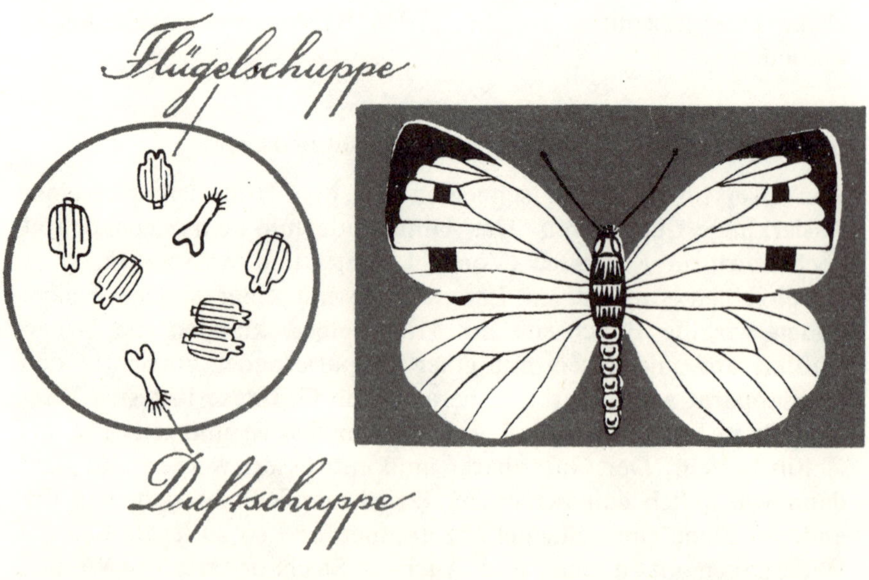

Flügelschuppen des Kohlweißlingsmännchens

einmal ein Stück eines Schmetterlingsflügels unter das Mikroskop, so sehen wir, daß es reich mit nahezu rechteckigen Schuppen besetzt ist, die in besonderen Haltevorrichtungen im Schuppenbalg sitzen. Die Schuppen decken sich auf dem Flügel wie Dachziegel. Beleuchten wir das Präparat nur schräg von der Seite, so können wir eine Längsstreifung der Schuppen feststellen. Die Schuppen haben viele Reihen von Längsrippen, die bei seitlicher Beleuchtung Schatten werfen.

Flügelstückchen bewahren wir als Lufteinschlußpräparat auf. Wir legen ein Stückchen Flügel auf den sauberen Objektträger, decken ein Deckglas darüber und heften es an seinen 4 Ecken mit wenig Wachs an. Dann verstreichen wir die Ränder mit Deckglaskitt. Das ist eine Mischung aus 1 Teil Bienenwachs und 3 Teilen Kolophonium (Geigenharz). Wir schmelzen erst das Wachs in einem kleinen Porzellantiegel und rühren dann das feinzerstoßene Kolophonium darunter. Mit einem rechtwinklig gebogenen Kupferdraht (starken Draht nehmen) tragen wir den Kitt rund um den Deckglasrand auf. Dann erwärmen wir den Draht leicht und ziehen damit den Kitt teilweise auf den Objektträger herunter. Das erfordert zwar einige Übung; aber bei dieser Arbeitsweise kann nichts von dem flüssigen Kitt unter das Deckglas laufen. Mit einer Rasierklinge schneiden wir die Kittränder glatt.

Wir wollen auch von losen Schuppen ein Lufteinschlußpräparat anfertigen. Wir streifen bei einem Kohlweißlingsmännchen (Vorderflügel im Gegensatz zum Weibchen in der Mitte ohne schwarze Flecke) mit einem Pinsel vom Flügelrand zur Wurzel. Dabei bleiben viele Schuppen am Pinsel haften. Wir stäuben sie auf den Objektträger und schließen sie so wie das Flügelstück ein. Unter den Schuppen fallen uns einige durch ihren Bau auf. Es handelt sich um Duftschuppen. Sie haben an ihrem Grunde eine kleine Blase, die den Duftstoff erzeugt, der am pinselförmigen Ende abgesondert wird; der Duftstoff dient zum Anlocken der Weibchen.

In diesem Präparat liegen die Schuppen natürlich ungeordnet. Wollen wir sie in derselben Anordnung haben, wie sie am Flügel sitzen, müssen wir uns ein Klatschpräparat anfertigen. Wir geben auf die Mitte des Objektträgers einen kleinen (!) Tropfen Kanadabalsam, tropfen etwas Dimethylbenzol dazu, verrühren beide und streichen den so verdünnten Kanadabalsam auf der Mitte des Objektträgers in dünner Schicht aus. Auf den klebrigen Ausstrich drücken wir ein Stück des Schmetterlingsflügels. Dabei bleiben zahlreiche Schuppen in derselben Anordnung auf dem Glas haften, wie sie am Flügel sitzen. Wir können ein Deckglas aufkitten, das Präparat bleibt aber auch ohne Deckglas gut erhalten, wenn wir es staubfrei aufbewahren.

Manche Leser werden fragen, warum wir die Schmetterlingsschuppen nicht vollständig in Kanadabalsam einschließen.
Schmetterlingsflügel fallen uns durch ihre Farbigkeit auf. Sie kommt auf zweierlei Art zustande. Rot, Gelb und Schwarz entstehen durch Farbpigmente, die im Chitin der Schuppen gleichmäßig verteilt sind. Grün, Blau und Violett entstehen als Schillerfarben durch sogenannte Interferenzerscheinungen, wie wir sie an dünnen Häutchen — an einem Ölfleck auf der Straße oder an einer Seifenblase — beobachten können. Würden wir einen vollständigen Balsameinschluß wählen, so gingen uns die Schillerfarben verloren. Bei Klatschpräparaten können wir die Schillerfarben gut sehen, weil dort ja die Unterseite der Schuppen nach oben liegt. Besonders günstig ist es, wenn wir statt auf Kanadabalsam auf ein Stückchen schwarzes Papier abklatschen, das wir vorher mit Wachs getränkt haben. Besonders schöne Effekte erzielen wir beim kleinen Fuchs, beim Tagpfauenauge und beim Trauermantel.
Damit wollen wir die kurzen Hinweise auf die Herstellung von Insektenpräparaten beenden. Die Leser werden sicher noch viele andere Präparate herstellen. Wir denken nur an die verschiedenartigen Mundwerkzeuge der Insekten, an Fühlerblättchen und Atemöffnungen (Stigmen) beim Maikäfer usw. Atemöffnungen liegen in der dünnen Haut zwischen Rücken und Seitenteilen des Hinterleibes dicht über den weißen Dreiecken. Sie sind mit einem Gitter- und Netzwerk versehen, das Staub zurückhält. Die Hautstreifen mit den Stigmen müssen wir in Kalilauge kochen.

Gefiederte Freunde

Von den 28 000 Vogelarten der Erde leben rund 400 in Deutschland. Über die Hälfte von ihnen kommt häufiger vor. Wir werden erstaunt sein, wie viele Arten unserer heimischen Vögel selbst in den Parks und Gärten der Großstadt zu finden sind. Es bedarf also keiner langen Wanderungen, um auch einmal in der Woche vogelkundliche (ornithologische) Beobachtungen durchzuführen. An Sonntagen und während der Ferien finden wir dann Zeit genug, uns dem Studium der Vogelwelt der nahen und weiteren Umgebung unseres Wohnsitzes zu widmen. Aber auch in der Ornithologie gilt der Grundsatz, den wir schon im Hinblick auf das Pflanzensammeln vertraten: „Warum in die Ferne schweifen..."
Wollen wir unsere Vogelwelt kennenlernen, dann arbeiten wir am besten in einer Arbeitsgemeinschaft unserer Schule mit, betätigen uns in Interessengruppen der Schutzgemeinschaft Deutscher Wald, einer Volkshochschule oder nehmen an den Exkursionen von

Naturfreunden teil. Sie werden von erfahrenen Ornithologen geleitet. Manche unserer Leser haben sicherlich schon allerhand Erfahrungen gesammelt. Ihnen werden die folgenden Zeilen wenig Neues bringen; denn sie sind für den Anfänger gedacht und tragen hoffentlich dazu bei, der Ornithologie neue Freunde zu gewinnen.
Gleich zu Anfang gibt es viele Fragen: Wie müssen wir ausgerüstet sein? Was beobachten wir? Wann beobachten wir? Wo beobachten wir? Und vieles mehr.
Zum Kennenlernen des Tieres gehört das Erleben in der Natur. Es genügt also nicht, wenn wir uns eine Bildreihe oder ein Buch mit schönen bunten Vogelaufnahmen kaufen und dazu ein Tonband mit den Vogelstimmen laufen lassen. Das Gebaren der Vögel ist während der Paarungszeit anders als während der Brutzeit; bei vielen Arten sind Unterschiede im Gefieder zur Sommers- und Winterszeit feststellbar; wir müssen die Farbe des Gefieders bei unterschiedlichen Beleuchtungen im Freien oder im Dickicht, des Morgens, Mittags oder am Abend gesehen haben; wir müssen erlebt haben, wie der Vogel läuft, fliegt oder sitzt. Wir müssen aber auch versuchen, den Vogel an seinem Gesang zu erkennen, an seinem Gelege oder an einzelnen Federn, die wir finden. Während vieler Jahre gesammelte Erfahrungen, Ausdauer und unendliche Geduld gehören dazu. Ein Vogel läßt sich ja nicht beobachten wie eine Pflanze. Wir müssen uns an ihn heranpirschen. Wir bleiben dabei möglichst in der Deckung, vermeiden hastige Bewegungen und stellen uns so, daß wir uns nicht von einem hellen Hintergrund abheben. Licht und Wind sollen wir möglichst im Rücken haben. Wir möchten die Vögel ja von vorn sehen. Sie setzen sich aber immer mit der Brust zum Wind, damit er ihnen nicht von hinten in das Gefieder bläst.
Oft müssen wir uns nach Indianerart an die Vögel heranpirschen oder bereits in einem geeigneten Versteck sitzen, wenn die Tiere von der Futtersuche zurückkommen. Dabei ergeben sich manchmal sehr lange Wartezeiten. Das erfordert natürlich, daß wir zweckmäßig angezogen sind. Festes Schuhwerk und wetterfeste Bekleidung, die nicht zu grell in der Farbe sein darf, gehören dazu. Zu unserer Ausrüstung gehören ein Rucksack oder eine Umhängetasche, Zeitungspapier und Bindfaden, Messer, Bestimmungsbücher, Notizbuch, Bleistift und, wenn möglich, ein gutes Fernglas. Es soll eine mittelstarke Vergrößerung haben und möglichst lichtstark sein, damit wir auch einmal in der Morgen- oder Abenddämmerung beobachten können. Ich halte ein Glas 7 × 50 für gut geeignet. Natürlich ist auch ein Opernglas oder ein ausziehbares Fernrohr aus Opas Zeiten besser als gar nichts.
Was können wir am Vogel beobachten? Als Anfänger werden wir

natürlich bemüht sein, eine gute Artenkenntnis zu erwerben. Gleichzeitig werden wir versuchen, Einblick in die Lebensweise der einzelnen Vogelarten zu erlangen. Dabei werden wir unsere Beobachtungen mit dem häuslichen Studium der Fachliteratur verbinden. Im Beobachtungstagebuch halten wir alles fest. Dabei sind Gewissenhaftigkeit und Ehrlichkeit die obersten Grundsätze. Es ist niemandem gedient, wenn wir Halbheiten festhalten oder im Jägerlatein von seltenen Arten berichten.

Die Möglichkeiten der Beobachtung sind außerordentlich vielseitig. Wir arbeiten nicht drauflos, sondern stellen uns bestimmte Aufgaben. So können wir uns vornehmen, die Vogelarten festzustellen, die in einem begrenzten Beobachtungsgebiet vorkommen. Wir legen am besten die Lebensgemeinschaft zugrunde. Auch werden wir uns nicht nur mit einer Namensliste begnügen. Wir werden ihre Häufigkeit feststellen und ihre Verbreitung. Wir ermitteln, ob sie als Brutvögel, als Durchzügler, als Wintergäste oder als Irrgäste vorkommen. Führen wir diese Beobachtungen über mehrere Jahre, so werden wir feststellen können, ob die Häufigkeit gleichgeblieben ist, ob sie zu- oder abgenommen hat. Nur durch eine Fülle von Einzelbeobachtungen wurde es möglich, zum Beispiel die Einwanderung mancher Vogelarten nach Deutschland zu verfolgen.

Wir werden uns ferner für das Biotop, für das Lebensgebiet der einzelnen Arten, interessieren; denn auch innerhalb einer Lebensgemeinschaft sind hier die Bedingungen recht unterschiedlich. Das Tier ist von seiner Umwelt abhängig, bietet sie ihm doch Nahrung und Schutz, Licht, Wärme und Feuchtigkeit und die Möglichkeiten zum Nestbau und zur Brutpflege. Veränderungen der Umwelt wirken sich auch auf die vorkommenden Tiere und Pflanzen aus. So bestehen vielseitige Wechselbeziehungen zwischen den Organismen und ihrer Umwelt. Mit ihnen beschäftigt sich die Ökologie.

Lohnend sind auch die Beobachtungen über den Einfluß des Menschen auf die Lebensweise der Vögel. Denken wir daran, daß viele Vogelarten noch vor Jahrzehnten die Nähe menschlicher Siedlungen gemieden haben. Heute ist es uns eine Selbstverständlichkeit, daß der Storch auf dem Scheunendach horstet. Das war nicht immer so. Haus- und Rauchschwalbe klebten unter natürlichen Bedingungen ihr Nest an Felsen; Turmfalke und Mauersegler nisteten in Felsspalten. Das Hausrotschwänzchen ist mehr und mehr aus felsiger Gegend, in der es früher vorwiegend anzutreffen war, in die Ebene gewandert. Ringeltauben gehören heute zu häufigen Bewohnern unserer Parks. Sie sind recht vertraut geworden. Ihre im Wald lebenden Artgenossen sind uns dagegen als scheue Tiere bekannt.

Bei der Beobachtung der Nist- und Brutgewohnheiten der Vögel ergeben sich vielerlei Fragen. Einige seien kurz angedeutet: Kommen die Vögel in Paaren zum Nistgebiet, oder kommen Männchen oder Weibchen zuerst? Kommen die Vögel wieder zur selben Brutstelle? (Hier sind Feststellungen schwierig, aber vielleicht helfen uns doch Eigentümlichkeiten im Gefieder oder im Gebaren der Tiere weiter.) Verteidigen sie ihren Brutbezirk gegen andere Tiere ihrer Art? Wieviel Paare nisten in einem Gebiet, wie groß ist das Nistgebiet jeden Paares? Bauen sie neue Nester, oder benutzen sie Nester des Vorjahres? Wann beginnt der Nestbau, wann ist er beendet? Bauen Männchen und Weibchen gemeinsam oder nicht? Wo wird das Nest angelegt, und aus welchem Material wird es gebaut?

Wir könnten diese Fragen beliebig fortsetzen. Einiges soll noch angedeutet werden: Eizahl, Brutzeit, Zahl der Gelege. Wer füttert? Wie oft wird gefüttert? Wie wird das Nest saubergehalten? Wann sind die Jungen flügge? Wie verhalten sich Alte und Junge? Bleiben sie zunächst zusammen? Ziehen alle im Herbst, oder bleiben einige zurück?

Beobachtungen über die Ernährung der Vögel lassen Rückschlüsse auf ihren Nutzen und Schaden zu. Kleinere Vögel müssen wir unmittelbar bei der Nahrungssuche beobachten, um festzustellen, wovon sie sich ernähren. Bei Raubvögeln geben uns vielfach die Gewölle Aufschluß, die filzigen Ballen aus unverdaulichen Resten, die von ihnen wieder ausgewürgt werden. In ihnen finden wir Knochen, Federn, Chitinpanzer von Insekten und anderes mehr. Vergessen wir auch nicht, Rupfungsstellen zu suchen. Vögel nach ihrem Flugbild zu bestimmen ist nicht immer leicht. Fritz Bäuerle gibt uns mit seinem Buch „Raubvögel im Fluge“ ein wertvolles Hilfsmittel in die Hand, das uns nicht nur Bestimmungsbuch sein soll, sondern uns auch durch die vortrefflichen Zeichnungen erfreut. Wer sich dem Studium der Vogelstimmen widmen will, dem empfehlen wir das „Exkursionsbuch zum Studium der Vogelstimmen“ von A. Voigt. Für besonders wertvoll halte ich auch das Buch „Wir beobachten Vögel“, eine Übersetzung aus dem Dänischen, das von Prof. Schildmacher herausgegeben wurde und im Gustav Fischer Verlag, Jena erschienen ist. Hier findet der Anfänger Antwort auf viele Fragen, aber auch dem Fachmann wird es Neues bringen.

Bleibt noch die Frage, welches die günstigsten Zeiten zur Beobachtung sind. Vögel sind bei uns während des gesamten Jahres zu finden, die meisten Arten natürlich im Herbst zur Zugzeit. Diese Jahreszeit ist für Anfänger unvorteilhaft, denn sie verlieren zu leicht den Überblick. Wir beginnen am besten im Winter oder im Frühjahr mit planmäßigen Beobachtungen. So können wir uns nacheinander eine solide Artenkenntnis erwerben. Viele unserer gefiederten Freunde kommen im Winter auch in die Nähe menschlicher Behausungen und lassen sich am Futterhaus beobachten.

Die günstigste Tageszeit für Beobachtungen ist der frühe Morgen, da sind viele Vögel noch ungestört. Manche singen auch nur in den Morgenstunden. Aber auch der Abend ist geeignet. Bei schönem Wetter macht das Beobachten natürlich den meisten Spaß. An sehr windigen Tagen sind die Aussichten, viele Vögel anzutreffen, sehr gering.

Wer nicht die Möglichkeit hat, sich einer Fachgruppe anzuschließen, muß sich Rat und Hilfe vorwiegend aus der Literatur holen. Es gibt umfangreiche Literatur auf allen Gebieten der Ornithologie, und zwar sowohl Bestimmungsliteratur (z. B. Frieling: Was fliegt denn da? Kosmos-Naturführer, Kosmos-Verlag Stuttgart, oder Peterson, Mountfort und Hollom: Die Vögel Europas, Paul Parey-Verlag, Hamburg, u. a. m.), als auch reine Fachliteratur, aus der wir viele Einzelheiten über das Leben dieser interessanten Tiergruppe entnehmen können. Die Auswahl hier ist reichlich, man sollte sich in einer guten Buchhandlung beraten lassen.

Immer neue Anregungen der verschiedensten Art erhält man, wenn man sich eine ornithologische Fachzeitschrift hält. Die bekannteste für den Amateur ist wohl der Vogelkosmos (Kosmos-Verlag, Stuttgart), in dem auch laufend über neue Literatur berichtet wird. Man bleibt so stets informiert und avanciert „wie von selbst" vom Laien zum Fachmann.

Vergessen wir auch nicht, von Zeit zu Zeit in einen zoologischen Garten und in ein naturkundliches Museum zu gehen. Dort bekommen wir weitere Anregungen.

Praktischer Vogelschutz

Die Zahl der Vögel hat in vielen Gegenden stark abgenommen; Ursache dafür ist vor allem die Entwicklung der Naturlandschaft zur Kulturlandschaft. Heute zwingt die intensive Forstwirtschaft, hohle Bäume zu entfernen, teilweise das Unterholz zu lichten und die ertragsarmen Hecken zu beschränken. Auch im Feldbau und in der Teichwirtschaft ist vieles anders geworden. Die Gebüsche an den Feldrainen wurden abgeholzt, die Fischereibetriebe wirken der Verlandung ihrer Teiche entgegen. Die seichte Schilf- und Rohrzone der Binnengewässer wird immer schmaler. Vielen Vögeln wurden so die Nistmöglichkeiten genommen, oder sie wurden zu häufigem Nistplatzwechsel gezwungen. Auch Nachstellungen und böswillige

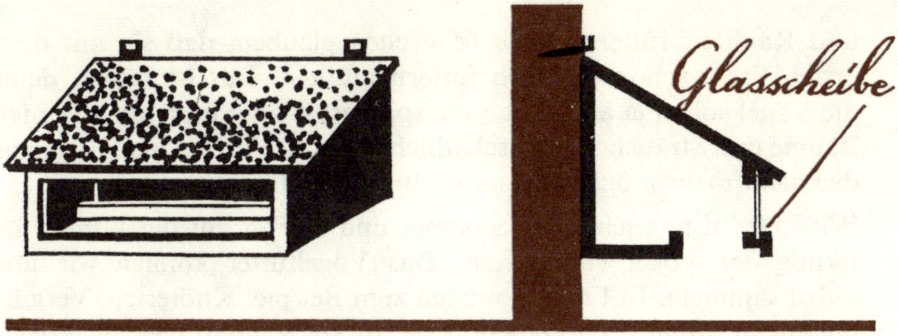

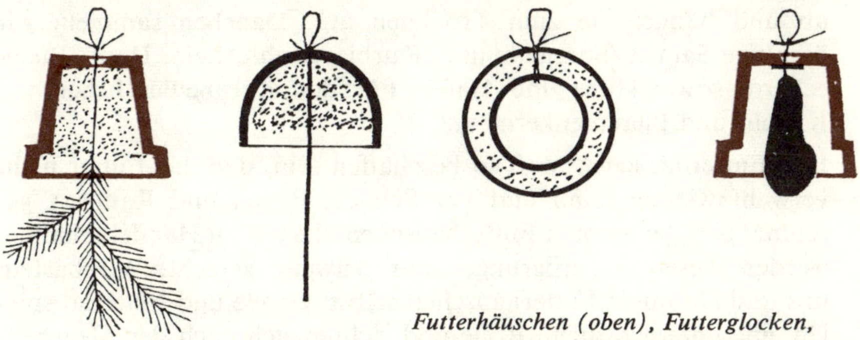

Futterhäuschen (oben), Futterglocken, Meisenring und Schweinenabel (unten)

Vernichtung von Nestern und Eiern haben viel zur Verminderung der Vogelzahl beigetragen.

Nach Angaben von Gerhard Creutz vertilgt eine Schwalbe täglich mehr als 500 Fliegen; von Uttendörfer berichtet er, daß dieser bei der Untersuchung von mehr als 100 000 Beutetieren der Schleiereule teilweise über 96% Mäuse feststellte, und Röhrig fand ähnlich hohe Ergebnisse bei Turmfalken und Bussarden. Der große Nutzen der Meisen ergibt sich aus der Vielzahl der Insekteneier und Raupen, die ein Pärchen mit seinen Nachkommen in einem Jahr verzehrt (Creutz gibt 120 Millionen Insekteneier oder 150 000 Raupen an). — Diese Beispiele ließen sich beliebig fortsetzen. Wir werden verstehen, daß der praktische Vogelschutz darum nicht nur ein Steckenpferd einzelner sein sollte, sondern ein Anliegen aller sein muß.

Winterfütterung

Vögel haben einen raschen Stoffwechsel. Sind ihnen durch Eis und Schnee die natürlichen Nahrungsquellen verschlossen, dann verhungern sie oder nehmen zumindest starken Schaden. Wir sollten die Vögel deshalb vor allem an schneereichen Tagen, bei Glatteis und Rauhreif füttern. Viele Menschen glauben, daß sie mit dem ersten Frost schon reichlich füttern müßten. Das ist falsch, denn die Vögel sollen ja auch noch im Spätherbst oder im frühen Winter Bäume und Sträucher nach schädlichen Insekten absuchen. Ist ihnen das nicht mehr möglich, dann muß unsere Hilfe einsetzen.

Wir müssen uns schon im Sommer und Herbst auf die Winterfütterung der Vögel vorbereiten. Das Vogelfutter können wir uns selbst sammeln. In Frage kommen zum Beispiel Knöterich, Vergißmeinnicht, Melde, Vogelmiere, Erle, Birke, Kletten, Disteln, Vogelbeeren, Weißdorn und Holunder. Wir schneiden die Fruchtstände ab und hängen sie zum Trocknen auf. Daneben sammeln wir ölhaltige Samen (Sonnenblume, Kürbis, Mohn, Lein, Hanf, Bucheckern) sowie Hirse und Hafer. Für den Kernbeißer heben wir Kirsch- und Pflaumenkerne auf.

Das Futterhäuschen muß so beschaffen sein, daß das Futter nicht verweht werden kann und vor Schnee, Regen und Rauhreif geschützt ist. Die meisten Futterhäuschen, die wir im Handel erhalten, werden diesen Anforderungen nur teilweise gerecht. Wir basteln uns deshalb unser Futterhäuschen selbst. Größe und Material spielen eine untergeordnete Rolle und richten sich nach den Gegebenheiten. Eines soll allen Häuschen gemeinsam sein: ein schräges Dach, allseitig Wände, wenigstens eine aus Glas, und der Anflug möglichst von unten.

Wo wir keine Möglichkeit haben, Futterhäuschen anzubringen hängen wir Meisenglocken und Futteringe auf. Für die Meisenglocken verwenden wir kleine Blumentöpfe oder halbierte Kokosnußschalen. Für den Futtering kleben wir uns zwei 3 cm breite Pappstreifen von 20 und 30 cm Länge ringförmig zusammen, legen die Ringe auf einem Teller ineinander und gießen den Zwischenraum mit der flüssigen Futtermischung aus. Sie besteht aus gleichen Gewichtsmengen Rindertalg und Pflanzensamen, zum Beispiel Sonnenblume, Gurke, Kürbis, Mohn, Lein, Hafer und Hanf sowie zerriebenem Weißbrot. Der Talg der Glocken und Ringe hält das Futter zusammen, schützt es vor dem Verderben und läßt keine Feuchtigkeit heran. Auch Schweinenabel können wir, in einem Blumentopf aufgehängt, als Futter darbieten.

Noch ein Wort zum Beginn der Fütterung. Wir stellen die Häuschen noch vor Einbruch des Winters auf, damit sich die Vögel an die Futterplätze gewöhnen, füttern aber zunächst nur wenig. Die Fütterung müssen wir bis in den April ausdehnen, da ja nach dem strengen Winter die Zahl der auffindbaren Insekten gering ist. Die Vögel stehen aber kurz vor der Brutzeit und brauchen deshalb reichlich Futter.

Tafel 7 (2 Seiten zuvor)
Fangheuschrecke („Gottesanbeterin") beim Säubern der Fangbeine

Tafel 8 (links)
Aquarium mit reichem Pflanzenbesatz

Tafel 9 (oben)
Erwachsene Segelflosser, die im tropischen Südamerika beheimatet sind, im Aquarium

Tafel 10 (nächste Seite)
Kletternder Laubfrosch

Wir bauen Nistkästen

Viele Höhlenbrüter sind eifrige Insektenvertilger. Wir werden daran interessiert sein, sie in unserem Obstgarten anzusiedeln. Fehlen aber dort die natürlichen Bruthöhlen, so bleiben die Vögel aus, es sei denn, wir schaffen ihnen künstliche Brut- und Schlafräume. Die Kästen werden nur angenommen, wenn sie in ihrem Aufbau be-

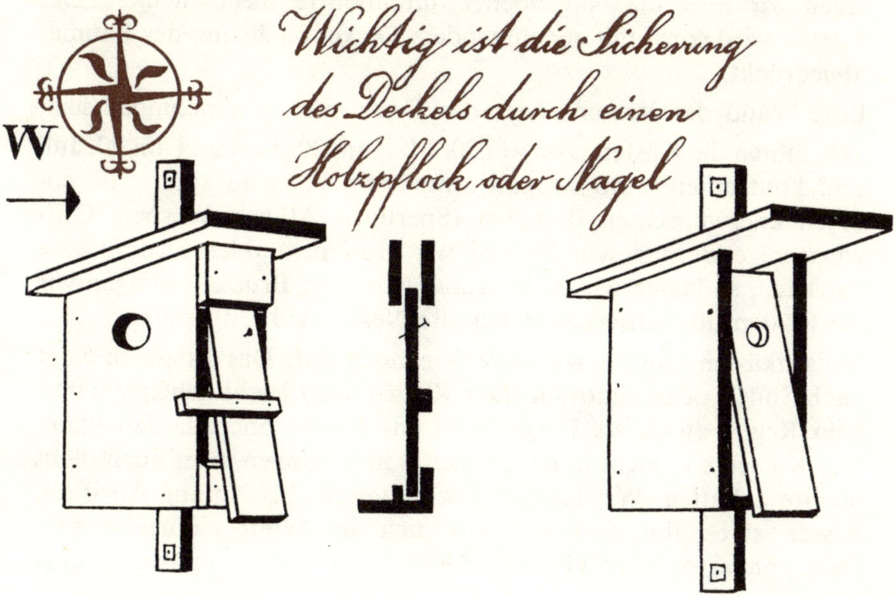

Nistkästen für Meisen

stimmten, erprobten Prinzipien entsprechen. Vor allen Dingen müssen wir die richtigen Maße einhalten. Wir wollen sie für die gebräuchlichsten Arten angeben:

Vogelart	Flugloch-durchmesser (mm)	Abstand Boden Fluglochunter-kante (mm)	Bodenfläche innen (mm)	Innenhöhen (mm)
Kohlmeise	32	150	120 × 120	210 und 240
Blaumeise	27	150	120 × 120	210 und 240

Der Kohlmeisenkasten wird auch von Blaumeisen, Sumpfmeisen, Gartenrotschwänzchen, Trauerfliegenschnäppern, Wendehälsen, Kleibern und von Sperlingen gern benutzt.

Wir bauen den Kasten aus Fichten- oder Kiefernholz; noch besser ist Lärche oder Roterle. Das Holz bleibt am besten roh, auf keinen Fall darf die Innenseite gehobelt werden. Für das Dach ist Eiche oder Buche am besten geeignet, Wir überziehen es mit Dachpappe oder Blech. Die Seitenwände und den Boden streichen wir mit Ölfarbe oder Karbolineum. Bei Karbolineumanstrich warten wir solange mit dem Aufhängen des Kastens, bis sich der Geruch verloren hat. In den Boden bohren wir 2 oder 3 Abflußlöcher von 5 mm Durchmesser. Das Flugloch erhält einen Blechschutz gegen Spechte. Die Nagelleiste soll aus Hartholz sein. Vor dem Annageln legen wir über die Nagellöcher durchbohrte Blechscheiben. Der Kasten wird sonst mit zunehmendem Dickenwachstum des Baumes abgedrückt.

Eine Wand des Kastens oder das Dach müssen abnehmbar sein.

Wir öffnen die Kästen etwa am 20. Mai, am 20. Juni und am 20. Juli und kontrollieren, ob sie von Singvögeln bewohnt sind. Alle anderen unerwünschten Besucher (Sperlinge, Mäuse, Wespen, Ohrwürmer) entfernen wir. Sollten wir Hummeln oder Fledermäuse antreffen, so lassen wir sie in Ruhe. Nach der Brutzeit reinigen wir die Kästen und entfernen dabei alte Nester und Ungeziefer.

Meisenkästen hängen wir etwa 3 m hoch auf. Das Flugloch zeigt nach Süden oder Südosten. Der Kasten wird leicht geneigt, damit kein Regen durch als Flugloch in das Kasteninnere laufen kann. Der Kasten soll nicht in der prallen Sonne hängen, aber auch nicht nur im Schatten. Wir bringen ihn spätestens bis Anfang April an. Besser ist es, ihn noch vor Einbruch des Winters aufzuhängen. Dann bietet er den Vögeln während der kalten Jahreszeit eine

Halbhöhle mit folgenden Maßen (in mm): Boden 110 × 120, Höhe 150, Vorderwand 120 × 100, Dach 175 × 175; daneben Nesthilfen für Rauchschwalben (oben) und Mehlschwalben (unten)

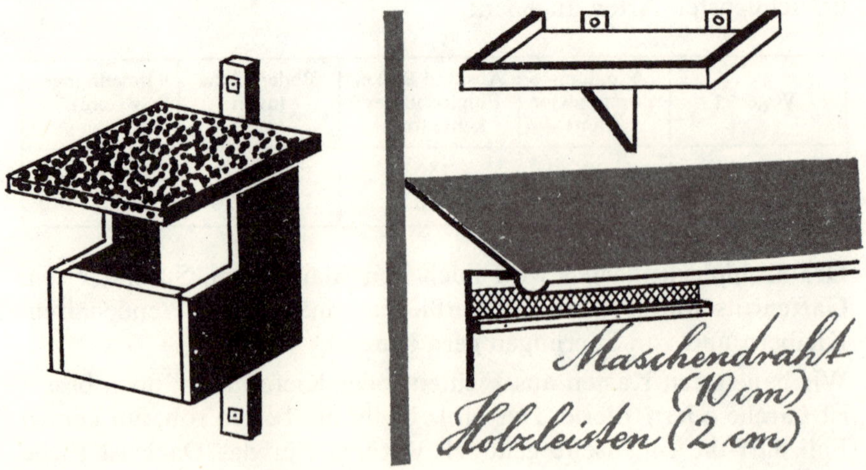

Übernachtungsmöglichkeit. An den Stämmen der Bäume können wir auch noch einen Blech-, Draht- oder Reisigschutz gegen die Katzen anbringen.

Die Zahl der Nistkästen hängt von der Größe des Gartens ab. Wir rechnen auf 200 m² einen Kasten.

Arbeitsgemeinschaften sollten — eventuell im Werkunterricht — mehrere Nistkästen basteln, sie nach Absprache mit der Stadt- oder Forstverwaltung im Park oder im Wald anbringen und ihre Pflege übernehmen.

Grauer Fliegenschnäpper und Rotschwanzarten sind Halbhöhlenbrüter. Den Bau einer Halbhöhle ersehen wir aus der umseitigen Abbildung. Mit den bisher angeführten Beispielen erschöpft sich der praktische Vogelschutz nicht. Vögel brauchen Bade- und Trinkgelegenheiten. In Gegenden, die arm an natürlichen Gewässern sind, sollten wir ihnen Wasserstellen einrichten. Das kann im einfachsten Falle ein Blumenuntersetzer sein, der an einem schattigen Plätzchen aufgestellt wird. Wasserfässer sind eine Gefahr für Vögel, es sei denn, wir binden Äste in sie hinein. Auf keinen Fall dürfen wir Vögeln aber bei Frost im Winter Wasser zum Trinken oder Baden anbieten.

Bei der Besprechung der Lebensgemeinschaft Hecke haben wir deren Bedeutung für die Vogelwelt bereits erwähnt. Anlage und richtige Pflege von Hecken gehören gleichfalls zum praktischen Vogelschutz. Wir werden die Hecken vom 15. April bis zum 15. August nicht schneiden, um die Nester zu schonen. Nach der Anpflanzung der Hecke warten wir zwei Jahre bis zum ersten Schnitt. Dann schneiden wir aber jährlich, damit ein dichtes Astwerk entsteht, und achten vor allem darauf, daß sich recht viele Astquirle als Unterlage für die Vogelnester bilden. Nistunterlagen schaffen wir auch, wenn wir nach der Blattentwicklung Anfang Mai sogenannte Nistquirle bilden. Im Winter entfernen wir die Nester und lösen die Quirle wieder.

Nistquirl

Wenn wir auf dem Lande wohnen, sollten wir auch den Schwalben unsere Aufmerksamkeit schenken. Wir bieten den Rauchschwalben Nestunterlagen durch Brettchen mit erhöhtem Rand. Sie haben eine Größe von 12 mal 12 cm und werden 10 cm unter der Decke angebracht. Im Herbst lassen wir die Nester an Ort und Stelle, wir reinigen sie aber. Sie werden jahrelang benutzt. Für die Mehlschwalbe nageln wir dicht unter das überspringende Dach einer Scheune oder des Wohnhauses an die Wand eine Leiste mit 10 cm hohem, festem Maschendraht. Schwalben brauchen Lehm als Nestmaterial. Ein Klumpen feuchten Lehms, den wir in eine Hofecke legen, wird von ihnen eifrig angeflogen.

Alles in allem haben wir viele Möglichkeiten, unsere heimische Vogelwelt zu fördern. Das ist eine schöne Aufgabe, die allen einen Nutzen bringt.

Tiere im Heim

Im Jahre 1856 erschien in der damals sehr verbreiteten Familienzeitschrift „Gartenlaube" ein Aufsatz mit der Überschrift „Der See im Glase", der viel Beachtung fand. Professor Roßmäßler von der Forstschule Tharandt bei Dresden hatte ihn verfaßt. Reichlich 100 Jahre sind seitdem vergangen. Das Halten von Fischen in der Wohnung ist heute ein Steckenpferd vieler Menschen. Die Aquarienfreunde finden sich in örtlichen Vereinen und Klubs zusammen. Viele von ihnen spezialisieren sich und werden bedeutende Züchter.

Freude am Aquarium

Die bunte Welt des Aquariums hat ihren eigenen Reiz. Jeder von uns hat sich schon einmal vor dem Schaufenster einer zoologischen Handlung oder im Aquarienhaus eines zoologischen Gartens von der Schönheit und Vielfalt des Lebens im Wasser gefangennehmen lassen. Vielleicht entstand dann auch in uns der Wunsch, ein Aquarium zu besitzen.

Ehe wir an seine Verwirklichung gehen, prüfen wir genau, ob wir in der Wohnung überhaupt Platz für die Aufstellung eines Beckens haben. Wir müssen uns auch von vornherein klar sein, welchen Zwecken unser Aquarium dienen soll. Vielleicht soll es als Gesellschaftsbecken zugleich einen Blickfang darstellen, also ein Zimmerschmuck sein; vielleicht wollen wir auch nur eine Art halten, die Tiere über längere Zeit beobachten (Artenaquarium) und uns später mit ihrer Zucht beschäftigen. Planen und überlegen wir vorher alles genau, so ersparen wir uns später Ärger und Enttäuschung.

Pflanzen und Tiere brauchen Licht. Das heißt aber nicht, daß direkt am Fenster der günstigste Platz ist. Dort haben wir die größten Temperaturschwankungen sowohl im Sommer als auch im Winter, und Fische sind in dieser Hinsicht sehr empfindlich. Ein Zuviel an Licht fördert die Algenbildung im Becken so stark, daß Scheiben und Wasser binnen kurzer Zeit grün werden. Eine Zimmerwand zwischen zwei Fenstern oder eine Zimmerecke in der Nähe des Fensters sind günstige Plätze. Nordfenster liefern uns zu wenig Licht, Südfenster zu viel. Fehlendes Tageslicht können wir auch durch künstliche Beleuchtung nicht restlos ersetzen. Die Pflanzen

unseres Aquariums liefern durch die Assimilation während des Tages einen großen Teil des Sauerstoffs, den unsere Fische zum Leben dringend notwendig haben. Sinkt die Assimilationsleistung der Pflanzen infolge Lichtmangels stark ab, was besonders im Herbst und während des Winters der Fall sein kann, dann steigt der Kohlendioxidgehalt des Wassers an, und unsere Fische werden geschädigt, wenn sie nicht sogar zugrunde gehen. Auch bei der Fäulnis von Abfallstoffen entsteht Kohlendioxid neben einer Reihe anderer Gase, zu denen auch der giftige Schwefelwasserstoff gehört. Wir wollen uns deshalb von Anfang an merken, daß wir unser Aquarium stets sauberhalten, abgestorbene Pflanzenteile entfernen und den Bodenmulm mit einem Schlammheber oder einem Schlauch absaugen. Wenn wir das beachten, ersparen wir uns auch einen häufigen Wasserwechsel. Die günstigste Lösung ist immer, wenn wir das Becken quer zum Fenster stellen. Es bekommt dann genügend Licht und hindert uns auch nicht beim Öffnen oder beim Reinigen der Fenster.
Wir wollen natürlich unsere Fische ständig beobachten. Wenn wir dazu erst über Möbelstücke klettern müssen, macht das bald keinen Spaß mehr. Auch die Pflege des Beckens wird dann zum Problem. Von ebenso großer Bedeutung ist der sichere Stand des Beckens. Schwankende Gestelle aus eigener Werkstatt scheiden aus, denn wir müssen bedenken, daß das mit Wasser, Steinen und Sand ausgerüstete Becken ein großes Gewicht hat. Eine kleine Kommode ist immer vorteilhaft. In ihr können wir gleich die Zusatz- und Hilfsgeräte unterbringen.

Wir kaufen ein Becken

Schon beim Kauf des Beckens werden wir vor die Wahl gestellt: Vollglasbecken oder Gestellaquarium? Vollgläser haben einen Vorteil, sie sind billig. Ansonsten gehen sie leicht zu Bruch (manchmal

Vollglas- und Gestellaquarium

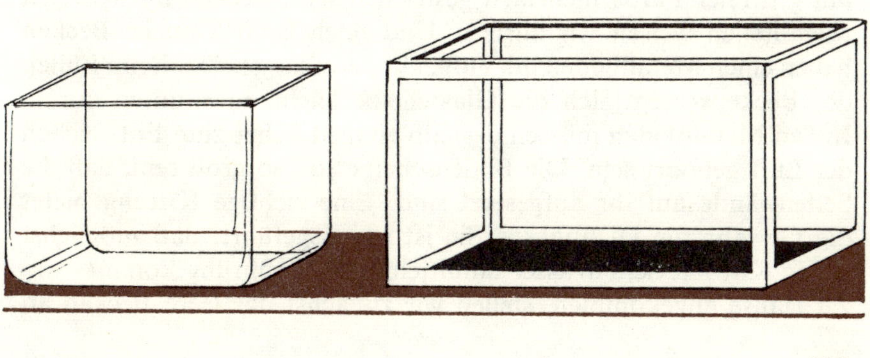

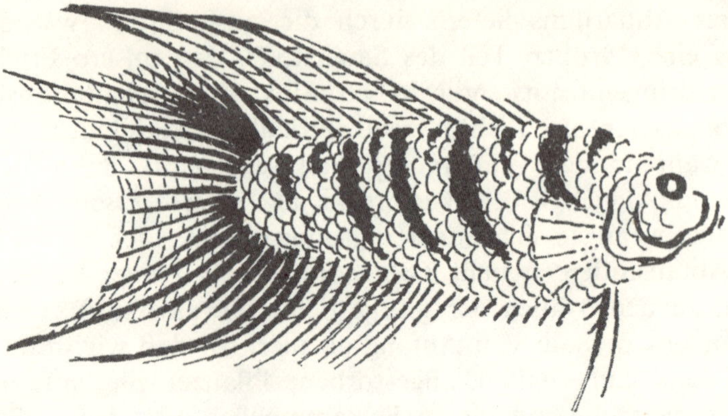

schon beim Transport) und geben, da ihre Scheiben vielfach nicht gleichmäßig stark und außerdem gewellt sind, ein verzerrtes Bild. Trotz allem tut es für den Anfänger ein Vollglasbecken auch. Vollglasbecken sollen nicht zu groß sein. Wir achten beim Kauf darauf, daß sie keine Sprünge oder Luftblasen haben und ihre Wände möglichst glatt sind. Kein Händler kann es uns verübeln, wenn wir es beim Einkauf gründlich prüfen. Wir kanten es und beklopfen es von allen Seiten. Einwandfreie Becken geben einen klingenden Ton. Wenn wir das Becken aufstellen, achten wir darauf, daß es auf ebener Unterlage steht. Sonst entstehen Spannungen, und das Becken bricht uns früher oder später auseinander, wenn wir es mit Sand, Steinen und Wasser belasten. Wir legen deshalb eine Filzplatte oder mehrere Lagen Zeitungspapier unter; sie gleichen Unebenheiten aus.

Gestellaquarien bestehen aus einem Rahmen aus Winkeleisen oder Plastik, in den die Scheiben gekittet sind. Der Boden ist bei großen Becken aus starkem Eisenblech. Solche Becken sind teuer, aber die Ausgabe lohnt sich auf jeden Fall, denn sie haben einen größeren Inhalt als Vollglasbecken, glatte Scheiben und sind insgesamt stabiler. Wir schauen uns vor allem die Rahmenkonstruktion genau an, prüfen die Sauberkeit der Ausführung und vergewissern uns, ob sie ordentlich gestrichen sind. Vor allem der Eisenboden muß mit giftfreier Farbe mehrfach gestrichen sein. Becken mit rostigen Metallteilen weisen wir zurück. Und noch eins: Manche Becken haben einen Metallboden mit aufgekitteter Glasscheibe. Beim Füllen des Beckens biegt sich die Glasscheibe leicht nach unten durch. In den Metallboden müssen deshalb einige Löcher zum Entweichen der Luft gebohrt sein. Die Bodenscheibe soll so groß sein, daß die Seitenwände auf ihr aufgesetzt sind. Eine richtige Kittung bietet die Gewähr für Dichtigkeit. Sie ist so ausgeführt, daß möglichst wenig Kitt mit dem Wasser unmittelbar in Berührung kommt.

Zu Hause angekommen, stellen wir zunächst das leere Becken an den dafür vorgesehenen Platz auf. Auch bei Gestellaquarien muß die Unterlage eben sein. Wir lassen den Rahmen auf zwei drei Leisten ruhen, deren Länge der Tiefe des Aquariums entspricht. Nun könnten wir ja eigentlich beginnen, das Aquarium einzurichten. Weit gefehlt! Denn jetzt kommt erst die Prüfung auf Dichtigkeit. Wir füllen es mit Wasser, entleeren es nach einer Stunde, füllen erneut und lassen es dann einen Tag mit Wasser gefüllt stehen. Müssen wir nachträglich abdichten, so verwenden wir nur säurefreien Aquarienkitt (Mennigekitt), kratzen beim leeren Becken an der undichten Stelle von außen den locker gewordenen Kitt heraus und drücken mit einem Holzstäbchen den frischen Kitt zwischen Rahmen und Scheibe. Auf keinen Fall versuchen wir, das Becken durch Kitten von innen zu dichten, weil wir damit das Wasser vergiften. Zum Schluß reinigen wir das Becken gründlich ohne Verwendung chemischer Mittel. Viskoseschwamm, Zeitungspapier, Lederlappen und frisches Wasser, mehr brauchen wir nicht. Wir reinigen die Scheiben zunächst nur von innen. Von außen putzen wir erst, wenn das Aquarium mit Wasser gefüllt ist, denn sonst passiert es leicht, daß sie durch zu starken Druck nach innen vom Kitt losgedrückt werden.

Wir richten ein Aquarium ein

Sind alle Vorarbeiten abgeschlossen, dann bereiten wir uns auf das Einrichten des Beckens vor. Der Bodengrund besteht aus Sand, Kies und Steinen. Sie müssen vor dem Einbringen gründlich gewaschen werden. Einen Teil des Sandes waschen wir so lange in einem emaillierten Eimer oder einem Holzbottich unter häufigem Wasserwechsel, bis das Wasser nicht mehr trüb ist, nachdem sich der Sand abgesetzt hat. Der Sand für die untere Schicht soll nährstoffhaltig bleiben. Wir waschen ihn nur kurz, um alle schwimmenden Teilchen zu entfernen. Anschließend können wir ihn durch Übergießen mit kochendem Wasser sterilisieren.
Steine wässern wir, bürsten sie ab und überbrühen sie dann, um sie keimfrei zu machen. Sie dürfen keine schädlichen Stoffe an das Aquarium abgeben. Granit, Basalt und andere Urgesteine sind im Gegensatz zu Kalkstein und Sandstein gut geeignet. Kunststeine, Gehäuse von Meeresschnecken und Burgen wirken kitschig. Wir lehnen sie ab. Dagegen sind Wurzeln, Bambusstäbe und Kokosnußschalen sehr schöne Dekorationsmittel. Die Holzteile (Wurzeln, Aststücke usw.) müssen wir eine Stunde lang in konzentrierter Natriumchloridlösung kochen oder mehrmals mit konzentrierter Lösung überbrühen. Wir verwenden dazu nur emaillierte Gefäße. Nach dem Kochen wässern wir das Holz eine Woche lang.

Gestellaquarium mit Deckscheibe, Beleuchtung, Heizung und Filterglocke

Ehe wir nun beginnen, müssen wir uns auch darüber im klaren sein, welche Geräte in das Aquarium kommen sollen. Ein Thermometer mit Saughalter befestigen wir so an der Scheibe des Aquariums, daß es wenig auffällt, aber gut abzulesen ist. Da wir uns ein Warmwasseraquarium einrichten wollen — zum Kaltwasseraquarium werden am Schluß noch einige Hinweise gegeben —, brauchen wir unbedingt einen Heizer. Es gibt Stabheizer mit und ohne Regelschalter sowie Winkelheizer. Die Heizer müssen bis zum Grund des Beckens reichen. Beim Winkelheizer liegt der Heizteil dem Bodengrund auf. Dadurch wird eine bessere Wärmeverteilung erreicht. Von ganz besonderem Vorteil ist eine automatische Temperaturregelung durch Kontaktthermometer, Relais und Heizer. (Vor Inbetriebnahme elektrischer Geräte achten wir auf einwandfreies Funktionieren und richtige Installation!)

Durchlüfter und Filter sind für ein Aquarium fast unentbehrlich. Wenn unser Taschengeld es gestattet, sollten wir sie von Anfang an einplanen. Der glockenförmige Bodenfilter, der unseren Ansprüchen genügt, muß vor dem Einbringen des Bodengrundes in eine hintere Ecke des Aquariums eingesetzt werden. Er wird mit einer elektrischen Membranpumpe betrieben. Wir brauchen diese außerdem zur künstlichen Durchlüftung. Die Wasserpflanzen unseres Aquariums assimilieren zwar am Tage bei ausreichender

Belichtung recht lebhaft und liefern so einen Teil des Sauerstoffs, den die Fische zur Atmung brauchen, aber im Winter, an trüben Tagen oder bei starker Besetzung des Aquariums kann es leicht zum Sauerstoffmangel und damit zur Schädigung der Fische kommen. Durchlüfter bieten auch noch den Vorteil ständiger Wasserbewegung und guter Temperaturverteilung. Beim Durchlüfter lassen wir die Luft durch einen Ausströmerstein aus Kieselgur nach oben perlen. Dieser wird durch Glasrohre und Schlauch mit dem Druckstutzen der Membranpumpe verbunden. Ein Y-förmiges Verteilerrohr gestattet uns den Anschluß von zwei Geräten an die Membranpumpe. Der Ausströmerstein liegt in der Mitte des Beckens dem Bodengrund auf. Wir verdecken ihn durch Gruppen von kleineren Steinen.

Nun kann es endlich losgehen. Wir setzen in die hintere linke oder rechte Ecke des Aquariums die Filterglocke und umgeben sie mit grobem Kies oder anderen kleinen Steinchen. Dann legen wir die großen Steine, die wir vorgesehen haben, unmittelbar auf den Boden des Aquariums. Danach bringen wir den wenig gewaschenen und möglichst groben Sand so auf den Boden, daß er nach einer Seite hin abfällt. Dort soll er noch 2 bis 3 cm hoch liegen. An dieser tiefen Stelle sammelt sich später der Bodenmulm an. Wir können ihn so leichter absaugen. Wir drücken den Sand mit einem kleinen Holzbrettchen leicht an.

Über die Sandschicht kommt 1 bis 2 cm hoch eine zweite Schicht vollständig ausgewaschenen Sandes. Dann setzen wir den Heizer ein und legen die Leitung für den Lüfter. Danach drücken wir auch diesen Sand mit einem Brettchen fest. Nun kann das Bepflanzen beginnen. Die Pflanzen liegen schon in einer mit Wasser gefüllten Schüssel bereit. Die Pflanzenarten richten sich natürlich teilweise nach den Fischen, die wir später einsetzen wollen. Für ein Warmwasseraquarium eignen sich als Schwimmpflanzen: Schwimmfarn, Südamerikanischer Froschbiß und Kleinohriger Büschelfarn; als Bodenpflanzen: Riesen-Vallisnerie, verschiedene Arten von Wasserkelch, Zwergwasserschlauch, Indischer Wasserstern, Amazonasschwertpflanzen, Wasserähre und andere.

Wir besorgen uns die Pflanzen vom Händler oder lassen uns von Freunden Ausläufer, Sprosse oder Pflanzenbruchstücke geben.

Mit dem Finger bohren wir Löcher in den Sand und setzen die Pflanzen ein. Sind ihre Wurzeln zu lang, so beschneiden wir sie etwas. Außerdem wachsen sie dadurch besser an. Keinesfalls dürfen wir zu lange Wurzeln so umbiegen, daß sie oben aus dem Pflanzloch wieder herausschauen. Auch ein zu tiefes Einpflanzen ist nicht gut. Die Ansatzstelle der Wurzeln muß gerade noch zu sehen sein. Wir hüten uns davor, zu viel Pflanzen einzusetzen. Die Fische haben dann nicht mehr genügend Bewegungsfreiheit. Außerdem lassen sie sich schwer beobachten. Wir pflanzen in Gruppen gleichartiger Pflanzen. Die großen Pflanzen kommen an die Rückseite des Beckens.

Es kann vorkommen, daß sich später nach dem Einfüllen des Wassers einzelne Pflanzen aus dem Untergrund lösen und nach oben treiben. Wir können das verhindern, indem wir die Pflanzen mit Steinchen umgeben oder mit Klammern aus Glas im Grund verankern.

Jetzt sind alle Arbeiten so weit abgeschlossen, daß wir Wasser einfüllen können. Wir müssen dabei sehr vorsichtig arbeiten, damit der Sand nicht aufgewirbelt wird. Es ist vorteilhaft, einen Bogen Packpapier auf den Grund auszubreiten. Darauf leiten wir aus einem Schlauch das Wasser. Bei Gestellaquarien legen wir über die eine Seite ein Brett, stellen den Eimer darauf und lassen das Wasser mittels Saughebers in das darunterstehende Becken einströmen. Kleine Vollglasbecken können wir auch mit einem Litermaß aus der Küche füllen. Das Packpapier heben wir vorsichtig heraus, wenn das Becken gefüllt ist. Dabei richten sich die Pflanzen selbsttätig auf. Vollglasaquarien füllen wir bis 3 cm unter den Rand. Gestellaquarien bis zum unteren Rand des Winkeleisens.

Das Wasser wird mit einer Temperatur von 25°C eingefüllt. Entnehmen wir das Wasser aus eigenem Brunnen oder wissen wir

So wird das Wasser eingelassen

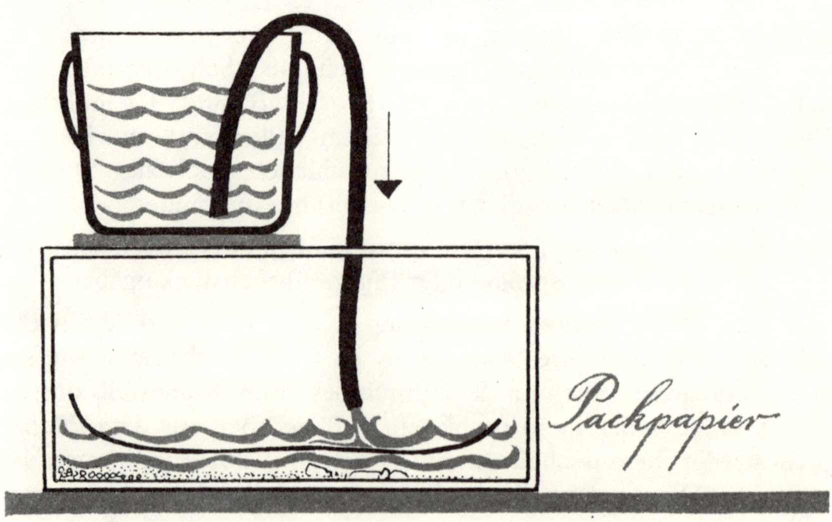

genau, daß das Leitungswasser nicht zu stark gechlort ist, so können wir es unmittelbar einfüllen.

Zu hartes Wasser dürfen wir nicht in das Becken geben. Wir enthärten es oder vermischen es mit destilliertem Wasser oder sauberem (!) Regenwasser. Die Karbonathärte können wir teilweise entfernen, wenn wir das Wasser kochen und danach das ausgeflockte Kalzium- und Magnesiumkarbonat absetzen lassen. Die meisten Fische gedeihen in weichem Wasser (4° bis 8° deutscher Härte) am besten. Haben wir zu Hause oder in unserer Arbeitsgemeinschaft keine Möglichkeit, die Wasserhärte nach der Methode von Boutron-Boudet zu bestimmen, so bitten wir unseren Chemielehrer oder einen bekannten Züchter darum.

Die Fische unseres Aquariums

Nach dem Füllen des Aquariums lassen wir es eine Wochen stehen, ehe wir es mit Fischen besetzen. Dann stehen wir vor der vielleicht schwierigsten Frage: Welche Fische sollen wir nehmen? Die Beratung durch einen erfahrenen Aquarianer oder durch den Händler ist einer Wahl auf eigene Faust vorzuziehen. Wir sollten auf jeden Fall einfach anfangen, uns Fische besorgen, die leicht zu halten sind, die sich vertragen und ein Zuviel an Fischen vermeiden (Faustregel: je Fisch 3 Liter Wasser).

Beim Kauf achten wir darauf, daß die Fische gesund sind. Haut und Augen müssen klar, die Flossen unbeschädigt sein. (Kranke Fische legen die Flossen an.)

Zum Transport benutzen wir ein Weckglas. Wir füllen es zu drei Vierteln mit Wasser der entsprechenden Temperatur. Über das Glas binden wir ein Tuch. In der kalten Jahreszeit schützen wir das Glas durch Einwickeln vor Abkühlung. Haben wir dann die Fische gut nach Hause gebracht, setzen wir sie nicht sofort ein, sondern prüfen erst die Temperatur im Aquarium. Wir kaufen uns ein Steckthermometer für die Messung der Bodentemperatur und ein Thermometer, das mit einem Saugnapf aus Gummi in der gewünschten Höhe an der Glasscheibe befestigt werden kann. Wir hängen am besten das Transportglas für einige Zeit in das Wasser des Aquariums. Dabei findet ein Temperaturausgleich statt. Temperaturunterschiede von 1°C bis 2°C können manchen Arten schon den Tod durch Schock bringen.

In der folgenden kleinen Auswahl sind empfehlenswerte Fische und die Temperaturen angegeben, die für die Haltung erforderlich sind. Wir sehen daraus, daß wir einige Arten im Sommer auch im Becken ohne Zusatzheizung halten können:

Art	Haltungs-Temperatur °C	Futter
Guppy, Millionenfisch	18 bis 22	Allesfresser
Schwertträger	18 bis 25	Allesfresser
Spiegelkärpfling, Platy	20 bis 25	Allesfresser
Scheckenkärpfling, Kaudi	17 bis 22	Allesfresser
Prachtbarbe	15 bis 20	Lebend- und Trockenfutter
Zebrabarbe	20 bis 23	Lebend- und Trockenfutter
Roter von Rio	23 bis 26	Lebend- und Trockenfutter
Drachenflosser, Kropfsalmler	20 bis 22	Lebend- und Trockenfutter
Makropode, Paradiesfisch	20 bis 25	Lebend- und Trockenfutter

Mit einem Kescher (es gibt runde und viereckige zum Eckenausfangen) übertragen wir die Fische in das Becken. Wir achten aber darauf, daß sie sich nicht in den Maschen verheddern, sonst gibt es Wunden, an denen Pilze und Bakterien in den Fischkörper einwandern können. Wir halten die Hand über den Kescher, weil die Fische leicht herausschnellen. Im Aquarium drehen wir den Kescher einfach um, die Fische schwimmen dann heraus. Alle diese Arbeiten führen wir ohne Hast aus, damit die Tiere nicht beunruhigt werden.

Ist das Aquarium besetzt, decken wir es mit einer Glasscheibe ab. Sie schützt vor allzu starker Verdunstung und verhindert, daß Staub ins Wasser fällt. Die Glasscheibe darf nicht auf dem Beckenrand aufliegen. Auf Vollglasaquarien setzen wir mehrere kleine Schlauchstückchen, die wir längs aufschneiden. Für Gestellaquarien gibt es Scheibenhalter. Wir können aber auch Korkscheiben zurechtschneiden und auf den Rand aufkleben.

Herrschen im Aquarium ungünstige Lichtverhältnisse, so ist es ratsam, eine Aquarienbeleuchtung anzubringen. Im Handel gibt es verschiedene Typen von Leuchten (Tauchleuchten, Oberleuchten, Seitenleuchten). Wir basteln uns eine Oberleuchte aus Holz und Aluminiumblech, versehen sie mit 2 Nähleuchten oder Kerzenleuchten und setzen sie so auf die Glasscheibe, daß sich diese nicht zu stark erwärmt und springt. Während der Nacht schalten wir die Beleuchtung aus. Wir werden schließlich selbst herausfinden, wie lange wir beleuchten dürfen, damit die Veralgung des Beckens nicht überhandnimmt, und welche Beleuchtungsart die Pflanzen in ihrem Wachstum am besten fördert. Im Sommer werden wir keine zusätzliche Beleuchtung brauchen, aber im Winter ist es auf jeden Fall notwendig, dafür zu sorgen, daß die Wasserpflanzen mindestens 12 Stunden lang Licht erhalten. Die Beleuchtung bringen wir möglichst weit vorn an der Aquariumoberseite an, damit die Fische nicht nur als Schatten zu sehen sind und der Beobachter nicht geblendet wird.

(Entsprechend einer Faustregel rechnen wir bei Zusatzbeleuchtung je Quadratdeztimeter Bodenfläche 2 Watt, das heißt also, daß bei einem Becken von 50 mal 30 cm Bodenfläche zwei Nähleuchten von je 15 Watt ausreichen.)

Die Fütterung

Wir unterscheiden zwischen Lebendfutter und Trockenfutter. Zum Lebendfutter gehören Wasserflöhe *(Daphnia)*, Hüpferlinge *(Cyclops)*, weiße, schwarze und rote Mückenlarven, Schlammwürmer *(Tubifex)*, Enchyträen und Grindalwürmer.

Wasserflöhe fangen wir uns mit einem Netz, das mit dichtem Mull bespannt ist, in Wasserfässern, Gräben, Teichen und Tümpeln. Wir fangen immer nur soviel, wie wir für 2 bis 3 Tage brauchen; denn viel länger können wir die Tiere in kleinen Behältern zu Hause nicht am Leben erhalten. Wir transportieren sie im Weckglas, im Plastikbeutel oder in der käuflichen Futterkanne und übertragen sie zu Hause sofort in flache Schüsseln mit abgestandenem Wasser. Von dort ziehen wir mit einem Schlauch die tägliche Futterration in ein Sieb ab. Von Zeit zu Zeit versetzen wir das Wasser in der Schüssel in kreisende Bewegung. Dabei sammeln sich die toten Krebse in der Mitte am Grunde. Von dort können wir sie mit Hilfe eines Schlauches absaugen.

Weiße Mückenlarven eignen sich besser für eine längere Aufbewahrung in flachen Schüsseln. Sie leben aber räuberisch und sollen niemals verfüttert werden, wenn Jungfische im Becken sind. Schwarze Mückenlarven entwickeln sich rasch zu lästigen Stechmücken. Wir nehmen deshalb nur kleine Mengen mit in die Wohnung. *Tubifex* und rote Mückenlarven sind wertvolles Lebendfutter während des Winters. Wir beziehen sie vom Händler und transportieren sie in Gläsern (ohne Wasser) oder in Papier. *Tubifex* bewahren wir im Weckglas auf, rote Mückenlarven in flachen Glasschalen, die mit einem feuchten Tuch bedeckt sind. Bei *Tubifex* erneuern wir täglich das Wasser im Weckglas und entfernen die Leichen, die an der Oberfläche schwimmen, wenn wir umrühren. Mückenlarven spülen wir in einem Sieb unter der Wasserleitung durch und geben sie dann in die Schale mit frischem Wasser zurück. Zum Verfüttern brauchen wir einen Schwimmring mit Sieb.

Wir füttern niemals mehr, als unbedingt erforderlich ist. Das gilt für alle Futterarten.
Enchyträen (Blumentopfwürmer) sind ein gutes Winterfutter. Nur beachten wir von Anfang an, daß wir sie nie allein über längere Zeit verfüttern dürfen, weil die Fische sonst an Fettsucht eingehen. Enchyträen züchten wir uns selbst. Wir füllen einige Holzkistchen mit Erde. Dann kaufen wir uns in einer Zoohandlung einen Zuchtansatz und verteilen die Tiere in der Erde. In eine Vertiefung an der Oberfläche geben wir den Futterbrei: in Wasser gekochte Haferflocken (eventuell mit wenig Margarine), Kartoffeln und Futterabfälle. Über die Futterstelle legen wir eine Glasscheibe. Dort sammeln sich die Enchyträen an und können für die Fütterung leicht entnommen werden. Wir füttern sie in dem Zuchtkasten regelmäßig, aber nicht zuviel, da sonst die Ausbreitung von schädlichen Milben bei der Fäulnis der Futterreste gefördert wird. Die Zuchtkisten stellen wir kühl. Es ist vorteilhaft, zwei Zuchten anzulegen, weil die Blumentopfwürmer eine gewisse Ruhezeit brauchen.
Trockenfutter (getrocknete Wasserflöhe, Krebsschrot und Fleischextrakt) beziehen wir aus der Zoohandlung. Fischen, die Pflanzenfresser sind, können wir auch Haferflocken und zerriebene getrocknete Salatblätter geben.
Wir füttern regelmäßig, aber nie zuviel, weil sonst die Futterreste faulen und das Wasser verderben, und sorgen für Abwechslung. Lebendfutter geben wir nie sofort ins Aquarium, sondern nach dem Fang erst in ein Glas mit klarem Wasser. Brot- und Kuchenkrümel, gekochte Kartoffeln und Ameisenpuppen sind kein Fischfutter. Bei Fütterung mit Trockenfutter verwenden wir einen Futtering. Er verhindert, daß sich das Futter auf der gesamten Wasseroberfläche ausbreitet.
Insgesamt beachten wir, daß wir abwechslungsreich füttern. Das Futter muß auch der Größe der Fische entsprechen, das heißt, daß es unzweckmäßig ist, kleine Fische mit zu großen Wasserflöhen füttern zu wollen und umgekehrt. Wir können auch schon an der Art der Nahrungsaufnahme sehen, ob unsere Fische gesund sind oder nicht.

Die Pflege des Aquariums

Wenn wir unserem Aquarium nun noch die richtige Pflege angedeihen lassen, dann werden sich unsere Schützlinge prächtig entwickeln und uns viel Freude bereiten. Zur Pflege gehört die ständige Temperaturkontrolle. Abgestorbene Pflanzenteile entfernen wir sofort. Die Fische beobachten wir ja ohnehin ständig. Kranke

Tiere bringen wir in einen gesonderten Behälter. Mit einem Scheibenreiniger befreien wir einmal wöchentlich die Scheiben von dem grünen Algenbelag. Im Wasser umherschwimmende Fadenalgen können wir entfernen, wenn wir einen rauhen Holzstab im Wasser drehen und dann vorsichtig herausheben. Eine Kahmhaut, die sich auf dem Wasser gebildet hat, heben wir mit Filterpapier ab. Den Bodenmulm entfernen wir mit einem Schlammheber.
Ein gutgepflegtes Aquarium hat einen ausgeglichenen Wasserhaushalt. Wir brauchen eine vollständige Wasserreinigung nur in größeren Zeitabständen vorzunehmen. Alle 2 Wochen sollten wir aber einige Liter Wasser absaugen und durch Frischwasser gleicher Temperatur ersetzen.
Zu stark wachsende Pflanzen schneiden wir zurück. Schadhafte und faulende Blätter schneiden wir aus. Wir vergessen auch nicht, den Bodengrund, vor allem unter den Steinen, zu lockern.
Von Zeit zu Zeit wird eine Generalreinigung erforderlich sein, vor allem vor Eintritt des Winters und im Frühjahr. Dazu gehört dann auch eine gründliche Reinigung der Scheiben, der Geräte und Dekorationsstücke und eine Erneuerung der Filterfüllung. Besonders vor Beginn des Winters sollten wir, wenn es auch zunächst Überwindung kostet, den Pflanzen- und Fischbestand auf ein gesundes Maß reduzieren. Große Pflanzen, die viel Platz beanspruchen, entfernen wir zugunsten von widerstandsfähigeren Jungpflanzen, oder wir schneiden sie zurück. Auch der Pflege der Futterkulturen müssen wir jetzt noch größere Aufmerksamkeit schenken als im Sommer.

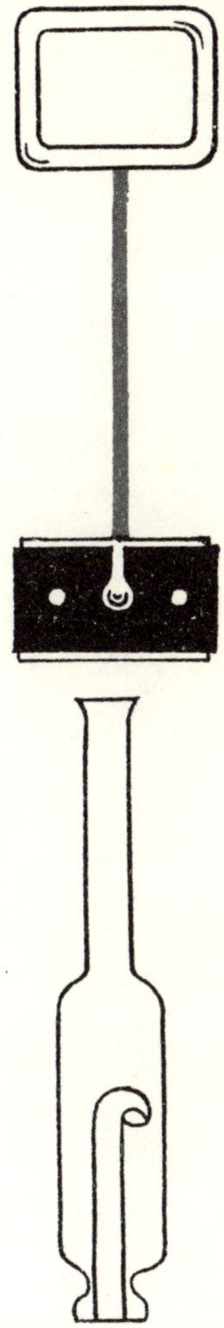

Futterring, Schaber und Mulmglocke

Wir lernen am Aquarium

Am Aquarium lernen wir eine Menge über die Biologie der Pflanzen und der Tiere. Wir lernen neue Arten kennen und machen uns mit ihren Lebensgewohnheiten vertraut. Wir sehen sie als Einzelgänger oder Schwarmfische, als flinke Gesellen oder als träge Burschen, im freien Wasser stehend oder lieber ein Versteck aufsuchend, häufig im oberen Teil des Aquariums oder als Bodenwühler am Grund, in der Alltagsfarbe oder im Hochzeitskleid. Wir beobachten sie nicht nur beim Umherschwimmen und bei der Nahrungsaufnahme; die meiste Zeit werden wir an das Aquarium gefesselt sein, wenn wir das Ablaichen und die Brutpflege verfolgen können. Und gerade hier gibt es eine außerordentliche Vielfalt. Wir empfehlen dafür besonders das Artenaquarium, das heißt einen Typ, bei dem wir ein Paar oder mehrere Paare einer Art in das Becken bringen und ihnen dort ihren Lebensgewohnheiten gemäße Bedingungen schaffen. Es gibt Arten, die ihre Eier in Nestern aus Pflanzenteilen am Grunde des Beckens ablegen, und solche, die in Schaumblasennester an Schwimmpflanzen laichen. Dann haben wir Höhlenbrüter. Schon aus der Systematik kennen wir die eierlegenden und die lebendgebärenden Zahnkarpfen oder die interessante Familie der Maulbrüter, zu denen zahlreiche Cichlidenarten gehören. Wir beobachten, wie entweder das Männchen, das Weibchen oder auch beide die Jungfische behüten. Fast täglich lassen sich neue Beobachtungen durchführen.

Vergessen wir dabei auch unsere heimischen Wassertiere nicht. Ihre Haltung im Kaltwasseraquarium ist nicht ganz einfach, weil es oft schwierig ist, im Sommer die Wassertemperaturen niedrig zu halten. Als Pflanzen für ein Kaltwasseraquarium eignen sich Wasserpest *(Elodea)*, Tausendblatt (*Myriophyllum*, verschiedene Arten), Pfennigkraut *(Lysimachia)*, Pfeilkraut *(Sagittaria)*, Hornkraut *(Ceratophyllum)*, Wasserschlauch *(Utricularia)*, Quellmoos *(Fontinalis)* und andere. Wir besorgen sie uns von Freuden oder holen sie uns selbst aus den Gewässern unserer näheren Umgebung, bringen sie aber dann erst einige Zeit zur Beobachtung in ein besonderes Glas, weil wir sonst leicht Krankheitserreger und Schädlinge ins Aquarium einschleppen.

Einheimische Teichfische, die sich zumindest für kurze Zeit in Aquarien halten lassen, sind junge Karpfen, Karauschen, Schleien, Bitterlinge, Moderlieschen und Schlammpeizker. Wenn sie zu groß werden, müssen wir uns von ihnen trennen. Bei Haltung dieser Tiere achten wir streng darauf, daß die Wassertemperaturen 20 bis 22°C nicht übersteigen.

Stichlinge und Bitterlinge halten wir im Artenaquarium, um ihre Brutpflege eingehend beobachten zu können. Stichlinge brauchen einige dichtbepflanzte Stellen als Verstecke. Dem Bitterling müssen wir 1 oder 2 kleine Teichmuscheln ins Aquarium legen, weil die Weibchen mittels einer Legeröhre ihre Eier in die Atemhöhle der Muscheln legen.

Denken wir daran, daß wir unser Heimataquarium auch mit allerlei niederen Tieren (Schwämme, Muscheln, Krebse, Wasserinsekten, Schnecken) sowie mit Kaulquappen und Molchlarven besiedeln können. Im Heimataquarium sollten Posthornschnecken und Sumpfdeckelschnecken nicht fehlen. Sie ernähren sich von Futterresten und von Algen. Außerdem haben wir die Möglichkeit, die Entwicklung der kleinen punktförmigen Schnecken aus dem Schneckenlaich zu beobachten. Ein Höhepunkt in der Tätigkeit eines Aquariums ist das Gelingen der Zucht, und es gibt heute unter den Liebhaber-Aquarianern solche, die es bereits zu recht beachtlichen Erfolgen gebracht und internationale Anerkennung gefunden haben.

Wir richten ein Terrarium ein

Kriechtiere und Lurche lassen sich gut beobachten, wenn wir sie in einem Terrarium halten. Wir können es uns bei einigem Geschick selbst herstellen. Schüler bitten vielleicht ihren Biologielehrer, daß er ihnen im Rahmen einer Arbeitsgemeinschaft die Möglichkeit gibt, ein Terrarium zu bauen, einzurichten und zu betreuen. Es stellt in der Schule immer einen besonderen Anziehungspunkt dar. Wenn uns zu Hause ein Garten, ein Wintergarten oder ein Balkon zur Verfügung steht, bereitet uns die Aufstellung eines Terrariums dort ebenfalls keine Schwierigkeiten. Sind wir räumlich beengt, dann müssen wir vorher genau abwägen, ob das Vorhaben durchführbar ist oder ob wir es lieber unterlassen. Ein Terrarium darf nämlich nicht zu klein sein. Es soll wenigstens 60 cm lang, 40 cm breit und 40 cm hoch sein. Können wir unser Terrarium auf dem Fensterbrett aufstellen, dann wählen wir eine geringere Breite, gehen dafür mehr in die Länge. 20 cm müssen wir aber als Mindestbreite ansehen. Ein Fensterbrett läßt sich ohne weiteres verbreitern. Wir schrauben zwei oder drei Leisten darunter, lassen sie in der notwendigen Breite überstehen und befestigen ein gehobeltes und gestrichenes Brett darauf.
Ehe wir mit dem Bau beginnen, müssen wir uns schlüssig sein, welche Tiere wir im Terrarium halten wollen. Danach richtet es sich, ob wir ein trockenes oder ein feuchtes Terrarium bauen. Deshalb wollen wir uns zunächst einmal die Tiere anschauen, die für ein Terrarium in Frage kommen:

Klasse, Ordnung, Art	Anforderungen an das Terrarium	Ernährung
LURCHE (AMPHIBIEN)		
Schwanzlurche:		
Gemeiner Teichmolch (Streifenmolch)	Aquaterrarium, kühl, wenig Sonne	Regenwürmer, Schnecken, Wasserinsekten, Mückenlarven, Wasserflöhe, Enchyträen
Kammolch	desgl.	desgl.
Froschlurche:		
Laubfrosch (+!)	feuchtes Terrarium, hoch, Blattpflanzen, Kletterbaum	Fliegen und andere Insekten, Mehlwürmer
Grüner Wasserfrosch	Aquaterrarium, Sonne, kräftige Wasser- und Uferpflanzen	Würmer, Schnecken, kleine Wassertiere, Fische

Klasse, Ordnung, Art	Anforderungen an das Terrarium	Ernährung
Grasfrosch	feuchtes Terrarium	Schnecken, Würmer (Kaulquappen, Wasserflöhe, Enchyträen, Algen)
KRIECHTIERE (REPTILIEN)		
Schildkröten:		
Griechische Landschildkröte	trockenes Terrarium, viel Sonne	Salat, Obst, Milch, Mehlwürmer
Echsen:		
Blindschleiche (+)	trockenes Terrarium	Nacktschnecken, Regenwürmer
Zauneidechse (+)	trockenes Terrarium, viel Sonne, Gras, Laub, Steinplatten, Versteck aus Steinen	Insekten (Fliegen, Heuschrecken usw.), Mehlwürmer
Schlangen:		
Ringelnatter (+)	feuchtes Terrarium, sonnig, großer Wasserbehälter	Frösche, Molche, Fische

Die mit einem (+) bezeichneten Tiere stehen unter Naturschutz. Es ist aber gestattet, einzelne Tiere zu fangen, sich anzueignen und zu halten. Trotzdem werden wir uns stets überlegen, ob das betreffende Tier in unserer Gegend sehr selten anzutreffen ist und wir nicht durch unseren Fang den vielleicht sehr geringen Bestand gefährden. Am besten wird es immer sein, das Tier später in seinen Lebensraum zurückzugeben.
Sumpfschildkröten, Feuersalamander, Kröten und Unken dürfen wir nicht fangen.
Ein trockenes Terrarium enthält Erde und Sand und eine glasierte Tonschale mit frischem Trinkwasser. Wir können es aus einer

stabilen Kiste bauen. Besser und schöner wird es, wenn wir es aus gut getrockneten Hartholzleisten und -brettern herstellen. Vorder- und Rückwand verglasen wir. Die Seitenwände und den Deckel bespannen wir mit engmaschiger Gaze aus Plast. Wir können auch halb Glas, halb Gaze für die Seitenwände nehmen. Auf jeden Fall muß aber eine gute Durchlüftung des Terrariums gewährleistet sein. Der untere Teil besteht aus Brettern und wird mit PVC ausgelegt. Vom Klempner besorgen wir uns eine Tafel PVC-hart. Aus ihr wollen wir uns einen wannenförmigen Einsatz herstellen. Entsprechend der untenstehenden Abbildung schneiden wir die Platte zurecht. Dabei richten wir uns nach den Innenmaßen unseres Terrariums. Die Seitenwände biegen wir in der Wärme.

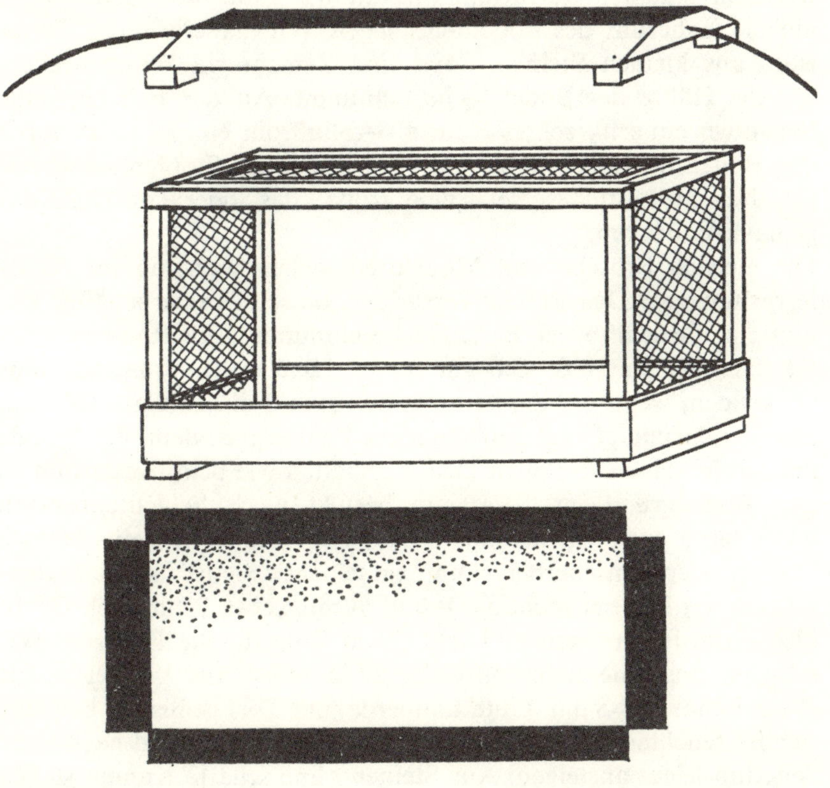

Trockenes Terrarium mit Oberleuchte und Zuschnitt für den Bodeneinsatz

Wir legen an der zu biegenden Kante Holzleisten unter die Platte, erwärmen sie an den zu biegenden Stellen mit einem warmen Eisen oder durch Entlangfächeln mit einem Brenner. PVC-hart erweicht bei 75 bis 77°C. Die hochgebogenen Seitenteile verschweißen wir miteinander, indem wir mit dem Lötkolben an den Kanten entlangfahren. Die Teile verschmelzen an den Nähten miteinander. PVC-hart beginnt bei 160 bis 180°C zu fließen.

Eine andere Möglichkeit besteht darin, das Terrarium mit einer Folie aus PVC-weich (alte Tischdecke) oder Polyäthylen auszulegen. Die Folie wird an den Rändern hochgezogen und mit dünnen Leisten oder mit Klammern einer Heftmaschine befestigt. Wer auf das Auslegen mit wasserdichtem Material (Dachpappe nehmen wir nicht) verzichten will, muß vor allem den Bodenteil des Terrariums mit einem gut isolierenden Farbanstrich versehen. Auf jeden Fall empfiehlt es sich aber auch dann, den Boden mit einer Glasplatte zu bedecken und die Ritzen im Holz mit Fensterkitt abzudichten.

Bei dem feuchten Terrarium müssen wir ganz besonderen Wert auf die Isolierung des Bodenteiles legen. Wir mauern in das Terrarium aus kleinen Steinen, Sand und Zement ein Wasserbecken, das die Hälfte der Bodenfläche einnimmt. An der tiefsten Stelle bauen wir ein senkrechtes Rohr als Abflußrohr ein. Es führt durch den Boden des Terrariums und wird mit einem Stopfen verschlossen. Nur im Notfalle ersetzt eine große Glas- oder Tonschale das gemauerte Becken.

Die meisten Frösche und Molche entwickeln sich nur im Aquaterrarium gut. Das ist ein Terrarium, dessen Wasserbehälter wenigstens die Hälfte der Bodenfläche einnimmt. Ein Rahmen eines Gestellaquariums läßt sich gut für den Bau eines Aquaterrariums verwenden, wenn wir die Seitenwände zum Teil aus Gaze fertigen. Zur Verglasung genügt gewöhnliches Fensterglas, denn die Wände müssen ja keinen so hohen Druck abhalten wie beim Aquarium.

Der Bodengrund im Terrarium besteht aus 4 Schichten: Nach unten legen wir zunächst eine 3 bis 5 cm hohe Schicht aus kleinen Steinen oder Tonscherben (Drainageschicht). Sie ist für die Durchlüftung des Bodens wichtig. Darauf kommt etwa 2 cm hoch Grobkies, dann feiner Sand und schließlich Erde für die Pflanzen. Wir mischen uns eine nährstoffreiche Erde selbst aus Walderde mit etwas Lehm und Sand. Gute Lauberde, mit Torf gemischt, bewährt sich im feuchten Terrarium. Wir lassen den Bodengrund nach einer Seite hin leicht ansteigen. Aus Steinen ohne scharfe Kanten stellen wir eine kleine Grotte zusammen, um Eidechsen und Schlangen einen Unterschlupf zu bieten. Für kletternde Tiere darf ein Kletterbaum nicht fehlen. Wir suchen einen kräftigen und reichverzweigten Ast. Eine Beleuchtung von oben her, wie wir sie beim Aquarium haben, fördert das Pflanzenwachstum, ersetzt an trüben Tagen die Sonne und spendet unseren Pfleglingen Wärme.

Die Pflanzen können wir direkt eingraben oder in kleinen Blumentöpfen einsenken. Wir wählen solche Arten, die nicht zu hoch wachsen. Zarte Pflanzen werden von den Tieren leicht geknickt. Wir wollen kein Sammelsurium von Pflanzen in unser Terrarium bringen. Die Bepflanzung soll den natürlichen Gegebenheiten entsprechen. Farne wirken immer schön, ebenso eine oder zwei Pflanzen im Wasserbehälter. Wir überlegen uns schon beim Mauern, wo die Pflanzen hinkommen, und gestalten diese Stelle etwas tiefer und eben. Einen Teil des Bodens legen wir mit Moos aus. Pflanzen und Moos besprengen wir von Zeit zu Zeit. Zu häufiges Gießen vermeiden wir, der Untergrund des Terrariums wird sonst sauer.

Für das trockene Terrarium suchen wir uns anspruchslose Pflanzen: Dickblattgewächse, Mauerpfeffer, Steinbrech, Heide, Augentrost, Efeu, Mauerraute, Preißelbeere, Tüpfelfarn und Efeublättriges Leinkraut.

Im Terrarium vertragen sich alle Frösche untereinander. Ebenso Ringelnatter und Eidechsen, Ringelnatter und Griechische Landschildkröte und verschiedene Schlangenarten; Giftschlangen im Terrarium zu halten ist Leichtsinn und muß unterbleiben.

Futtertiere setzen wir am besten frei ins Terrarium. Bei Regenwürmern ist das nicht empfehlenswert, weil sie sich schnell verkriechen. Wir legen sie in einen flachen Futternapf (Blumenuntersetzer), geben etwas gute Komposterde hinein und feuchten von Zeit zu Zeit an. Die Bewohner unseres Terrariums gewöhnen sich, wenn auch langsam, an den Futternapf. Insekten als Futtertiere müssen lebend sein. Es wird uns sicherlich viel Freude bereiten, der Jagd nach ihnen zuzuschauen. Insgesamt wollen wir uns bemühen, die Tiere abwechslungsreich zu ernähren und ihnen Nahrung zu geben, die sie auch in der Freiheit zu sich nehmen. Einseitige Ernährung ruft bei den Tieren Vitaminmangelkrankheiten hervor. Wir können die Fütterung auch einmal mit toten Tieren oder Fleischstückchen versuchen, müssen diese aber an einem Holzstäbchen befestigen und unmittelbar vor dem Kopf des zu fütternden Tieres hin und her bewegen (geringes Sehvermögen der Terrariumtiere!).

Eine naturgemäße Tierhaltung erfordert, daß wir die Tiere ihren Winterschlaf halten lassen. In kleinen Kästen, die mit Laub, Walderde und Moos gefüllt sind, transportieren wir sie in der zweiten Novemberhälfte in den Keller. Wir sind damit gleichzeitig die Futtersorgen während des Winters los. In dieser Zeit können wir am Terrarium Reparaturen vornehmen und es neu gestalten.

Zum Schluß noch eine Bemerkung zum Freilandterrarium. Wo es die örtlichen Gegebenheiten gestatten, sollte in Schulen dem Freilandterrarium der Vorzug gegenüber dem Zimmerterrarium gegeben werden, gestattet es uns doch, die Tiere naturgemäßer zu halten. Es sollte im Schulgarten seinen Platz finden. Wenn viele Hände mithelfen, ist das Ausschachten schnell erledigt. Das Terrarium legen wir 50 cm tief; die Umfassungsmauer muß 100 bis 150 cm in die Erde reichen, um Maulwürfe und Mäuse fernzuhalten. Wir bauen sie aus Natursteinen oder Ziegeln (oberen Rand nach ihnen überspringen lassen und glätten, damit keine Tiere entfliehen können). Vielleicht können wir dabei unsere Kenntnisse vom letzten Ferienjob oder aus unserer Berufsausbildung anwenden. Schließlich wird sich auch unter den Eltern der Schule jemand finden, der uns hier gern berät und hilft. Ein Teich darf natürlich in dem Freilandterrarium nicht fehlen.

Das Insektenaquarium

Wasserinsekten beobachten und züchten wir in einem Insektenaquarium. Dazu benutzen wir ein Vollglasbecken, für das wir uns einen Aufsatz aus Leisten basteln, den wir vorn und hinten mit Glasscheiben versehen. Die Seiten und den Deckel bespannen wir mit Gaze. An einer Seite bringen wir eine gutschließende Holztür an.
Bodengrund und Bepflanzung gestalten wir ähnlich wie im Aquarium. Da sich viele Käferlarven in der Erde verpuppen, müssen wir den Bodengrund an einer Seite etwas ansteigen lassen. So erhalten

Insektenaquarium

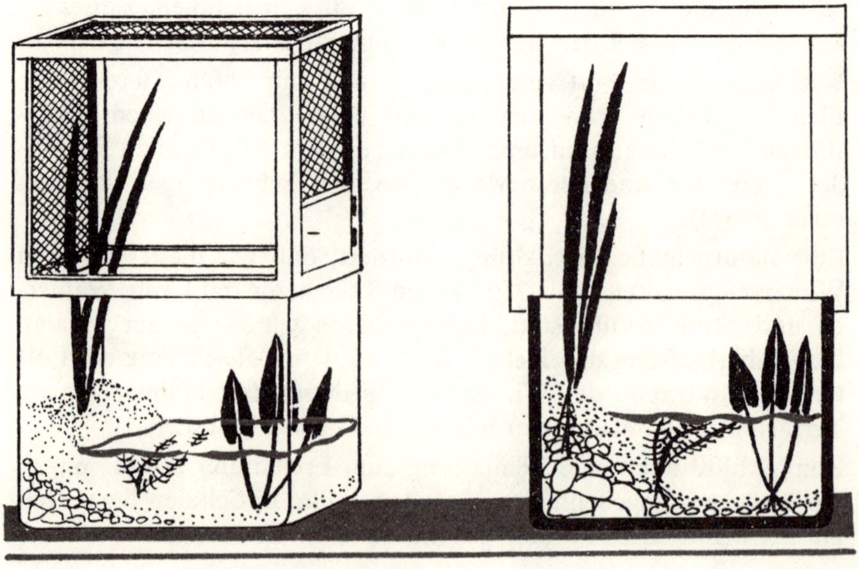

wir eine trockene Uferzone. Damit dort der Boden nicht so leicht ausgespült wird, befestigen wir ihn mit Steinen und etwas lehmhaltigem Sand. Das Becken füllen wir nur etwa bis zur Hälfte mit Wasser, das wir von Zeit zu Zeit teilweise durch frisches ergänzen müssen. Die Tiere für unser Insektenaquarium holen wir uns aus Teichen, Tümpeln und Gräben. Wir denken bei der Besetzung daran, daß die meisten Wasserinsekten und ihre Larven räuberisch leben, bringen also nicht zu viele Arten hinein und wechseln lieber etwas häufiger den Tierbestand.
Über die Lebensweise der Tiere informieren wir uns in einem Zoologie-Lehrbuch oder in der Spezialliteratur, von der in fast jeder Bücherei etwas vorhanden ist. Einige Tiere, die für uns in Frage kommen, seien hier noch aufgeführt: Gelbrandkäfer, Taumelkäfer, Wasserwanzen (z. B. Wasserläufer, Rückenschwimmer und Wasserskorpion) sowie Köcherfliegenlarven, Libellenlarven; dazu kommen Wasserspinnen, Muscheln, Schnecken, niedere Krebse (zum Beispiel Kiemenfuß) und Egel.

Mit Skalpell und Schere

Das Wort Anatomie (griechisch anatemnein = zergliedern) gebrauchen wir in zweifachem Sinne. Einmal bedeutet es die Lehre von der Form und vom Bau des pflanzlichen, tierischen oder menschlichen Körpers; zum anderen bezeichnen wir damit die Kunst des Zergliederns, vor allem der menschlichen und tierischen Körper. Wer die Lebensfunktionen von Mensch und Tieren verstehen will, muß ihren inneren Bau genau kennen. Dann hat er auch die Möglichkeit, im Falle einer Krankheit, einer Störung dieser Funktionen, helfend einzugreifen. Für Medizinstudenten, angehende Tierärzte und Zoologen sind anatomische Übungen deshalb ein wichtiger Teil des Studiums.
Vom lateinischen sectio = Schnitt leitet sich das Wort Sektion ab, worunter wir in der Biologie und in der Medizin die kunstgerechte Leichenöffnung und -zergliederung verstehen. Auch wir wollen lernen wie man seziert.

Das Handwerkszeug des Anatomen

Eine Arbeit gelingt nur, wenn das Handwerkszeug den Aufgaben entspricht und in Ordnung ist. Das gilt auch für unser Vorhaben. Für die Tiersektion sind einige Instrumente unerläßlich. Wir wollen sie uns kurz einmal ansehen. Die wichtigsten Instrumente sind

Skalpell und Schere. Ein Skalpell ist ein 15 bis 20 cm langes Präpariermesser. Es besteht entweder ganz aus Metall, oder es hat ein Holz- oder Plastheft. Die Ganzmetallgeräte sind zwar teuer, lassen sich aber besser reinigen. Beim spitzen Skalpell liegt die Spitze in der Mitte der Klinge. Mit ihm zerlegen wir größere Objekte. Das geballte Skalpell hat vorn eine stark gekrümmte Schneide, in der die größte Schärfe liegt. Wir benutzen es für kürzere Schnitte, die sehr präzise geführt werden müssen.

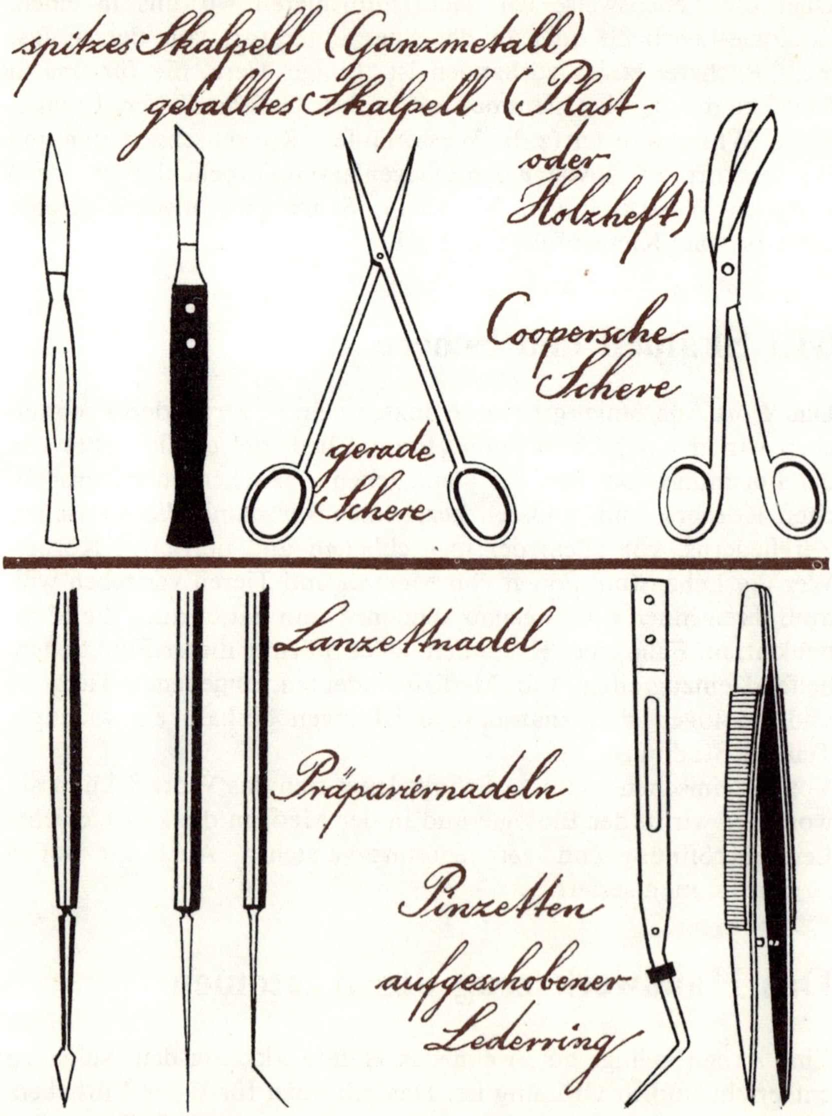

Das Handwerkszeug des Anatomen

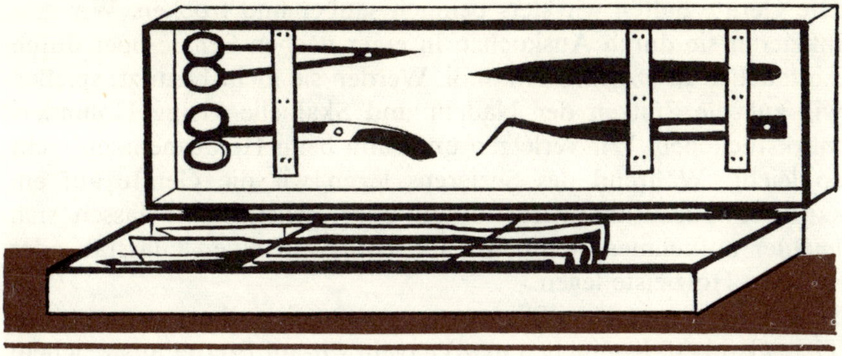

So wird das Sezierbesteck aufbewahrt

Wer es sich leisten kann — vielleicht wird das auch ein Weihnachts- oder Geburtstagsgeschenk —, kauft sich zwei Scheren; eine starke und eine feine, spitze Schere. Auf die feine Schere können wir auf keinen Fall verzichten. Beim Kauf der starken Schere verlangen wir eine sogenannte Coopersche Schere. Sie ist flachgebogen und vorn gerundet.

Pinzetten haben wir ohnehin. Wir brauchten sie schon beim botanischen Arbeiten. Wir benötigen für anatomische Zwecke eine gröbere Pinzette mit gerundeten Enden und eine möglichst spitze Pinzette. Beim Kauf achten wir darauf, daß die Spitzen gut aufeinanderpassen. Pinzetten mit winkliggebogener Spitze erleichtern uns das Arbeiten an schwerzugänglichen Stellen.

Präpariernadeln stellen wir uns aus Nähnadeln und Rundholzstükken selbst her. Wir benötigen zwei Stück. Neben diesen spitzen Präpariernadeln gibt es noch Lanzettnadeln. Mit ihnen können wir feinste Schnitte führen, da die beiden Kanten der „Lanzenspitze" angeschliffen sind. Eine Anzahl kräftiger, rostfreier Stecknadeln brauchen wir, um beim Zergliedern die Teile unserer Objekte befestigen und auseinanderhalten zu können. Einige Rasierklingen, eine Pipette, 2 Uhrgläser, mehrere Objektträger, ein Glasstab und ein Lappen vervollständigen die Ausrüstung.

Unsere Geräte bringen wir in einem Papp- oder Holzkästchen unter, das wir innen mit Halterungen versehen, damit die Instrumente nicht durcheinanderfallen. Für Skalpelle und Nadeln kleben wir zwei Pappstreifen mit entsprechend geformten Einschnitten senkrecht in den Bodenteil des Kastens, Pinzetten und Scheren haltern wir in Schlaufen aus Band im Deckel. Das Band wird zunächst auf einer Pappe mit der Heftmaschine oder durch Annähen befestigt. Die Pappe kleben wir dann in den Deckel.

Die Geräte halten wir stets peinlich sauber und trocken. Wir desinfizieren sie durch Auskochen in einer flachen Schale oder durch Eintauchen in 96%igen Alkohol. Werden sie nicht benutzt, spießen wir auf die Spitzen der Nadeln und Skalpelle kleine Holundermarkstückchen. Wir verletzen uns dann beim Herausnehmen nicht so leicht. Während des Sezierens legen wir die Geräte auf ein sauberes Tuch, auf Verbandmull oder Zellstoff. Sie lassen sich leichter aufnehmen, wenn wir sie schräg auf einen Glasstab oder auf eine Holzleiste legen.

Sektionen kleiner Tiere führen wir in einem Sezierbecken aus, große Tiere (Tauben, Kaninchen usw.) nageln wir auf Bretter aus weichem Holz (Sezierbretter). Ein Sezierbecken sollte mindestens 30 cm lang, 20 cm breit und 5 cm hoch sein. Es ist im allgemeinen aus Zinkblech und wird etwa 2 cm hoch mit reinem Wachs ausgegossen. Die Wannen verbreitern sich nach oben. Um zu verhindern, daß die Wachsplatte beim Arbeiten unter Wasser nach oben schwimmt, haben käufliche Sezierwannen einen Querschnitt, der sich vom Boden zunächst nach der Mitte etwas verjüngt. Wir werden im allgemeinen auf Fotoschalen aus PVC zurückgreifen. Durch Berührungsschweißen mit einem Lötkolben oder durch Ankleben mit PVC-Kleber wird etwa 1 cm über dem Boden der Wanne auf den beiden Längsseiten ein Plastikstreifen angebracht, um die Wachsplatte zu halten. Dann wird die Wanne ausgegossen. Bienenwachs werden wir dafür kaum auftreiben können. Wir greifen deshalb auf Weichparaffin zurück. Sein Schmelzpunkt liegt zwischen 40°C und 50°C. Diese Temperatur verträgt die PVC-Schale, ohne zu erweichen. Wir lassen das Paraffin allmählich erstarren, sonst wird es leicht rissig. Hartparaffin können wir nicht verwenden; es bricht beim Einstecken der Nadeln.

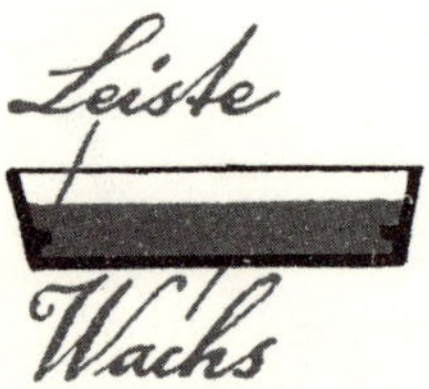

Sezierbecken aus einer Fotoschale

Eine noch einfachere Möglichkeit besteht darin, eine Entwicklerschale oder eine Schale aus Preßglas mit PVC-weich (Fußbodenbelag) zweischichtig auszulegen. Wir kleben möglichst dunkles Material ein, weil sich die zu sezierenden Tiere dann besser abheben. Aus dem gleichen Grunde sei auch empfohlen, bei Verwendung von Paraffin dieses erst mit etwas Ofenruß zusammenzuschmelzen.

Wir sezieren einen Wasserfrosch

Eines der geeignetsten Objekte zum Erlernen der Seziertechnik ist der Frosch. Wir fangen uns einen möglichst großen Grünen Wasserfrosch *(Rana esculenta)* — auch der Braune Grasfrosch *(Rana temporaria)* ist geeignet — und betrachten zunächst einmal das lebende Tier. Wir schauen uns an, wie der Frosch beim Sitzen die

Vorderbeine einstemmt, während das Körpergewicht vorwiegend auf den Schenkeln der langen Hinterbeine (Sprungbeine) ruht. Entdecken wir an dem ersten Finger der Vorderbeine verhornte Hautverdickungen (Daumenschwielen), so wissen wir, daß wir ein Männchen vor uns haben. Dicht hinter der Kopfspitze sehen wir zwei kleine Nasenöffnungen. Sie können während des Schwimmens unter Wasser verschlossen werden. Vollentwickelte Augenlider fehlen dem Frosch; über das Auge schiebt sich eine Nickhaut. Hinter den Augen sehen wir die Trommelfelle. Tasten wir den Frosch ab, so fühlen wir durch die schlüpfrige Haut hindurch die wichtigsten Teile des Skeletts (Brustbein, Schultergürtel, Beckengürtel, Wirbelsäule). Beim Abtasten stellen wir fest, daß die Haut dem Körper nur lose aufliegt. Unter ihr finden sich große Hohlräume (Lymphsäcke). Sie sind mit Lymphe gefüllt. Wir wollen sie uns gleich einmal näher ansehen.

Um den Frosch zu töten, setzen wir ihn in ein gut verschließbares, nicht zu großes Glas und schrauben einen Deckel darauf, an dem mit Klebstoff ein großer äthergetränkter Wattebausch befestigt ist. (Vorsicht! Äther ist äußerst feuergefährlich, Ätherdämpfe sind explosiv!) Nach etwa einer Viertelstunde können wir annehmen, daß der Frosch tot ist. Wir nehmen ihn am geöffneten Fenster (Ätherdämpfe!) aus dem Glas und spülen ihn unter der Wasserleitung ab.
Wir legen nun den Frosch auf den Bauch in das Sezierbecken, heben mit einer stumpfen Pinzette die Haut in der Mitte des Rückens an und schneiden sie in Längsrichtung mit der spitzen Schere ein Stück auf. Wenn wir jetzt mit Pinzetten die beiden Hautlappen ein Stück zur Seite ziehen, können wir den unter der Rückenhaut liegenden großen Lymphsack deutlich sehen. Weitere Lymphsäcke befinden sich am Kopf, unmittelbar dahinter, seitwärts und an den Oberschenkeln.

Nun drehen wir den Frosch um, spreizen seine Beine und befestigen ihn im Becken, indem wir durch seine Füße Nadeln stecken. Dann gehen wir folgendermaßen vor:

Bauchhaut mit der Pinzette abheben,
Längsschnitt mit spitzer Schere vom Becken zur Unterkieferspitze,
Querschnitt am Unterkiefer entlang,
Längsschnitte an den Vorder- und Hinterbeinen bis zum Ellenbogen beziehungsweise bis zum Kniegelenk.
Haut seitlich abklappen, mit Nadeln feststecken.
Betrachten der Bauch- und Beinmuskulatur, Anfertigen einer Zeichnung (Beinmuskulatur vergrößert herauszeichnen).
Schnitt am After zur Trennung von Enddarm und Körperhaut.
Brustmuskel mit Pinzette, spitzer Schere und Skalpell vorsichtig

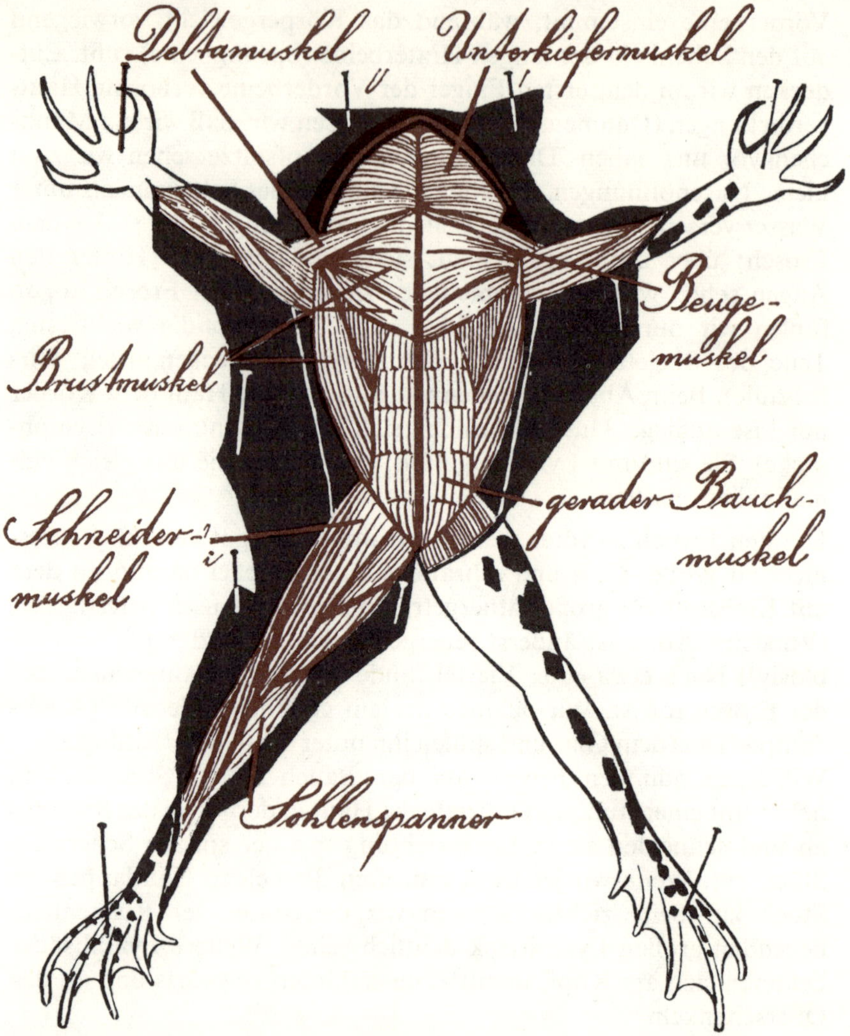

Muskulatur der Bauchseite des Frosches (vereinfacht)

(keine zu tiefen Schnitte!) herauslösen, bis Brustbein und Schultergürtel frei liegen.
Schultergürtel am Oberarm mit einer stumpfen Schere durchschneiden,
Brustbein mit der Pinzette anheben und Schultergürtel sehr vorsichtig — Nähe des Herzens — mit Skalpell oder Lanzettnadel herauspräparieren.
Herzbeutel mit der Pinzette anheben,
Herzbeutel mit spitzer Schere aufschneiden und soweit wie möglich entfernen (beim frisch getöteten Frosch schlägt das Herz

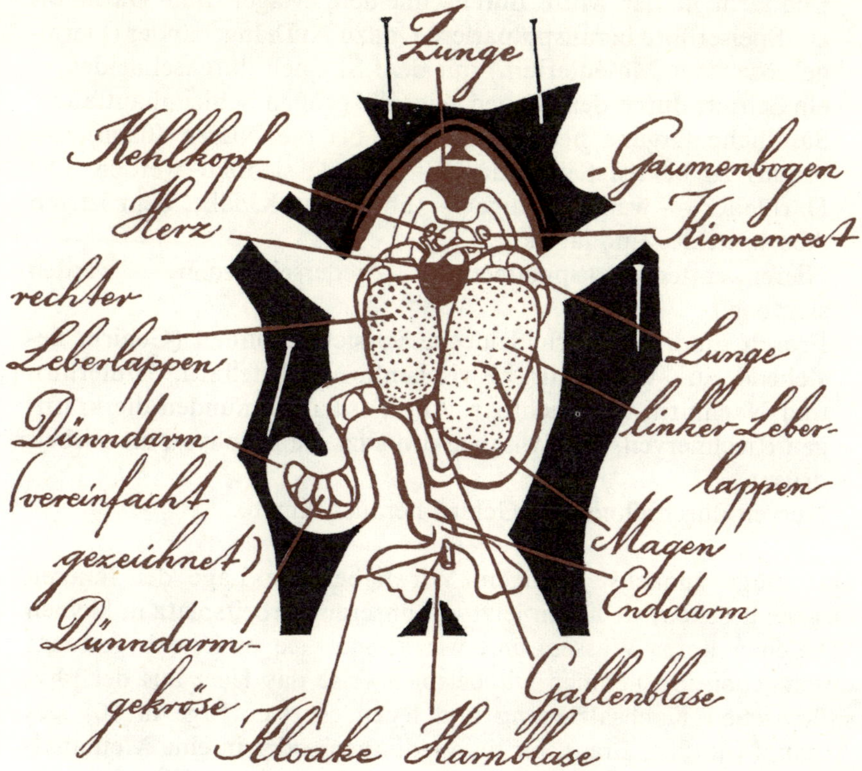

Lage der Eingeweide beim Frosch

noch, wir beobachten das Zusammenziehen, die sogenannte Kontraktion). Herz mit spitzer Schere herausschneiden (Herz in ein Schälchen mit physiologischer Kochsalzlösung legen; dort schlägt es noch einige Zeit weiter. Physiologische Kochsalzlösung für wechselwarme Tiere enthält 1,05 g NaCl in 100 ml destilliertem Wasser).

Halsmuskulatur entfernen.

Beobachten von Zungenbein, Schallblasen, Kehlkopf, Schilddrüse, Lunge (direkt am Kehlkopf, keine Luftröhre).

Sezierbecken mit Wasser füllen, weitere Sektion unter Wasser, bei Trübung Wasser erneuern.

Bauchdecke aufschneiden.

Betrachten und Zeichnen: Leber (rechter und linker Lappen) mit Gallenblase, Magen, Darm — seitlich herauslegen —, Harnblase, Milz (rot, unter dem rechten Leberlappen), Bauchspeicheldrüse (braungelb, dicht neben dem Magen liegend), bei weiblichen Tieren große Eierstöcke.

Enddarm in der Mitte durchschneiden, Magen und Darm bis zur Speiseröhre herauspräparieren, dazu Aufhängebänder (Darmgekröse oder Mesenterium) mit dem Skalpell durchschneiden, ein Schnitt durch den Magen zeigt die großen Schleimhautfalten.
Sämtliche Organe herausschneiden, bis die Nieren (flach, rotbraun) zu beiden Seiten der Wirbelsäule sichtbar werden. Die Harnleiter — weiße Stränge — führen zur Kloake, dem letzten Abschnitt des Enddarms.
Nieren entfernen (Spinalnerven — jederseits zehn — werden sichtbar.)
Frosch umdrehen, Schädeldecke vorsichtig öffnen (Gehirn, bestehend aus Vorderhirn, Zwischenhirn, Mittelhirn, Hinterhirn und Nachhirn, wird sichtbar. Am Vorderhin münden die kräftigen Riechnerven, am Zwischenhirn sitzt die Epiphyse, die Zirbeldrüse).
Nerven durchschneiden, Gehirn herausnehmen.

Das möge zunächst genügen. Wir haben die Lage der inneren Organe gesehen; sie liegen jetzt auf unserem Arbeitsplatz in kleinen Schälchen unter Wasser, und wir können sie nun noch getrennt untersuchen. So nehmen wir beispielsweise das Herz aus der physiologischen Kochsalzlösung und legen es zwei Tage in 70%iges Äthanol (notfalls Brennspiritus verdünnen) oder in eine Methanallösung (Formalin, 3%ig). Es wird dadurch gehärtet. Wir schneiden es dann längs durch. Wir sehen die Herzkammer, die kleine linke Vorkammer, die größere rechte Vorkammer und die Scheidewand (Septum) zwischen den beiden Vorkammern. Wird die Betrachtung durch geronnenes Blut erschwert, so entfernen wir es mit einem Pinsel und mit der Pinzette. Ein Tröpfchen Froschblut bringen wir auf einen Objektträger, geben einen Tropfen physiologische Koch-

salzlösung dazu, legen ein Deckglas auf und betrachten bei starker Vergrößerung unter dem Mikroskop. Wir sehen eine Vielzahl großer ovaler Gebilde mit einem Kern. Das sind die roten Blutkörperchen. Zwischen ihnen finden wir auch einige verschieden gestaltete und wesentlich kleinere weiße Blutkörperchen. Wegen der außerordentlich großen Zahl von roten Blutkörperchen dürfen wir nur kleinste Mengen Blut zur Untersuchung auf den Objektträger bringen. Noch besser ist es, einen Blutausstrich anzufertigen. Doch davon werden wir später noch hören.

Von einem der Beinmuskeln schneiden wir uns in Faserrichtung mit dem Skalpell oder der Rasierklinge eine dünne Scheibe ab. Auf dem Objektträger zerzupfen wir sie mit zwei Präpariernadeln in einigen Tropfen physiologischer Kochsalzlösung. Einige der erhaltenen Fasern betrachten wir unter dem Mikroskop bei starker Vergrößerung. Wir sehen eine Längsstreifung der gesamten Faser. Sie wird hervorgerufen durch die parallel liegenden feinsten Fädchen, die Muskelfibrillen (Myofibrillen).

Die Myofibrillen der Skelett- und Herzmuskulatur bestehen aus miteinander wechselnden Bezirken von doppelt lichtbrechenden und einfach lichtbrechenden Substanzen. Da die Bezirke gleicher Lichtbrechung bei allen Fibrillen einer Faser nebeneinanderliegen, entsteht das Bild einer Querstreifung. Einzelne Muskelfasern sind von einer Plasmahülle, dem Sarcolemma, schlauchförmig umgeben. Viele Fasern bilden ein Muskelbündel. Mehrere Muskelbündel sind von einer Bindegewebshülle umgeben. Sie bilden den Muskel.

Lassen wir nun etwas Wasser unter das Deckglas dringen, unter dem die quergestreifen Muskelfasern liegen, so hebt sich das Sarcolemma an manchen Stellen der Faser ab und bläht sich auf.

Die Kerne der Muskelzellen werden besonders deutlich sichtbar, wenn wir zu einigen Fasern etwas Äthansäure (Essigsäure) geben.

Die Muskelfasern der quergestreiften Muskulatur enthalten eine Vielzahl von Kernen. Sie sind durch vielfache Teilung entstanden.

Die Zellen der glatten Muskelfasern haben dagegen nur einen Kern.

Aus glatten Muskelfasern bestehen Darm und Harnblase des Frosches. Wir schneiden mit der spitzen Schere ein quadratisches Stück Darm- oder Blasenwand heraus, spülen es mit Wasser ab und legen es dann für 1 bis 2 Stunden in 3%ige Kalilauge. Dabei findet eine Mazeration, eine Zerfaserung, statt. Wir nehmen das Präparat heraus, wässern es gut, legen es auf den Objektträger und betrachten es dann bei mittlerer Vergrößerung. Wir sehen langgestreckte spindelförmige Zellen. Ihr Kern wird gut sichtbar, wenn wir etwas Äthansäure zusetzen.

Quergestreifte Muskelfaser in Wasser (oben), Äthansäure (darunter) und glatte Muskelfaser (unten)

Untersuchungen am Regenwurm (Lumbricus terrestris)

Man hat den Regenwurm einmal als das wichtigste Tier unserer Erde bezeichnet. Das mag zwar übertrieben sein, enthält aber doch einen wahren Kern. Regenwürmer ernähren sich von Pflanzenresten, die sie im Boden in feinverteilter Form finden. Die Würmer fressen sich dazu förmlich durch den Boden hindurch, nehmen mit dem Mund die Erde auf und scheiden durch den After die im Darm umgearbeitete Erde in Form kleiner Kothäufchen wieder aus. Dabei tragen sie wesentlich zur Bildung von Bodenkrümeln und damit zur Lockerung und zur besseren Durchlüftung des Bodens bei.
Die Zahl der Regenwürmer, die in einem Hektar Ackerboden leben, wird auf 200 000 bis 2 000 000 Stück geschätzt. Sie können in einem Jahr bis zu 100 dz Kot an der Oberfläche abscheiden. Dieser Kot ist viel reicher an leichtlöslichen Mineralsalzen als die oberste 5 cm starke Bodenschicht. Untersuchungen ergaben, daß bei einer Wiese in 10 Jahren die oberste 7 cm starke Schicht den Darm der in ihr lebenden Regenwürmer einmal durchlaufen hat.
Regenwürmer sind lohnende Versuchstiere. Wir können sie uns leicht beschaffen und haben sie jederzeit an unserem Arbeitsplatz zur Verfügung, wenn wir sie in einem Blumentopf mit humusreicher Gartenerde halten.

Regenwürmer durchmischen den Boden

Wir füllen in zwei alte Weckgläser je 3 cm hoch weißen Sand und geben darauf 5 cm hoch Gartenerde. In das eine Glas legen wir einige Regenwürmer. Wir binden beide Gläser mit Stoff zu. In einer dunklen Kellerecke lassen wir sie einige Wochen lang stehen. Ab und zu feuchten wir die Erde ein wenig (!) an. Wir sehen schließlich, wie die Regenwürmer das Erde-Sand-Profil in dem einen Glas durchmischen, während es in dem regenwurmfreien Vergleichsglas unverändert bleibt.

Lebensäußerungen des Regenwurms

Wir lassen einen Regenwurm, den wir vorher mit einem Pinsel von der ihm anhaftenden Erde befreit haben, auf einem Blatt Zeichenkarton kriechen. Will er sich nicht bewegen, dann reizen wir ihn, indem wir ihn an seinem Hinterende mit einem Holzstäbchen berühren. Beim Kriechen beobachten wir, wie wellenförmige Verdickungen und Verdünnungen über seinen Körper laufen. Sie werden erzeugt durch das wechselseitige Zusammenziehen der Längs- und Ringmuskeln des Hautmuskelschlauches. Dabei würde der Regenwurm aber noch nicht von der Stelle kommen, wenn er sich nicht einstemmen könnte. Er hat in jedem Körperabschnitt (Segment) auf der Bauchseite 4 Paar hakenförmige Chitinborsten. Wir können sie mit einer Lupe erkennen, sehen sie aber auch schon, wenn wir den Regenwurm gegen das Licht betrachten. Halten wir unser Ohr dicht über das Papier, auf dem der Regenwurm kriecht, so hören wir deutlich das Kratzen der Borsten. Streichen wir mit der Fingeroberseite von hinten nach vorn über die Bauchseite des Regenwurms, so spüren wir deutlich den Widerstand, der durch die Borsten hervorgerufen wird.

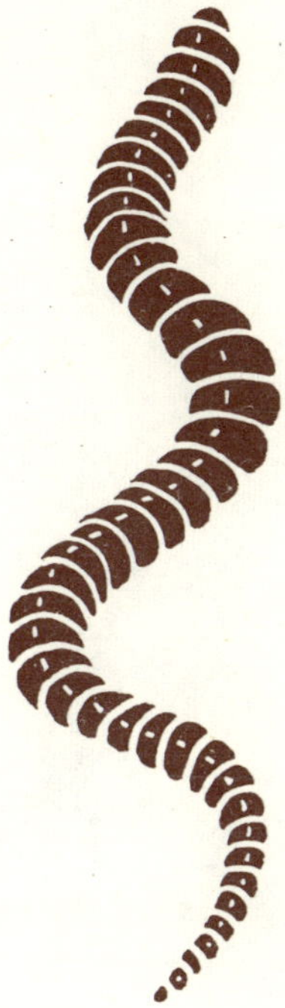

Wir setzen einen Regenwurm auf eine Glasplatte. Er findet hier keinen Widerstand und kann sich kaum vorwärts bewegen. Kneifen wir ihn mit einer Pinzette, so sondert er aus Rückenporen reichlich Schleim ab. Der Schleim schützt ihn gegen Eintrocknung (Regenwürmer sind Hautatmer), außerdem enthält er Lymphzellen, die ähnlich Amöben Bakterien auffressen, die auf dem Regenwurm sitzen. Berühren wir einen Regenwurm, der auf einem Stück Papier kriecht, mit einem Holzstäbchen leicht am Vorderende, so weicht er seitlich aus. Er zieht sich zurück, wenn wir stärker drücken.

Regenwürmer sind auch chemisch reizbar. Wir umwickeln ein Streichholz an einem Ende mit etwas Watte, tauchen es in Speiseessig und nähern uns damit dem Kopflappen des Wurmes. Er weicht zurück. Der Regenwurm ist an seinen vorderen Segmenten am stärksten reizbar. Die Reizbarkeit nimmt nach der Mitte zu ab, am Hinterende wird sie wieder stärker. Das stellen wir fest, wenn wir den Wurm mit der essiggetränkten Watte erst an den vorderen, dann an den hinteren und schließlich an einigen der mittleren Segmente berühren.

Ähnlich ist es mit der Lichtempfindlichkeit. Wir reinigen einen Regenwurm, der sich einige Stunden im Dunkeln befand, durch Abspülen mit Wasser, trocknen ihn mit Filterpapier und schieben ihn dann in ein etwa 20 cm langes Glasrohr. Den Durchmesser des Glasrohres wählen wir so, daß der Regenwurm wohl bequem hineinpaßt, sich aber nicht umdrehen kann.

Über das Rohr schieben wir eine Hülse aus schwarzem Papier, die in der Mitte ein etwa 1 cm breites Fenster hat. In einem verdunkelten Zimmer oder am Abend beleuchten wir mit einer Taschenlampe oder einer anderen Lichtquelle den Teil der Papphülse, unter dem sich das Vorderende des Regenwurms befindet. Dann schieben wir die Hülse soweit zurück, daß die ersten 10 bis 15 Segmente vom Licht getroffen werden. Der Regenwurm zieht sich augenblicklich zurück.

Nachweis der Lichtempfindlichkeit beim Regenwurm

Ähnlich reagiert der Regenwurm, wenn wir Licht durch das Fenster auf die hinteren und die mittleren Segmente fallen lassen. Wird das Hinterende vom Licht getroffen, so geht die Fluchtreaktion schon langsamer vor sich. Bei der Belichtung der Körpermitte müssen wir oft eine Minute und länger warten. Wir wissen noch von unseren botanischen Versuchen, daß Taxien gerichtete freie Ortsbewegungen sind. Hier liegt eine negative Phototaxis vor.

Haben wir kein passendes Glasrohr, so untersuchen wir die Lichtempfindlichkeit des Regenwurms, indem wir ihn in einer Schale auf angefeuchtetes Filterpapier legen, 30 Minuten ins Dunkle bringen und ihn dann plötzlich mit einer Taschenlampe anstrahlen.

Daß Regenwürmer auch auf elektrische Reize reagieren, soll uns der folgende Versuch beweisen. Wir reinigen ein Stück Zinkblech (ungefähr 8 mal 2 cm) und ein Stück Kupferblech (etwa 10 mal 3 cm) mit verdünnter Salzsäure. Nachdem sich die Oxidschichten gelöst haben, spülen wir die blanken Bleche sorgfältig ab und reiben sie trocken. Dann legen wir auf das Kupferblech das etwas kleinere Zinkblech und auf dieses einen mittelgroßen Regenwurm, den wir frisch gewaschen haben. Der Regenwurm beginnt von dem Zinkblech herunterzukriechen. Dabei berührt er das Kupferblech. Durch den Einfluß seiner Körperfeuchtigkeit bildet sich ein kurzgeschlossenes galvanisches Element, und der Regenwurm zuckt zurück.

Wir sezieren einen Regenwurm

Wir haben damit eine Reihe von Lebensfunktionen des Regenwurms kennengelernt und wollen nun seine inneren Organe untersuchen. Wir suchen uns dazu ein gut entwickeltes Exemplar. Es ist vorteilhaft, den Regenwurm einige Tage vor dem Sezieren in ein Glas (Standzylinder, Marmeladenglas) zu setzen, das zu einem Drittel mit zerzupftem Filterpapier gefüllt ist. Das Papier erneuern wir täglich. Der Wurm frißt das Papier; sein Darm ist schließlich nur mit den weichen Papierfasern gefüllt und läßt sich besser schneiden.

Den so gefütterten lebenden Wurm betrachten wir mit einer starken Lupe. Wir sehen das starke Rückengefäß hindurchschimmern und erkennen, wie in ihm das Blut durch das Zusammenziehen des Gefäßes von hinten nach vorn getrieben wird.

Den Regenwurm legen wir dann in 10%iges Äthanol (eventuell Brennspiritus mit Wasser im Verhältnis 1 : 8 oder 32%igen Kornschnaps mit Wasser im Verhältnis 1 : 2 verdünnen). Darin bleibt er wenigstens 1 Stunde liegen. Dann bringen wir ihn in das Sezierbecken, strecken ihn mit der dunklen Rückenseite nach oben aus und heften ihn mit Stecknadeln fest. Die ersten Nadeln stecken wir im 4. Segment links und rechts ein, andernfalls verletzen wir das Oberschlundganglion. Weitere Nadeln stecken wir etwa alle 10 Segmente ein. Danach füllen wir Wasser in das Sezierbecken. Damit das Rückengefäß unverletzt bleibt, führen wir den Hauptschnitt seitlich der Mittellinie mit der spitzen Schere vom Körperende bis zum Kopflappen. Wir ziehen mit der stumpfen Pinzette den Hautmuskelschlauch etwas zur Seite und trennen ihn mit der Präpariernadel oder der Skalpellspitze von den zarten Scheidewänden (Dissepimenten) zwischen den Segmenten. Die Haut klappen wir nach der Seite und stecken sie mit Nadeln fest.

An dem geöffneten Regenwurm erkennen wir das Verdauungsrohr mit seinen einzelnen Abschnitten, das starke Rückengefäß und die Geschlechtsorgane im 9. bis 13. Segment. An den Mund schließt sich ein muskulöser Schlundkopf (3. bis 6. Segment) an, dann folgt die schlanke Speiseröhre (7. bis 13. Segment). Etwa im 14. und 15. Segment liegt der rundliche Kropf oder Vormagen, dahinter der muskulöse Kaumagen (17. bis 18. Segment). von ihm aus verläuft der Darm gradlinig bis zum After. An einem Querschnitt durch den Darm sehen wir an seiner Rückenseite eine Falte, die blinde Rinne.

Ringelwürmer — zu ihnen gehört der Regenwurm — haben ein geschlossenes Blutgefäßsystem. Es besteht aus Rücken- und Bauchgefäß sowie paarigen Schlingen, die den Darm seitlich umfassen. Die Schlingen im 7. bis 11. Segment sind besonders kräftig entwickelt. Sie sind durch Muskelzellen verstärkt und wirken als Herzen. Das Blut enthält Hämoglobin. Wir erkennen an unserem geöffneten Regenwurm das Rückengefäß mit den Schlingen. Durch Herauspräparieren eines Darmstückes legen wir das Bauchgefäß frei. Unter ihm sehen wir das Bauchmark des Nervensystems liegen.

Regenwürmer haben ein Strickleiternervensystem. Zwei Nervenstränge liegen auf der Bauchseite dicht beieinander, sind von einer

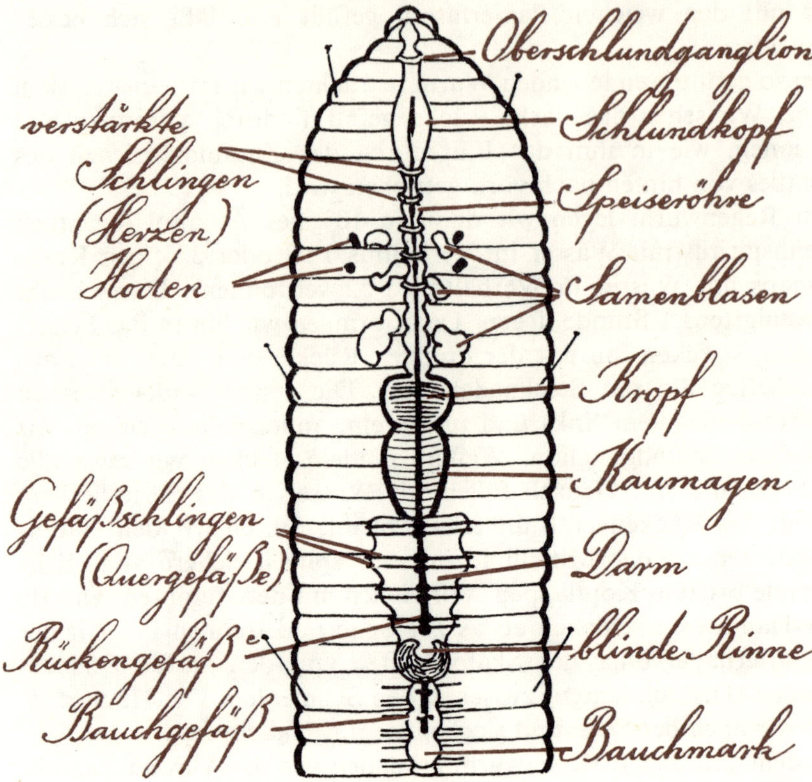

Innerer Bau des Regenwurms (vereinfacht)

Hülle aus Bindegewebe umgeben und in jedem Segment etwas verdickt. An diesen Verdickungen, wir nennen sie Ganglien, münden 3 Paar Nerven. Am Vorderende liegt ein Ganglion unterhalb und eines oberhalb des Schlundes (Unter- und Oberschlundganglion). Sie sind durch einen Schlundring miteinander verbunden. Das Oberschlundganglion entspricht dem Gehirn.

Das Herauspräparieren des Nervensystems erfordert viel Geduld und äußerste Sorgfalt beim Arbeiten. Wenn es uns gelingt, dann können wir mit Recht stolz darauf sein. Wir befestigen es mit Zwirnsfäden auf einem etwa 1 cm breiten Glasstreifen (Abfall vom Glaser) und bewahren es in 3%iger Methanallösung (Formalin) in einem gut verschlossenen, starkwandigen Reagenzglas auf.

An unserem Regenwurm lassen sich noch eine Reihe mikroskopischer Untersuchungen durchführen (Darminhalt, Blut, Geschlechtsorgane — Regenwürmer sind Zwitter —, Borsten, Ausscheidungsorgane in den Segmenten usw.). Darauf wollen wir aber hier nicht näher eingehen.

Die Bestandteile des Knochens

Wie bei jedem Lebewesen ist auch der tierische und menschliche Körper aus Zellen aufgebaut. Viele gleichartige Zellen sind zu Gruppen oder Verbänden vereinigt und bilden gemeinsam mit den von ihnen abgeschiedenen Produkten die Gewebe. Im Gewebe haben die Zellen ganz bestimmte Funktionen. Die Knochen sind ein Teil des Stützgewebes. Außerdem kennen wir noch das Deck- und Drüsengewebe, das Muskelgewebe und das Nervengewebe. Zum Stützgewebe rechnen wir das Bindegewebe, das Knorpelgewebe und das Knochengewebe. Das Bindegewebe liegt als lockeres faseriges Bindegewebe zwischen den Organen, hüllt Muskeln, Nerven und Drüsen ein, bildet als straffes Bindegewebe Bänder, Sehnen und Gelenkkapseln, ist als elastisches Gewebe netzartig in der Unterhaut, baut Arterienwände und Stimmbänder auf und hat als Fettgewebe die Aufgabe eines Speichers und Polsters.

Knorpelgewebe finden wir bei uns z. B. an Nase und Ohr. Die Luftwege bestehen aus Knorpel und Knorpelteile bilden zusammen mit den Knochen das Skelett. Aus dem Knorpelgewebe hat sich das Knochengewebe überhaupt erst entwickelt. So ist auch das embryonale Skelett noch knorpelig.

Wir wollen uns mit dem Bau eines Röhrenknochens vertraut machen. Wir zersägen mit einer Laubsäge die Beinknochen von mittelgroßen und kleinen Schlachttieren längs und quer und vergleichen die einzelnen Teile der Knochen mit der untenstehenden Abbildung. Der Querschnitt durch die Mitte eines Knochens zeigt uns, daß er aus mehreren Schichten aufgebaut ist. Der Hohlraum wird erfüllt von einem gelben, fetthaltigen Mark. Wenn wir Suppenknochen kaufen, legen wir Wert darauf, solche Markknochen zu erhalten. Die Röhrenknochen der Vögel enthalten kein Mark. Sie sind deshalb leicht. Das ist für die Flugfähigkeit von Vorteil.

Die Markhöhle wird von einer dichten, festen Knochensubstanz (Substantia compacta) umschlossen. Sie wird nach den Enden zu immer dünner und geht in ein Gerüstwerk aus feinsten Knochenbälkchen, die Substantia spongiosa, über. Der lockere Bau der Substantia spongiosa (spongiös = schwammartig) ermöglicht eine Gewichtsverringerung. Dadurch ist aber keineswegs die Festigkeit beeinträchtigt, denn die Knochenbälkchen sind so angeordnet, wie es der Verteilung der Zug- und Druckkräfte entspricht, die auf den Knochen wirken.

In dem schwammartigen Knochengewebe finden wir ein rotes Mark. Dort werden die roten Blutkörperchen gebildet.

Mit Ausnahme der Gelenkenden, die äußerlich eine Knorpelschicht haben, ist der Knochen allseitig von der Knochenhaut umgeben.

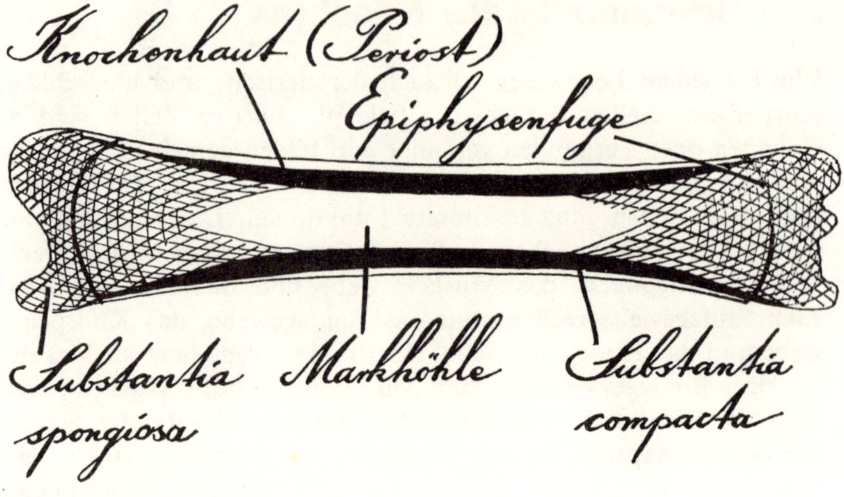

Bau eines Röhrenknochens

Bau der Substantia compacta

Sie enthält Nerven und Gefäße, die sich von ihr aus durch feine Kanäle in das Innere des Knochens ziehen. Vom Periost, wie die Knochenhaut auch genannt wird, geht das Dickenwachstum aus. Bei Verletzungen, etwa bei Knochenbrüchen, bewirkt die Knochenhaut durch Kallusbildung eine Vereinigung der Bruchstellen. Für das Längenwachstum sind die Knorpelzonen (Epiphysenfugen) verantwortlich, die zwischen dem Mittelstück und den Gelenkköpfen liegen. Die Knochenhaut ist sehr empfindlich. Wir wissen, wie schmerzhaft ein Stoß gegen das Schienbein sein kann.

Wir glühen Knochen

Knochen bestehen zu einem Drittel aus organischen und zu zwei Dritteln aus anorganischen Substanzen. Wir wollen zunächst die anorganischen Substanzen untersuchen.

Wir glühen einen Knochen auf einem Tondreieck über der entleuchteten Flamme eines Bunsenbrenners. Der Knochen verliert seine Farbe, er wird grau. Dabei tritt ein übler Geruch auf. Er rührt von der Zersetzung der organischen Bestandteile her. Deshalb öffnen wir das Fenster oder arbeiten unter einem Abzug. Wenn wir vor und nach dem Glühen wägen, finden wir die vorstehend genannten Gewichtsverhältnisse bestätigt.

Wer keinen Bunsenbrenner benutzen kann, arbeitet auf dem Gaskocher oder legt, wie wir das früher bereits empfahlen, den Knochen in das Kohlenfeuer des Küchenofens (siehe Seite 44). Der Knochen wird durch das Glühen porös und brüchig. Er läßt sich leicht pulverisieren. Zu etwas Knochenasche, wie der Glührückstand auch genannt wird, geben wir im Reagenzglas etwas Wasser. Sie löst sich nicht auf.

Knochenasche wird gelöst

In einem Becherglas tropfen wir zu einigen Spateln voll Knochenasche Salzsäure. Die Mischung braust auf, es entweicht ein Gas. Wir können es durch die Spanprobe als Kohlendioxid identifizieren. Ein Teil der Knochenasche löst sich. Wir tropfen so lange Salzsäure zu, bis die stürmische Gasentwicklung gerade aufhört, dann filtrieren wir. Im Filter bleibt ein unlöslicher Rückstand. Wir geben ihn in das Becherglas zurück und übergießen ihn mit Salpetersäure.

Zu dem klaren Filtrat tropfen wir etwas verdünnte Schwefelsäure. Dabei wird unlösliches Kalziumsulfat gebildet. Es fällt als weißer Niederschlag aus.
Knochenasche setzt sich aus rund 12% Kalziumkarbonat und 85% Kalziumphosphat zusammen. Die restlichen 3% werden von Magnesiumphosphat, Kalziumfluorid und Kalziumchlorid gebildet. Kalziumphosphat und Kalziumkarbonat geben dem Knochen die Härte. Beide Salze sind in Salzsäure löslich. Durch allmähliche Säurezugabe haben wir erst vorwiegend das Karbonat gelöst. Den verbliebenen Phosphatrückstand hatten wir mit Salpetersäure übergossen. Er ist gelöst worden. In dieser Lösung weisen wir die Phosphationen mit Ammoniummolybdat oder durch Magnesiamixtur nach (siehe Seite 27).

Der Knochen wird entfettet

Wenden wir uns nun den organischen Knochenbestandteilen zu. Wie wir bereits hörten, enthält der Röhrenknochen in seiner Markhöhle große Mengen Fett. Wir übergießen in einem Reagenzglas

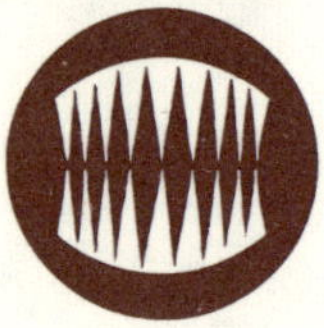

einen kleinen Röhrenknochen mit Tetrachlormethan (Vorsicht, giftige Dämpfe!) oder Fleckenwasser und lassen ihn bis zum nächsten Tage darin liegen. Tetrachlormethan löst das Fett aus dem Knochen. Eine Probe der Lösung auf Papier gebracht, hinterläßt nach dem Verdunsten des Lösungsmittels einen Fettfleck. Durch Kochen (15 Minuten) in 5%iger Kalilauge werden Knochen ebenfalls entfettet. Die Fette werden durch die Kalilauge in wasserlösliche Seifen verwandelt. Durch Wägen vor und nach dem Kochen läßt sich eine deutliche Gewichtsabnahme feststellen. Vor der zweiten Wägung müssen die Knochen aber gewässert und getrocknet werden.

In der Technik wird zur Fettextraktion meist Benzin verwendet. Wir wollen wegen der Explosionsgefahr darauf verzichten.

Knorpel wird gewonnen

Den weitaus größten Teil der organischen Knochensubstanz bildet der Knochenknorpel. Aus ihm bestehen unter anderem die Knochenlamellen. Das sind dünne Plättchen, die als Zwischenzellsubstanz der Knochenzellen in der Substantia compacta anzutreffen sind. Knorpel verleiht dem Knochen Elastizität.

Wir gewinnen den Knorpel, indem wir den entfetteten Knochen in eine Schale mit 5- bis 10%iger Salzsäure legen. Es setzt zunächst eine lebhafte Kohlendioxidentwicklung ein. Hat sie aufgehört, erneuern wir die Säure. Wir wiederholen das, bis wir trotz Zugabe frischer Säure keine Gasentwicklung mehr beobachten können. Das dauert mitunter einige Tage. Die Schale stellen wir dabei so auf, daß niemand durch die Säure Schaden nimmt. Wir nehmen den Knochen mit einer Zange aus der Säure, spülen ihn mit Wasser ab, legen ihn in Sodalösung, um die Säurereste zu neutralisieren und wässern ihn dann nochmals. Der entkalkte Knochen ist weich und biegsam geworden. Wir haben jetzt Knorpel vor uns.

Wir zerschneiden ihn in kleine Stückchen. Den größeren Teil des Knorpels kochen wir 20 Minuten mit Wasser in einem Becherglas. Während des Kochens ersetzen wir das verdampfende Wasser. Zum Schluß lassen wir die Lösung weitgehend eindampfen. Wir erhalten Knochenleim. Wir kleben damit Holz und Papier.

Bei längerem Stehen trocknet der Leim zu einer festen bräunlichen Masse ein. Wir müssen ihn vor erneuter Anwendung in Wasser quellen lassen und in einem Wasserbad erhitzen. Ein direktes Erhitzen über offener Flamme ist nicht ratsam, weil sich der Leim, der ja aus einem Eiweiß besteht, leicht zersetzt. Knochenleim kommt als Tischlerleim in Tafeln oder Perlen in den Handel.

Durch Reinigen und Entfärben entsteht aus dem Knochenleim die Gelatine. Sie wird in Industrie und Haushalt vielseitig verwendet (Filme, Speisegelatine usw.).

Zum Schluß: Knochenkohle

Den Rest des Knorpels erhitzen wir kräftig in einem Reagenzglas. Es entweichen unangenehm riechende Dämpfe. Im Glas bleibt eine schwarze poröse Masse zurück, die Knochenkohle. Sie wird industriell durch Erhitzen von entfetteten Knochen auf 400° C hergestellt und als Filterkohle (für Färberei, Zuckerindustrie) und als schwarzer Farbstoff (alter Name Beinschwarz) verwendet.
Wir stellen uns eine verdünnte Farbstofflösung her (rote Tinte verdünnen oder etwas Kopierstiftmine auflösen) und schütteln sie im Reagenzglas mit selbsthergestellter Knochenkohle. Die Farbstofflösung wird teilweise oder gänzlich entfärbt. Die Knochenkohle adsorbiert den Farbstoff, sie hält ihn an ihrer Oberfläche fest.
Wenn wir schließlich noch daran denken, daß Knochenmehl als Futtermehl und als Dünger verwendet wird, so können wir mit Recht die tierischen Knochen als einen wertvollen Rohstoff bezeichnen.

Wer sammelt mit?

So mancher Leser wird sich bei den folgenden Seiten fragen: Muß ich denn unbedingt Insekten sammeln, um mich unter die biologisch Interessierten rechnen zu können? Er ist vielleicht begeisterter Botaniker, und ihn interessieren Insekten nun einmal weniger.
Um Irrtümern vorzubeugen, möchten wir diese Frage hier schon beantworten. Wer etwas Neues beginnt, muß sich vorher ernstlich prüfen, ob er die Zeit, die Energie und die Lust hat, das Begonnene konsequent durchzuführen. Wer nur deshalb anfängt, weil es der Freund tut und weil es scheinbar zum guten Ton gehört, der beginnt die Arbeit unter falschen Voraussetzungen. Er lasse die Finger davon! Wer nur des Sammelns wegen sammelt, der stille seine flüchtige Leidenschaft an toten Objekten, aber nicht in der Biologie. Auch der biologisch Interessierte kann nicht alles sammeln. In der Beschränkung zeigt sich der Meister. Das bestätigt sich auch hier wieder.

Kleine Anleitung für Käfersammler

Die Zahl der auf der Welt lebenden Käferarten wird auf 350 000 geschätzt. Reichlich 7000 Arten davon leben in Mitteleuropa. Des-

halb vermag der Entomologe, der Insektenforscher, immer nur ein Teilgebiet zu überblicken und wissenschaftlich zu bearbeiten.
Auch wir können bei unseren Exkursionen nicht einfach alles, was im Grase krabbelt, planlos töten, die brauchbaren Stücke für die Sammlung nehmen und das andere wegwerfen. Wer so vorgeht, das haben wir schon mehrfach betont, der schädigt die Natur und zieht sich die Verachtung jedes ehrlichen Naturfreundes zu. Beschränken wir uns bei unserer Arbeit auf die Untersuchung kleiner Gebiete, bearbeiten wir etwa nur eine Lebensgemeinschaft, diese aber gründlich. Dabei beachten wir die gesetzlichen Bestimmungen, die besagen, daß neben dem Hirschkäfer der Alpenbock, der Puppenräuber und der Pechschwarze Wasserkäfer geschützt sind. Wir wollen auch nicht ein einziges Exemplar davon unserer Sammlerleidenschaft opfern!
In der Schule oder in einem Museum haben wir sicherlich schon einmal vor einer Insektensammlung gestanden. Wir bekamen dabei eine ungefähre Vorstellung, wie eine solche Sammlung aussehen muß. Der Weg zu einer guten Sammlung ist lang und beschwerlich. Machen wir uns diesbezüglich keine Illusionen.
Es beginnt mit dem eigentlichen Sammeln. Wann, wo und wie wir sammeln, das hängt von dem Ziel ab, das wir uns gesteckt haben, und natürlich vom Tier selbst. Es gibt kein allgemeingültiges Rezept dafür. Große Käfer, die auf dem Erdboden krabbeln oder an Pflanzen sitzen, können leicht erkannt und aufgenommen werden. Dazu stellen wir uns eine einfache Pinzette aus einem Blech- oder PVC-Streifen her. Die käuflichen Pinzetten gehen sehr straff, wir haben zuwenig Gefühl bei ihrer Handhabung. Dadurch ist die Gefahr, daß wir die Tiere beschädigen, sehr groß. Viele kleine Käfer halten sich auch an der Unterseite von Steinen versteckt. Wir drehen die Steine um, nehmen die Tiere vorsichtig auf und bringen die Steine dann in ihre alte Lage zurück. Kleine Käfer können wir nicht mit der Hand oder der groben Pinzette aufnehmen. Wir brauchen einen Saugapparat. Wir stellen ihn aus einigen Glasrohren, 2 Stopfen und einem Schlauchstück selbst her. Wichtig ist, daß das eine Glasröhrchen, durch das wir die Insekten einsaugen, ein Stück in das größere Rohr hineinragt. Das Rohr, mit dem wir saugen, schneidet mit dem Stopfen ab. Über seine Öffnung kleben wir ein rundes Stück engmaschigen Stoffs. Er verhindert, daß kleine Insekten oder Schmutzpartikel in unseren Mund gelangen.
Wir suchen auch die Rinde der Bäume nach Käfern ab. Aus Laub, Erde und Moos trennen wir die kleinen Insekten durch Sieben ab. Käfer, die an größeren Pflanzen, an den Zweigen von Bäumen und Sträuchern sitzen, gewinnen wir durch Abklopfen in einen daruntergehaltenen aufgespannten Schirm. Auch ein Karton oder ein

Stück weißen Tuches leisten schon gute Dienste. Diese Methode bewährt sich besonders in den frühen Morgenstunden. Die Käfer sind dann meist noch klamm, fallen leicht ab und lassen sich, da sie fast unbeweglich sind, gut aufnehmen.

Kescher und Netze verwenden wir zum Fang sitzender und fliegender Insekten. Uns genügt ein einfaches Fangnetz. Es besteht aus einem 1 m langen Stock mit einem Ring aus starkem Draht (Durchmesser des Ringes etwa 25 cm), an den ein etwa 50 cm langer Gazebeutel genäht ist. Im Handel gibt es Netze, deren Bügel zum leichteren Transport zusammenklappbar sind. Das Fangen fliegender Insekten erfordert einige Geschicklichkeit; lassen wir uns durch die ersten Mißerfolge nicht entmutigen.

Im Wasser lebende Käfer werden ebenfalls mit einem Netz gefangen. Wassernetze haben geringeren Durchmesser und bestehen aus fester Gaze.

Nachtinsekten locken wir durch eine Lichtquelle an. Ein Anlocken im eigentlichen Sinne ist es nicht. Wir blenden die Insekten lediglich. Sie verlieren die Orientierung und fliegen in Richtung der Lichtquelle. Wir brauchen an einem Sommertag nur einmal das Fenster für einige Zeit offenzulassen, wenn Licht im Zimmer brennt. Noch besser ist es, wenn wir hinter eine Scheibe des halbgeöffneten

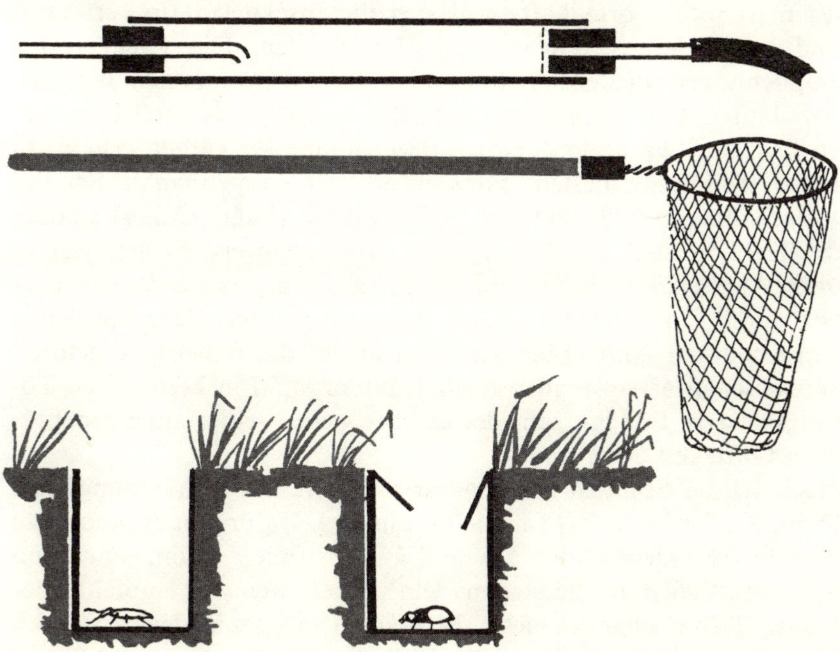

Saugapparat, Fangnetz und Käferfallen

Fensters eine starke Glühlampe hängen. Auf den Fenstersims stellen wir ein flaches Kästchen. Die Insekten fliegen gegen die Fensterscheibe, fallen in das Kästchen und können von uns dort leicht aufgenommen werden, wenn wir auf der Lauer liegen.
Schließlich werden wir auch dahinterkommen, daß an Tierkot, Komposthaufen und Tierleichen reichlich Käfer zu finden sind. Laufkäfer fangen wir in Konservendosen. Sie werden bis zum Rand in den Boden eingegraben. Auf den Boden der Dose legen wir Köder (altes Fleisch, zerquetschte Schnecken, eine Apfelscheibe oder anderes Obst). Wir untersuchen diese Käferfallen regelmäßig, da sich in ihnen auch allerlei Feinde der gefangenen Insekten (Raubkäfer, Kröten usw.) einstellen.
Die Käfer töten wir möglichst unmittelbar nach dem Fang. Sie lassen sich im toten Zustand besser transportieren und aufbewahren. Wir brauchen dazu zwei verschieden große Tötungsgläser, eins für große und eins für kleine Insekten. In dem einen Falle tut es schon ein Reagenzglas. Große Käfer lassen sich am besten in einer Weithals-Steilbrustflasche mit eingeschliffenem Hohlstopfen töten. In den Hohlstopfen bringen wir einen Wattebausch und tränken ihn mit dem Tötungsmittel. Als Ersatz dienen Mayonnaisen- oder Marmeladengläser, wenn sie dicht schließen. Der Wattebausch wird dann mit Klebstoff oder Leukoplaststreifen am Deckel befestigt. Die Watte mit dem Tötungsmittel auf den Boden des Glases zu legen ist nicht vorteilhaft, weil sich die Insekten darin verfangen und beim Herausnehmen beschädigt werden. Die Fachliteratur empfiehlt verschiedene Tötungsflüssigkeiten. Am besten hat sich Äthyläthanat (Essigsäureäthylester) bewährt. Es ist in Drogerien, vielfach noch unter der falschen Bezeichnung Essigäther, erhältlich. Nitroverdünnung besteht vorwiegend aus Äthyläthanat. Bei der Verwendung von Benzin und Äthoxyäthan (Diäthyläther) werden die Tiere zu steif, die Präparation wird erschwert. Früher war es üblich, unbehaarte Käfer und solche mit wenig empfindlichen Farben durch Einwerfen in 75%iges Äthanol zu töten. Zählebige Tiere wurden durch Auftropfen von Benzin auf die Bauchseite getötet. Wissenschaftler verwenden auch Kaliumzyanid in besonderen Tötungsgläsern. Für uns scheidet es aber wegen seiner außerordentlichen Giftigkeit aus.

Nach 1 bis 2 Stunden nehmen wir die Tiere aus dem Tötungsglas. Dann werden sie sofort genadelt (gespießt). Dafür gibt es besondere Nadeln (Insektennadeln). Sie sind aus rostfreiem Stahl, sehr dünn und spitz. Gewöhnliche Stecknadeln sind ein wenig zu empfehlender Ersatz. Der Fachandel bietet die Nadeln in verschiedenen Stärken an. Wir werden im allgemeinen mit den Nadelnummern 1,2 und 4 auskommen. Nummer 4 ist auch noch für Maikäfer verwendbar.

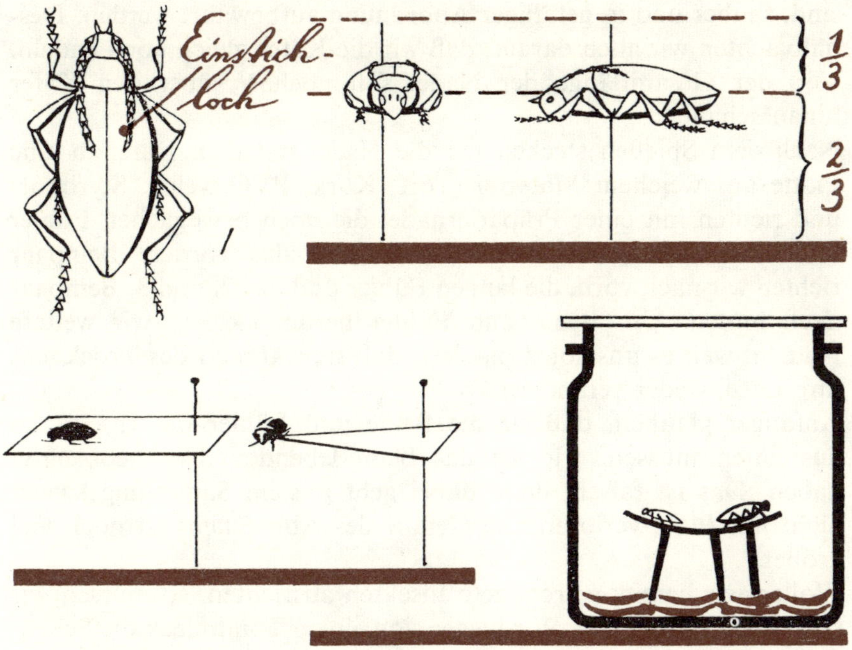

Genadelte Käfer; daneben feuchte Kammer

Zu dicke Nadeln zu wählen, ist nicht vorteilhaft. Die feinsten Nadeln der Größen 0 und 00 brauchen wir nicht, denn Käfer unter 6 mm Länge nadeln wir nicht, sondern kleben sie auf Streifen oder Dreiecke aus weißem Karton (wenig Klebstoff verwenden!). Beim Nadeln stechen wir dicht neben der Mittellinie so durch die rechte Flügeldecke, daß die Nadel zwischen dem 2. und 3. Beinpaar durchkommt. Die anderen Insekten werden durch den Brustteil genadelt. Hautflügler z. B. nadeln wir durch die Mitte des Brustteils, kleine Exemplare spießen wir auf sogenannte Minutienstifte oder kleben sie auf. Minutienstifte sind Stahlstifte von 9 bis 11 mm Länge. Sie haben einen Durchmesser von 0,15 mm und sind zugespitzt. Die Minutienstifte spießen wir in Kartenblättchen, die wir mit Insektennadeln in den Sammlungskasten stecken. Zweiflügler (Fliegen, Mücken) nadeln wir gleichfalls durch den Brustteil unmittelbar rechts neben der Mittellinie. Bei Käfern ist das nicht möglich, weil sich sonst die beiden Hälften des Brustpanzers voneinander lösen können. Spießen wir in der Mitte, so drückt die Nadel die beiden Flügeldecken auseinander. Der Käfer sieht dann unschön aus. Das mindert zwar nicht den wissenschaftlichen Wert unserer Sammlung, aber jeder Sammler wird doch bemüht sein, daß die von ihm zusammengetragenen Stücke in gutem Zustand

sind, sauber und in gefälliger Anordnung aufbewahrt werden. Deshalb achten wir auch darauf, daß wir die Käfer gleich hoch nadeln. Von der Gesamtlänge der Nadel soll noch $^1/_3$ über den Käfer hinausschauen.
Nach dem Spießen stecken wir die Nadel mit dem Käfer in eine Platte aus weichem Material (Torf, Kork, PVC weich, Styropor) und richten mit einer Präpariernadel die noch beweglichen Fühler und Beine aus. Die kurzen Fühler und das vordere Beinpaar richten wir nach vorn, die langen Fühler und das 2. und 3. Beinpaar nach hinten. Um Beine und Fühler herum stecken wir weitere Nadeln, weil es uns sonst passiert, daß sie während des Trocknens ihre Lage wieder verändern.
Anfänger glauben, daß sie die Beine und Fühler des Insekts so ausrichten müssen, wie sie das beim lebenden Tier beobachtet haben. Das ist falsch, denn dabei geht uns im Sammlungskasten nicht nur Platz verloren, die Gefahr des Abbrechens ist noch viel größer.
Wollen wir bereits getrocknete Insekten ausrichten, so müssen wir sie wieder aufweichen. Wir biegen von einem Tondreieck die Schenkel nach unten und erhalten so einen kleinen Dreifuß. Wir setzen ihn in ein Weckglas, auf dessen Boden sich 1 cm hoch Wasser befindet. Auf den Dreifuß kommt eine Porzellanschale mit angefeuchtetem Sand. Darauf legen wir die aufzuweichenden Käfer mit etwas p-Dichlorbenzol (Globol). Das Weckglas verschließen wir luftdicht mit Ring und Deckel. In dieser feuchten Kammer bleiben die Insekten einige Tage.
Die Platten, auf denen wir die Käfer zum Trocknen ausgerichtet haben, stellen wir in einen großen Karton. Der Deckel schützt sie vor dem Verstauben. Etwas beigefügtes p-Dichlorbenzol tötet schädigende Insekten. So bleiben sie stehen. Sie trocknen, bedingt durch den Chitinpanzer, langsam aus. Bei großen Käfern dauert das einige Wochen. In die Sammlungskästen dürfen wir nur vollkommen trockene Tiere einreihen.
Damit sind wir schon bei der Aufbewahrung der Insekten. Hier scheidet jeder Notbehelf aus. Nur der Insektenkasten gibt die Möglichkeit, die Tiere, gut sichtbar und vor schädlichen Einflüssen geschützt, über lange Zeit aufzubewahren. Er muß dicht schließen, denn er soll die Insekten vor Staub, Feuchtigkeit und Schadinsekten schützen. Insektenkästen, die wir im Handel bekommen, werden diesen Anforderungen gerecht. Ihr Deckel hat eine Glasscheibe und ist auf Nut und Feder gearbeitet. In den Boden ist eine Torfplatte eingelegt. Das Kasteninnere ist mit weißem Papier ausgeklebt.
Da diese Kästen verhältnismäßig teuer sind, werden wir uns mit

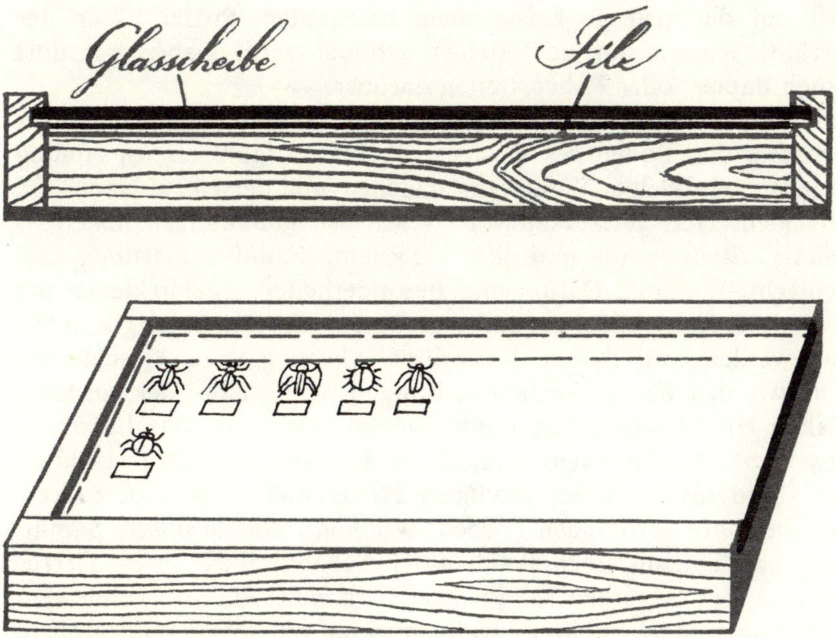

Aufbewahrungskasten für Käfer

einer einfacheren Ausführung begnügen müssen. Alle Teile des Kastens, den wir uns selbst bauen, müssen gut aufeinander passen. Verbindungsstellen leimen wir, weil durch Nageln nicht die gewünschte Dichtigkeit des Kastens erzielt wird. Wir hobeln uns zunächst einige Leisten auf 50 mal 15 mm. Vom Tischler lassen wir uns dann auf der einen Seite 5 mm von der Kante entfernt eine Nut einfräsen (Tiefe 5 mm, Breite entsprechend der Stärke einer Glasscheibe). Aus diesen Leisten bauen wir uns einen Rahmen von 30 mal 20 cm. Auch 40 mal 30 cm sind noch gängige Maße. Den Kasten zu groß zu arbeiten, hat keinen Zweck. Er ist dann unhandlich. Die Leiste an der rechten Kastenseite halten wir so, daß wir die Glasscheibe einschieben können. An den Rahmen leimen wir den Boden aus Sperrholz, Preßspan oder notfalls starker Pappe. Rauhe Kanten glätten wir mit Sandpapier und streichen dann den Kasten mit farblosem Lack, dem wir eventuell etwas hellbraune Farbe zusetzen. In den Boden kleben wir zwei Schichten guter Wellpappe. Sie ersetzt die Torfplatte. Dann kleben wir den Kasten mit holzfreiem weißem Papier aus. Zuletzt passen wir die Glasscheibe ein. Sie soll straff sitzen, sich aber trotzdem noch mühelos schieben lassen. Mit der rechten äußeren Kastenseite schließt sie ab. Zur besseren Dichtung leimen

wir auf die niedrige Leiste einen Filzstreifen. Später, wenn der gefüllte Kasten nur noch selten geöffnet wird, kleben wir dort einen Papier- oder Folienstreifen darüber.
Die getrockneten Insekten spießen wir mit ihren Nadeln reihenweise in den Boden des Kastens. Bis zur endgültigen Anordnung spießen wir kleine Nummernschildchen mit derselben Nadel an. In einem Heft vermerken wir — wie bei Sammlungen üblich — Name, Stellung im natürlichen System, Familie, Gattung, Geschlecht, Fundort, Datum und Besonderheiten. Später kleben wir kleine Kartonschildchen auf den Boden des Sammlungskastens. Sie werden mit Tusche beschriftet (Gattung, Art, Geschlecht). Ehe wir den Kasten schließen, bringen wir in einer der vorderen Ecken ein Mullsäckchen mit p-Dichlorbenzol an. Wir bewahren Insektenkästen in einem Schrank trocken und vor Licht geschützt auf. Sind die Insekten ständigem Lichteinfall ausgesetzt, so verbleichen ihre natürlichen Farben. Wir kontrollieren unsere Sammlung ständig, um einen Befall durch Schadinsekten sofort festzustellen. Wir bemerken sie an dem Vorhandensein von gelblichem Mehl unter den Insekten. Dann müssen wir sofort eine größere Menge p-Dichlorbenzol in den Kasten streuen oder die Insekten einzeln im Tötungsglas desinfizieren. Auch eine Desinfektion des gesamten Kastens mit Kohlendisulfid (CS_2) bringt gute Erfolge.

Dazu legen wir den Kasten waagerecht, stellen ein Schälchen mit Kohlendisulfid hinein und schließen den Deckel. Wir lernten diese Art der Desinfektion bereits beim Herbarium kennen.
Unsere Sammlung ordnen wir entweder nach systematischen oder nach biologischen Gesichtspunkten. So können wir beispielsweise die Käfer einer Lebensgemeinschaft in einem Kasten unterbringen. Mit der Anlage von Biologien einzelner Käfer (Ei, Larve, Puppe, Insekt, Nachbildung der natürlichen Gegebenheiten), wie wir sie in Schulsammlungen finden, wollen wir uns am Anfang aber besser nicht befassen.

Schmetterlinge auf dem Spannbrett

Schmetterlinge übten durch ihre bunte Vielfalt von jeher einen besonderen Reiz auf den Sammler aus. Färbung und Zeichnung der Tiere sind aber erst dann gut sichtbar, wenn sie ihre Flügel weit ausgebreitet haben. Das gilt auch für tote Exemplare einer Sammlung. Wir müssen die Schmetterlinge deshalb spannen. Vorher müssen wir die Tiere aber erst einmal gefangen haben. Nach Tagfaltern gehen wir mit dem Schmetterlingsnetz auf die Suche. Juni und Juli sind dafür die günstigsten Monate, aber auch früher

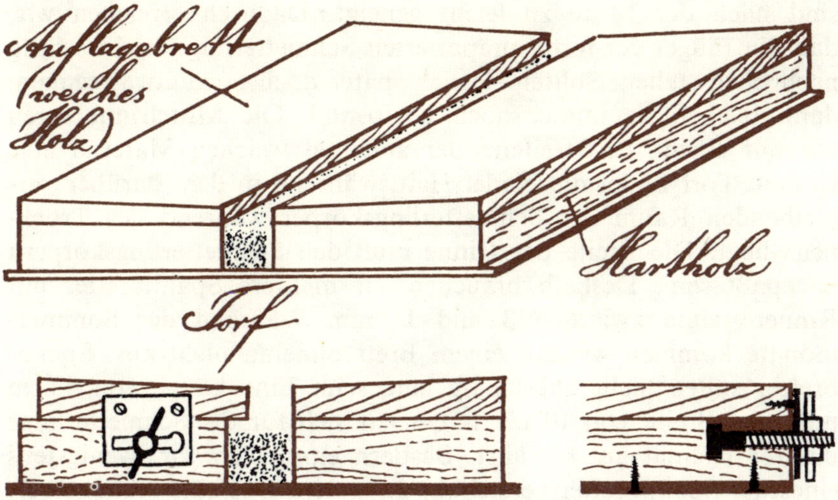

Spannbrett

und später finden wir Schmetterlinge. Blumige Wiesen, blühende Tabakfelder, stark duftende Pflanzen wie das Geißblatt und reich mit Blütenpflanzen bestandene sonnige Hänge sind Fanggebiete, in denen wir selten enttäuscht werden. Nachtfalter kommen teils durch das geöffnete Fenster ins Zimmer, teils suchen wir sie mit einer Taschenlampe (im Frühjahr z. B. an blühenden Salweiden), oder wir ködern sie. Dazu soll sich ein Brei aus Apfelmus, abgestandenem Malzbier mit etwas Sirup und eventuell einigen Tropfen Rum gut bewähren. Mit dem Brei bestreichen wir streichholzschachtelgroße Flächen an Baumstämmen. Zum besseren Auffinden heften wir ein Blatt weißes Papier darunter. In einem geräumigen Pappkästchen tragen wir die Tiere nach Hause. Dort töten wir sie so, wie es im vorigen Abschnitt beschrieben wurde. Bei allen diesen Arbeiten ist größte Sorgfalt notwendig; denn allzuleicht werden die zarten Fühler oder Flügel verletzt, und derart beschädigte Exemplare scheiden für unsere Sammlung dann aus.

Die getöteten Tiere stechen wir mit Insektennadeln senkrecht mitten durch das Bruststück. Dabei halten wir den Schmetterling zwischen Daumen und Zeigefinger der linken Hand. Wir schieben die Nadel zu zwei Drittel in den Schmetterling. Das ist wichtig für die richtige Lage auf dem Spannbrett.

Den Aufbau eines Spannbrettes ersehen wir aus den Zeichnungen. Die Auflagebretter müssen unbedingt aus weichem Holz gefertigt sein, sonst lassen sich die Nadeln beim Spannen nur schwer einstechen. Wir nehmen Linden- oder Pappelholz. Die Auflagebretter sind nach der Mitte zu leicht geneigt. Dadurch erreichen wir, daß die Flügel der fertig präparierten Schmetterlinge leicht schräg nach oben stehen. Sollten sie sich später doch noch etwas senken, dann bleiben sie immer noch horizontal. Die Mittelrinne legen wir mit einem Torfstreifen oder anderem weichen Material aus. In dem Torf findet die Nadel Halt, während in dem darüber verbleibenden Raum der Schmetterlingskörper während des Trocknens liegt. Die Breite der Rinne muß den Schmetterlingskörpern angepaßt sein. Deshalb brauchen wir mehrere Spannbretter mit Rinnenbreiten zwischen 3 und 15 mm. Während der Sommermonate kommen wir mit einem Brett ohnehin nicht aus. Spannbretter sollen nicht übermäßig lang sein. Eine Länge von 40 cm und eine Breite von 10 bis 14 cm hat sich für die Schmetterlinge unserer Heimat gut bewährt. Bastlern empfehlen wir, wenigstens eines der Spannbretter verstellbar zu bauen. Das eine Auflagebrett wird festgeleimt, an das andere schrauben wir beiderseitig eine Blechplatte mit Schlitz an. In den unteren Hartholzteil, auf dem das verstellbare Auflagebrett gleitet, lassen wir eine Kopfschraube ein. Mit Unterlegscheibe und Flügelmutter klemmen wir das Auflagebrett in der gewünschten Stellung fest.

Der Schmetterling soll so gespannt werden, daß die Flügel beiderseits gleichmäßig liegen. Wir tun deshalb gut daran, auf die Auflagebretter mit Tusche Linien im rechten Winkel zur Mittelrinne zu ziehen. Wir können uns auch dadurch helfen, daß wir Millimeterpapier mit Nadeln auf den Auflagebrettern befestigen. Den genadelten Falter setzen wir nun in die Mittelrinne. Dabei stechen wir so tief ein, daß die Flügel die Auflagebretter berühren. Mit einer Präpariernadel richten wir dann die Beine (1. Beinpaar nach vorn, 2. und 3. Beinpaar nach hinten, am Körper anliegend). Unter den Hinterleib schieben wir ein Torfstückchen oder etwas Watte, bis er die gewünschte Höhe hat. Sollte er sich heben, so drücken wir ihn mit einem Korkstückchen, das auf eine Nadel gespießt ist, herunter. Die Fühler richten wir so aus, daß sie auf dem Spannbrett aufliegen, und halten sie mit Nadeln und Papierstreifen fest.

Nun kommt das Spannen der Flügel. Wir legen einen Streifen Spannpapier (Pergamin- oder Transparentpapier) locker über die Flügel der einen Seite, halten ihn leicht mit Glaskopfstecknadeln fest und beginnen dann mit dem Ausrichten der Flügel. Dazu fahren wir mit einer stumpfen Präpariernadel dicht am Körper hinter die stärkste Rippe des Flügels, ohne ihn zu durchstechen. Wir richten zunächst den Vorderflügel der einen Seite so, daß seine Hinterkante im rechten Winkel zum Körper steht. Der Hinterflügel wird herangeschoben, bis er den Vorderflügel gerade

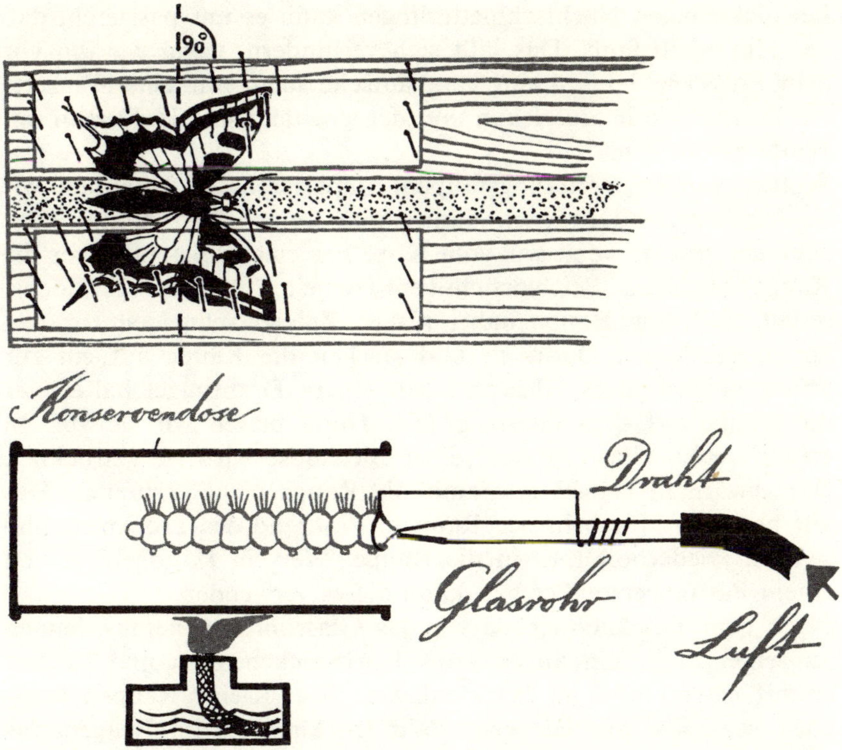

Schmetterling auf dem Spannbrett; darunter Präparation von Raupen

berührt. Dann ziehen wir das Spannpapier straff und stecken es fest. Das Spannpapier hält die Flügel während des Trocknens in der gewünschten Lage und verhindert, daß sie sich krümmen oder einrollen.
Nachdem die Flügel beider Seiten gespannt sind, stellen wir das Spannbrett zum Trocknen weg. Wir suchen dazu einen Platz, an dem es vor Staub, vor Schadinsekten und vor mechanischer Zerstörung weitgehend geschützt ist (ein Pappkarton mit etwas p-Dichlorbenzol hat sich bewährt). Die Schmetterlinge sind trocken, wenn sich ihr Hinterleib beim vorsichtigen Berühren hart anfühlt. Das ist nach 3 bis 6 Wochen der Fall. Wir lassen sie aber lieber etwas länger trocknen, sonst ärgern wir uns später, wenn sich die Flügel verziehen.
Nach dem Trocknen lösen wir die Nadeln, die das Spannpapier halten, nehmen dieses vorsichtig ab und heben dann den Schmetterling an seiner Brustnadel aus der Rinne. Wir bringen ihn sofort im Insektenkasten unter. Die Kästen und ihre Desinfektion wurden bereits beschrieben.

Bei dickleibigen Nachtschmetterlingen kann es uns passieren, daß der Hinterleib fault. Das läßt sich verhindern, wenn wir ihn vor dem Spannen 3 bis 4 mm lang aufschneiden, mit einer Pinzette die Eingeweide herausziehen und den entstandenen Hohlraum mit Watte ausstopfen.

Wollen wir Schmetterlingsraupen präparieren, so betäuben wir sie zunächst und drücken dann ihren Leibesinhalt heraus. Das geht am besten, wenn wir vom Kopf her einen Glasstab über die Raupe abrollen. Bei vorsichtigem Arbeiten passiert es höchst selten, daß eine Raupe dabei platzt. Zuletzt schneiden wir den herausgedrückten Darm ab und stecken die Raupe auf ein zur Spitze ausgezogenes Glasrohr. Mit einem Drahtbügel halten wir die Raupe auf dem Glasrohr fest. Dann blasen wir sie auf. In einem weiten Glasrohr oder einer Blechdose wird sie getrocknet. Wir erwärmen vorsichtig, damit die Raupe nicht verbrennt. Das gilt besonders für behaarte Raupen. Während des Trocknens blasen wir wiederholt Luft in die Raupe. Wer ein Handgebläse von einem Parfümzerstäuber hat, kann dieses verwenden.

Nach dem Trocknen ziehen wir das Glasröhrchen heraus, leimen an seiner Stelle ein angespitztes Korkstückchen an und stecken es mit einer Nadel im Insektenkasten fest. Kleine Raupen brauchen wir nicht auszudrücken. Wir trocknen sie im Reagenzglas unter ständigem Schütteln über kleiner Flamme. Schmetterlingseier präparieren wir auf ihrer natürlichen Unterlage (Blatt, Stengelstück usw.). Wir erhitzen sie 20 Minuten lang auf 60 bis 65°C, stechen sie dann mit einer feinen Nadel an und trocknen sie an der Luft.

Schmetterlinge, die für das Spannbrett zu klein sind, spannen wir auf Korkstückchen, in die wir eine feine Rinne geschnitten haben. Sie werden mit feinsten Drähten (Minutiendrähten) gespießt. Mit Präpariernadeln lassen sich die Flügel schwerlich in die richtige Lage bringen. Wir müssen es durch vorsichtiges Blasen versuchen. Nach dem Trocknen wird der Kleinstschmetterling mit dem Minutiendraht in die eine Seite eines rechteckigen Holundermarkstückchens gespießt. Durch die andere Seite stechen wir eine Insektennadel und befestigen es damit im Insektenkasten.

Die schönsten und einwandfreiesten Raupen für eine Sammlung erhalten wir durch Zucht. Wer sich dafür interessiert, dem sei das Heft aus der Reihe „Arbeitsgemeinschaften Junger Naturforscher“ mit dem Titel „Wir züchten Schmetterlinge aus dem Ei“ von Helmut Barwinek empfohlen (Kinderbuchverlag, Berlin).

Was wir noch sammeln

Wenn wir bisher nur die Präparation von Käfern und Schmetterlingen ausführlich schilderten, so deshalb, weil das die beiden grundsätzlichsten Arten der Insektenbehandlung sind. Selbstverständlich können wir uns aber auch andere Vertreter dieser artenreichen Tierklasse als Sammelobjekte wählen.

Noch einmal Insekten

Mancher Leser wird sich für Geradflügler, ein anderer für Hautflügler interessieren. Ihre Präparierung ähnelt der der Schmetterlinge.

Bei großen Libellen müssen wir die Eingeweide aus dem Hinterleib entfernen. Wir schneiden ihn ein Stückchen auf (nicht aber den 2. Hinterleibsring wegen der Anhänge), ziehen mit der Pinzette die Eingeweide heraus und füllen den Hohlraum mit Watte aus. Die Watte wird mit einer alkoholischen Borsäurelösung getränkt. Wir erwärmen einige Milliliter Primasprit — Brennspiritus geht auch — in einem kleinen Becherglas und lösen darin 1 bis 2 Spatelspitzen der glänzenden schuppenförmigen Borsäurekristalle. Borsäure ist ein Antiseptikum. Wenn wir die Haut anschließend wieder zurückschlagen, so fällt der Schnitt nach dem Trocknen

überhaupt nicht auf. Auch bei Grillen und Heuschrecken müssen wir vor dem Trocknen den Hinterleib in dieser Weise präparieren. Libellen können wir im Insektenaquarium züchten. Grillen bringen wir in großen, mit einer Erdschicht gefüllten Gläsern zur Fortpflanzung. Wir füttern sie mit Salat. Zum Fang von Schaben legen wir mit Bier getränkte Lappen aus. Ohrwürmer fangen wir unter umgestülpten Blumentöpfen im Garten.

Schädelsammlungen für Freunde der Anatomie

Der private Sammler wird sich im allgemeinen mit einer Schädelsammlung begnügen. Arbeitsgemeinschaften sind daran interessiert, das gesamte Tierskelett zu präparieren. Sie liefern ihrer Schule damit gleichzeitig neues Anschauungsmaterial.

Schädel lassen sich leicht beschaffen. Tote Vögel finden wir hin und wieder im Garten und bei Wanderungen. Auch zu Hause werden ab und zu Karpfen, Tauben, Enten, Gänse, Hühner, Hasen und Kaninchen geschlachtet. Keine toten Tiere aus dem Wald mitnehmen; die Kadaver an Tollwut verendeter Tiere können diese meist tödliche Krankheit übertragen!

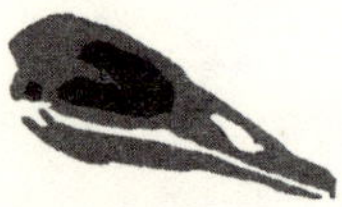

Um den Schädel zu präparieren, lösen wir das Fleisch mit Schere und Skalpel weitgehend vom Kopfe ab. Dann entfernen wir Augen und Zunge und legen den Schädel 2 bis 3 Tage in Wasser. Das Wasser wechseln wir mehrmals am Tage. Anschließend kochen wir den Schädel 1 bis 2 Stunden. Die Fleischteile werden dabei so weich, daß sie sich mit einem feinen Messer und einer Bürste leicht entfernen lassen. Das Gehirn holen wir mit einer Drahtschlinge und Pinzette durch das Hinterhauptloch heraus. Schließlich legen wir den Schädel einige Tage in 3%iges Wasserstoffperoxid. Schädel mit kräftigen Knochen können wir sogar 10 Minuten lang in der Lösung kochen. Danach spülen wir mit kaltem Wasser, bürsten den Schädel noch einmal, spülen wieder und lassen ihn schließlich trocknen. Herausgefallene Zähne leimen wir ein. Sollten sich an den Knochen noch Fettflecke zeigen, so legen wir den Schädel in einem verschließbaren Gefäß in Tetrachlormethan (CCl_4) (Vorsicht, Tetradämpfe sind giftig!). Anschließend bleichen wir ihn nochmals mit H_2O_2. Benzin (Vorsicht! Feuergefährlich!) löst ebenfalls das Fett heraus. Wir verwenden Leichtbenzin in Gefäßen mit gutschließendem Deckel. Das Benzin müssen wir mitunter 1- oder 2mal erneuern. Nach der Benzinbehandlung waschen wir den Schädel mit warmer Sodalösung und spülen ihn dann mit klarem Wasser ab. Auch ein Bestreichen der fettigen Stellen mit einem Brei aus weißem Ton und Wasser führt zum Erfolg.

Den Schädel können wir schließlich mit einem Brei aus Kartoffelmehl und Spiritus blank reiben. Wir beschriften ihn (Name, Datum) mit schwarzer Tusche, geben ihm eine Nummer und machen uns in unserem Präparatebuch weitere Notizen.

Eine andere Methode, einen Schädel oder ein Tierskelett mühelos von den Fleischteilen zu befreien, sei noch kurz geschildert. Wir häuten den Schädel, entfernen grob die Fleischteile und legen ihn dann auf einen Haufen der Großen Roten Waldameise. Dabei dürfen wir nichts an dem Ameisenhaufen verändern; denn die Tiere und ihr Bau sind geschützt. Nach 2 bis 3 Wochen ist der Schädel sauber abgenagt. Legen wir ihn in einem durchlöcherten Kästchen auf den Haufen, so wird er vor Witterungseinflüssen geschützt. Wer zu Hause in einem Topf eine Zucht von Mehlwürmern — den Larven des Mehlkäfers — hat, legt den Schädel dort hinein.

Die Methode des Abfaulens (Mazeration) liefert die schönsten Präparate. Schädel oder ganze Tiere werden nach dem Enthäuten (bei Vögeln nach dem Abbalgen) und der Entfernung der Eingeweide in einen Tontopf mit Wasser gelegt. Bottiche aus Eichenholz (Gerbsäuregehalt) und rostende Metallgefäße dürfen wir nicht nehmen. Das Wasser in dem Gefäß erneuern wir von Zeit zu Zeit. Wegen des üblen Geruches der faulenden Fleischteile stellen wir das Gefäß in den Garten. Wir warten solange, bis sich alle Fleischteile mühelos abbürsten lassen. Auch das Gehirn ist dann schwammig geworden. Es läßt sich unter der Wasserleitung herausspülen. Ein Zusatz von Kalilauge, der so bemessen sein muß, daß die Gesamtkonzentration nicht über 4% steigt, verkürzt die Zeit der Mazeration. Nach Kalilaugebehandlung müssen wir gut wässern. Bei zarten Knochen nehmen wir keine Kalilauge.

Um den inneren Bau des Schädels (z. B. Nasenhöhle, Kieferhöhle) sichtbar zu machen, sägen wir ihn mit einer Laubsäge auf.

Damit möchten wir unsere Ratschläge für Sammler abschließen. Wir möchten noch erinnern, daß auch Sammlungen von Vogelfedern, Gewöllen, Schneckenhäusern, Muschelschalen usw. sehr schön und lehrreich sein können. Wir wollen unseren Lesern nicht verschweigen, daß auch das Sammeln geschützter Pflanzen gestattet ist, wenn wir dazu Fotoapparat oder Filmkamera verwenden. Seltene oder vom Aussterben bedrohte Tiere — vor allem die Nester unserer geschützten Vögel — werden wir aber auch von dieser Leidenschaft verschonen, um Schäden am Bestand auf jeden Fall zu vermeiden.

Können Tiere denken?

Ein Hundebesitzer, der uns die Erlebnisse mit seinem vierbeinigen Freund schildert, läßt seine Erzählungen meist in der Feststellung gipfeln, daß sein Bärle, seine Freia oder Senta doch ein recht kluges Tier sei. Ein anderer führt uns voll Stolz einen sprechenden Papagei vor. Dieser ruft vielleicht „Gesundheit“, wenn jemand im Zimmer niest. Dabei „weiß“ der Papagei natürlich nicht, was Gesundheit bedeutet. Papageien sind stimmbegabt und besitzen Nachahmungstrieb. Der oft gehörte Ruf „Gesundheit“ oder das ihnen Angelernte löst in ihnen einen unbedingten Reflex aus, sobald sie einen Außenreiz wahrnehmen, der in diesem Falle in dem mit dem Niesen verbundenen Geräusch besteht.

Sinnesleistungen bei Tieren

Tiere reagieren auf Reize, das haben wir schon bei den Versuchen mit Pantoffeltierchen und Regenwürmern festgestellt. Sie nehmen Reize auf. Durch die verschiedenen Reize der Umwelt können Teile der Zelle oder spezielle Zellen erregt werden. Es spielen sich dabei physikalisch-chemische Prozesse im Plasma der Zelle ab. Die Erregung wird weitergeleitet und schließlich wird der Reiz durch Bewegungen, Schleimabsonderungen oder anderes beantwortet.

Tausende von Versuchen sind zur Untersuchung der Sinnesleistungen von Tieren gemacht worden. Die bekanntesten ihrer Art sind die Versuche mit Hunden, ausgeführt von dem sowjetischen Physiologen Pawlow. Der Zoologe von Frisch führte Hörversuche mit Fischen durch. Er ließ bei der Fütterung von Elritzen einen bestimmten Ton erklingen und gab ihnen das Futter stets an derselben Stelle im Aquarium. Die Elritzen kamen schließlich auch angeschwommen, wenn der Ton erklang, ohne daß Futter gereicht wurde. Dabei konnte Frisch auch die obere Hörgrenze der Elritzen ermitteln. Sie liegt beim fünfgestrichenen d. Aale zum Beispiel vermögen Töne zwischen 36 und 600 Hertz, Wellensittiche zwischen 40 und 20 000 Hertz zu hören. Durch Abänderung der Versuche ließ sich auch feststellen, daß Tiere verschiedene Töne, die zum Teil dicht beieinander liegen, unterscheiden können.

Andere Versuche beschäftigten sich mit dem Farbensehen, mit Geruchs- und Geschmacksempfindungen von Tieren. Einen dieser Versuche wollen wir nachahmen. Es geht dabei um das Farbensehen der Bienen.

Wir testen den Farbensinn der Bienen

Wir stellen uns aus Zeichenkarton 9 Quadrate von 6 mal 6 cm her. 8 von ihnen tönen wir in Abstufungen vom hellen zum dunkelsten Grau. Wir mischen dazu Weiß und Schwarz aus unserem Farbkasten. Das neunte Quadrat färben wir blau. Die Graupapiere können wir auch aus Fotopapier durch verschiedene Belichtungszeiten erhalten.

Während eines warmen Sommertages stellen wir einen Tisch oder eine Kiste im Garten auf, legen darauf ein Uhrglas mit einer Zuckerlösung oder mit Honig und beobachten, ob sich Bienen einfinden. (Vielleicht können wir auch einen Imker für den Versuch interessieren. Wir arbeiten dann in der Nähe der Stöcke.) Dier Bienen nehmen die süße Lösung auf, fliegen weg, kehren abe bald wieder zurück. Nachdem sich der Vorgang einige Male wiederholt hat, legen wir die 9 Papierquadrate nebeneinander so auf den Tisch, daß sie ähnlich wie bei einem Schachbrett ein großes Quadrat bilden. Ihre Anordnung ist dabei beliebig. Auf jedes der grauen Quadrate stellen wir ein leeres Uhrglas, auf das blaue Quadrat das Uhrglas mit dem Zuckerwasser. Von Zeit zu Zeit verändern wir die Anordnung der Quadrate. Wir werden trotzdem immer wieder feststellen, daß die Bienen nur das blaue Quadrat anfliegen. Sie tun es auch dann noch, wenn wir das Uhrglas mit der Zuckerlösung durch ein leeres Uhrglas ersetzen.

Bienen sind in der Lage, Blau zu sehen. Ähnlich probieren wir es mit einem roten, einem gelben und einem grünen Quadrat. Die Versuche mit Gelb und Grün bringen das gleiche Ergebnis, nur mit dem roten Quadrat klappt es nicht. Bienen sind rotblind. Sie fliegen diesmal auch auf die dunkelgrauen Quadrate, sie empfinden das Rot als dunkles Grau. Wenn sie in der Natur trotzdem rote Blüten anfliegen (Mohn), so liegt das daran, daß sie das von den Pflanzen reflektierte ultraviolette Licht empfinden, eine Leistung, die das menschliche Auge nicht vollbringt.

Das Farbensehvermögen der Tiere konnte man ausnutzen, um nachzuweisen, ob sie Erinnerungsvermögen und Gedächtnis besitzen. Libellenlarven gab man gelbe Fleischstückchen und violettes, durch Chinin bitter gemachtes Scheinfutter. Die Tiere schnappten zunächst nach beiden, später nur noch nach dem gelben Fleisch. Wurde gutes Fleisch violett angefärbt, so schnappten sie nicht danach. Sie verknüpften mit dem Violett den unangenehm bitteren Geschmack und behielten das im Gedächtnis. Gedächtnis ist die Fähigkeit, etwas Gelerntes zu behalten. Stammesgeschichtlich höher entwickelte Tiere haben nicht nur ein besseres „Gedächtnis", sie sind auch in der Lage, sich schneller auf veränderte Bedingungen umzustellen.

Gedächtnis- und Erinnerungsvermögen bleibt bei niederen Tieren aber nicht sehr lange erhalten. Das zeigte sich, als nach einigen Stunden Pause den Libellenlarven erneut beide Arten Futter an einem dünnen Draht hingehalten wurden. Sie schnappten zunächst wieder nach der bitteren violetten Schneinnahrung.

Wir wissen aber andererseits, daß Tiere immer wieder zu bestimmten Futterstellen kommen. Kaninchen geraten in Erregung, wenn wir uns zur Fütterungszeit am Morgen dem Stall nähern. So beobachten wir es auch im zoologischen Garten. Wildlebende Tiere erinnern sich wohl an die Stelle, an der sie Futter fanden, nicht aber an die Art des Futters. Versuche mit Mäusen haben das ergeben. Bei manchen Tieren war überhaupt kein Erinnerungsvermögen nachweisbar, bei triebhaft handelnden Tieren nur dann, wenn die Erinnerung an Wahrnehmungen gebunden war. Tiere, die nicht nur triebhaft handeln, zeigen sogenannte freie Erinnerungen. Da Affen sich besonders gut Verstecke merken, hat man mit ihnen Versuche angestellt. Bei Halbaffen hielt das Erinnerungsvermögen 5 Sekunden an, bei Menschenaffen dagegen 2 Stunden und mehr. Das Handeln der Tiere wird weitgehend von Automatismen beherrscht. Wir verstehen darunter räumlich und zeitlich geordnete Bewegungsfolgen. Dazu rechnen manche Tierpsychologen auch die sogenannten Instinkthandlungen. Sie lassen sich bei Ernährung, Fortpflanzung und Brutpflege gut beobachten. Wir sind immer wieder erstaunt, wenn wir Vögeln beim kunstvollen Nestbau zusehen. Die Brutpflege der Bienen oder Ameisen gibt dem Nichtfachmann Rätsel auf.

Sehr gründlich sind die Instinkthandlungen bei Insekten untersucht worden. Sie sind durchweg auf die Erhaltung der Art gerichtet. Sie können unmöglich der Erfahrung entspringen; denn dazu ist das Leben dieser Tiere zu kurz.

Schauen wir uns ein Beispiel an: Grabwespen legen ihre Eier in selbstgebauten Erdhöhlen ab. Sie heften die Eier an die Decke der Höhle. Bald nach der Eiablage sterben die Muttertiere. Vorher tragen sie aber noch Nahrung in Form lebender Insekten für die später ausschlüpfenden Larven heran. Sie suchen Raupen, lähmen diese durch mehrere Stiche in die Bauchseite — dort sitzen Nervenknoten, aber davon „weiß" die Sandwespe natürlich nichts —, tragen sie bis zum Rande der Erdhöhle, legen sie dort nieder, schlüpfen in die Höhle, kommen dann wieder zum Vorschein und befördern das gelähmte Tier schließlich hinein. Dann kommen sie heraus und verschließen das Loch. Diese Arbeiten verrichten sie stets in der gleichen Reihenfolge.

Der Lehrer und Tierfotograf Albert Leon hat einen Versuch beschrieben, der für die Erklärung der Instinkthandlungen von Bedeutung geworden ist. Er legte einer Grabwespe, die beim Verschließen des Erdloches war, eine von einer anderen Grabwespe gelähmte Raupe hin. Damit war aber der Ablauf der Handlungen gestört, denn die Wespe hatte schon eine Raupe ins Nest befördert, jetzt mußte es verschlossen werden. Dabei stieß sie auf das von Leon hingelegte Tier. Eine gelähmte Raupe vor dem Nest bedeutet aber für die Grabwespe Öffnen der Erdhöhle und Einbringen der Beute. Zwei Reflexe, der Öffnungs- und der Schließreflex standen hier gegeneinander. Die Wespe führte keines von beiden aus. Leon nahm am Abend die Raupe weg. Dann erst verschloß die Wespe ihr Nest endgültig.

Instinkthandlungen können sich zum Schaden des Tieres auswirken, wenn sich die Umweltbedingungen ändern. Trotzdem verlaufen sie nicht starr, wie man vielleicht annimmt. Bei einer Spinne lösen

Triebe den Netzbau aus. Die Art des Netzes ist bei der bestimmten Spinnenart immer gleich, die Größe und Lage des Netzes aber wird von den örtlichen Gegebenheiten abhängen.
Triebe, die durch innere Reize ausgelöst werden, lösen ihrerseits Instinkthandlungen aus. Wir sprechen vom Erhaltungstrieb, vom Fortpflanzungstrieb, vom Wandertrieb usw. Auch der Hunger ist ein Trieb. Triebe können mit Gedächtnisleistungen verbunden sein. Bei Instinkthandlungen fehlen Gedächtnisleistungen. Fragen wir uns nun weiter, ob Tiere bestimmte Handlungen erlernen können. Wir wollen diese Frage durch Versuche beantworten.

Wir arbeiten mit einem Regenwurm

Wir stellen uns aus Brettchen oder aus starker Pappe die Versuchseinrichtung her (siehe Seite 245). Sie besteht im wesentlichen aus drei schmalen Gängen (A, B und C). Nach oben sind sie durch eine Glasscheibe begrenzt. In den Gang A bringen wir im möglichst dunklen Zimmer einen Regenwurm. Sein Kopfteil zeigt nach den Gängen B und C. Im Gang B befinden sich ein Zink- und ein Kupferblech (siehe Seite 218). Der Gang C führt in ein Kästchen mit Erde. Kriecht der Regenwurm in den Gang B, so wird er elektrisiert. Er zieht sich zurück und wendet sich dem Gang C zu. Von dort kriecht er in die Erde. Wir nehmen ihn heraus und setzen ihn erneut in den Gang A. Das Experiment wiederholen wir mehrfach. Dabei stellen wir fest, daß der Regenwurm noch einige Male in den Gang B kriecht. Erst nach einer Reihe von Versuchen wendet er sich sofort dem Gang C zu.
Wir können sagen, daß der Regenwurm durch Versuch und Irrtum lernt. Schlägt er den falschen Weg ein, erhält er einen „Strafreiz“ (Tembrock), im anderen Falle eine Belohnung, denn er gelangt in die Erde. Man nennt das Differenzdressur. Der Weg, der schließlich Erfolg bringt, wird beibehalten.
Der Versuch wurde im Jahre 1912 von Yerkes entwickelt. Er ließ die Regenwürmer täglich 5mal die Gänge durchlaufen. Vom 4. Tage an wählten sie bei jedem Versuch sofort den richtigen Gang.

Mäuse im Irrgarten

Seit dem ersten Irrgartenversuch im Jahre 1898, hat sich hier ein eigenes Forschungsgebiet entwickelt. Mit Hilfe der Irrgartenforschung, auch Labyrinthforschung genannt, sollen verschiedene Fragenkomplexe geklärt werden. So interessiert nicht nur allgemein das Zurechtfindevermögen, sondern spezielle Fragen von Alter und Geschlecht. Verhalten nach Entfernung von Gehirnteilen oder Verletzung einzelner Teile. Verhalten nach Eingabe von chemischen Mitteln usw.

Wir wollen uns aus starker Pappe einen oder mehrere Irrgärten bauen. Wir schneiden uns Pappstreifen von ungefähr 8 cm Breite. Einen 2 cm breiten Streifen knicken wir rechtwinklig. Dort befestigen wir die Pappe mit Reißzwecken oder Nägeln auf einem Brett oder einer Pappunterlage (2 oder 3 Böden von Pappkartons verleimt). Wir können beim Aufbau 3 Grundformen wählen: T-, Y- und U-Form der Einzelteile.

In unserem Labyrinth lassen wir weiße Mäuse täglich mehrmals laufen und notieren sehr sorgfältig die Beobachtungen. Für die Protokollierung ist es vorteilhaft, die einzelnen Gänge zu numerieren oder mit Buchstaben zu versehen. Wir werden bald selbst dahinterkommen, daß wir die Versuche sehr vielseitig gestalten können. Zu Anfang unserer Versuchsreihe sollten wir aber bei dem gleichen Ausgangspunkt bleiben. Später können wir die Tiere auch einmal in der Mitte des Gartens ansetzen und ihr Verhalten prüfen.

Ein Hochlabyrinth besteht aus Leisten auf Holzstäbchen und ist etwa 5 bis 10 cm erhöht über dem Tisch angeordnet. Sein Bau macht uns aber wesentlich mehr Mühe als bei einem Tieflabyrinth.

Viele Tiere besitzen ein gut ausgeprägtes Richtungsempfinden. Manche Ameisen finden ihren Weg zum Nest zurück, indem sie aus dem Hinterleib Duftstoffe absondern. Auf dieser Duftspur laufen sie zurück. Bienen orientieren sich nach markanten Punkten der Umgebung und benutzen außerdem den Winkel, unter dem die Sonnenstrahlen auf den Stock fallen, zur Orientierung. Denken wir auch an den ausgeprägten Orientierungssinn der Vögel bei ihren großen Zügen.

Das „Denken“ der Affen

Kehren wir nach diesem kurzen Ausflug in die Tierpsychologie zu unserem Ausgangsthema zurück. Die berühmt gewordenen Versuche von Professor Wolfgang Köhler helfen uns hier ein Stück weiter. Professor Köhler hat vor und während des ersten Weltkrieges in Teneriffa Versuche mit 9 Schimpansen angestellt. Sie waren kurz vorher im Urwald gefangen worden. Er nutzte vor allem den Hungertrieb der Tiere aus und stellte ihnen bestimmte Aufgaben. Er ließ beispielsweise in einem Käfig ein Körbchen mit Bananen von der Decke herunterhängen und versetzte es in pendelnde Bewegung. Das Körbchen hing so hoch, daß es von den Affen durch Springen nicht erreicht werden konnte. Einer der drei Affen, die sich in dem Käfig befanden, versuchte es mehrfach

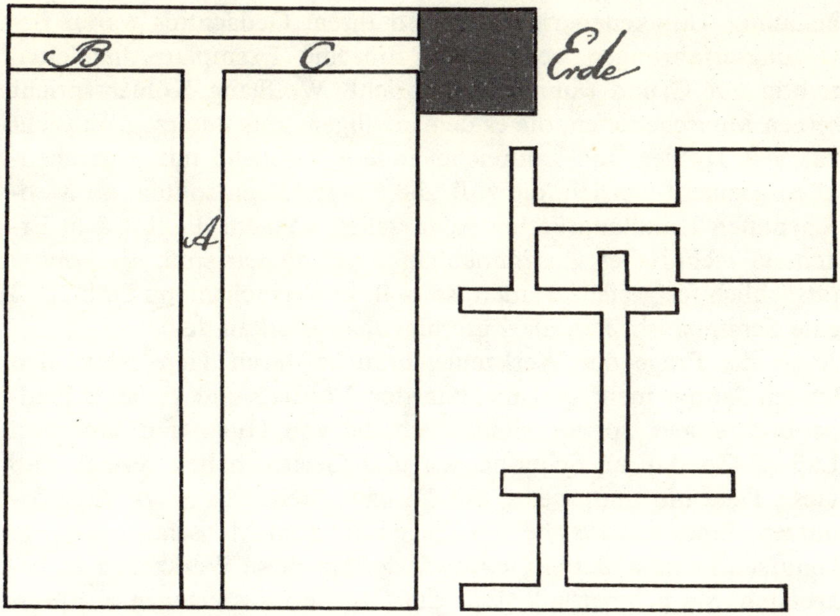

Versuch zum Erlernen von Handlungen beim Regenwurm; daneben Irrgarten für Mäuse

durch Springen. Seine Versuche blieben erfolglos. Ein anderer Affe kletterte auf ein im Käfig aufgestelltes Gerüst. Von dort aus gelang es ihm, mit ausgestrecktem Arm das Körbchen zu erreichen.

In einem anderen Versuch wurde eine Banane so weit vor dem Käfig gelegt, daß sie der Schimpanse mit dem Arm nicht mehr erreichen konnte. Im Käfig lag ein Stock, mit dem der Schimpanse einige Zeit vorher gespielt hatte. Als er die Banane erblickte, versuchte er vergeblich, sie mit dem Arm zu erfassen. Er stieß Klagelaute aus. Nach sieben Minuten fiel sein Blick zufällig auf den Stock. Er ergriff ihn sofort und zog damit die Banane zwar noch ungeschickt, aber doch erfolgreich in den Käfig.

Bei anderen Versuchen wurden die Bananen so weit weg gelegt, daß sie mit einem Stock nicht erreichbar waren. Im Käfig lag aber ein zweiter Stock, der so angespitzt war, daß er sich mit dem anderen verbinden ließ. Der Affe reagierte zunächst nicht darauf, obwohl ihm das Zusammenstecken vorgeführt wurde. Im Spiel ahmte er es nach, eilte mit dem verlängerten Stock zum Gitter und angelte sich die begehrte Frucht.

Wir sehen, daß er nicht bewußt versuchte, die Stöcke zum Werkzeug zusammenzufügen. Die Schimpansen konnten verschiedene Aufgaben lösen, das bewiesen auch die anderen Versuche Köhlers, sie waren aber dabei nicht schöpferisch tätig. Sie wendeten lediglich

bekannte Tätigkeiten richtig an. In ihrem Gedächtnis waren Bewegungserfahrungen vorhanden. Einzelne Exemplare handelten richtig auf Grund räumlicher Einsicht. Wolfgang Köhler spricht seinen Menschenaffen, die er den Intelligenztests unterzog, Einsicht zu. Seit Köhler sind zahlreiche andere Versuche mit Menschenaffen gemacht worden, die z. B. die Frage klären sollten, ob Menschenaffen Handlungsketten beherrschen können, die mit dem Erkennen technischer Zusammenhänge verbunden sind. Es konnte tatsächlich festgestellt werden, so z. B. in Versuchen von Döhl, daß eine Schimpansin kausale Zusammenhänge erkannte.
Auch die Frage des Werkzeuggebrauchs durch Tiere ist in den letzten Jahren mehr und mehr in den Vordergrund gerückt. Feldbeobachtungen, so vor allem auch die von Hugo und Jane von Lawick-Goodall an Schimpansen und Geiern, haben gezeigt, daß diese Tiere hin und wieder Stöcke bzw. Steine als Werkzeuge benutzen. Eines tun sie aber im Gegensatz zum Menschen nicht, sie benutzen keine anderen Gegenstände, um diese Werkzeuge zu bearbeiten. Sie nehmen allenfalls die Organe ihres eigenen Körpers, beißen also beispielsweise den Stock ab, um ihn zu verkürzen.
Der Mensch hat viele anatomische und physiologische Gemeinsamkeiten mit den Menschenaffen. In seinen Leistungen und seinem Verhalten besteht aber dennoch ein grundsätzlicher Unterschied zum Tier. Die hochentwickelten Tiere sind in der Lage, die sie umgebende Wirklichkeit in Form von Empfindungen, Wahrnehmungen und auch Vorstellungen widerzuspiegeln. Pawlow bezeichnete das als erstes Signalsystem. Die höchstentwickelten Tiere, die Delphine und die Menschenaffen, besitzen eine Vorstufe des Denkens. Abstrakt denken, in Begriffen denken, kann erst der Mensch. Dieses begriffliche Denken hängt eng zusammen mit der Entwicklung seiner Sprache. Diese wiederum ermöglicht es ihm, seine Erfahrungen anderen zu vermitteln und an die nächste Generation weiterzugeben. Denken und Sprechen vollziehen sich beim Menschen auf der Grundlage des zweiten Signalsystems.
Der Mensch ist in der Lage, in Zusammenhängen zu denken und planvoll zu handeln. Mit Hilfe des zweiten Signalsystems vermag er sich denkend von der äußeren Erscheinung der Gegenstände zu lösen, in ihr Wesen einzudringen und die Gesetzmäßigkeiten zu erkennen, die ihnen zugrunde liegen. Er ist dadurch befähigt, Wissenschaft und Technik zu entwickeln und zu fördern, und wird zum Beherrscher der Natur.

Der Mensch

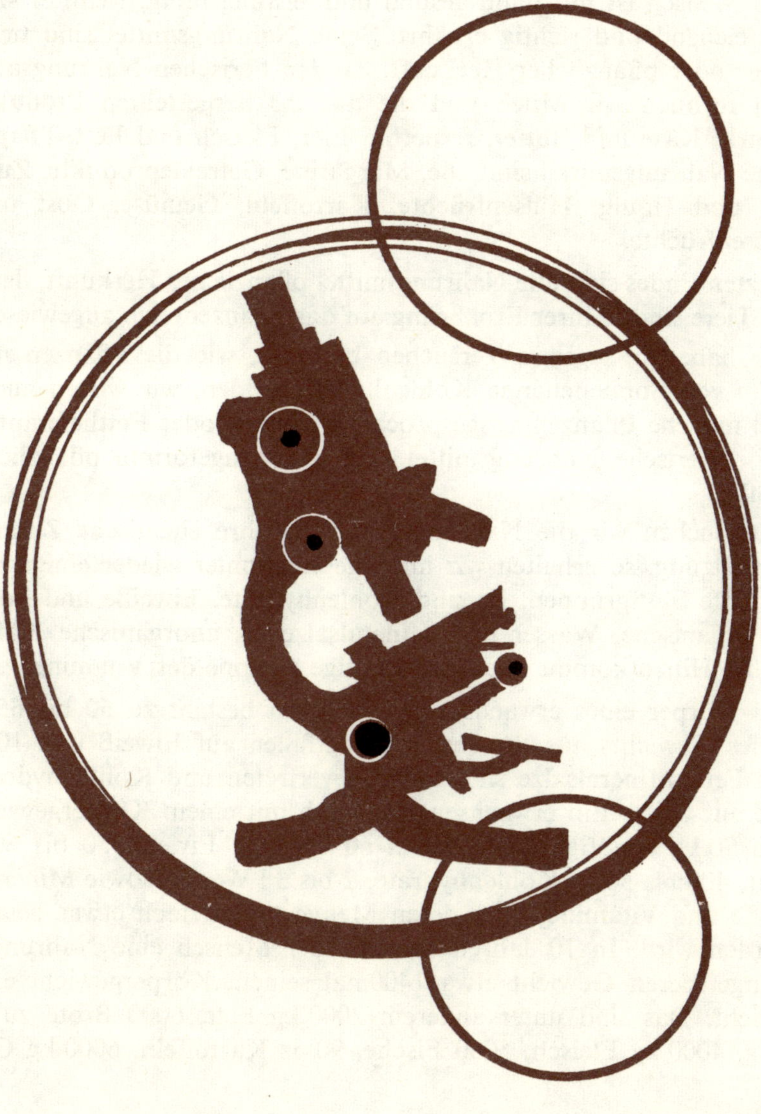

Bau- und Betriebsstoffe unseres Körpers

Der Mensch ist nur dann gesund und leistungsfähig, wenn er sich ausreichend und richtig ernährt. Seine Nahrungsmittel sind tierischer oder pflanzlicher Herkunft. Zu den tierischen Nahrungsmitteln rechnen wir Milch und die aus ihr hergestellten Produkte Quark, Käse und Butter, fernerhin Eier, Fleisch und Fett. Pflanzliche Nahrungsmittel sind Öle, Margarine, Getreideprodukte, Zukker und Honig, Hülsenfrüchte, Kartoffeln, Gemüse, Obst und Beerenfrüchte.

Letzten Endes sind alle Nahrungsmittel pflanzlicher Herkunft, denn die Tiere sind in ihrer Ernährung auf das Pflanzenreich angewiesen.

Wir haben in eigenen Versuchen bestätigt, wie die Pflanzen mit Hilfe von Sonnenenergie Kohlenhydrate bilden, wir wissen auch, daß manche Pflanzen ausgesprochene Eiweiß- oder Fettlieferanten sind. Tierische Nahrungsmittel sind also umgeformte pflanzliche Stoffe.

Untersuchen wir die Nahrungsmittel auf ihre chemische Zusammensetzung, so erhalten wir im Ergebnis immer wieder einige bestimmte Stoffgruppen. Es sind Kohlenhydrate, Eiweiße und Fette als organische, Wasser und Mineralsalze als anorganische Nährstoffe. Hinzu kommt noch die wichtige Gruppe der Vitamine.

Der Körper eines erwachsenen Menschen besteht zu 60 bis 65% seines Gewichts aus Wasser, 15% entfallen auf Eiweiß und 10% auf Fett. Mineralsalze sind mit 5% vertreten und Kohlenhydrate mit nur 0,6%. Ein erwachsener Mensch mit einem Körpergewicht von 70 kg benötigt täglich etwa 60 bis 70 g Eiweiß, 50 bis 60 g Fett, 400 bis 500 g Kohlenhydrate, 2 bis 3 l Wasser sowie Mineralstoffe und Vitamine, über deren Menge später noch etwas gesagt werden wird. In 70 Jahren verzehrt der Mensch eine Nahrungsmenge, deren Gewicht etwa 1400mal seinem Körpergewicht entspricht. Das sind unter anderem 2000 kg Fett, 6000 Brote zu je 2 kg, 4000 kg Fleisch, 5000 Fische, 90 dz Kartoffeln, 6000 kg Gemüse, 7000 kg Obst, 6000 l Milch, 12 000 l Kaffee, 1000 kg Käse, 10 000 l Wasser usw. Hinzu kommen noch Kuchen, Schokolade, Bonbons und verschiedene Genußmittel, wie Bier, Wein, Likör und andere.

Vergleichen wir die täglich aufgenommene Menge an Kohlenhydraten mit der im Körper vorhandenen, so ergibt sich scheinbar ein Widerspruch, denn Kohlenhydrate haben in unserer Nahrung den größten Anteil, sind aber am Aufbau unserer Körpersubstanz mit geringstem Prozentsatz beteiligt. Der Widerspruch klärt sich, wenn wir den Weg der Nährstoffe durch unseren Körper verfolgen. Der Körper kann die Stoffe nicht in der Form verwerten, wie sie in der Speise vorliegen. Hochmolekulare Verbindungen müssen abgebaut werden. Sie erhalten dadurch eine leichtlösliche Form und können von Blut und Lymphe im Körper transportiert werden. Wir leben also nicht von dem, was wir essen, sondern von dem, was wir verdauen. Die Verdauungsorgane lösen diese Aufgabe durch mechanische Vorgänge — Zerkleinerung und Bewegung — und durch chemischen Angriff mit Hilfe von fermenthaltigen Verdauungssäften (Speichel, Magensäfte, Darmsäfte) unter Mithilfe von Darmbakterien. Nur durch das Zusammenwirken aller dieser Faktoren ist eine vollständige Verdauung möglich.

Die Stoffe, die wir dem Körper zuführen, werden teilweise dazu benutzt, verbrauchte Stoffe zu ersetzen; denn in uns vollzieht sich eine ständige Umbildung und Erneuerung. Zellen sterben ab und werden durch andere ersetzt. Ein anderer Teil der Nahrung wird verbrannt. Die dabei frei werdende Energie dient den Körperzellen zur Aufrechterhaltung ihrer Lebensfunktionen. Die Gesamtheit dieser Vorgänge bezeichnen wir als Stoffwechsel. Durch den Baustoffwechsel werden Stoffe unserer Nahrung in körpereigene Stoffe umgewandelt. Er wird auch Wachstums- und Regenerationsstoffwechsel genannt. Unter der Bezeichnung Betriebsstoffwechsel sind alle die Vorgänge zusammengefaßt, in deren Verlauf Stoffe zur Energiegewinnung abgebaut werden. Damit löst sich auch das Kohlenhydratproblem. Der Mensch deckt seinen Energiebedarf nämlich vorwiegend durch den Abbau von Kohlenhydraten. 300 bis 600 g Zucker werden täglich zu Kohlendioxid und Wasser verbrannt. Die Verbrennung von 1 g Traubenzucker liefert eine Energie von 4,1 cal. Die gleiche Energiemenge wird auch durch die Verbrennung von 1 g Eiweiß erzeugt. Bei Fetten sind es 9,1 cal/g.

Die Endprodukte des Stoffwechsels verlassen durch die Atmung, mit dem Kot und dem Harn den menschlichen Körper. Sie gelangen in die atmosphärische Luft und in den Boden. Dort dienen sie wieder als Grundlage für die pflanzliche Tätigkeit. Damit schließt sich der Kreislauf der Stoffe in der Natur.

Versuche mit Kohlenhydraten

In der Mitte des vorigen Jahrhunderts wurde für eine Reihe von organischen Naturstoffen die Bezeichnung Kohlenhydrate geprägt, weil man annahm, sie entsprächen alle der gemeinsamen Formel $C_m(H_2O)_n$. Sie wurden als Hydrate des Kohlenstoffs aufgefaßt. Das hat sich inzwischen als Irrtum erwiesen, denn es gibt auch „Kohlenhydrate", die dieser Bruttoformel nicht entsprechen. Trotzdem hat sich die Bezeichnung bis heute erhalten.
Wir teilen die Kohlenhydrate in 3 Gruppen ein, wobei wir ihren Bau und ihr chemisches und physikalisches Verhalten berücksichtigen.

1. *Monosaccharide*
   wichtigste Untergruppe: Hexosen · $C_6H_{12}O_6$
   — Traubenzucker (Glukose)
   — Fruchtzucker (Fruktose)

2. *Oligosaccharide*
   wichtigste Untergruppe: Disaccharide · $C_{12}H_{22}O_{11}$
   — Malzzucker (Maltose)
   — Milchzucker (Laktose)
   — Rohrzucker, Rübenzucker } (Saccharose)

3. *Polysaccharide*
   $(C_6H_{10}O_5)_n$
   — Stärke
   — Glykogen
   — Zellulose

Zuckerreaktionen stehen am Anfang

Einen einfachen und für uns billigen Glukosenachweis, der wie bei Fehlingscher Lösung auf der Reduktion von Kupferverbindungen beruht, wollen wir jetzt kennenlernen. Es ist die Trommersche Probe:
In ein gut ausgespültes Reagenzglas — bei Säureresten im Reagenzglas versagen die Proben — geben wir einige Körnchen Glukose (Dextropur), 1 ml Wasser und 1 ml verdünnte Natronlauge. Wir fügen 2 Tropfen Kupfersulfatlösung hinzu, schütteln um und erwärmen. Aus der dunkelblau gefärbten Lösung fällt rotes Kupfer(I)-oxid aus.
Wir untersuchen nun verschiedene Fruchtsäfte und Pflanzensäfte auf ihren Gehalt an Glukose. Die Probe versagt bei Rübenzucker, da dieser keine freien, reduzierenden Gruppen besitzt.

Hydrolyse von Saccharose

Wir kochen einige ml Rübenzuckerlösung mit einigen Tropfen verdünnter Salz- oder Schwefelsäure im Reagenzglas. Dann lassen wir abkühlen, geben Natronlauge dazu, bis Lackmuspapier eine deutlich alkalische Reaktion anzeigt und fügen dann einige Tropfen Kupfersulfatlösung dazu. Wir erhitzen wieder — es fällt Kupfer(I)-oxid aus.

Was ist geschehen? Unter der katalytischen Wirkung von Wasserstoffionen der Säure haben wir Saccharosemoleküle in Glukose- und Fruktosemoleküle gespalten:

$$\underset{\text{Saccharose}}{C_{12}H_{22}O_{11}} + H_2O \xrightarrow{(H^+)} \underset{\text{Glukose}}{C_6H_{12}O_6} + \underset{\text{Fruktose}}{C_6H_{12}O_6}$$

Da solche Spaltungen unter gleichzeitiger Anlagerung von Wasser erfolgen, bezeichnen wir sie als hydrolytische Spaltungen.

Kunsthonig wird industriell durch Säurehydrolyse von Saccharose hergestellt. Als Säuren verwendet man neben Salz- und Schwefelsäure auch Methansäure (Ameisensäure) und 2-Hydroxypropansäure (Milchsäure).

Maltose und Laktose reduzieren auch ohne vorherige Säurehydrolyse Fehlingsche Lösung beziehungsweise den Glukose-Kupfer(II)-Komplex bei der Trommerschen Probe. Durch hydrolytische Spaltung der Maltose erhalten wir 2 Moleküle Glukose, während Laktose in 1 Molekül Glukose und 1 Molekül Galaktose zerfällt. Galaktose ist ein Monosaccharid. Es ist der Glukose sehr ähnlich.

Die Zucker spielen im Stoffwechsel des Menschen eine große Rolle. Sie sind die Hauptbrennstoffe für den Organismus. Allerdings müssen Disaccharide erst in Monosaccharide zerlegt werden. Diese Aufgabe übernehmen Biokatalysatoren. Sie werden im Körper produziert und von Drüsen in den Verdauungskanal abgegeben. Wir nennen solche Biokatalysatoren allgemein Fermente oder Enzyme. Die Spaltung der Disaccharide findet erst im Darm statt. Hier wirken vor allem die Fermente der Bauchspeicheldrüse und des Darmsaftes auf sie ein. Das Ferment Maltase spaltet Maltose, das Ferment Saccharase spaltet die Saccharose und das Ferment Laktase die Laktose. (Bei der Benennung der Fermente ist es üblich, an den Wortstamm des Stoffes, auf den sie einwirken, die Endung -ase anzuhängen.)

Durch die Spaltungen entstehen Monosaccharide. Sie werden von der Dünndarmschleimhaut aufgenommen (resorbiert) und durch die Pfortader zur Leber transportiert. Monosaccharide, die nicht unmittelbar zur Energieerzeugung nötig sind, werden in der Leber und in den Muskeln in einer Dauerform, dem Glykogen, gespeichert.

Die Leber kann aber nicht unbegrenzte Mengen von Monosacchariden speichern. Bei zu großen Zuckermengen steigt der Blutzuckergehalt über seinen normalen Wert von 80 bis 100 mg je 100 ml. Dann scheidet die Niere Zucker im Harn aus.

Traubenzucker finden wir vor allem in Früchten, auch in den scheinbar sauersten, wie Zitrone oder Johannisbeere. Trauben enthalten 10 bis 25% Traubenzucker. Wir nehmen ihn als Dextropur ein, oder der Arzt verabreicht ihn in Form von Traubenzuckerspritzen. Da Traubenzucker die letzte Abbaustufe der Kohlenhydrate darstellt, ist er vom Körper sofort als „Brennstoff" verwertbar. Bei gleichzeitiger Schonung des Verdauungsapparates können aus ihm in kurzer Zeit große Energiemengen gewonnen werden.

Traubenzucker findet deshalb Anwendung bei Magen-Darm-Störungen, bei Nervenschwäche, Abmagerung, Erschöpfungszuständen und zur Steigerung der allgemeinen Leistungsfähigkeit.

Vom Stärkeabbau

Wir schlämmen in einem Reagenzglas etwas Stärke in kaltem Wasser auf. Dann füllen wir ein kleines Becherglas zu drei Vierteln mit Wasser und erhitzen dieses bis zum Sieden. Wir nehmen den Brenner weg, lassen das Wasser um einige Grade abkühlen und gießen die Stärkeaufschlämmung hinein. Die Stärke löst sich weitgehend. Beim Abkühlen bildet sich Stärkekleister.

Eine kleine Menge des Stärkekleisters verdünnen wir mit der zehnfachen Menge Wasser. Wir führen damit die Jodprobe durch. Eine deutliche Blaufärbung verrät die Anwesenheit von Stärke. Sie verschwindet beim Erhitzen und kehrt bei Abkühlung zurück. Eine zweite Probe des Kleisters untersuchen wir nach Trommer. Die Probe fällt negativ aus.

In einem Becherglas erhitzen wir nun 20 bis 30 ml Stärkekleister mit 1 ml verdünnter Salzsäure. Von Zeit zu Zeit — etwa alle 2 bis 3 Minuten — entnehmen wir Proben von 1 ml in Reagenzgläser. Wir kühlen sie unter fließendem Wasser und prüfen mit Jod-Kaliumjodidlösung auf Stärke. Nach einer bestimmten Zeit fallen die Proben negativ aus. Wir erhitzen noch 2 Minuten, lassen den Kleister dann abkühlen und neutralisieren die überschüssige Salzsäure durch tropfenweise Zugabe von verdünnter Natronlauge (Prüfung mit Lackmus). Mit einem Teil der Lösung führen wir die Trommersche Probe durch oder prüfen mit Fehlingscher Lösung. Wir erhalten den bekannten roten Niederschlag, der auf die Anwesenheit von reduzierenden Zuckern hinweist.

Die Stärkemoleküle sind unter Anlagerung von Wasser zu Glukose abgebaut worden:

$$(C_6H_{10}O_5)_n + nH_2O \rightarrow nC_6H_{12}O_6.$$

Ein Teil der Stärkemoleküle wird zunächst nicht vollständig abgebaut. Es bleiben längere Bruchstücke der Polysaccharidketten, die Dextrine, übrig. Sie reduzieren ebenfalls Fehlingsche Lösung.

Bei den Verdauungsvorgängen verläuft die Stärkespaltung in verschiedenen Stufen. Sie beginnt bereits im Mund. Dort bewirkt das Ferment Ptyalin des Mundspeichels eine Zerlegung von Stärke und Glykogen in Maltose. Richtiges Kauen und gute Durchspeichelung der Speisen fördern diesen Vorgang. Mit dem Speisebrei verschlukken wir das Ptyalin. Es wirkt im Magen weiter. Magensaft selbst enthält keine kohlenhydratspaltenden Fermente. Im Saft der Bauchspeicheldrüse (Pankreas) ist ein Ferment enthalten, das Pankreasptyalin, das in seiner Wirkung dem Ptyalin des Mundspeichels ähnelt. Es beendet die Spaltung der Stärke und des Glykogens zu Maltose. Wie die Maltose dann zu Glukose umgewandelt wird, berichteten wir bereits.

In den folgenden Versuchen wollen wir uns mit der Wirkung des Ptyalins befassen.

Wir kauen ein Stück Brot einige Minuten lang. Den Brei verdünnen wir in einem Becherglas mit der doppelten Menge destillierten Wassers. Wir filtrieren, führen dann die Jodprobe und die Trommersche Probe durch. (Beim längeren Kauen von Brot entsteht schließlich ein deutlicher süßer Geschmack.)

In ein Reagenzglas oder in einen kleinen Erlenmeyerkolben geben wir zu 2 ml Stärkekleister 2 ml Wasser und fügen dann reichlich Mundspeichel dazu. Das Glas stellen wir in ein Wasserbad von 37°C. Wir rühren ab und zu. Alle 5 Minuten untersuchen wir kleine Proben auf Stärke und Maltose. Wir stellen fest, daß die Stärke mehr und mehr in Maltose gespalten wird. Nach etwa 1 Stunde ist die Umwandlung beendet, wenn wir genügend Speichel zugesetzt haben.

Eiweißreaktionen im Reagenzglas

Die Eiweißstoffe stellen die Grundlage des entwickelten Lebens dar. Charakteristisch für Eiweiße sind ihre hohen Molekülmassen. Das einfachste Eiweißmolekül ist das des Milcheiweißes (Laktalbumin). Es hat eine Molekülmasse von 17 500 u. Die Molekülmassen der anderen Eiweiße sind ganzzahlige Vielfache davon. Beim Insulin wurde 35 000, bei Hämoglobin 69 000 u gemessen. Eiweißmoleküle von Tabakmosaikviren haben Molekülmassen von 43 Millionen u, die des Tollwutvirus haben eine Molekülmasse von 800 Millionen u.

In Eiweißmolekülen lassen sich nur wenige Elemente nachweisen: Kohlenstoff, Wasserstoff, Sauerstoff und Stickstoff sowie bei einigen Schwefel und Phosphor. Der Aufbau der Eiweißmoleküle ist aber recht kompliziert. Deshalb war ihre Konstitutionsaufklärung außerordentlich schwierig und langwierig. Dem deutschen Chemiker Emil Fischer gelang es, Eiweißstoffe durch Hydrolyse in ihre Grundbausteine, die Aminosäuren, zu zerlegen. Zur Zeit sind mehr als 100 verschiedene Aminosäuren bekannt. Reichlich 20 von ihnen kommen regelmäßig in Eiweißen vor.

Emil Fischer konnte auch die Verknüpfung der Aminosäuren im Eiweißmolekül aufklären. Er stellte fest, daß sich Aminosäuremoleküle peptidartig miteinander verbinden. Bei zwei Molekülen der einfachsten Aminosäure, der 2-Amino-äthansäure, sieht das folgendermaßen aus:

$$H_2N—CH_2—COOH + HNH—CH_2—COOH \longrightarrow$$

$$H_2N—CH_2—\overbrace{CO—NH}^{\text{Peptidbindung}}—CH_2—COOH + H_2O.$$

Dipeptid (Glyzyl-Glyzin)

Emil Fischer konnte 18 Aminosäuremoleküle peptidartig zu einem Octadekapeptid miteinander verknüpfen.

Allgemein teilen wir Peptide nach der Zahl der Aminosäuremoleküle wie folgt ein:

Oligopeptide — 2 bis 9 Aminosäuremoleküle,
Polypeptide — 10 bis 100 Aminosäuremoleküle,
Makropeptide — über 100 Aminosäuremoleküle.

Eiweißstoffe sind meist Makropeptide.
Entsprechend ihrem physikalischen Verhalten und nach dem Vorkommen bestimmter Bausteine hat man für Eiweißstoffe eine Einteilung in Proteine (einfache Eiweiße, z. B. Albumine, Globuline, Skleroproteine...) und Proteide (zusammengesetzte Eiweiße, z. B. Chromoproteide, Phosphorproteide...) getroffen.

Für die folgenden Reaktionen verwenden wir in den meisten Fällen eine Eiweißlösung. Wir stellen sie her, indem wir Eialbumin (ungekochtes Weiß eines Hühnereis) mit 100 bis 200 ml 1%iger Natriumchloridlösung verdünnen.

Nachweisreaktionen der Eiweiße

Xanthoproteinreaktion: Im Reagenzglas geben wir zu 1 ml Eiweißlösung 1 ml konzentrierte Salpetersäure und erwärmen. Das Eiweiß fällt aus der Lösung aus und färbt sich gelblich. Diese Färbung haben wir sicherlich schon beobachten können, wenn durch unvorsichtiges Hantieren Salpetersäure auf die Haut unserer Hände gelangte.

Wir gießen die Säure vorsichtig ab und geben zu dem ausgeflockten Eiweiß verdünntes Ammoniumhydroxid. Die Färbung wird intensiver. Sie geht in Orange über.

Wir führen diese Nachweisreaktion auch mit Käse, Quark, Haaren, abgeschnittenen Fingernägeln, Schafwolle usw. durch.

Biuretreaktion: Wir geben zu 2 ml Eiweißlösung 1 ml 10%ige Natronlauge und 2 bis 3 Tropfen sehr verdünnte Kupfersulfatlösung. Die Lösung färbt sich rot bis blauviolett. Der Name für die Reaktion wurde in Anlehnung an den Stoff Biuret gewählt, der in alkalischer Lösung mit Kupfersulfat eine ähnliche rotviolette Färbung ergibt. Atomgruppierungen wie im Biuret sind in Eiweißen jedoch nicht vorhanden. Biuret können wir herstellen, wenn wir etwas käuflichen Harnstoff im Reagenzglas über seinen Schmelzpunkt (132,7° C) erhitzen. Die nach dem Abkühlen erstarrte Masse lösen wir in Wasser, versetzen sie mit Natronlauge und Kupfersulfat.

Fällungsreaktionen der Eiweiße

In Reagenzgläsern versetzen wir je 1 ml Eiweißlösung tropfenweise mit verdünnten Säuren (Salzsäure, Schwefelsäure, Salpetersäure, Zitronensaft, Speiseesig oder Essigessenz). Das Eiweiß gerinnt, es koaguliert. Das Kochen von Eiweiß mit Äthansäure wird angewendet beim Eiweißnachweis im Harn. Platzt in der Küche ein Hühnerei nach dem Einlegen in das Kochwasser auf, so verhindert ein Essigzusatz von einigen Tropfen das Auslaufen des Eies.

Zu je 1 ml Eiweißlösung geben wir einige Tropfen Kupfersulfatlösung, Eisen(III)-chloridlösung und Silbernitratlösung. Die Schwermetallsalze bringen Eiweiß zum Gerinnen. Darauf beruht ihre Giftwirkung.

Sollte jemand versehentlich Schwermetallsalzlösung getrunken haben, so können wir ihm gewissermaßen als Erste Hilfe Milch zu trinken geben. Das Milcheiweiß wird durch die Schwermetallsalze im Magen zum Gerinnen gebracht. Die geronnene Milch schließt die giftigen Salzionen ein. Anschließend müssen wir für eine sofortige Entleerung des Magens durch Verabreichung von Brechmitteln (Kupfersulfatlösung) sorgen.

In weiteren Versuchen überzeugen wir uns von der Eiweißgerinnung unter dem Einfluß von Äthanol (wir nehmen Brennspiritus), Methanallösung und Gerbsäurelösung (Tanninpulver in Wasser).

In der Gerberei werden die Zelleiweiße tierischer Häute durch Gerbstoffe gefällt und dadurch elastisch und widerstandsfähig gemacht. Methanallösungen werden wegen ihrer Wirkung auf Eiweiß als Konservierungsmittel für anatomische Präparate verwendet. Proteine sind in Alkohol unlöslich. Sie werden durch ihn aus wäßriger Lösung ausgefällt. Darauf beruht eine der schädlichen Wirkungen des Alkohols.

Zum Abschluß dieser Versuchsreihe wollen wir eine Eiweißlösung im Reagenzglas allmählich erwärmen. Das Eiweiß gerinnt. Wir kennen das vom Eierkochen her. Die Gerinnung setzt bereits bei 60°C ein. Deshalb ist es möglich, im heißen Saharasand Eier zu kochen.

Die Eiweißverdauung

Nur die Pflanzen sind in der Lage, Eiweißstoffe aus anorganischen Verbindungen aufzubauen. Tiere vermögen nicht alle 2-Aminosäuren für den Aufbau ihrer Körpereiweiße zu synthetisieren. In ihren Ausscheidungsstoffen, den Exkreten, befinden sich aber stickstoffhaltige Verbindungen wie der Harnstoff. Das ist ein Zeichen dafür, daß Eiweiße im Körper ständig zersetzt werden. Diesen Substanzverlust muß der Organismus durch ständige Eiweißzufuhr ausgleichen. Eine nicht ausreichende Eiweißversorgung gefährdet den normalen Ablauf der Lebensfunktionen. Geringe Eiweißmengen enthalten fast alle Nahrungsmittel. Besonders reich an Eiweiß sind Fleisch (bis 19%), Fisch (13%), Eier (12%), Milch (3%), Getreide (7 bis 12%), Hülsenfrüchte (etwa 23%) und Kartoffeln (2%).

Die Eiweißverdauung beginnt im Magen vor allem unter dem Einfluß des Fermentes Pepsin im Zusammenwirken mit der etwa 0,5%igen Magensalzsäure. Die sogenannten peptischen Fermente wirken besonders gut in saurer Lösung. Aus den hochmolekularen und wenig wasserlöslichen Eiweißstoffen, den Makropeptiden, entstehen Peptone und Polypeptide von guter Wasserlöslichkeit.

Die tryptischen Fermente der Bauchspeicheldrüse (Trypsin) und die ereptischen Fermente des Dünndarmes (Erepsin) bauen die Eiweißstoffe schließlich bis zu den Aminosäuren ab. Eine Reihe von Eiweißstoffen, vor allem Skleroproteine und unter ihnen besonders das Keratin, werden nicht angegriffen und verlassen als unverdauliche Stoffe mit dem Kot den Darm.

Eiweißverdauung im Erlenmeyerkolben

Wir kaufen uns in der Apotheke etwas Pepsinpulver und lösen 0,2 g davon in 100 ml Wasser. Zu dieser Lösung tropfen wir Salzsäure, bis der pH-Wert bei 1 liegt (prüfen mit Universalindikatorpapier). Dann kochen wir ein Hühnerei 10 Minuten lang, lösen das harte Weiß heraus und zerkleinern es auf einem Reibeisen. In einem Erlenmeyerkolben oder einem anderen geeigneten Glasgefäß verrühren wir das Eiweiß mit der Pepsinlösung. Wir stellen den Kolben in einen Brutschrank, in ein Wasserbad von 40°C oder auf den warmen (nicht heißen!) Ofen und lassen ihn einige Stunden stehen. Gelegentlich schütteln wir den Kolben. Bereits nach 2 Stunden hat sich die Eiweißmenge merklich verringert. Nach 6 bis 8 Stunden ist das Hühnereiweiß bis auf wenige weiß-gelbe Häutchen zu wasserlöslichen Peptonen abgebaut worden. Dem Gefäß entströmt ein unangenehm säuerlicher Geruch.

Das Pepsin können wir auch selbst gewinnen, wenn wir einen Fleischer bitten, daß er uns von einem umgewendeten und gewaschenen Schweinemagen die Schleimhaut abschabt. Wir übergießen sie im Becherglas mit der vierfachen Menge 5%igen Äthanols. Nach 2 Tagen pressen wir den Extrakt durch ein Tuch und filtrieren ihn dann, am besten mit einer Filternutsche.

Wer Pepsin-Wein im Hause hat, sollte es auch damit versuchen. Ein Löffel davon ist in der Lage, das Eiweiß von 4 gekochten Eiern zu verdauen. Pepsin-Wein wird verordnet bei Magendruck, Magenvölle und Magenschwere nach dem Essen und bei Appetitlosigkeit.

Pankreasferment-Präparat verschreibt der Arzt bei gewissen Verdauungsstörungen und ungenügender Leistung der Bauchspeicheldrüse. Es ist unter der Bezeichnung Pankreatin erhältlich und stellt einen Auszug von Bauchspeicheldrüsen des Rindes dar. Es enthält kohlenhydrat-, eiweiß- und fettspaltende Fermente.

Wir verrühren etwa 1 g des käuflichen Pulvers in 100 ml Wasser, lassen einige Stunden stehen und filtrieren dann. Da die Pankreasfermente nur im alkalischen Medium reagieren, müssen wir die Lösung durch Zusatz von 1%iger Natriumkarbonatlösung alkalisch machen (pH 7 bis 8). Pankreassaft selbst hat einen pH-Wert von 8,3 und kann durch seinen hohen Gehalt an Natriumhydrogenkarbonat (0,9 bis 1%) den vom Magen kommenden sauren Speisebrei neutralisieren.

In die Pankreatin-Lösung geben wir etwas zerriebenes Weißei, stellen sie warm, schütteln ab und zu und prüfen gleichzeitig mit Lackmuspapier, ob die Lösung noch alkalisch reagiert. Ist das nicht der Fall, so alkalisieren wir durch Zutropfen von Natriumkarbonat-

lösung. Wir beobachten, wie das Eiweiß in eine lösliche Form übergeführt wird.
Mit Pankreatin können wir auch den Stärkeabbau im Reagenzglas durchführen. Wir verwenden Stärkekleister und prüfen vor und nach dem Versuch mit Jod und durch die Trommersche Probe.
Pankreassaft können wir selbst gewinnen, indem wir die Bauchspeicheldrüse eines frisch geschlachteten Kalbes in kleine Stücke schneiden, diese in einer Reibschale mit Propantriol (Glyzerin) verreiben und den Auszug nach eintägigem Stehen filtrieren.
Der menschliche Darm resorbiert die durch den Abbau der Eiweißstoffe entstandenen Aminosäuren. Ein Teil wird bereits in der Darmschleimhaut zu körpereigenem Eiweiß zusammengefügt. Der größere Teil gelangt durch die Pfortader zur Leber und von dort zu den Körperzellen, die die Aminosäuren dann in ihr Eiweiß einbauen.
Mit Hilfe des stabilen Isotops N^{15} konnte die „biologische Halbwertszeit" von Eiweiß bestimmt werden. Wir verstehen darunter die Zeit, in der die Hälfte der Eiweißstoffe des betreffenden Organs oder Organteils abgebaut und durch neue Moleküle ersetzt ist. Sie beträgt bei Eiweiß in Muskeln, Haut und Knochen des Menschen 158 Tage. Lebereiweiß wird dagegen alle 6 Tage zur Hälfte abgebaut.

Fett - ein wichtiger Brennstoff

Ein Gramm Fett liefert, wie wir bereits wissen, bei seiner Verbrennung 9,1 cal. Fett und fette Öle dienen also in erster Linie dem Energiestoffwechsel. Sie sind zwar größtenteils durch Kohlenhydrate zu ersetzen, aber eine völlig fettfreie Ernährung ist nicht möglich. Besonders bei schwerer körperlicher Arbeit muß gewährleistet sein, daß etwa 15% des Energiebedarfs durch Fettverbrennung gedeckt werden. Der Versuch, diese Energie durch die Zufuhr der wesentlich energieärmeren Kohlenhydrate zu ersetzen, würde zu einer übermäßigen Belastung des Verdauungsapparates führen. Andererseits führt natürlich eine übernormale Fettzufuhr zu Schädigungen des Organismus.
Fette und fette Öle sind wechselnde Gemische von Estern des Propantriols (Glyzerin) mit gesättigten und ungesättigten Monokarbonsäuren. Die wichtigsten in den Fetten vorkommenden Säuren sind die Hexadekansäure (Palmitinsäure) $C_{15}H_{31}$—COOH, die Octadekansäure (Stearinsäure) $C_{17}H_{35}$—COOH als gesättigte und die Octadekensäure (Ölsäure) $C_{17}H_{33}$—COOH als ungesättigte Monokarbonsäure. Außerdem ist noch die Butansäure (Buttersäure) C_3H_7—COOH an der Fettbildung beteiligt. Butterfett hat dann etwa folgende Formel:

$$CH_2—O—OC—C_{17}H_{33}$$
$$|$$
$$CH—O—OC—C_{15}H_{31}$$
$$|$$
$$CH_2—O—OC—C_3H_7$$

In der Technik werden mittels Katalysatoren, unter Druck und Wärme Fette hydrolytisch in Propantriol und freie Fettsäuren gespalten. Der gleiche Vorgang spielt sich unter der Einwirkung von fettverdauenden Fermenten in unserem Körper ab. Die Fettverdauung beginnt im Magen. Durch das Ferment Steapsin, das in geringer Menge im Magensaft enthalten ist, werden Fette gespalten. Es kommen zunächst aber nur solche Fette in Frage, die in der Nahrung bereits als Emulsion vorlagen (Milchfett, Eierfett). Im Pankreassaft ist ebenfalls Steapsin enthalten. Es wird in seiner Wirkung durch die Gallensäuren des Gallensaftes unterstützt. Diese emulgieren die wasserunlöslichen Fette; das heißt, sie verteilen sie in feinste Tröpfchen. Dadurch vergrößert sich ihre Oberfläche. Die fettspaltenden Fermente, die Lipasen, können so besser angreifen. Harte Fette (Talge) vermag der Gallensaft nur schlecht zu emulgieren, sie sind deshalb schwer verdaulich.

Die Darmschleimhaut sondert ebenfalls ein fettspaltendes Ferment ab. Die Darmwand resorbiert das wasserlösliche Propantriol, teilweise die wasserunlöslichen Fettsäuren und feinstverteilte Fette. Der größte Teil der Fettsäuren wird durch den alkalischen Darmsaft verseift und dadurch wasserlöslich. Diese Seifen fördern wiederum die Emulgierung noch ungespaltenen Fettes. Die Hauptmenge der resorbierten Anteile des Fettes wird in den Lymphgefäßen abtransportiert. Sie gelangt von da ins Blut.

Versuche zur Fettverdauung

Wir füllen 2 Reagenzgläser zur Hälfte mit Wasser und geben in jedes Glas einige Tropfen Speiseöl. Zu dem Öl in einem der beiden Gläser fügen wir Gallensaft (vom Rind, Schwein, Huhn, Kaninchen usw.). Dann verschließen wir beide Gläser und schütteln sie einige Minuten kräftig. In dem Glas, indem sich nur Öl und Wasser befanden, scheidet sich das Öl bald wieder an der Oberfläche ab. In dem anderen Glase bleibt die Mischung milchig trübe. Das Öl wurde durch den Gallensaft fein verteilt (emulgiert).

Im Reagenzglasständer stellen wir zwei Reagenzgläser nebeneinander. Auf jedes Glas setzen wir einen Trichter mit gewöhnlichem Papierfilter. Einen Filter tränken wir mit Wasser, den anderen mit Wasser und Gallensaft. In beide Trichter gießen wir einige Milliliter

Öl. Nur das mit dem Gallensaft getränkte Filterpapier läßt Öl hindurch, weil dieses in Form feinster Tröpfchen vorliegt.

Wir füllen zwei Reagenzgläser zur Hälfte mit Vollmilch. In jedes Glas geben wir 3 Tropfen Phenolphthaleinlösung. Dann tropfen wir aus einer Pipette 1%ige Natriumkarbonatlösung dazu, bis sich die Milch rot färbt. In eines der beiden Gläser geben wir etwas frischzerstoßene Bauchspeicheldrüse eines Rindes oder eines anderen Schlachttieres. Wir markieren das Glas durch Aufsetzen eines Gummiringes. Beide Gläser stellen wir in ein Wasserbad von 30 bis 40° C. In dem Glas mit dem Pankreasbrei verschwindet bald die Rotfärbung. Pankreasfermente haben das Milchfett in Propantriol und Monokarbonsäuren gespalten. Die Säuren neutralisieren die infolge Hydrolyse alkalisch wirkende Natriumkarbonatlösung.

Der Mensch deckt seinen Fettbedarf aus tierischen und pflanzlichen Fetten. Tierische Fette sind fest, halbfest oder flüssig. Feste Fette heißen Talge (Rindertalg, Hammeltalg), halbfeste Schmalze (Schweineschmalz, Gänseschmalz, Butter) und flüssige Öle oder Trane (Lebertran, Knochenöl).

Nachweis von Fett in Pflanzensamen

Feste pflanzliche Fette sind Palmfett, Kokosnußfett und Kakaobutter. Zu den flüssigen pflanzlichen Fetten gehören Olivenöl, Erdnußöl, Baumwollsaatöl, Rüböl und Sesamöl als nichttrocknende Öle und Leinöl, Mohnöl, Hanföl und Sonnenblumenöl als trocknende Öle. Im Gegensatz zu den nichttrocknenden Ölen werden die trocknenden Öle bei längerem Stehen an der Luft fest. Darauf beruht beispielsweise die Verwendung mancher Öle in Farben.

Einen hohen Fettgehalt haben die Samen von Mohn (45%), Öllein (41%), Winter- und Sommerraps (42%) und Sonnenblume (32%).

Nachweis von Fett in Pflanzensamen

Zum Nachweis von Fett in Pflanzensamen zerstoßen wir diese in einem Mörser, bringen 1 Spatel voll in ein großes Reagenzglas und übergießen sie mit einigen Milliliter Tetrachlormethan. In das große Reagenzglas hängen wir ein mit kaltem Wasser gefülltes kleineres Reagenzglas als Rückflußkühler. Wir halten es notfalls in dem großen Glas mit einem aufgeschnittenem Stück Gummischlauch. Dabei muß eine Öffnung zum Entweichen von Dämpfen bleiben.

Dann erhitzen wir das Reagenzglas einige Minuten über kleiner Flamme (Vorsicht! Tetradämpfe sind giftig! Wir arbeiten am offenen Fenster!). Nachdem sich die Lösung abgekühlt hat, gießen wir einige Tropfen auf ein Blatt Papier. Das Kohlenstofftetrachlorid verdunstet, ein Fettfleck bleibt zurück.

Nachweis von Cholesterin

Die natürlichen Fette enthalten Stoffe, die ihnen in einigen physikalischen Eigenschaften ähnlich sind. Man hat sie deshalb als Fettähnliche, als Lipoide bezeichnet. Zu ihnen gehören unter anderem die Sterine. Cholesterin ist ein Zoosterin. Daneben gibt es noch Mycosterine (Pilzsterine, z. B. das Ergosterin) und die von diesen abgeleiteten Vitamine der D-Reihe.

Cholesterin ist in fast allen tierischen Organen enthalten. Es kommt in tierischen Flüssigkeiten vor und ist reichlich in Gehirn, Rückenmark, Nebennieren, Lebertran und Wollfett zu finden. Chemisch gesehen ist Cholesterin ein vielkerniger Alkohol. Es hat die Formel $C_{27}H_{45}$—OH. 1815 wurde es in Gallensteinen entdeckt. Sein Name (Cholesterin = feste Galle) deutet darauf hin.

Wir wollen Cholesterin im Eigelb mit der Liebermannschen Reaktion nachweisen.

Cholesterin ist in Wasser unlöslich. Es löst sich in Äthoxyäthan, Äthanol und Trichlormethan. Wir schütteln im Reagenzglas etwas Eigelb mit Äthoxyäthan (Äther! Vorsicht! Flammen löschen! Am geöffneten Fenster arbeiten!). Etwa 1 bis 2 ml des Cholesterinextraktes unterschichten wir in einem anderen Reagenzglas vorsichtig mit einem Äthansäure-Schwefelsäure-Gemisch (0,5 ml konzentrierte Äthansäure — Eisessig — mit 2 ml konzentrierter Schwefelsäure 1 Minute im Reagenzglas erhitzen, dann unter fließendem Wasser kühlen). Wir stellen das Reagenzglas in ein Gestell und beobachten. Es bilden sich verschiedenfarbige Zonen. Die Säuremischung am Grunde des Reagenzglases bleibt farblos. Darüber sehen wir eine rote und eine blaue Schicht und dann den gelblichen Extrakt. Er wird später an seiner Oberfläche grünlich. Wer nicht vorsichtig genug unterschichtet, sieht über der Säure eine rotbraune Trennungsschicht, dann folgt eine blaue Schicht, die später an ihrer Oberfläche grün wird.

Sollte der Versuch am Fehlen konzentrierter Äthansäure scheitern, dann führen wir die Salkowskische Reaktion aus. Wir geben zu 2 ml des Cholesterinextraktes in Äthoxyäthan 2 ml 10%ige Schwefelsäure. Der Extrakt zeigt dann eine grüne Fluoreszenz, die Säure nimmt eine gelbe bis rote Färbung an.

Cholesterin hat im Körper eine wichtige Funktion. Es kann Blutgifte binden und dadurch eine Auflösung der roten Blutkörperchen, die sogenannte Hämolyse verhindern. Cholesterin wird auch arzneilich verwendet.

Woraus besteht die Milch?

Milch ist ein hochwertiges Nahrungsmittel. Sie enthält alle Nährstoffe, Salze und Vitamine, die der Mensch zum Aufbau seines Organismus und zur Erhaltung seiner Lebensfunktionen benötigt. Ist sie doch für den Säugling in den ersten Lebensmonaten die einzige Nahrung. Für manche Kranke ist Milch Medizin, dem geschwächten Körper gibt sie Stärkung. Man hat sie als das weiße Blut bezeichnet. Milch und die aus ihr gewonnenen Produkte sind Volksnahrungsmittel. Deshalb wird ihrer Erzeugung im Rahmen der landwirtschaftlichen Produktion besondere Aufmerksamkeit gewindmet.

Kuhmilch enthält etwa 87,6% Wasser, 3,5% Fett, 4,6% Kohlenhydrate — vorwiegend als Milchzucker —, 3,5% Eiweiß, 0,75% Mineralstoffe und die Vitamine A und Provitamin (Beta-Karotin), B (B_1, B_2, B_6), C (wenig), D, E, H und M. Ziegenmilch ist ähnlich zusammengesetzt. Schafmilch hat einen höheren Fett- (5,8%) und Eiweißgehalt (6,0%).

In der Milch liegen die einzelnen Bestandteile in verschiedenen Verteilungsgraden (Dispersionsgraden) vor. Ist ein Stoff in einem anderen verteilt, so sprechen wir von einem dispersen System. Es besteht immer aus einem Dispersionsmittel und einer dispersen Phase. Beide können die drei Aggregatzustände fest, flüssig und gasförmig einnehmen. Bei der Milch sind, vom Fett her gesehen, Dispersionsmittel und disperse Phase flüssig. Wir bezeichnen derartige Systeme als Emulsionen.

Emulsionen mit Teilchen, deren Durchmesser größer sind als 100 nm (Nanometer, 1 nm = $^1/_{1\,000\,000}$ mm) bezeichnen wir als grobdispers. Wir nennen sie Mikronen. Emulsionsteilchen mit Durchmessern von 1 bis 100 nm bezeichnen wir als kolloiddispers (Ultra- oder Submikronen) und solche mit Durchmessern unter 1 nm als molekulardispers oder ionendispers (Amikronen).

Die Milchbestandteile haben alle drei Zerteilungsgrade. Das Milchfett ist grobdispers, das Milcheiweiß kolloiddispers, der Milchzucker und die Salze sind molekulardispers.

Betrachten wir einen Tropfen Milch unter dem Mikroskop, so sehen wir viele kleine Kügelchen. Es sind feine Tröpfchen von emulgiertem Milchfett und Eiweiß. Sie geben der Milch die weiße Farbe. Durch die feine Verteilung ist das Milchfett besonders gut verdaulich.

Wenn die Milch sauer wird

Wir lassen ein Becherglas mit ungekochter Milch einige Tage stehen. Die Milch wird sauer, sie gerinnt. Die kolloidal verteilten Eiweiße vereinigen sich zu gröberen Teilchen. Es bildet sich zunächst eine gallertartige Masse, die sich schließlich zusammenzieht. Dabei preßt sie eine gelbliche Flüssigkeit, die Molke, aus sich heraus.

Milch enthält 3% Kasein als Kalziumsalz neben den Proteinen Albumin und Globulin.

Wir trennen durch Filtration das geronnene Milcheiweiß von der Molke. Wir führen mit ihm die bekannten Eiweißreaktionen, vor allem die Xanthoproteinreaktion und die Biuretreaktion durch.

Die Molke, die durch das Filter hindurchgelaufen ist, sieht noch getrübt aus. Wir kochen sie auf. Dabei gerinnen die restlichen Albumine. Durch nochmaliges Filtrieren erhalten wir eine nahezu klare Flüssigkeit.

Sie enthält Milchsäure neben Milchzucker und dessen Spaltprodukten Glukose und Galaktose. Wir weisen die Glukose nach.

Die Milchsäure der Molke läßt sich durch die Uffelmannsche Probe nachweisen:

Wir lösen 200 mg Hydroxybenzol (Phenol) in 10 ml destilliertem Wasser und geben zu dieser Lösung 1 (!) Tropfen Eisen(III)-chloridlösung. Es bildet sich ein violetter Eisen(III)-komplex. Seine Konstitution konnte bisher nicht aufgeklärt werden. Die Lösung heißt Uffelmanns Reagens.

In einem Reagenzglas versetzen wir Molke mit diesem Reagens. Das Violett des Reagens wandelt sich in ein Gelb um.

Durch milde Oxydationsmittel können wir Milchsäure zu Äthanal und Kohlendioxid oxydieren. Wir füllen dazu ein Reagenzglas zu einem Drittel mit Molke, lösen darin einige Kristalle Kaliumpermanganat und erhitzen. Nach einiger Zeit bemerken wir einen stechenden Geruch. Er stammt von dem gebildeten Äthanal.

$$CH_3{-}CH(OH){-}COOH + O \xrightarrow{\text{vom Kaliumpermanganat}} CH_3{-}CHO + CO_2 + H_2O$$

2-Hydroxy-propansäure (Milchsäure) → Äthanal

Zur Gewinnung von Milchzucker müssen wir von süßer Molke ausgehen. Wir erhalten sie, wenn wir die Eiweiße mit Labferment ausfällen (siehe Seite 264).

In einem Becherglas dampfen wir süße Molke solange ein, bis sich der erste Milchzucker abscheidet. Dann lassen wir die Mischung abkühlen und filtrieren sie. Den auskristallisierten Milchzucker trocknen wir auf dem Filterpapier. Das Filtrat dampfen wir auf einem Wasserbad bis zur völligen Trockenheit ein. Der so gewonnene Milchzucker ist selbstverständlich nicht rein, denn er enthält die in der Milch vorkommenden Mineralsalze. Eine Reindarstellung wäre durch Umkristallisation möglich.

Das schonende Eindampfen im Wasserbad ist notwendig, weil Milchzucker bei 202° C schmilzt und sich unter Bildung von Laktokaramel zersetzt. Dadurch wird übrigens auch die beim Abkochen von Milch auftretende Geschmacksänderung erklärbar.

Aus saurer Molke erhalten wir durch Eindampfen ein sirupartiges Milchsäurekonzentrat.

Versuche zur Milchgerinnung

Wir können Milch auch durch Säurezusatz zur Gerinnung bringen. Wir erwärmen in einem Becherglas etwas Milch auf 30 bis 40° C und tropfen dann etwas Speiseessig zu. Wir rühren um. Das Milcheiweiß gerinnt.

Wir führen die gleiche Reaktion mit etwas verdünnter Salzsäure, Salpetersäure und Schwefelsäure durch.

Die Milchgerinnung mit Salzsäure spielt in der modernen Kälberaufzucht eine wichtige Rolle. Es ist doch wichtig, daß die Milch im Kälbermagen in fein verteilter Form vorliegt. Sie ist dann besser verdaulich. Führt man die Kälbertränke mit süßer Milch durch, so muß sie auf 35° C vorgewärmt werden. Besser ist es aber, wenn die Milch vor dem Tränken dickgelegt wird. Zu diesem Zweck verdünnt man chemisch reine Salzsäure im Verhältnis 1 : 9 mit Wasser (5 l Salzsäure mit 45 l Wasser). Zum Dicklegen gibt man unter ständigem Rühren zu 20 l Milch 0,5 l der verdünnten Säure. Das Milcheiweiß gerinnt feinflockig. Dickgelegte Milch wird zum Tränken auf 22° C erhitzt.

Aus einer Apotheke oder einer Molkerei besorgen wir uns etwas Lab (Labferment) in Form von Pulver oder Tabletten. Es wird aus den Labmägen von Kälbern gewonnen. Eine Spatelspitze Lab lösen wir in einigen Millilitern Wasser. Die Lösung geben wir im Becherglas zu 30 bis 40 ml warmer Milch. Wir beobachten eine Gerinnung der Milch. Sie ist nach etwa 2 Stunden beendet. Das Glas muß dabei warm stehen.

Labferment fällt das Milcheiweiß Kasein zu sogenanntem Parakasein aus.

Wer zu einem Fleischer Verbindung hat, besorgt sich ein Stück Schleimhaut vom Labmagen eines Kalbes und legt es in ein Becherglas mit Milch. Nach kurzer Zeit setzt die Gerinnung ein.

Wir filtrieren das frisch gefällte Kasein ab. In einem Becherglas übergießen wir eine Probe davon mit Methanallösung (Formalin) und lassen es einige Tage stehen. Wir nehmen es dann mit der Pinzette aus der Lösung und spülen es ab. Das Kasein ist hart geworden.

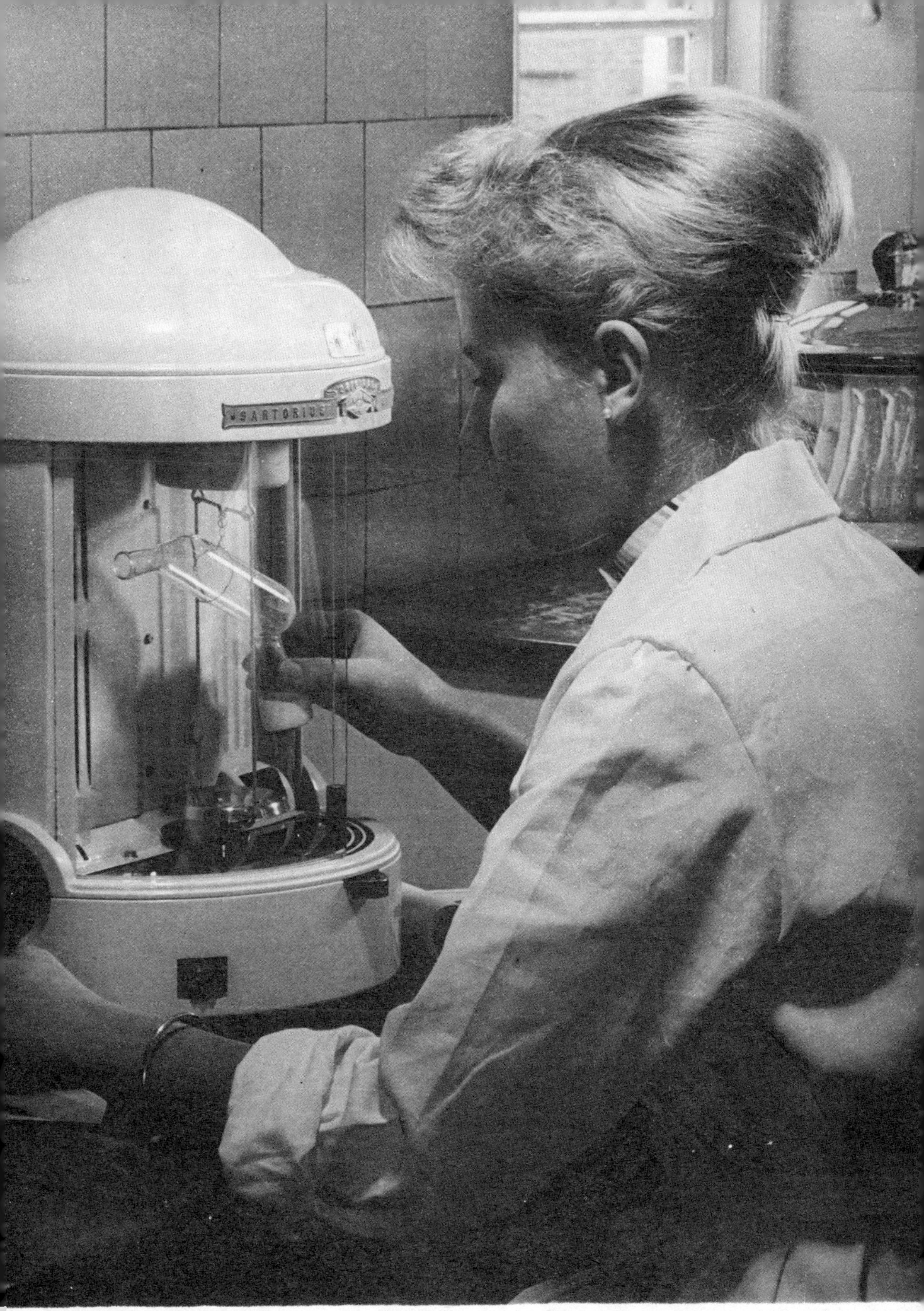
SARTORIUS

Tafel 11 (1 Seite zuvor)

Milchuntersuchung im Labor auf Schmutz- und Fettgehalt, Säuregrad und Dichte (Dieses Bild würde uns mit freundlicher Genehmigung von der Deutschen Milchwirtschaft zur Verfügung gestellt)

Tafel 12/13 (oben)
Moderner Kuhstall mit mechanisierter Melkanlage

Tafel 14 (nächste Seite)
Medizinische Leistungsprüfung bei einem Sportler

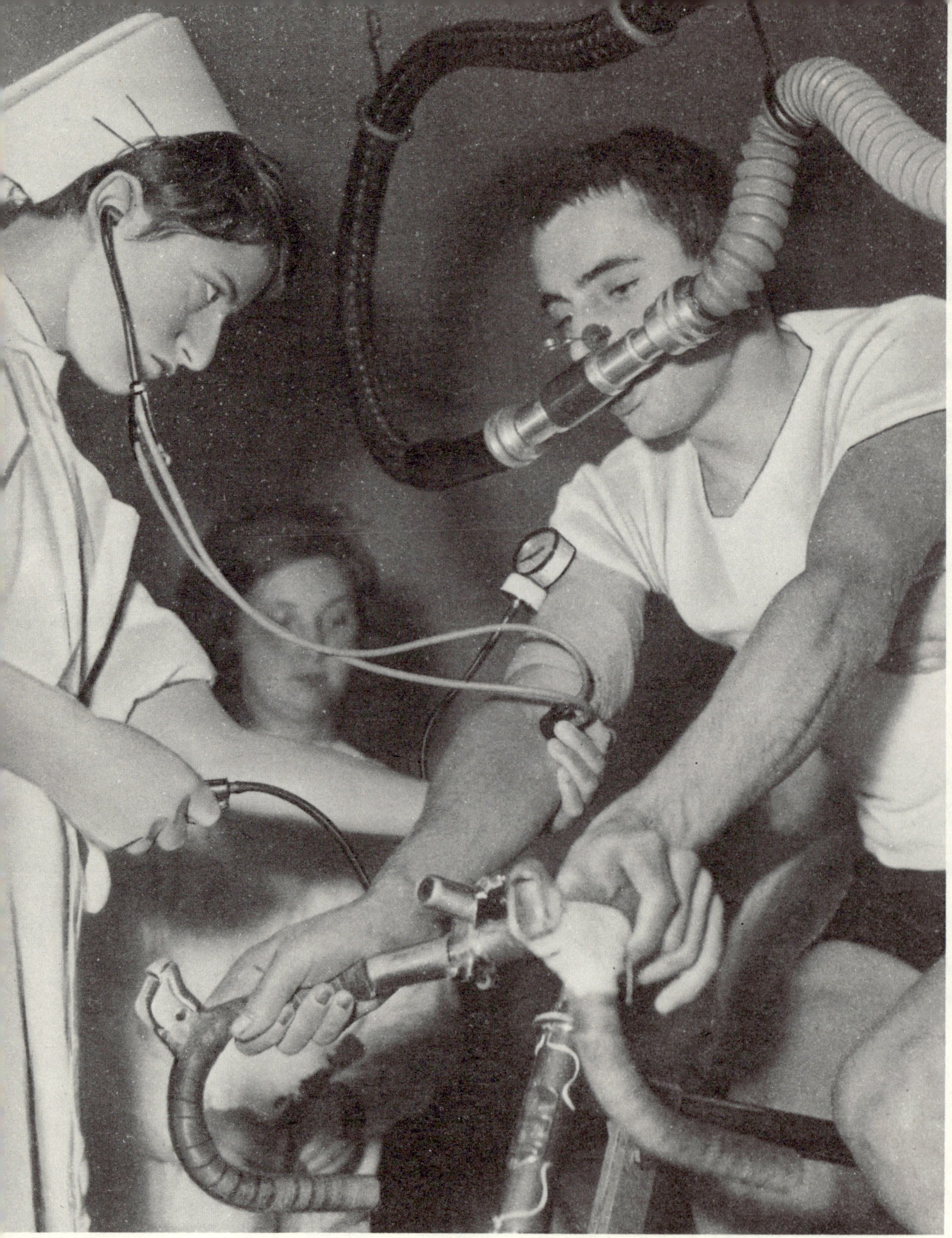

In Deutschland ist seit 1904 ein Kunststoff bekannt, der aus Kasein hergestellt wird. Er heißt Galalith oder Kunsthorn.
Zu seiner Herstellung fällt man aus frischer Magermilch das Kasein mit Labferment, trocknet es, mahlt es zu Grieß, mischt es mit Zusätzen und verformt es durch Temperatur und Druck zu Knöpfen, Salatbestecken und ähnlichem. Durch mehrwöchiges Einlegen in Methanal werden die Gegenstände gehärtet. Die fertigen Artikel trocknet man bei 40°C.
Wir schütteln etwas frisch gefälltes Kasein mit verdünnter Natronlauge. Es löst sich auf. Zu der Lösung geben wir tropfenweise verdünnte Schwefelsäure. Das Kasein fällt wieder aus.
Diese Vorgänge sind die Grundlage für die Herstellung einer künstlichen Wolle. Das Verfahren entwickelte 1930 der italienische Chemiker Feretti. Die Wolle heißt Lanital (lana italiana = italienische Wolle). Kasein wird in Natronlauge gelöst, die Lösung filtriert, entlüftet, zwecks Reifung gelagert und schließlich in ein Spinnbad aus verdünnter Schwefelsäure mit einem Natriumsulfatzusatz gesponnen. Nach dem Waschen wird sie mit Methanal gehärtet, zerschnitten und wie Schafwolle weiterverarbeitet.
Mit diesem kleinen Ausflug in eine etwas sonderbare Verarbeitung von Milcheiweiß wollen wir dieses Gebiet endgültig verlassen.

Vitaminnachweis in Zitrone und Paprika

Vitamine sind organische Verbindungen, die für die Regulation der Zellfunktionen große Bedeutung haben. Sie werden nicht wie die Fermente vom Körper selbst synthetisiert, sondern von außen fertig oder in Form von sogenannten Vorstufen (Provitaminen) mit der Nahrung aufgenommen.
Vitamine kommen in der Nahrung nur in ganz geringen Konzentrationen vor und spielen deshalb keine Rolle als Nährstoffe im Sinne einer Kalorienabgabe. Man hat sie deshalb als akzessorische (hinzutretende) Nährstoffe bezeichnet.
Das Fehlen eines Vitamins in der Nahrung ruft eine Vitaminmangelkrankheit hervor. Bei völligem Fehlen des Vitamins spricht man von Avitaminose, handelt es sich lediglich um eine Vitaminverarmung, dann nennt man das Hypovitaminose. Kommt es jedoch wegen überreichlicher Aufnahme zu einer Speicherung des betreffenden Vitamins im Körper, so kann sich das Krankheitsbild einer Hypervitaminose ergeben.
Unser Vitaminbedarf hängt von körperlichen Bedingungen und vom Ablauf der Stoffwechselprozesse ab. Ist zum Beispiel durch schwere körperliche Arbeit der Stoffwechsel gesteigert, so ändert

sich der Vitaminbedarf. Er steigt mit der aufgenommenen Menge gewisser Nahrungsbestandteile und wird durch die relative Zusammensetzung der Nahrung, ihren Eiweiß-, Kohlenhydrat- und Fettgehalt mitbestimmt. Auch untereinander zeigen die Vitamine die mannigfachsten Wechselwirkungen. So verhindert eine gleichzeitige Verabreichung von Vitamin C neben übergroßen Mengen an Vitamin A eine Hypervitaminose.

Kasimir Funk bildete das Wort Vitamin aus dem lateinischen Wort für Leben, vita, und der Bezeichnung Amin für chemische Verbindungen, die eine Aminogruppe (NH_2 —), eine Iminogruppe (= NH) oder ein tertiäres Stickstoffatom (= N —) haben. Die meisten Vitamine sind aber überhaupt keine Amine. Wir bezeichnen die Vitamine meist mit großen Buchstaben und teilen sie nach ihrer Löslichkeit in zwei Gruppen ein. Es gibt fettlösliche Vitamine (A, D, E, F, K) und wasserlösliche Vitamine (B_1, B_2, B_6, B_{12}, C, H, H′, PP-Faktor, Folsäure und andere). Wir beschränken uns im folgenden auf die Betrachtungen des Vitamins C.

Vitamin-C-Mangel führt zur Schädigung der Kapillarwände und hat Blutungen und Gewebeentzündungen zur Folge, begleitet von Müdigkeit, Mattigkeit und Gliederschmerzen. In schweren Fällen tritt Skorbut auf. Diese Krankheit war früher zur Zeit der Segelschiffahrt, als die Seeleute monatelang ohne frische Nahrungsmittel unterwegs waren, sehr häufig anzutreffen und wurde außerordentlich gefürchtet. Es hat sich gezeigt, daß alle getrockneten Nahrungsmittel (Körner, Hülsenfrüchte, Brot, Mehl, Fleisch und Fisch) kein Vitamin C mehr enthalten. Daraus bestand aber vorwiegend die Nahrung der Seeleute. Erst frisches Obst und Gemüse brachte ihnen allmählich Heilung.

Man wäre in der Erkenntnis der Ursache des Skorbuts nicht weitergekommen, wenn nicht Holst und Fröhlich in den Jahren 1907 bis 1912 herausgefunden hätten, daß Meerschweinchen geeignete Versuchstiere für solche Untersuchungen sind. Es zeigte sich, daß Meerschweinchen unter den gleichen Erscheinungen wie der Mensch erkranken, wenn man ihnen vitaminarme Kost verabreicht.

Man prüfte zunächst verschiedene Nahrungsmittel und suchte dann die kleinste Menge, welche bei täglichem Zusatz zur vitaminfreien Nahrung eben noch das Auftreten der Krankheit bei Meerschweinchen verhinderte.

Da nun erfahrungsgemäß Apfelsinen und Zitronen zu den wirksamen Vorbeugungs- und Heilmitteln des Skorbuts zählen, lag es nahe, die Säfte dieser Früchte als geeigneten Ausgangsstoff für die Gewinnung des gesuchten Vitamins heranzuziehen. 1928 gelang es dem ungarischen Professor Szent Györgyi, aus Nebennierenrinden und später aus Apfelsinen, Kohl und Paprika einen stark reduzierenden, kristallinen Stoff zu isolieren. 1932 bewies er, daß dieser Stoff das lang gesuchte Vitamin C war, von dem weniger als 1 mg täglich genügten, um bei Meerschweinchen Skorbut zu verhindern. Die Verbindung wurde später wegen ihrer Säurenatur als Askorbinsäure bezeichnet. Ihre Konstitutionsermittlung führte zu nachstehendem linken Strukturbild:

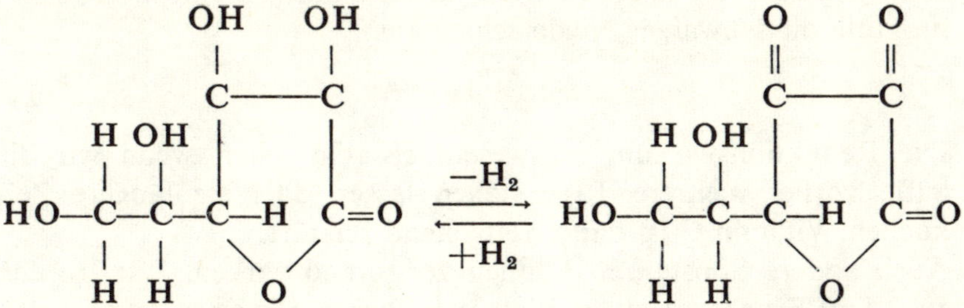

Askorbinsäure Dehydroaskorbinsäure

Askorbinsäure besitzt ein außerordentlich großes Reduktionsvermögen. Sie wird schon durch schwache Oxydationsmittel dehydriert, wobei als erstes Oxydationsprodukt die Dehydroaskorbinäure erscheint. Der Vorgang ist umkehrbar. Starke Oxydationsmittel führen zu einer weitgehenden Zerstörung der Verbindung. Vitamin C ist also wenig beständig. Aus diesem Grunde ist nicht allein sein Gehalt in verschiedenen Nahrungsmitteln maßgebend, sondern es ist viel wichtiger, wieviel davon unverändert dem Organismus zugeführt wird. Durch fermentative Zerstörung, vor allem durch die Nahrungszubereitung und Konservierung der Lebensmittel treten große Verluste an Vitamin C auf.

Auf dem starken Reduktionsvermögen des Vitamins C beruhen seine Nachweismethoden. Wir wollen verschiedene Früchte und Gemüse auf ihren Gehalt an Askorbinsäure untersuchen. Dazu pressen wir die Früchte aus und untersuchen den Preßsaft. Wir untersuchen Zitronen, Apfelsinen, Johannisbeeren, Stachelbeeren und Tomaten. Saftärmere Pflanzenteile wie Paprika, Zwiebeln, Löwenzahnblätter und Hagebutten zerstoßen wir und kochen sie mit physiologischer Kochsalzlösung (0,9%ige Lösung) kurz auf. Für unsere Versuche können wir auch die käuflichen Vitamin-C-Präparate verwenden. Der Apotheker wird uns gerne geeignete und reine Präparate empfehlen.

Nachweisreaktionen des Vitamin C

Wir versetzen 6 ml 5%ige Silbernitratlösung so lange tropfenweise mit stark verdünntem Ammoniumhydroxid, bis sich der Niederschlag von braunem Silberhydroxid, der sich zuerst bildet, gerade wieder löst. Von dieser ammoniakalischen Silbernitratlösung verwenden wir jeweils 0,5 ml in Halbmikroreagenzgläsern. Wir versetzen sie mit je 0,3 bis 0,5 ml der oben genannten Säfte oder Aufkochungen. (Die Gläser lassen wir niemals im hellen Licht stehen.)

Die Silbernitratlösung färbt sich rasch schwarz. Das positiv einwertige Silber der Lösung wird zu elementarem Silber reduziert und fällt als schwarzer Niederschlag aus:

$$Ag^{+} + 1\,e \rightarrow Ag$$

Die Reduktionswirkung ist wesentlich schwächer, wenn wir die Säfte vorher mehrere Tage stehen lassen oder sie längere Zeit kochen. Vitamin C ist dann weitgehend zerstört.
Auch andere Substanzen können zerstörend wirken. Wir tropfen zu 0,5 ml Fruchtsaft etwas Wasserstoffperoxid, warten 10 Minuten und prüfen dann mit Silbersalzlösung. In eine andere Probe Fruchtsaft legen wir einen Kupferblechstreifen, lassen ihn 1 Stunde darin und prüfen dann die Reduktionswirkung der Lösung.
Wir versetzen eine verdünnte Lösung von Eisen(III)-chlorid mit Fruchtsaft. Die Lösung wird schwach grünlich, da das dreiwertige Eisen zu zweiwertigem reduziert wird:

$$Fe^{+++} + 1\,e \rightarrow Fe^{++}$$

Prüfen wir von der Lösung einige Tropfen auf einem Uhrglas mit Kaliumrhodanidlösung auf die Anwesenheit von Ionen des dreiwertigen Eisens, so fällt die Prüfung negativ aus, wenn die Ausgangslösung nicht zu stark war und wir genügend Fruchtsaft zugesetzt haben.
Lösungen, die Vitamin C enthalten, entfärben Jodlösung und Kaliumpermanganatlösung. Wir prüfen das nach.

Die Bedeutung des Vitamin C

Wir stellen uns eine Aufschwemmung von 1 g Bäckerhefe in 300 ml Wasser her. Dann lösen wir 5 g Zucker in 45 ml Wasser und geben von dieser Lösung je 15 ml in drei große Reagenzgläser. Dort fügen wir je 2 Tropfen Hefeaufschwemmung zu. Die Gläser numerieren wir.
Dann wiegen wir etwas Petersilie sehr fein und geben davon 1 Spatelspitze voll in das Glas Nummer 2. Die gleiche Menge Petersilie erhitzen wir in einem Reagenzglas oder in einem kleinen Becherglas im siedenden Wasserbad. Nach 1 Stunde nehmen wir das Glas aus dem Wasser, lassen es abkühlen und spülen die Petersilie mit

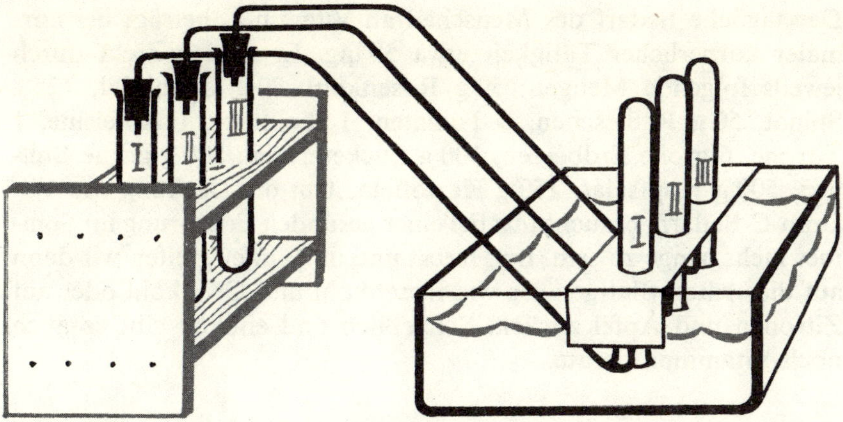

Bei Vitamin-C-Mangel unterbleibt die alkoholische Gärung

einem Teil der Zuckerlösung in das Glas Nummer 3. Alle drei Reagenzgläser verschließen wir mit einfach durchbohrten Stopfen. Von diesen führen winklig gebogene Gasableitungsrohre in eine pneumatische Wanne. Dort stülpen wir über jedes Ableitungsrohr ein mit Wasser gefülltes Reagenzglas. Mit einem dreifach durchlöcherten Pappstreifen halten wir die Gläser senkrecht.

Wir stellen die Versuchseinrichtungen in ein warmes Zimmer und warten einige Tage. Von Zeit zu Zeit kontrollieren wir. Wir werden feststellen, daß im Reagenzglas 1 keine oder nur eine sehr zögernde Gasentwicklung einsetzt. Das bedeutet also, daß sich die Hefe dort nicht entwickelt. Es fehlen ihr lebensnotwendige Stoffe, vor allem Vitamine. Im Glas 2 setzte eine lebhafte Gärung ein, denn dort haben wir durch die Petersilie Vitamin C zugeführt. Im Glas 3 vollzieht sich die Gärung wesentlich langsamer als in Glas 2, wir fangen wesentlich weniger Kohlendioxid auf. Wir haben zwar Petersilie dazugegeben, in ihr wurden aber durch das einstündige Erhitzen große Vitaminteile zerstört. Bei Fehlen von Petersilie oder als Ergänzung zu diesem Versuch probieren wir es mit Zugaben von feingehacktem Rosenkohl, Grünkohl oder mit frischem Tomatensaft. Wir empfehlen sehr, den Versuch auch einmal mit reinem Vitamin C aus der Apotheke durchzuführen, denn in Petersilie und den genannten Gemüsen sind noch Stoffe enthalten (Vitamine anderer Gruppen, Hefewuchsstoffe), die die Entwicklung der Hefe beeinflussen.

Versuche ergaben, daß Obst, das man 10 Minuten lang gekocht hatte, nach einstündigem Stehen noch 95% der ursprünglich vorhandenen Vitamin-C-Menge enthielt. Nach 8 Stunden waren es noch 74% und nach 24 Stunden nur noch 43%.

Der tägliche Bedarf des Menschen an Vitamin C beträgt bei normaler körperlicher Tätigkeit etwa 50 mg. Er wird gedeckt durch jeweils folgende Mengen: 50 g Rosenkohl, 70 g Grünkohl, 125 g Spinat, 50 g Radieschen, 3 Tomaten, 1 Kohlrabi, 1 Apfelsine, 1 Zitrone, 6 große Erdbeeren, 100 g Zuckererbsen, 500 g grüne Bohnen, 500 g Kopfsalat, 250 g Kartoffeln. Um die Deckung des Vitamin-C-Bedarfs braucht uns bei einer gesunden Ernährung im Sommer nicht bange zu sein. Im Herbst und im Winter greifen wir dann auf die späten Blattgemüse wie Rosenkohl und Grünkohl oder auf Zitronen und Äpfel zurück. Schließlich und endlich gibt es auch noch Vitaminpräparate.

Nachweis von Karotin

Karotin finden wir in grünen Blättern, in vielen Blüten und Früchten, außerdem ist es in Milch, Fett und Blutserum enthalten. Es gibt 3 Isomere des Karotins, das α-, β- und γ-Karotin. Aus β-Karotin bildet sich durch Spaltung das Vitamin A_1. β-Karotin ist also das Provitamin A_1.
Mit dem Messer schaben wir von einer Möhre eine bohnengroße Menge ab und übergießen sie im Reagenzglas mit einigen Millilitern Leichtbenzin (Vorsicht!). Wir warten 10 Minuten, geben dann 5 Tropfen des Möhrenauszugs auf ein Uhrglas und lassen das Benzin am offenen Fenster verdunsten. Das Karotin scheidet sich in Form eines gelben Ringes ab. Fügen wir einige Tropfen konzentrierte Schwefelsäure zu, so färbt es sich tiefblau.
Um Karotin in grünen Pflanzen nachzuweisen, müssen wir zunächst das Chlorophyll abtrennen. Wir zerreiben einige grüne Blätter im Mörser und verrühren sie dann mit 5 ml Äthanol. Nach 1 Stunde trennen wir den Auszug, den wir in einem mit Stopfen verschlossenen Reagenzglas aufbewahrten, durch Filtrieren von den Zellresten. Zu dem Auszug geben wir in einem Reagenzglas die gleiche Menge Leichtbenzin, schütteln kräftig und lassen dann einige Minuten ruhig stehen. Das Benzin trennt sich vom Äthanol und bildet die obere grüne Schicht im Glas. Es enthält Chlorophyll und Karotin. Wir pipettieren es ab.
Nun gilt es, daraus das Chlorophyll abzutrennen. Das gelingt, wenn wir es mit alkoholischer Kalilauge verseifen und dadurch in eine wasserlösliche Form überführen. Wir geben zu 5 ml 96%igem Äthanol so lange Kaliumhydroxidplätzchen oder -schuppen, bis sich trotz Schütteln nichts mehr löst. 4 ml davon kippen wir zu der Chlorophyll-Karotin-Lösung. Wir verschließen das Reagenzglas locker mit einem Gummistopfen und schütteln. Nach etwa 5 Minuten ist das Chlorophyll braungelb geworden. Beim Stehenlassen

des Glases tritt Entmischung ein. Unten scheidet sich eine Äthanolphase ab. Sie enthält das verseifte Chlorophyll. Die Benzinschicht, die darüber steht, ist durch ihren Gehalt an Karotin gelb gefärbt. Wir pipettieren einige Tropfen davon ab und weisen das Karotin in der geschilderten Weise nach.

Ernährung, eine Wissenschaft

Ernährung und Gesundheit stehen in engem Zusammenhang. Das haben viele Menschen noch nicht erkannt, sie würden sonst mehr Wert auf geregelte und richtige Ernährung legen. Es kommt nämlich nicht nur darauf an, daß wir überhaupt irgend etwas essen, viel wichtiger ist, welche Menge wir essen, welche Qualität die Nahrung hat, wie sie aufbewahrt und zubereitet wurde und wie wir sie zu uns nehmen.
Wer mit der Zeitung in der Hand mechanisch seine Suppe löffelt, wer zu den Mahlzeiten kaum einmal den Blick vom Fernsehgerät wendet oder wer im Stehen oder gar auf dem Wege zur Arbeit schnell sein Frühstücksbrot verschlingt, der kann kaum damit rechnen, daß ihm das Essen bekommt.

Beim Essen spielt auch das Auge eine entscheidende Rolle. Der schon sprichwörtlich gewordene Ausdruck vom Wasser, das im Munde zusammenläuft, hat seine Richtigkeit. Zum kulturvollen Leben gehört ein ordentlich gedeckter Tisch, auf dem die Speisen und das Geschirr gefällig und zweckmäßig angeordnet sind. Die Speisen sollen so zubereitet sein, daß sie schmackhaft sind, daß aber auch ihr bloßer Anblick und ihr Geruch uns zum Essen anregen. Dadurch erreichen wir über Auge und Nase eine vermehrte Absonderung von Verdauungssäften. Wir essen ruhig, kauen gut und lassen uns durch äußere Einflüsse möglichst wenig ablenken.

Die Hausfrauen und die Köche in Gaststätten und Werkküchen haben eine verantwortungsvolle Aufgabe. Sie müssen eine schmackhafte, nahrhafte und leichtverdauliche Kost bereiten. Dazu gehören umfangreiche Kenntnisse auf dem Gebiet der modernen Ernährungsforschung. Sie müssen in der Lage sein, Speisen zusammenzustellen, die einen ganz bestimmten Nährwert aufweisen. Zur exakten Berechnung hat der Berliner Physiologe und Hygieniker Max Rubner die Einführung des Kalorienbegriffes in die Ernährungslehre vorgeschlagen. Eine Kalorie ist bekanntlich eine physikalische Maßeinheit für die Wärmemenge. Rubner kam zu diesem Vorschlag, als er feststellte, daß Eiweiße, Fette und Kohlenhydrate sich in unserer Nahrung gegenseitig in Gewichtsmengen vertreten können, die gleiche Kalorienzahlen liefern.

In jahrzehntelangen Untersuchungen haben die Ernährungswissenschaftler Richtzahlen für den täglichen Kalorienbedarf des Menschen in verschiedenen Lebensaltern, bei verschiedenen Körpergewichten und bei unterschiedlicher körperlicher Belastung ermittelt. Auch wenn wir uns in Ruhe befinden, braucht unser Körper Energie. Die Körperwärme muß aufrechterhalten werden, Atmung, Herz- und Darmtätigkeit gehen weiter. Wir bezeichnen den Energieumsatz des Organismus bei völliger Ruhe, 12 bis 18 Stunden nach der Einnahme der letzten Mahlzeit, bei normaler Körpertemperatur und bei 20°C Außentemperatur als Grundumsatz oder auch als Ruhenüchternumsatz. Er ist verschieden je nach dem Geschlecht, beim Manne ist er etwas höher als bei der Frau, und hängt auch vom Alter, von der Körpergröße, vom Körpergewicht und vom Temperament ab. Im Durchschnitt liegt er bei einem Erwachsenen von 70 kg Körpergewicht bei 1680 Kilokalorien je Tag (±10%). Die Bestimmung des Grundumsatzes ermöglicht dem Arzt Rückschlüsse auf das Funktionieren des Organismus. So ist beispielsweise bei Überfunktionen der Schilddrüse der Grundumsatz oft um 100 bis 200% gesteigert. Bei Unterfunktionen und auch bei Störungen der Nebennieren wird der Normalwert nicht erreicht.

Bei der Bestimmung der täglich notwendigen Kalorienzahl fügen wir zum Grundumsatz die für die Muskelarbeit notwendige Energie, berücksichtigen die Wirkung der Nahrung, ihre Verdauung und das Wachstum des Körpers und seiner Organe. Wenn auch dank der Entwicklung der modernen Technik die schwere körperliche Arbeit in vielen Berufen mehr und mehr zurücktritt, so bestehen doch in Hinsicht auf den Kalorienbedarf immer noch recht beträchtliche Unterschiede. Es ist nicht gleichgültig, ob jemand bei Wind und Wetter als Holzfäller tätig ist, ob er bei glühender Hitze den Abstich an einem Karbidofen durchführt oder ob er über das Reißbrett gebeugt eine neue Maschine entwirft.

So beträgt der Kalorienbedarf beim Erwachsenen (Mann, 70 kg) je Tag:

Tätigkeit	Bedarf in kca
Schwerste Arbeit	5000
Schwere Arbeit	4000
Starke Muskelarbeit	3400 bis 3600
Mäßige Muskelarbeit	3000 bis 3200
Sitzende Arbeit	2600 bis 2800
Sitzende Geistesarbeit	2200 bis 2400

Es wäre natürlich verfehlt, wollte jemand aus den Kalorienbedarfszahlen ein Werturteil über die einzelnen Berufe entwickeln.

Bei Frauen liegen die Werte ein wenig tiefer. Bei Kindern richten sie sich im wesentlichen nach dem Alter:

Alter	Bedarf in kcal
2 bis 3 Monate	520
1 Jahr	970
2 bis 4 Jahre	1300
5 bis 6 Jahre	1500
10 bis 11 Jahre	1900
16 bis 18 Jahre	2300

Der Wert eines Nahrungsmittels wird durch die Verdaulichkeit und die Ausnutzbarkeit der in ihm enthaltenen Stoffe bestimmt. Rubner hat durch umfangreiche Versuche feststellen können, wieviel Prozent der einzelnen Nährstoffe vom Menschen nicht ausgenutzt werden können:

Nahrungsmittel	nicht ausgenutzt werden in %	
	vom Eiweiß	von den Kohlenhydraten
Fleisch	2,6	
Eier	2,6	
Milch	7,1	
Erbsen	17,5	3,6
Brot aus feinstem Mehl	20,0	1,1
Brot aus gröberem Mehl	24,6	2,6
Reis	20,4	0,9
Kohlrüben	39,0	18,2
Kartoffeln	32,3	7,6

Wir sehen also, daß das Milcheiweiß viel wertvoller ist als das Eiweiß von Hülsenfrüchten. Es ist unserem Körpereiweiß ähnlicher und wird besser ausgenutzt. Die Nahrung ist dann richtig zusammengesetzt, wenn sie verschiedene Arten von Eiweiß enthält. Wir sollen unseren Eiweißbedarf nicht nur durch Aufnahme großer Fleischmengen decken. Der Körper benötigt auch Milcheiweiß, Getreideeiweiß und Gemüseeiweiß. Der Eiweißbedarf soll zu einem Drittel aus tierischem Eiweiß, zu zwei Dritteln aus pflanzlichem Eiweiß gedeckt werden.

Bei Kohlenhydraten und Fetten sind die Unterscheide nicht ganz so kraß. Fette verbessern den Geschmack der Nahrung und erhöhen das Sättigungsgefühl. Daneben enthalten sie Fettsäuren mit Vitamincharakter und sind Lösungsmittel für eine Reihe von Vitaminen. Fettfreie Ernährung würde Gesundheitsstörungen nach sich ziehen. Zu beachten ist, daß fettfreie Ernährung ebenso schädlich ist wie übermäßig fettreiche Nahrung.

Kohlenhydrate sind mitunter in Zellulosehüllen eingeschlossen. Zellulose vermag der Mensch aber nicht aufzuschließen. Sie passiert zum größten Teil unverändert den Darmkanal, hat aber eine große Bedeutung als Ballaststoff. Unser Darm wird durch sie zur Tätigkeit angeregt. Der Mensch hat sich im Laufe einer langen Entwicklung an das Vorhandensein von Ballaststoffen in der Nahrung angepaßt. Wollten wir uns durch ein Nährstoffkonzentrat in Form von Tabletten ernähren, so würde der Darm seine Tätigkeit einstellen, und wir müßten mit künstlichen Mitteln der auftretenden Darmträgheit entgegenwirken. Wir werden also weiterhin die Nahrung in ihrer natürlichen Zusammensetzung verzehren müssen. Das schließt nicht aus, daß wir sie nach den Erkenntnissen der modernen Ernährungswissenschaft zubereiten. Die Menschheit wird sich auch neue Nahrungsquellen erschließen. Unser Tisch von morgen wird noch reicher und schöner gedeckt sein.

Wir untersuchen Blut

Der Mensch hat 5 bis 6 Liter Blut, das sind rund ein Zwölftel seines Körpergewichtes. In den Adern durchströmt es unseren Körper, angetrieben durch die rhythmische Arbeit eines Hohlmuskels, des Herzens. 28mal muß das Herz schlagen, um die Blutmenge einmal durch den Körper zu pumpen, 23 Sekunden dauert der Kreislauf. Setzen wir den Weg eines roten Blutkörperchens, den es in den 23 Sekunden zurücklegt, ins Verhältnis zu seiner Größe, so würde das umgerechnet auf die Körpergröße des Menschen einer Reise von Berlin nach Eisenach und zurück entsprechen. Das sind 740 Kilometer.

Eine wichtige Vorbemerkung

Blut besorgen wir uns vom Fleischer. Tierblut transportieren wir in Gefäßen, deren Innenwände wir paraffiniert haben. Zum Paraffinieren der Wände schwenken wir die Gefäße mit geschmolzenem Paraffin aus.

Bei einigen Versuchen wollen wir aber auch einmal unser eigenes Blut untersuchen. Daß es sich dabei nur um winzige Mengen handeln kann, versteht sich von selbst. Nicht jeder wird gerade Nasenbluten haben oder eine blutende Wunde, wenn er diese Versuche durchführen will. Wir entnehmen uns dann 1 Tropfen Blut aus der

Fingerkuppe. Das ist gefahrlos, wenn wir die folgenden Anweisungen beachten und genau einhalten.

Wir besorgen uns eine neue kräftige Nähnadel und befestigen sie in einem Holzstäbchen als Heft. Wir lassen sie nur etwa 2 cm aus dem Heft herausschauen.

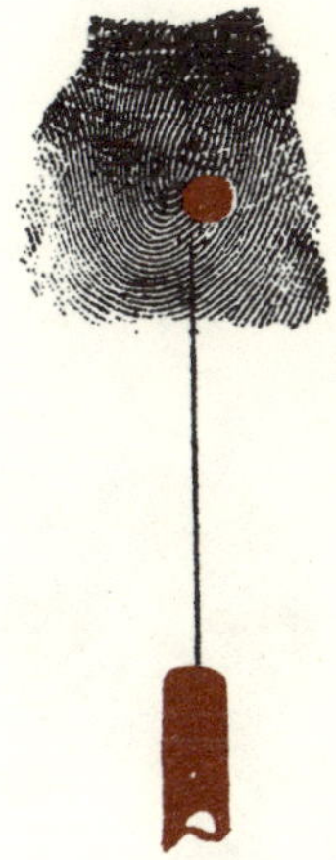

Wir waschen uns die Hände gründlich mit Seife und Bürste. Dann reinigen wir die Fingerbeere des Mittelfingers oder des Ringfingers der linken Hand mit etwas steriler Watte, die wir mit reinem Äthanol (Primasprit) getränkt haben. In das Äthanol tauchen wir die Nadel ein, halten sie dann in die Flamme eines Spiritusbrenners (keine anderen Flammen verwenden!), machen sie dadurch in der Hitze steril und lassen sie kurz abkühlen. Mit der Nadel stechen wir etwa 2 mm tief seitlich in die Fingerkuppe. Wir warten, bis ein kleiner Blutstropfen austritt und tupfen ihn auf einen gut gesäuberten Objektträger. Durch leichtes Drücken können wir nachhelfen. Zu kräftig zu drücken ist nicht vorteilhaft, weil sich das Blut sonst mit der Bindegewebsflüssigkeit vermischt.

Wer keine Möglichkeit hat, Nadel und Fingerspitze keimfrei zu machen, der verzichte auf die Blutentnahme und experimentiere nur mit Tierblut. Wegen der Gefahr der Blutvergiftung verwenden wir auf keinen Fall Präpariernadeln zum Einstechen!

Und noch ein Hinweis! Alle Geräte, mit denen wir arbeiten, müssen peinlichst sauber sein. Vor allem kommt es darauf an, daß Objektträger und Deckgläser völlig fettfrei sind. Wir legen sie in verdünnte Schwefelsäure, waschen sie mit Wasser, kochen sie dann im Becherglas mit Sodalösung und spülen sie wieder gut ab. Einfacher ist es, sie in eine Mischung von gleichen Teilen Äthanol und Äthoxyäthan oder in Leichtbenzin (Feuerzeugbenzin) zu legen. Nach dem Herausnehmen lassen wir das anhaftende Lösungsmittel verdunsten. Wir denken aber immer wieder daran, daß diese Flüssigkeiten feuergefährlich sind. Gereinigte Objektträger und Deckgläser handhaben wir nur noch mit sauberen Pinzetten, denn unsere Finger sind nie völlig fettfrei.

Ein Blutstropfen wird 200fach vergrößert

Wir wissen, daß die Farbe des Blutes durch die roten Blutkörperchen hervorgerufen wird. Blutkörperchen sind aber in so großer Zahl im Blut enthalten, daß wir nichts beobachten können, wenn wir einfach einen Tropfen Blut unter dem Mikroskop betrachten. Wir erinnern uns, daß wir bei der Untersuchung der Bakterien auf ähnliche Schwierigkeiten stießen. Wir meisterten sie, indem wir einen Ausstrich anfertigten. Auch hier greifen wir zu dieser Methode.

Wir tupfen einen Tropfen Blut auf ein Deckglas, kehren es um, daß der Tropfen nach unten hängt und berühren diesen mit einem zweiten Deckglas. Auf diesem Deckglas verteilt sich das Blut. Wir ziehen dann die beiden Gläser ohne Anwendung von Druck seitlich auseinander.

Wir können auch an einen Blutstropfen auf dem Objektträger die schmale Seite eines anderen Objektträgers oder Deckglases ansetzen und dieses vom Blut wegschieben. Das Blut wird dabei mitgenommen und verteilt sich in dünner Schicht auf dem Objektträger.

Wer einen Blutstropfen einige Zeit frischhalten will, bewahrt ihn in einer feuchten Kammer auf (hängender Tropfen, siehe Bakterienuntersuchung).

Das Blut unseres Ausstrichs müssen wir dann fixieren. Wir ziehen das Deckglas mit dem Ausstrich nach oben dreimal durch die Spiritusflamme. Durch die Hitze verändern zwar einige Blutkörperchen ihre Form, aber eine für die Betrachtung ausreichende Zahl bleibt doch erhalten. Fixieren können wir auch dadurch, daß wir das Gläschen mit dem Ausstrich 10 Minuten in Methanol (Gift!) oder in ein Gemisch von Äthanol und Äthoxyäthan zu gleichen Teilen (Feuergefahr!) legen.

Betrachten wir den Ausstrich bei etwa 200facher Vergrößerung unter dem Mikroskop, so werden wir meist enttäuscht sein, denn die roten Blutkörperchen erscheinen in der Verteilung auf der Glasfläche fast farblos. Ein gutes mikroskopisches Bild erhalten wir nur, wenn wir den Ausstrich färben. Wir benötigen dazu einige organische Farbstoffe, die wir als fertige Lösung für mikroskopische Zwecke in kleinen Mengen original abgefüllt kaufen können. Es kann natürlich hin und wieder vorkommen, daß einer der Farbstoffe gerade nicht vorrätig ist. Deshalb wollen wir verschiedene Möglichkeiten der Färbung angeben.

Färbung mit Eosin:

Blutausstrich an der Luft trocknen lassen,
10 Minuten in 96%igem Methanol fixieren,
Deckglas mit Ausstrich nach unten auf ein Uhrglas oder eine Färbebank legen, Eosinlösung darunterschichten,
5 Minuten warten
Waschen mit destilliertem Wasser, bis keine Farbstofflösung mehr abfließt,
Präparat an der Luft trocknen lassen.

Färbung mit Gentianaviolett:

Wie Färbung mit Eosin, aber abspülen mit 96%igem Äthanol.

Färbung nach Romanowski-Giemsa:

Blutausstrich an der Luft trocknen lassen,
Farblösung (Azur-Eosinlösung) auftropfen,
nach 15 Minuten mit destilliertem Wasser waschen,
trocknen an der Luft.

Färbung mit Hämatoxylin-Eosin:

Blutausstrich trocknen lassen.
10 Minuten in 96%igem Äthanol fixieren,
10 Minuten mit Hämatoxylinlösung färben,
waschen mit destilliertem Wasser,
10 Minuten nachfärben mit Eosinlösung,
waschen mit destilliertem Wasser,
lufttrocken werden lassen.

Färbung nach Pappenheim

Lufttrockenen Ausstrich im Färbeblock oder Uhrglas mit eosinsaurem Methylenblau (May-Grünwald-Färbung) unterschichten,
Farbstoff 4—5 Minuten einwirken lassen,
Objektträger 1 Minute in dest. Wasser legen,
10 Minuten färben mit Giemsa-Farblösung (verdünnt mit destilliertem Wasser 1 : 20), (Romanowsky-Färbung),
gut mit destilliertem Wasse spülen,
lufttrocken werden lassen.

Das Färben ist eine recht einfache Angelegenheit. Verständlicherweise fallen nicht alle Färbungen gleich gut aus. Wir müssen Erfahrungen sammeln. Deshalb notieren wir uns Färbzeiten und Farbstoffkonzentrationen. In Arbeitsgemeinschaften werden wir durch Parallelversuche verschiedener Gruppen die günstigsten Bedingungen ermitteln. Besonders schöne Präparate werden wir als Dauerpräparate aufheben wollen. Wir schließen sie in lufttrockenem Zustand in Neutralbalsam ein.
Durch die mikroskopische Betrachtung lernen wir zwei geformte Bestandteile des Blutes kennen, die roten Blutkörperchen (Erythrozyten) und die weißen Blutkörperchen (Leukozyten). Die Blutplättchen (Thrombozyten) konnten wir bei dieser geringen Vergrößerung nicht beobachten, denn sie sind sehr kleine unregelmäßig gebaute Scheiben. Erythrozyten sind kernlose runde Zellen. Sie haben eine Dellung in der Mitte, wodurch eine wesentliche Vergrößerung der Oberfläche erzielt wird. Wir sehen die Dellung, wenn wir den Ausstrich mehr seitlich beleuchten oder die Feineinstellung am Mikroskop geringfügig verändern. Der Durchmesser der roten Blutkörperchen schwankt zwischen 6,00 und

8,50 μm. Das ist sehr wenig. Trotzdem würden alle unsere roten Blutkörperchen aneinandergereiht ein Band ergeben, das 200 000 km lang ist. Das ist etwa die Hälfte der Entfernung Erde—Mond!

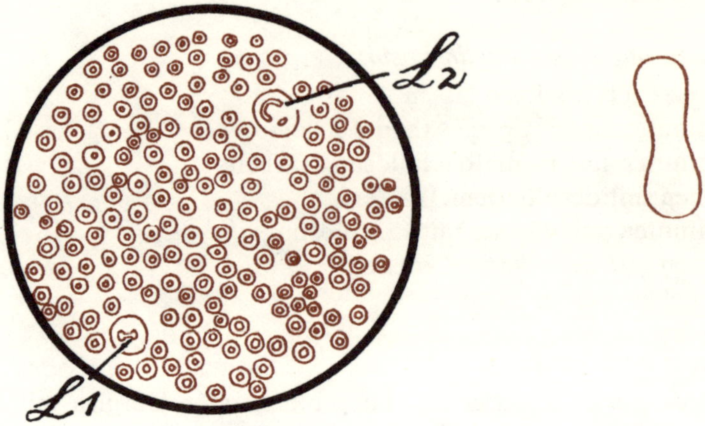

Blutausstrich vom Menschen, gefärbt; L_1 — Leukozyt mit gelapptem Kern, L_2 — Leukozyt mit geteiltem Kern; daneben rotes Blutkörperchen von der Seite gesehen

1 mm³ Blut enthält beim Mann rund 5 Millionen Erythrozyten. Bei Frauen sind es 4,5 Millionen. Ein erwachsener Mensch hat etwa 30 Billionen Erythrozyten mit einer Gesamtoberfläche von 3000 m². Die Lebensdauer der Erythrozyten beträgt etwa 100 Tage. Ihre Neubildung erfolgt im roten Knochenmark. Täglich sind es 250 Milliarden Blutzellen, die dort gebildet werden, ins Blut treten, heranreifen, altern und schließlich wieder sterben. In Milz und Leber werden sie abgebaut. Die roten Blutkörperchen bestehen aus einem Eiweißgerüst, in das der rote Blutfarbstoff, das Hämoglobin, eingelagert ist.

Leukozyten sind größer als Erythrozyten. Sie unterscheiden sich von diesen außerdem durch ihre gelappte Form und den Besitz eines Kerns. Sie können ähnlich Amöben Scheinfüßchen ausstrecken, sich selbständig fortbewegen und deshalb auch aus den Blutgefäßen in die umliegenden Gewebe einwandern. Die Leukozyten heißen deshalb auch Wanderzellen. Sie treten überall dort auf, wo Krankheitserreger in den Körper eingedrungen sind. Die weißen Blutkörperchen fressen die Erreger auf und sondern zugleich Abwehrstoffe ab. Dadurch werden die Bakterien geschwächt und gelähmt. 1 mm³ Blut enthält etwa 6000 bis 10 000 Leukozyten.

Die Blutgerinnung

Schon jeder von uns hat sich einmal verletzt. Die Wunde begann zunächst zu bluten, aber schon nach verhältnismäßig kurzer Zeit hörte die Blutung auf. Das aus den Kapillaren austretende Blut war geronnen und hatte die Wunde verschlossen. Die Blutgerinnung beginnt bereits nach 2 bis 3 Minuten.

Wir füllen ein Reagenzglas oder ein schlankes Becherglas zu drei Vierteln mit frischem Tierblut und lassen es stehen. Das Blut gerinnt, es bildet sich ein Blutkuchen. Wir lassen das Glas einige Stunden stehen, dann filtrieren wir. Durch das Filter läuft eine hellgelbe klare Flüssigkeit, das Blutserum. Es besteht zu 90% aus Wasser und enthält Eiweißkörper, Fette, Kohlenhydrate, Farbstoffe, Stoffwechselprodukte (Harnstoff, Harnsäure usw.), Mineralsalze, Hormone und Fermente.
Wir weisen die Eiweiße im Blutserum durch die Biuretreaktion (siehe Seite 255) nach. Mit Fehlingscher Lösung prüfen wir das Blutserum auf das Vorhandensein reduzierender Zucker (siehe Seite 250). Der Traubenzuckergehalt des Serums beträgt etwa 80 bis 100 mg je 100 ml. Der Blutkuchen im Filter besteht aus einer wasserunlöslichen fadenförmigen Masse, dem Fibrin. Es bildet sich aus einem löslichen Eiweiß, dem Fibrinogen, unter Einwirkung eines Gerinnungsfermentes, des Thrombins. Im gesunden Blutgefäß kann es nicht zur Blutgerinnung kommen. Blutgerinnung innerhalb der Gefäße hat krankhafte Ursachen und führt zur Thrombose. Wir verstehen darunter eine Verengung oder einen Verschluß von größeren Gefäßen. Wenn sich das Gerinnsel ablöst, kann die Thrombose eine Embolie zur Folge haben, einen völligen Verschluß des Blutweges und einem Funktionsausfall des betreffenden Organs.
Bei der Bildung von Thrombin spielen Kalziumionen die Rolle eines Reaktionsbeschleunigers. Bei frischem Tierblut wird die Gerinnung verhindert oder zumindest außerordentlich verzögert, wenn die Kalziumionen mit einer 3%igen Lösung von Salzen der Äthandisäure (Oxalsäure) ausgefällt werden. Diese Salze sind uns aber nicht zugänglich, denn sie gehören zu den Giften der Abteilung 3.

Das Blut wird defibriniert

Es gibt noch eine andere Möglichkeit, die Blutgerinnung zu verhindern. Wir müssen aus dem frischen Blut sofort das Fibrin entfernen, wir müssen das Blut defibrinieren. Zu diesem Zweck schlagen oder rühren wir frisch aufgefangenes Blut wenigstens 5 Minuten lang kräftig mit einem Holzstab. Das Fibrin bleibt als faserige Masse an dem Holzstab. Es sieht durch die anhaftenden Blutkörperchen rot aus. Wir spülen es vorsichtig im Wasser ab und erhalten das weiße Fibrin.

Mit dem defibrinierten Blut wollen wir einige Versuche durchführen, die zum Verständnis der Funktionen des Blutes beitragen.

Oxydation und Reduktion von Hämoglobin

In ein Reagenzglas geben wir 2 cm hoch defibriniertes Blut. Dann leiten wir Sauerstoff durch das Blut. Wir erzeugen ihn aus Wasserstoffperoxid, dem wir etwas Mangandioxid (Braunstein) oder Kaliumpermanganat zusetzen. Das Blut schäumt, nach einigen Minuten wird es hellrot. (Das Schäumen läßt sich durch Zugabe einiger Glasstückchen oder von 1 bis 2 Tropfen Propanol — in Rasierwasser — verhindern.)

Wir wissen, daß die roten Blutkörperchen Hämoglobin enthalten. Dieses besteht zu 96% aus dem Eiweiß Globulin und zu 4% aus einem Farbstoff, dem Häm. Das kompliziert aufgebaute Hämmolekül enthält in seinem Kern ein Eisenatom der Oxydationsstufe +2. An dieses Eisenatom kann sich ein Sauerstoffmolekül in lockerer Bindung anlagern. Die Oxydationsstufe des Eisens wird dabei nicht geändert. Wir sprechen jetzt von Oxyhämoglobin. Da ein Hämoglobinmolekül 4 Häme enthält, kann es 4 Moleküle Sauerstoff binden:

$$\text{Hämoglobin} + 4\,O_2 \rightleftarrows \text{Oxyhämoglobin}$$

Die Gleichung zeigt, daß es sich um einen Gleichgewichtsvorgang handelt. Die Lage des Gleichgewichtes wird durch den Sauerstoffdruck bestimmt, der in der Lunge und in den Geweben herrscht. Er ist in der Lunge hoch, in den Geweben niedrig. Folglich nimmt das Hämoglobin in der Lunge Sauerstoff auf und gibt ihn in den Kapillaren der Gewebe wieder ab. Es wird dabei dunkelrot (venös). 100 ml Blut enthalten 16 g Hämoglobin, 1 g Hämoglobin kann 1,34 ml Sauerstoff binden.

Wir verkohlen etwas Blut in einem Porzellantiegel, pulverisieren die Blutkohle und übergießen sie mit Salzsäure. Dann filtrieren wir. In dem Filtrat weisen wir die Eisenionen durch die gleiche Reaktion nach, die wir bei der Bodenuntersuchung (siehe Seite 28) anwendeten.

Durch den Atmungssauerstoff wird innerhalb der Zellen eine Oxydation der Nährstoffe möglich. Das sind komplizierte Vorgänge, die erst durch das Vorhandensein von sogenannten Atmungsfermenten möglich werden. Das Warburgsche Atmungsferment ist ein eisenhaltiger Eiweißkörper. Es enthält Eisen in der Oxydationsstufe +2. Durch den Atmungssauerstoff wird es zur +3-Stufe oxydiert. Durch fermentkatalysierte Vorgänge wird uns überhaupt erst erklärlich, daß die Nährstoffe bei solchen niedrigen Temperaturen, wie sie im Körper herrschen, zu Kohlendioxid und Wasser verbrannt werden können.

Wir wollen die katalytische Wirkung von Eisen bei der Verbrennung von Rübenzucker studieren. Wir versuchen ein Stückchen Würfelzucker mit einem Streichholz an einer Ecke anzuzünden. Es wird uns nicht gelingen. Der Zucker schmilzt, verkohlt teilweise, brennt aber nicht selbständig. Befeuchten wir den Würfel an einer Ecke mit 2 Tropfen Eisen(III)-chloridlösung, so läßt er sich mit dem Streichholz entzünden. (Ähnlich wirkt auch eine Spur Zigarren- oder Zigarettenasche, die wir auf dem Zucker verreiben. Sie enthält katalytisch wirkende Metallverbindungen.)

Bei den Oxydationsprozessen entsteht reichlich Kohlendioxid. Der Teildruck (Partialdruck) des Kohlendioxids im Gewebe steigt an, und das Gas tritt durch die Kapillaren in das Blut ein. Es wird im Blut teils als freies, teils als gebundenes Gas abtransportiert und vorwiegend durch die Lunge ausgeschieden. Der Kohlendioxidgehalt des Blutes hat keinen Einfluß auf dessen Farbe. Die Blutfarbe wird einzig und allein durch den Sauerstoffgehalt bestimmt. Sauerstoffreiches Blut sieht hellrot aus, sauerstoffarmes dunkelrot.

Wir zerschneiden den Blutkuchen, den wir bei dem Gerinnungsversuch nach dem Filtrieren im Filter zurückbehielten, mit einem Messer. Er sieht in seinem Innern dunkelrot aus. Das ist durch den dort herrschenden Sauerstoffmangel bedingt. Lassen wir ihn einige Zeit an der Luft liegen, so färben sich die Schnittflächen hellrot.

Von dem defibrinierten Blut füllen wir noch einmal einige ml in ein Reagenzglas und leiten Kohlendioxid hindurch. Das Blut wird dunkelrot, weil ein Teil des in ihm enthaltenen Oxyhämoglobins zu Hämoglobin reduziert wird. Kohlendioxid stellen wir uns aus Karbonaten (Marmorstückchen, Soda) und verdünnter Salzsäure her.

Den Kriminalmedizinern über die Schulter geschaut

Blutflecken in Geweben sehen hellrot aus, solange sie frisch sind. Mit zunehmendem Alter werden sie erst dunkelrot, dann braunrot und schließlich fast schwarz.

Das Mikroskop hilft

Ist der Blutfleck frisch, so ziehen wir das Blut mit etwas frischem Wasser, Selterswasser oder physiologischer Kochsalzlösung aus und betrachten den Auszug unter dem Mikroskop. Wir werden Blutkörperchen feststellen. Alte Blutflecken ziehen wir mit einer Mischung von gleichen Teilen Äthanol und Äthoxyäthan aus (Vorsicht, Feuergefahr!). Aus Größe und Form der Blutkörperchen erhält man Anhaltspunkte, ob es sich um Tier- oder Menschenblut handelt. Die Größe der roten Blutkörperchen beträgt zum Beispiel bei Wiederkäuern 2,07 bis 6,45 μm, bei Vögeln 9,25 bis 16,95 μm (längs) und 6,33 bis 9,09 μm (quer), bei Knochenfischen 9,09 bis 13,69 μm (längs) und 6,37 bis 10,53 μm (quer).

Die Teichmannsche Probe hilft weiter

Sind Blutkörperchen nicht mehr eindeutig nachweisbar, so hilft uns die mikrochemische Untersuchung weiter. Um sie kennenzulernen, streichen wir einen Blutstropfen auf einem Objektträger aus. An der Luft lassen wir ihn eintrocknen. Dann stäuben wir eine winzige Menge Natriumchlorid darüber und bedecken mit einem Deckglas. An den Rand des Deckglases geben wir 2 Tropfen konzentrierte Äthansäure (Eisessig). Die Säure dringt unter das Deckglas. Wir erhitzen den Objektträger dann über einer kleinen Flamme oder auf einer Wärmebank, bis sich die ersten Bläschen bilden. Danach erwärmen wir leicht weiter. Wenn die Äthansäure verdunstet ist, lassen wir den Objektträger abkühlen, geben nochmals zwei Tropfen Säure dazu und dunsten sie wieder ein. Dann betrachten wir das Präparat bei 200—300facher Vergrößerung unter dem Mikroskop. Wir sehen braunrote Prismen. Es sind Häminkristalle. Sie werden auch Teichmannsche Kristalle genannt; denn diese Probe, die sich zum Nachweis geringster Blutmengen eignet, wurde von dem Anatomen Ludwig Teichmann entwickelt. Hämin ist das salzsaure Salz des Hämatins, das ja aus dem Häm des Hämoglobins durch Oxydation entsteht.

Häminkristalle

Eingetrocknetes Blut extrahieren wir mit wenig Selterswasser, filtrieren, dampfen auf dem Objektträger ein und verfahren wie oben.

Mit dieser Reaktion wollen wir die Untersuchung von Blut abschließen. Wir haben seine wichtigsten Teile und deren Funktionen kennengelernt. Vielseitig sind die Aufgaben des Blutes. Der Gastransport ist nur die eine Seite. Hinzu kommt der Transport von Nährstoffen, Hormonen, Fermenten, Abwehrstoffen und Endprodukten des Stoffwechsels. Durch sein ständiges Kreisen in unserem Körper bewirkt es auch die Temperaturregelung. Es verhindert örtliche Überhitzung und führt unterkühlten Körperteilen neue Wärme zu.

Der Harn

Vom Harn und seinen Bestandteilen

Die Nieren sind wichtige Ausscheidungsorgane unseres Körpers. Sie scheiden Schlacken des Stoffwechsels und Abfallprodukte aus, die ihnen vom Blut zugeführt werden. Sie entgiften dadurch unseren Organismus. Nicht alle körperfremden Stoffe und anorganischen Verbindungen, die wir mit der Nahrung aufnehmen, werden, wenn sie für uns nicht verwertbar sind, mit dem Kot ausgeschieden. Ein großer Teil geht ins Blut und kann nur auf dem Wege über die Niere aus dem Körper entfernt werden.

Die besondere Fähigkeit der eigentlichen Ausscheidungsorgane in den Nieren, der Malpighischen Körperchen, besteht in einem Wahlvermögen bestimmten Stoffen gegenüber. Eiweiß und Zucker scheiden sie nur dann aus, wenn deren Konzentration im Blut einen bestimmten Wert, den sogenannten Schwellenwert, überschreitet. Harnstoff dagegen entnehmen sie dem Blut in großen Mengen. Täglich scheidet der Mensch etwa 30 bis 40 g Harnstoff aus. Der Harn enthält ihn in einer Konzentration von 2,5%. Im Blut dagegen ist Harnstoff nur mit 0,05% enthalten. Der Harn besteht zu 95% aus Wasser. Die Nieren sorgen also nicht nur für eine gleichmäßige Zusammensetzung des Blutes, sie regulieren auch den Wasserhaushalt des Körpers und damit den osmotischen Druck der Gewebs- und Körperflüssigkeit. Das wiederum ist für den gegenseitigen Stoffaustausch der Zellen von außerordentlicher Bedeutung.

Woraus besteht der Harn?

Diese Frage haben wir zum Teil schon beantwortet. Harn ist eine wäßrige Lösung. Er enthält gelöste anorganische und organische Stoffe aber auch unlösliche Bestandteile.

An organischen Bestandteilen finden wir den Harnstoff und die Harnsäure, ferner Kreatinin (ein Kohlensäurederivat aus der Gruppe der Ureide), Glucuronsäure (ein Kohlenhydrat), Hippursäure (eine Aminosäure), 2-Hydroxypropansäure (Milchsäure), Äthandisäure (Oxalsäure), Farbstoffe, Fermente, Hormone und Vitamine.

Zu den anorganischen Bestandteilen gehören u. a. Natriumchlorid, Kalziumdihydrogenphosphat, Kaliumsulfat, Natriumsulfat und Kalziumsulfat.

Wir untersuchen Harn

Die Harnuntersuchung gibt dem Fachmann Anhaltspunkte über das normale Funktionieren bestimmter Organe. Deshalb stellt sie einen wichtigen Bestandteil der ärztlichen Diagnose dar. Wir wollen uns aber davor hüten, aus dem Ergebnis, das wir durch die folgenden Untersuchungen gewinnen, eine eigene Diagnose stellen zu wollen. Uns fehlt der Überblick über die Zusammenhänge zwischen den Funktionen der einzelnen Organe im menschlichen Körper. Außerdem gibt es bei den von uns durchgeführten Reaktionen mitunter Störungen oder Nebenreaktionen, auf die im einzelnen hier nicht eingegangen werden kann, die aber das Gesamtbild verfälschen.

Harn für Untersuchungen und Beobachtungen bewahren wir in sauberen Glasgefäßen auf. Für die Ausführung der chemischen Nachweisreaktionen genügen zumeist Reagenzgläser (16 × 160 mm) und Halbmikroreagenzgläser. Als Wärmequelle verwenden wir einen Spiritus- oder Bunsenbrenner. Für die Untersuchungen nehmen wir nach Möglichkeit den Morgenurin.

Farbe: Der Harn des Gesunden sieht je nach seinem Verdünnungsgrad infolge unterschiedlicher Flüssigkeitsaufnahme blaßgelb, zitronengelb bis rötlichgelb aus. Haben wir Fieber, so ist er orangerötlich. Bei Gelbsucht färbt er sich durch den Gallenfarbstoff Bilirubin braun. Roter Harn kann seine Farbe durch den Gehalt an roten Blutkörperchen bei Blutungen der Niere oder der Harnwege oder durch Blutfarbstoff bei krankhaftem Blutzerfall erhalten.

Manche Medikamente und Nahrungsmittel können die Farbe des Harns ganz entscheidend verändern. Prontosil, ein Chemotherapeutikum, das primär auf Bakterien wirkt, färbt den Urin rötlich. Sollten wir einmal bei Katarrhen der Mund- und Rachenhöhle solche Tabletten verordnet bekommen, so können wir die Zeit messen, die vom Einnehmen bis zum Auftreten der Färbung vergeht. Trinken wir reichlich Milch, so erscheint der Urin blaß. Nach dem Genuß von Heidelbeeren und roten Rüben wird er rosa bis rot.

Geruch: Harn hat einen mehr oder weniger starken Geruch, wenn er frisch entleert wird. Der Geruch verliert sich beim Abkühlen. Bei längerem Stehen werden durch Zersetzung neue Geruchsstoffe gebildet. Außerdem beeinflußt die Zusammensetzung der Nahrung den Geruch des Harns. Der Harn Fieberkranker hat häufig durch seinen vermehrten Gehalt an Propanon (Azeton) einen obstartigen Geruch. Auch im normalen Harn sind Spuren von Propanon (10 mg/Tag) enthalten.

Reaktion: Normaler Harn im frischen Zustand, den wir mit Lackmuspapier oder Universalindikatorpapier auf seine Reaktion prüfen, zeigt eine saure Reaktion (pH 5,0 bis 6,4). Bei vorwiegend pflanzlicher Kost wird er schwach sauer (pH 6 bis 7), neutral (pH 7) oder gar alkalisch (pH 7 bis 8). Nach längerem Stehen zeigt der Harn ebenfalls eine alkalische Reaktion, weil in ihm durch bakterielle Zersetzung von Harnstoff unter anderem Ammoniak nach folgender Gleichung entsteht:

$$CO(NH_2)_2 + H_2O \rightarrow CO_2 + 2NH_3$$

Das Ammoniak läßt sich durch einen mit Salzsäure angefeuchteten Glasstab nachweisen. Es bilden sich Ammoniumchloridnebel. Wir wissen aus Erfahrung, daß Jauche im Sommer durch das aus ihr entweichende Ammoniak stechend riecht.

Chemische Nachweisreaktionen

Die Eiweißproben

Harn darf normalerweise nur so wenig Eiweiß enthalten, daß die üblichen Eiweißproben negativ ausfallen. Ist Eiweiß nachweisbar, so handelt es sich um krankhafte Zustände. Die Eiweiße liegen dann vor als Serumeiweiß, das aus Albuminen und Globulinen des Blutserums besteht, als Essigeiweiß (z. B. Nukleoalbumin; wird durch Essigsäure in der Kälte gefällt) oder als Albumosen, die durch teilweisen hydrolytischen Abbau von Proteinen entstehen. Die letztgenannten sind selten.

Zum Nachweiß von Serumalbumin verwenden wir klaren Harn. Ist er getrübt, so müssen wir vorher filtrieren.

So kochen wir Harn bei der Eiweißprobe

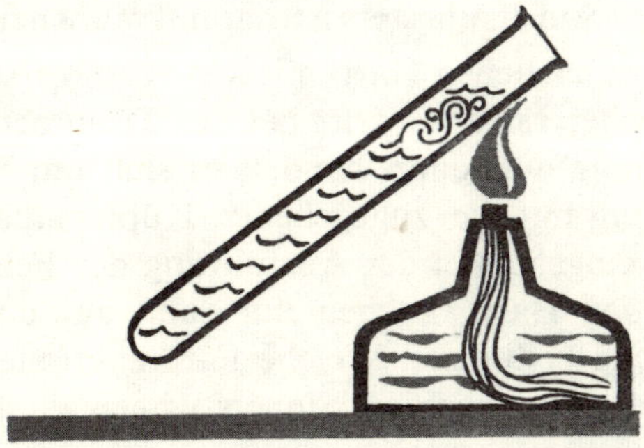

Kochprobe:
Wir füllen ein Reagenzglas zur Hälfte mit Harn und erhitzen die obere Harnschicht zum Sieden. Wir fassen dabei das Reagenzglas im unteren Teil. Es bleibt dort kalt, denn Wasser ist ein schlechter Wärmeleiter. Wir schütteln das Glas ein wenig, um ein Aufstoßen der heißen Flüssigkeit zu verhindern. Tritt eine Trübung auf, so kann es sich entweder um ausgeflocktes Eiweiß oder um Salzniederschläge handeln. Wir setzen dem Harn einige Tropfen Essigsäure zu (Speiseessig). Bleibt die Trübung erhalten, so ist Eiweiß im Harn.

Salpetersäureprobe:
Wir kochen einige Milliliter klaren Harn kurz auf und tropfen, nachdem er sich abgekühlt hat, Salpetersäure zu. Wir sehen eine Trübung oder einen Niederschlag, wenn Eiweiß vorhanden ist.

Hellersche Ringprobe:
Wir überschichten in einem Halbmikroreagenzglas 1 ml konzentrierte Salpetersäure mit 1 ml Harn. Ist Eiweiß vorhanden, so bildet sich nach spätestens 3 Minuten an der Berührungsstelle beider Flüssigkeiten ein weißer Ring. Anstatt zu überschichten, können wir zunächst den Harn in das Reagenzglas geben und dann mit einer bis zum Boden des Glases reichenden Pipette die gleiche Menge Salpetersäure darunterschichten. Eine Ringbildung kann allerdings auch durch Verbindungen von Harnstoff mit Harnsäure sowie durch die Harnsäure selbst hervorgerufen werden.

Biuret-Reaktionen:
Durch diese Reaktion werden die Eiweiße aller drei Gruppen nachgewiesen. Sie ist in „Bau und Betriebsstoffe unseres Körpers“ besprochen.

Nachweis von Glukose

Bei Zuckerkrankheit kommt es infolge mangelnder Insulinproduktion der Bauchspeicheldrüse (Pankreasdiabetes) oder durch Störung der Nierenfunktion (Nierendiabetes) zur Zuckerausscheidung im Harn. Am häufigsten ist dann Traubenzucker nachweisbar.

Wir untersuchen Harn mit der Trommerschen Probe oder mit Fehlingscher Lösung. Tritt bei der Trommerschen Probe eine violette Färbung auf, dann handelt es sich um Eiweiß, das in alkalischer Lösung mit der zugegebenen Kupfersulfatlösung die Biuret-Reaktion eingeht. Bei der Ausführung der Fehlingschen Probe filtrieren wir den Harn, kochen ihn dann auf und geben die Fehlingsche Lösung heiß dazu. Welche Farbreaktionen wir bei einem positiven Ergebnis beobachten können, wissen wir aus früheren Versuchen.

Moore-Hellersche Probe:
Zu 5 ml Harn geben wir 3 ml 10%ige Natron- oder Kalilauge. Wir kochen 1 Minute. (Glas schütteln, Öffnung vom Körper weg richten!) Enthält der Harn Zucker, so bildet sich Karamel, das ihm je nach der vorhandenen Menge eine gelbbraune bis braunschwarze Färbung verleiht. Wir können aus der Färbung annähernd auf den Glukosegehalt schließen:

gelb	0,5—1%	rotbraun	4%
hellbraun	1 —2%	braunschwarz	5% und mehr.
kastanienbraun	2 —3%		

Bei der klinischen Untersuchung wird die Zuckermenge durch Gärungsproben, durch Titration oder mit Hilfe des Polarimeters bestimmt.

Nachweis von Gallenfarbstoffen

Das Vorkommen von Gallenfarbstoffen im Harn hat krankhafte Ursachen. Der bekannteste Gallenfarbstoff, das Bilirubin, entsteht aus dem Häm des Hämoglobins unter Abspaltung von Eisen. Meist wird Bilirubin durch die Gmelinsche Probe nachgewiesen. Diese erfordert aber die Anwendung rauchender Salpetersäure. Arbeitsgemeinschaften werden darüber verfügen, der zu Hause Experimentierende nicht. Deshalb wollen wir auch noch eine andere Probe beschreiben. Die Reaktionen üben wir mit stark verdünnter Tiergalle.

Gmelinsche Probe:
Wir geben zu 20 ml Salpetersäure 1 Tropfen rauchende Salpetersäure. In einem Halbmikroreagenzglas überschichten wir 1 ml der Säure mit 1 ml Harn bzw. mit verdünnter Galle. An der Berührungsstelle bildet sich ein grüner Ring. Er entsteht durch Oxydation von Bilirubin zu Biliverdin. Durch weitere Oxydation kann der Ring blau, violett, rot, rotgelb und gelb werden.

Rosinsche Jodprobe:
Wir verdünnen 1 Tropfen Jodtinktur mit Äthanol bis zur Blaßgelbfärbung. Dazu sind 5—7 Tropfen Äthanol erforderlich. Etwa 1,5 ml Harn überschichten wir in einem Halbmikroreagenzglas mit der verdünnten Jodlösung. Das Jod oxydiert Bilirubin, und es bildet sich an der Berührungsstelle beider Flüssigkeiten ein olivgrüner Ring.

Propanon wird nachgewiesen

Bei Infektionskrankheiten (Fieber!) tritt im Harn häufig Propanon auf. Es entsteht durch Zerfall von Azetessigsäure:

$$\underset{\text{Azetessigsäure}}{CH_3—CO—CH_2—COOH} \rightarrow \underset{\text{Propanon}}{CH_3—CO—CH_3} + CO_2$$

Deshalb finden wir beide Substanzen stets nebeneinander im Harn. Wir wollen zunächst das Propanon nachweisen.

Liebenssche Jodoformprobe:
Wir geben zu 5 ml Harn etwas Natronlauge, bis der Harn alkalisch reagiert. Dann fügen wir einige Tropfen Jod-Jodkaliumlösung dazu. (Diese Lösung, Lugolsche Lösung genannt, enthält etwa in 100 Teilen 1 Teil Jod, 2 Teile Kaliumjodid und 97 Teile Wasser.) Ist Propanon im Harn, so tritt ein charakteristischer Geruch auf. Er rührt von dem sich bildenden Trijodmethan (Jodoform, CHJ_3) her. Zur Übung untersuchen wir eine Harnprobe, der wir 1 Tropfen Propanon beigegeben haben.

Nachweis von Azetessigsäure nach Gebhardt:
Wir säuern 5 ml Harn mit einigen Tropfen verdünnter Schwefelsäure an. Dann geben wir so lange 10%ige Eisen(III)-chloridlösung dazu, wie noch ein weißer Niederschlag von Eisen(III)-phosphat entsteht. Wir filtrieren anschließend. Zu dem Filtrat geben wir noch einige Tropfen Eisen(III)-chloridlösung. Bei Anwesenheit von Azetessigsäure tritt eine rote Färbung auf.

Ein einfacher Harnstoffnachweis

Wir dampfen in einer Porzellanschale oder in einem Porzellantiegel etwa 30 ml Harn ein, bis ein Sirup entsteht. Zuletzt erhitzen wir nur vorsichtig mit kleiner Flamme. Nach dem Erkalten geben wir ein paar Tropfen konzentrierte Salpetersäure dazu. Es bildet sich eine Ausfällung von Harnstoffnitrat. Unter dem Mikroskop sehen wir große Tafeln und Prismen.

Anionennachweise

Hier wenden wir unsere Kenntnisse aus dem Chemieunterricht an. Chloridionen weisen wir mit Silbernitratlösung nach. Der Harn muß vorher mit Salpetersäure angesäuert werden. Sulfationen geben mit Bariumchloridlösung (Vorsicht, Gift!) einen weißen Niederschlag. Diesmal säuern wir mit Äthansäure an. Phosphationen werden mit Magnesiamixtur nachgewiesen. Der Harn muß durch Zugabe von Ammoniumhydroxid stark alkalisch gemacht werden.

Harnsedimente unter dem Mikroskop

Beim Stehenlassen von frischem Harn scheidet sich ein Bodensatz ab, das sogenannte Harnsediment. Es enthält organische und nichtorganische Bestandteile.

Zu den organischen Bestandteilen gehören Erythrozyten, Leukozyten, Epithelien (Hautzellgewebe), Harnzylinder verschiedener Arten, Bakterien, Hefen, Parasiten, Fett und Schleim.

Harnzylinder sind Abdrücke der Harnkanälchen in der Niere. Die nichtorganischen Bestandteile sind kristalline oder nichtkristalline (amorphe) Salze. Mit ihnen wollen wir uns näher befassen.

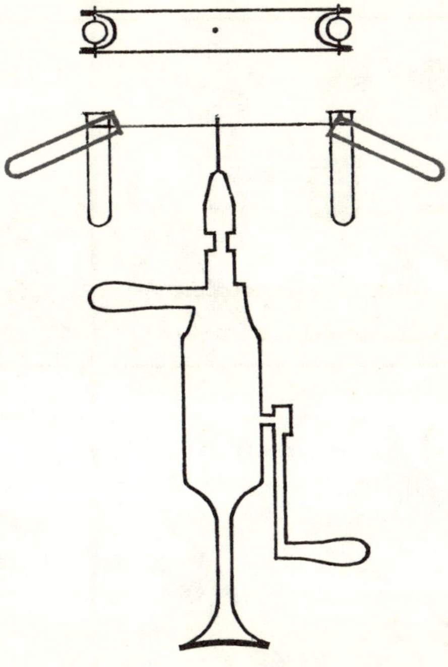

Handbohrmaschine mit Zentrifugenaufsatz

Bei der klinischen Untersuchung werden die Sedimente durch vorsichtiges Zentrifugieren von der Lösung getrennt. Es kommt hier tatsächlich auf nicht zu hohe Zentrifugalkräfte an, weil sonst die empfindlichen Sedimente zerstört werden. Wer eine Handbohrmaschine besitzt, kann sich mit Hilfe eines Metallbaukastens einen Zentrifugenaufsatz bauen. Die Teile müssen aber fest verschraubt werden, damit sie sich während des Drehens nicht lösen und uns verletzen. Für meine Untersuchungen habe ich eine alte Milchzentrifuge umgebaut. Hier müssen aber die Metallteile verschweißt sein.

Wer keine Möglichkeit zum Zentrifugieren hat, läßt den Harn

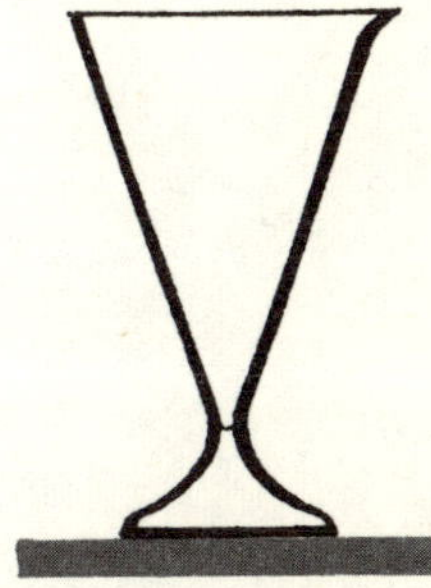

Kelchglas

Nichtorganische Harnbestandteile

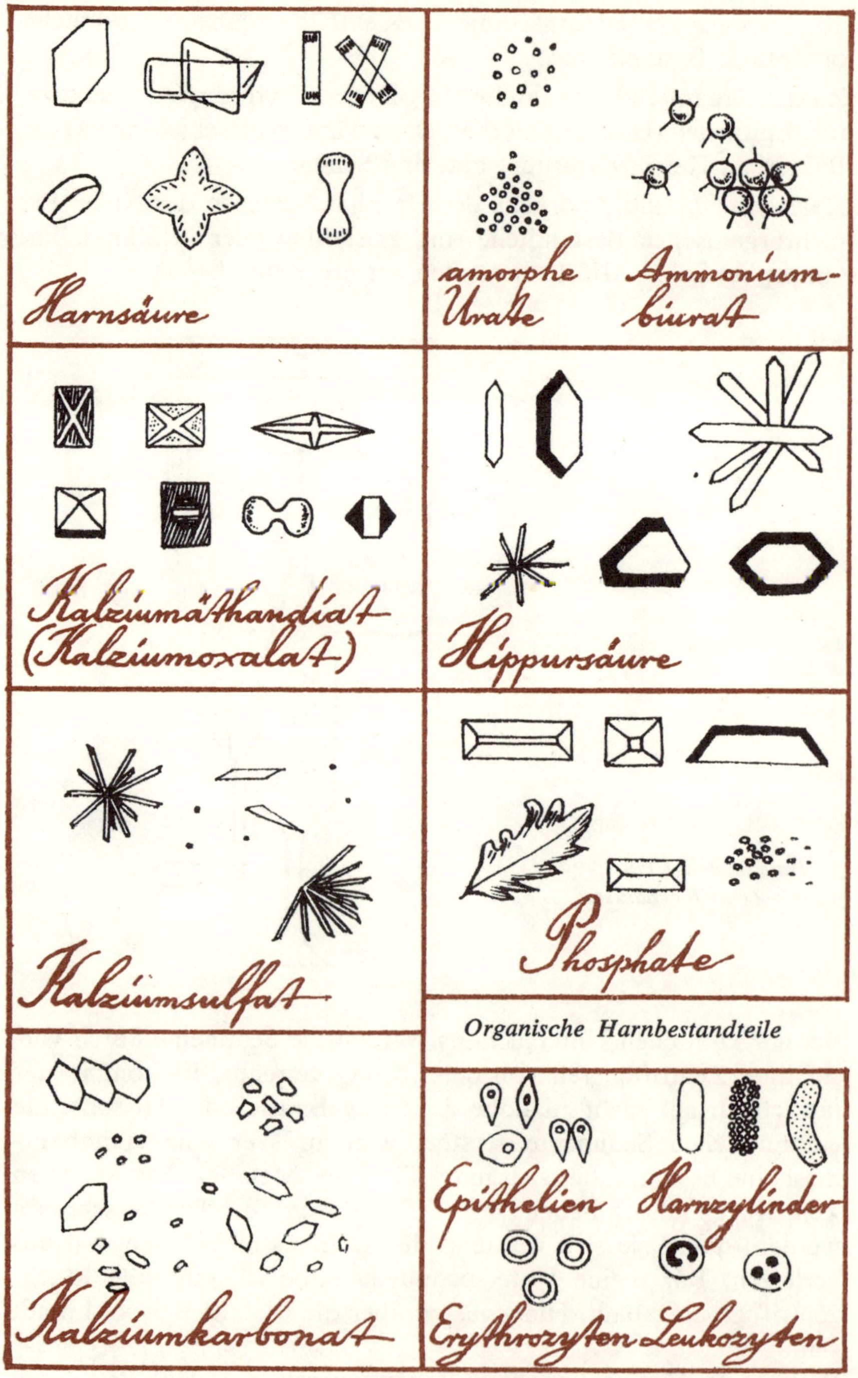

einige Stunden stehen und gießt die Flüssigkeit dann von dem Bodensatz ab. Ein Kelchglas (Spitzglas) ist dafür sehr gut geeignet.

Proben des Sediments untersuchen wir bei kleiner Blende unter dem Mikroskop. Wir beginnen mit schwachen Vergrößerungen. Wir bringen eine kleine Probe des feuchten Sediments mit einer Pipette oder einem Glasstab auf den Objektträger und legen vorsichtig, damit nichts zerdrückt wird, ein Deckglas auf. Im mikroskopischen Bild werden wir eine Reihe verschieden geformter kristalliner und nichtkristalliner Körper sehen. Mit Hilfe der beigefügten Abbildungen werden wir rasch einen Teil von ihnen bestimmen können. Exakt weisen wir die Stoffe durch mikrochemische Reaktionen nach. Die verschiedenen Sedimente haben nämlich eine unterschiedliche Löslichkeit in Chlorwasserstoffsäure (Salzsäure), Äthansäure, Äthanol, Äthoxyäthan, in Natron- oder Kalilauge. Ein Teil von ihnen löst sich auch bei vorsichtigem Erwärmen des Objektträgers und scheidet sich bei Abkühlung wieder ab.

Für die Durchführung der mikrochemischen Reaktionen bringen wir jeweils 1 oder 2 Tropfen des Lösungsmittels an den Rand des Deckglases. Das Lösungsmittel dringt unter das Deckglas. Am gegenüberliegenden Rand saugen wir mit einem Filterpapierstreifen das überschüssige Lösungsmittel ab. Dabei arbeiten wir recht vorsichtig, damit durch die Chemikalien das Mikroskop nicht beschädigt wird.

Die chemischen Reaktionen lassen sich auch auf einer Tüpfelplatte oder einem Objektträger mit Hohlschliff ausführen.

Zusammenfassung der wichtigsten Reaktionen

Nichtorganische Bestandteile

Harnsäure

bildet farblose, mitunter schwachgelbe bis goldgelbe Kristalle. Sie löst sich bei Zugabe von Natron- oder Kalilauge. Täglich scheiden wir 0,4 bis 1,3 g Harnsäure aus. Besonders harnsäurereich sind die Exkrete von Vögeln und Reptilien.

Wir lassen 1 Tropfen Natronlauge unter das Deckglas laufen. Die Harnsäure löst sich auf. Saugen wir Salzsäure hinterher, so scheidet sie sich in Kristallform wieder ab.

Urate

sind die Salze der Harnsäure. Sie sind im frischen warmen Harn noch gelöst, scheiden sich aber bei Abkühlung des Harns als winzige gelblich bis schwachbraun gefärbte amorphe Körnchen ab. Beim Erwärmen lösen sie sich wieder auf. Sie lösen sich in Äthansäure, Salzsäure und Laugen. Bei Säurezugabe bildet sich Harnsäure, die nach einiger Zeit auskristallisiert.

Bei fieberhaften Erkrankungen ist der Harn besonders reich an Natriumurat. Es ist in altem Harn mit bloßem Auge zu erkennen, denn es bildet einen gelben bis rötlichen Niederschlag, Ziegelmehlsediment genannt.

Harnsäure und Urate weisen wir durch die Murexidprobe nach. Wir vermischen in einem kleinen Porzellanschälchen, wie wir es für halbmikroanalytische Arbeiten verwenden, eine geringe Menge Sediment mit 2 bzw. 3 Tropfen Salpetersäure (10%ig). Dann dampfen wir über kleiner Flamme zur Trockne ein. Sind die genannten Stoffe vorhanden, so färbt sich der Inhalt der Schale orangerot. Geben wir einen Tropfen Natronlauge zu, so tritt eine Blaufärbung auf. Bei Zugabe von Ammoniumhydroxid sehen wir ein Purpurrot.

Kalziumäthandiat (Kalziumoxalat)
ist das Kalziumsalz der Äthandisäure (Oxalsäure). Wir können mit einer täglichen Menge von 20—30 mg im Harn rechnen. Es stammt vorwiegend aus der Nahrung und z. T. aus unvollständigem Abbau von Kohlenhydraten. Im Spitzglas erscheint es als grauweißes Sediment, unter dem Mikroskop sehen wir glänzende Kristalle, deren briefumschlagähnliche Form besonders einprägsam ist. Das Salz löst sich nur in Salzsäure. Alkalisieren wir seine salzsaure Lösung durch Zugabe von Natronlauge, so kristallisiert es wieder aus. Bei Zuckerkranken sind die Kristalle leuchlend gelb gefärbt.

Hippursäure
heißt zu deutsch Pferdeharnsäure, weil sie dort besonders reichlich vorkommt. Im menschlichen Harn ist sie nur in Spuren enthalten, kann aber angereichert sein, wenn wir Nahrung zu uns genommen haben, die reich an Benzolkarbonsäure (Benzoësäure) ist (Preiselbeeren, Birnen, Pflaumen). Sie bildet farblose Nadeln, von denen oft mehrere sternförmig zusammenliegen und kommt auch als rhombisches Prisma vor. Hippursäure ist löslich in Ammoniumhydroxid und Äthanol.

Kalziumsulfat
kristallisiert ähnlich wie die Hippursäure, nur sind die Nadeln länger und dünner. Es ist in Ammoniumhydroxid unlöslich. Im Harn des Erwachsenen ist Kalziumsulfat kaum enthalten.

Phosphate
können in verschiedenen Formen auskristallisieren.

Besonders auffällig sind die sargdeckelartigen Kristalle von Magnesiumammoniumphosphat ($MgNH_4PO_4$). Dieses Salz kann aber auch farnkrautähnlich kristallisieren. Es ist im alkalischen Harn zu finden, bildet sich also besonders bei längerem Stehen des Harns.

Trikalziumphosphat und Trimagnesiumphosphat
bilden einen feinen weißlichgrauen Niederschlag und erscheinen als weiße Körnchen unter dem Mikroskop.
Phosphate sind löslich in Äthansäure und Salzsäure und kristallisieren auch nicht wieder aus. Beim Erwärmen wird der Niederschlag intensiver.

Kalziumkarbonat
kommt im alkalischen Harn auch des gesunden Menschen vor. Wir sehen farblose oder graue Körnchen. Bei Zugabe von Säuren werden sie gelöst. Dabei bilden sich kleine Kohlendioxidbläschen.
Damit haben wir die wichtigsten nichtorganischen Harnbestandteile kennengelernt. Neben ihnen können wir sicherlich noch eine Reihe anderer Gebilde feststellen. Wir wollen sie hier nicht besprechen, denn sie sind vorwiegend für den Arzt von Interesse.

Die Sinnesleistungen des Menschen

Wer kann sich eigentlich eine geknülpte Wuppe vorstellen? — Sicher ist das unmöglich. Der Mensch kann phantastische Geschichten erfinden, aber seinem Vorstellungsvermögen sind doch Grenzen gesetzt. Mit Hilfe von Empfindungen, Wahrnehmungen und Vorstellungen vermögen wir die Gegenstände, Erscheinungen und Vorgänge unserer Umwelt unmittelbar widerzuspiegeln. Ihre Verallgemeinerung wird erst möglich durch die Zuhilfenahme der Sprache, des zweiten Signalsystems, wie es Pawlow nennt. Dann können wir auch Begriffe bilden, können Wörter schaffen und so entsteht die Grundlage des Denkens. Im Großhirn spiegeln wir dann unsere Umwelt in Form des Denkens wider. Wir vermögen uns ein Flugzeug vorzustellen, das Rauschen des Meeres oder den Geschmack eines Bratens. Das können wir aber nur, weil wir schon einmal ein Flugzeug gesehen oder von ihm gelesen haben, weil wir das Meer erlebten oder den Braten aßen.
Die Gegenstände und Erscheinungen üben auf unsere Sinnesorgane einen Reiz aus. Sinneszellen nehmen ihn auf, durch Nervenfasern wird die Erregung zum Nervenzentrum geleitet und ruft dort eine Empfindung hervor. Empfindungen als einfachste Form der Sinneserkenntnis sind die Grundlage der Wahrnehmung, so daß die Dinge der Umwelt schließlich im Ganzen in unserem Bewußtsein erscheinen. Empfindungen sind aber immer etwas Sekundäres. Primär ist der Gegenstand mit seinen Eigenschaften. Er ist auch ohne unsere Empfindungen da.
Wir haben die Möglichkeit, unsere Umwelt zu erkennen und auf sie einzuwirken. Durch die Tätigkeit unserer Sinnesorgane werden wir

über die Vorgänge in ihr unterrichtet. Dabei sind die Empfindungen unterschiedlicher Art. Wir teilen sie ein nach den Sinnesorganen oder nach den Energieformen, die einen Reiz ausüben. So unterscheiden wir mechanische Sinne (Tastsinn, Gleichgewichtssinn, Hörsinn), thermischen Sinn (Temperatursinn), chemische Sinne (Geruch und Geschmack) und optischen Sinn (Lichtsinn).
Mit einigen von ihnen wollen wir uns beschäftigen.

Der Tastsinn

In unserer Haut und an manchen Stellen des Körperinnern, zum Beispiel im Herzbeutel, im Bauchfell, in den Gelenken und den Aortenwänden, liegen eine Vielzahl von besonderen Körperchen. Sie sind Endapparate der Hautempfindungsnerven. Wir nennen sie Tastkörperchen (Meißnerische Körperchen) und Lamellenkörperchen (Vater-Pacinische Körperchen). Außerdem sind die Haarbälge von einem ringförmigen Endnetz von Nervenfasern umgeben. Sie dienen ebenso wie die Tast- und Lamellenkörperchen der Aufnahme von Berührungs- und Druckreizen. Die Haare entfalten dabei eine Hebelwirkung und verstärken so den Reiz.
Daneben gibt es noch eine große Zahl von freien Nervenendigungen in den Zellen der Oberhaut. Sie sind die Organe der Schmerzempfindung und reagieren nicht auf mechanische Reize.

Wir suchen Druckpunkte

Wir stellen uns eine Reizborste nach Frey her, indem wir an das Ende eines etwa 10 cm langen Holzstäbchens senkrecht ein etwa 2 cm langes Stück Besenborste (Pferdehaar, synthetische Borste) kleben. Dann bitten wir einen Freund, daß er sich als Versuchsperson zur Verfügung stellt. Wir verbinden ihm die Augen und untersuchen dann an ihm verschiedene Körperstellen auf ihre Empfindlichkeit gegenüber Druck. Wir wählen jeweils eine kleine Fläche aus und setzen die Reizborste in zeitlich nicht zu kurzen Abständen an verschiedenen Stellen auf. Dabei stellen wir fest, daß die Tast- und Drucksinnesorgane nicht gleichmäßig in der Haut verteilt sind. An manchen Körperstellen sind die Druckpunkte, die berührungsempfindlichen Stellen, gehäuft. Dazu gehören Zunge, Fingerspitzen, Lippen, Wangen und Stirn. Geringe Empfindlichkeit zeigen dagegen Ellenbogen, Kniescheibe und Rücken. Der Mensch hat rund 500 000 Druckpunkte. In jedem Quadratzentimeter Hautfläche der Fingerspitzen liegen allein etwa 100.
Einzelreize, gleich welcher Art, können nur dann eine gesonderte

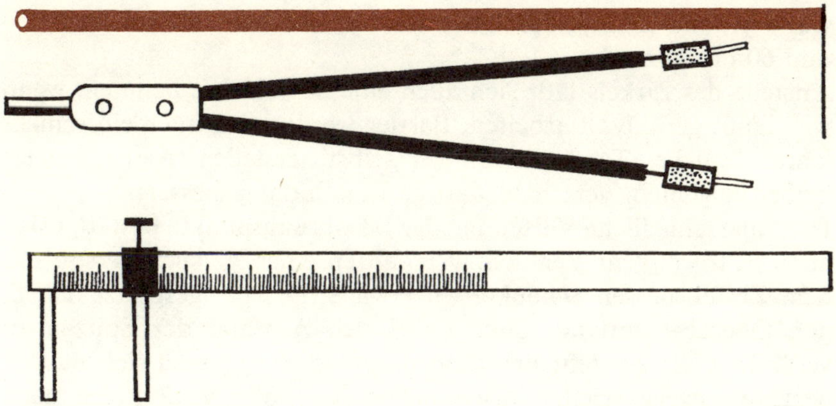

Reizborste; darunter Zirkel und Tastästhesiometer zur Bestimmung der Simultanschwelle

Empfindung hervorrufen, wenn ein zeitlicher Abstand, eine „zeitliche Unterschiedsschwelle" eingehalten wird. Sie beträgt für fast alle Reize $^1/_{18}$ Sekunde. Zu häufige Reizung derselben Stelle kann zu einer Überreizung, zur Ermüdung der Sinneszellen, zur Gewöhnung und zur damit verbundenen Abnahme der Empfindlichkeit werden. Die Reizschwelle muß dann erhöht, der Reiz muß intensiver werden, ehe er wieder wahrgenommen werden kann.

Bestimmen der Simultanschwelle

Auf die Spitzen eines Stechzirkels schieben wir je ein Korkstückchen und stecken in diese dünne, stumpfe Holzstäbchen. Wir lassen eine Versuchsperson die Augen schließen und setzen ihr bei ziemlich weit gespreiztem Zirkel die Holzstäbchen so auf die Haut des Handrückens, daß beide Stäbchen gleichzeitig aufsetzen. Wir lassen uns sagen, ob ein Berührungsreiz empfunden wurde oder zwei. Zwischendurch setzen wir auch einmal nur ein Holzstäbchen auf die Hand auf. Wir verändern dann den Abstand der Zirkelspitzen und probieren so lange, bis bei gleichzeitigem Aufsetzen der Stäbchen gerade noch zwei Reize empfunden werden. Wir messen den Abstand zwischen den Stäbchen, notieren uns den Wert und prüfen anschließend andere Hautstellen in gleicher Weise.

Wir stellen fest, daß räumlich getrennte Reize empfunden werden, wenn zwischen ihnen eine ganz bestimmte Entfernung vorhanden ist. Wir nennen sie Raum- oder Simultanschwelle. Ihre Größe hängt ab von der Dichte der Sinneszellen in der Haut. Für Zunge und Fingerspitzen ergeben sich die niedrigsten Simultanschwellen-

werte (1 und 2 mm), für Oberarm und Rücken die höchsten (50 und 60 bis 70 mm).
Anstelle des Zirkels läßt sich auch eine Schieblehre nehmen, wenn wir damit gefühlvoll arbeiten. Bastler werden sich auch ein schieblehrenähnliches Tastästhesiometer selbst herstellen (Ästhesiometer heißen allgemein verschiedenartige Empfindungsmesser).
Die unterschiedliche Verteilung der Berührungspunkte bestätigt sich auch in folgendem Versuch: Wir fahren einer Versuchsperson mit dem Zirkel, dessen Schenkel wir etwa 2 bis 3 cm gespreizt haben, den Oberarm entlang, ohne dabei den Abstand der Spitzen zu verändern. Es entsteht der Eindruck, daß die Spitzen sich nähern beziehungsweise wieder auseinandergehen. Wir wiederholen nach einer Pause den Versuch mit verändertem Spitzenabstand.

Die Schmerzpunkte

Wir ziehen mit Kreide einen dünnen, etwa 2 cm langen Strich auf unserem Handrücken und tasten ihn mit einer Zirkelspitze oder einer Nähnadel in Abständen von 0,5 mm ab. Dabei bemühen wir uns, gleichmäßig stark aufzusetzen. Wir stellen fest, daß die Berührung in den meisten Fällen einen Schmerz hervorruft. An manchen Stellen ergibt sich nur ein Berührungs- oder Druckreiz. Genaue Untersuchungen ergaben, daß der Mensch etwa 8mal mehr Schmerzpunkte als Berührungspunkte in der Haut hat.
Bei der Verletzung der Haut (Stich, Schnitt, Verbrennen, Quetschen, Verätzen usw.) werden Zellen des Hautgewebes zerstört. Dabei entstehen chemische Stoffe, welche die freien Nervenendigungen reizen. Die Schmerzpunkte bilden ein Warnsystem für den Organismus bei Verletzungen und Krankheiten. Deshalb sind sie auch in großer Zahl in den inneren Organen zu finden, besonders in der Knochenhaut, in Bauch- und Brustfell, in Sehnen und Gelenken, im Herzbeutel und in den Aortenwänden.

Belastungsversuche

Wir bitten eine Versuchsperson, sich an einen Tisch zu setzen und eine Hand mit dem Unterarm so auf die Tischplatte zu legen, daß der Handteller nach oben zeigt. Über den Handteller breiten wir ein Taschentuch. Darauf setzen wir ein Uhrglas oder ein anderes leichtes Gefäß. Nun belasten wir mit einem Wägestück von 50 p. Die Versuchsperson hält die Augen geschlossen. Wir legen dann vorsichtig, am besten mit einer Pinzette, weitere Wägestücke auf das Glas (1, 2, 5, 10, 20 p). Dabei lassen wir uns von der Versuchsperson angeben, wann sie zum erstenmal einen Gewichtsunterschied wahrnimmt.

Wir wiederholen den Versuch, gehen aber von anderen Anfangsbelastungen (100 p, 150 p usw.) aus. Vergleichen wir die Werte miteinander, die wir dabei erhalten, so stellen wir einen gesetzmäßigen Zusammenhang fest. Bei niedriger Anfangsbelastung wird bereits eine geringe zusätzliche Belastung empfunden. Große Anfangsbelastungen erfordern eine große zusätzliche Belastung, ehe eine Empfindung auftritt. Wir erhalten dabei etwa folgende Werte:

Anfangsbelastung (R)	zusätzliche Belastung, bis eine Erhöhung empfunden wird (Δ R)	$\frac{\Delta R}{R}$
50 p	5 p	0,1
100 p	10 p	0,1
150 p	15 p	0,1
200 p	20 p	0,1

Wir sehen, daß der Quotient aus ΔR und R eine Konstante ergibt:

$$\frac{\Delta R}{R} = k \qquad \text{(Webersches Gesetz).}$$

Wer keine Wägestücke hat, kann auch ein Becherglas nehmen, das zu einem Teil mit Wasser gefüllt ist, und durch Zugießen von weiterem Wasser aus einem Meßzylinder zusätzlich belasten. Das Wasser lassen wir an einem Glasstab herabfließen, damit die Versuchsperson nicht durch plätschernde Geräusche beeinflußt wird. Voraussetzung ist hierbei natürlich, daß der Arm bequem und völlig ruhig liegt.

Täuschungsempfindungen

Wir fahren mit einem Bleistift oder einem Glasstab senkrecht zwischen Zeige- und Mittelfinger der rechten Hand hin und her. Der Bleistift berührt dabei beide Finger am ersten Fingerglied. Wir fühlen deutlich, daß es sich nur um einen Gegenstand handelt. Dann schlagen wir den Mittelfinger über den Zeigefinger und fahren mit dem Bleistift in dem Winkel, der zwischen den vorderen Fingergliedern entsteht, auf und ab. Diesmal empfinden wir zwei Gegenstände.

Die Täuschung entsteht dadurch, daß wir gewohnt sind, daß die aneinanderliegenden Seiten zweier Finger gleichzeitig von einem Gegenstand berührt werden können, nie aber die äußeren Kanten beider Finger.

Ähnlich empfinden wir, wenn wir erst mit den Spitzen der beiden gestreckten Finger und dann mit den Spitzen der gekreuzten Finger mehrmals an einer Tischkante entlangfahren oder unsere Nasenspitze berühren.

Wir fassen ein Schullineal mit beiden Händen so an den Enden, daß die Daumen unter dem Lineal liegen und die übrigen Finger darauf. Wir strecken die Arme, schließen die Augen und versuchen durch leichten Druck das Lineal durchzubiegen. Nach mehrmaligem Versuch haben wir das Gefühl, als würde es gelingen. Öffnen wir die Augen, dann werden wir feststellen, daß wir uns wiederum geirrt haben.

Drücken wir mit der Kuppe eines Fingers einige Zeit auf die Kante eines Lineals oder auf eine Blechkante, wobei wir den Druck wechselweise verstärken und dann wieder nachlassen, so empfinden wir dort eine Vertiefung.

Der Gehörsinn

Beim Schall handelt es sich um Wellenbewegungen bestimmter Wellenlänge in gasförmigen, festen oder flüssigen Stoffen. Die Tonhöhe wird durch die Frequenz, die Anzahl der Schwingungen in der Sekunde, bestimmt. Hohe Frequenzen empfinden wir als hohe Töne, niedrige als tiefe Töne. Der Mensch ist in der Lage, Schwingungen von 16 bis 22 000 Hertz wahrzunehmen. Daneben vermögen wir verschiedene Schwingungshöhen und Schwingungsformen zu unterscheiden. Wir können ungefähr 300 000 verschiedene Lautstärken und Tonhöhen wahrnehmen.

Die Qualität der Höreindrücke ist abhängig vom anatomischen Bau des Ohres und dem Zustand des Nervensystems, denn die Erregung des Gehörorgans wird ja erst im Gehirn zum Ton.

Wer hört am besten?

Bei der Bestimmung der Gehörschärfe wird die Flüstermethode angewendet. In einem großen Zimmer, das möglichst von Fremdgeräuschen frei sein soll, stellen wir einen Freund in einer Entfernung von wenigstens 4 m vor uns auf. Er steht seitlich vor uns, wendet uns ein Ohr zu, das andere verschließt er mit der flachen Hand. Dann flüstern wir 10 verschiedene Zahlworte und lassen sie uns wiederholen. Werden wenigstens 7 Zahlworte verstanden, so können wir das Gehör auf diesem Ohr als gut bezeichnen. Dann bitten wir den Freund, sich um 180° zu drehen und prüfen das andere Ohr.

Schalleitung durch Knochen

Das eigentliche Hörorgan ist das Cortische Organ im Innenohr. Zu ihm können die Schallwellen auf zweierlei Weise geleitet werden. Der eine Weg führt von der Ohrmuschel über den Gehörgang zum Trommelfell, von dort über die Gehörknöchelchen zum ovalen Fenster. Der andere Weg führt über die Knochen des Kopfes. Wir lassen eine Versuchsperson beide Ohren zuhalten. Dann schlagen wir eine Stimmgabel an. Die Versuchsperson wird den Ton nicht hören, wenn sie die Ohren gut verschlossen hat. Setzen wir aber die Stimmgabel mit dem knopfartigen Griff auf verschiedene Teile des Schädels der Versuchsperson auf, so wird sie uns eine deutliche Tonwahrnehmung bestätigen.
In weiteren Versuchen setzen wir die Stimmgabel auf die Knochen des Schultergürtels, auf Ellenbogen und Kniescheibe.
Halten wir bei verschlossenen Ohren eine Armbanduhr zwischen den Zähnen, so werden wir ihr Ticken deutlich hören.
Feste Körper leiten die Schallwellen besser als die Luft. Trotzdem ist die Schalleitung durch die Luft der durch die Knochen überlegen. Halten wir einer Versuchsperson eine schwingende Stimmgabel so lange an einen Zahn des Oberkiefers, bis sie keine Schallempfindung mehr hat und dann sofort vor das äußere Ohr, so wird der Schall noch einmal wahrgenommen.

Konzert von Schallplatten — einmal anders

Wenn wir einen Plattenspieler und eine alte Grammophonplatte haben, so können wir einen recht netten Versuch ausführen. Wir fertigen uns aus möglichst hartem Holz einen Stab von 20 bis 25 cm Länge und 1 cm Dicke an. In seinem vorderen Teil bringen wir eine feine Bohrung an und setzen eine Grammophonnadel schräg hinein. Die Nadel muß festsitzen. Dann nehmen wir den Stab mit dem anderen Ende zwischen die Zähne und setzen die Nadel auf die sich drehende Schallplatte auf. Wir hören zwar nicht mit guter Tonqualität, aber doch mit großer Lautstärke die auf der Platte festgehaltene Musik oder Sprache.

Versuche zum Gleichgewichtssinn

Im Garten ziehen wir mit einem Holzstab einen mehrere Meter langen, möglichst geraden Strich. Den Boden rechts und links des Striches ziehen wir mit dem Rechen glatt. Dann fordern wir einen unserer Freunde auf, rasch an dem Strich entlang zu laufen. Wir sehen an seinen Fußspuren, wie er die Aufgabe gelöst hat.

Anschließend lassen wir ihn 10 bis 20 schnelle Drehungen ausführen und fordern ihn auf, den Versuch zu wiederholen.

Wir stellen uns vor einem 2 bis 3 m hohen markanten Punkt im Garten oder in der Wohnung auf, nehmen einen Stock und zeigen darauf. Anschließend drehen wir uns mit dem Stock in der Hand etwa 20mal um unsere Längsachse, bleiben dann sofort stehen und versuchen wieder den Punkt mit dem Stock zu berühren. Erst nach mehrmaligen Versuchen wird es uns gelingen. Meist zeigen wir an der Seite vorbei, nach der wir uns gedreht haben. Die Erscheinung des Drehschwindels beobachten wir auch nach einer schnellen Karussellfahrt. Sie beruht darauf, daß die Flüssigkeit (Endolymphe), die den Gleichgewichtsapparat im Ohr ausfüllt, noch einige Zeit infolge ihrer Trägheit in Bewegung bleibt und die Sinneszellen reizt.

Der Temperatursinn

In unserer Haut haben wir Rezeptoren des Temperatursinns. (Rezeptoren nennen wir die Teile des Nervensystems, die Reize aufnehmen.) Die Ruffinischen Endkörperchen sind die Warm-Rezeptoren, die Krauseschen Endkolben die Kalt-Rezeptoren.

Der Mensch hat etwa 250 000 Kaltpunkte und 30 000 Warmpunkte. Sie sind ungleichmäßig in der Oberhaut verteilt. Besonders wärmeempfindlich sind Augenlider, Nasenflügel und Lippen. In der Gesichtshaut wurden durchschnittlich je Quadratzentimeter 12 Kalt- und 1,7 Warmpunkte ermittelt. Die Warm-Rezeptoren liegen dabei tiefer in der Unterhaut als die Kalt-Rezeptoren.

Die Empfindung heiß oder brennend heiß geht nicht allein von den Warmpunkten aus, denn wir haben nur bis 41°C Warmempfindung. Übersteigen die Außentemperaturen diesen Wert, so werden die freien Nervenendigungen mitgereizt. Wir empfinden Schmerz.

Wir suchen Warm- und Kaltpunkte

Ein Glasröhrchen von 8 bis 10 cm Länge ziehen wir zu einer kurzen Spitze aus. Dann halten wir ein 5 cm langes Stück Kupferdraht (dünner Klingeldraht) mit einem Ende in die heiße Flamme eines Bunsenbrenners und lassen ein wenig Kupfer zu einer kleinen Kugel zusammenschmelzen. Wir können auch ein Kügelchen aus Lötzinn anschmelzen. Den so vorbereiteten Kupferdraht schmelzen wir dann in das Glasrohr ein. Die Verbindungsstelle Glas-Kupfer dichten wir notfalls mit etwas Lack ab. Der Draht soll wenigstens zur Hälfte in der Röhre stecken.

Wollen wir mit diesem einfachen Gerät Warmpunkte bestimmen, so füllen wir das Rohr mit Wasser von 50° C. Mit dem kugelförmigen Drahtende tasten wir einen bestimmten Hautbezirk einer Versuchsperson ab. Von Zeit zu Zeit erneuern wir das Wasser. Zur Bestimmung der Kalt-Punkte füllen wir das Röhrchen mit Eiswasser oder mit einer Kältemischung, die wir nach einem der folgenden Rezepte bereiten:

10 g Ammoniumnitrat in 10 ml Wasser (Temperaturerniedrigung 25 bis 27° C),

3 g kristallisiertes Kaliumchlorid in 8 ml Wasser (Temperaturerniedrigung 11° C),

14 g kristallisiertes Kalziumchlorid in 10 g Schnee (Temperaturerniedrigung etwa 35° C),

10 g Natriumchlorid und 30 g Schnee (Temperatur sinkt bis —21° C).

Die Lage von Warm- und Kalt-Rezeptoren läßt sich auch mit einem Holzstab bestimmen, in den wir einen Kupferdraht mit einer feinen kugelförmigen Verdickung senkrecht einlassen. Den Draht tauchen wir in heißes Wasser oder in eine Kältemischung, trocknen ihn schnell mit Filterpapier und tasten damit die Haut ab.

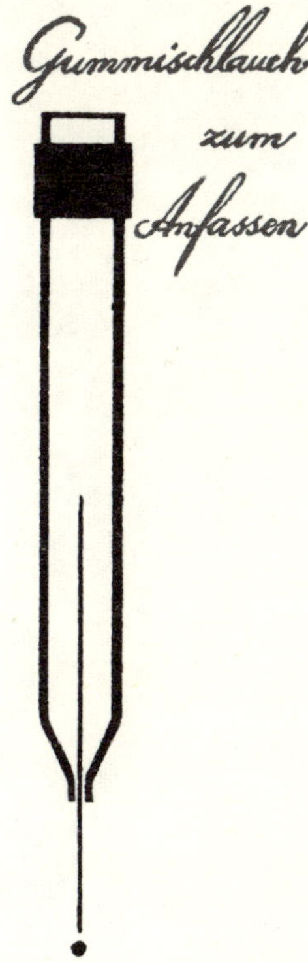

Ästhesiometer zum Suchen von Kalt- und Warmpunkten

Absolut und relativ

Wir stellen drei Weckgläser (auch Bechergläser oder Schüsseln) vor uns auf. In das linke füllen wir Wasser von 10° C, in das rechte Wasser von 35° C und in das mittlere Wasser von 20° C. Dann tauchen wir die Hände in die beiden äußeren Gläser. Die deutliche Temperaturempfindung, die wir zunächst haben, klingt nach einiger Zeit ab. Die Indifferenztemperatur ist erreicht, wir empfinden weder Wärmestau noch Wärmeverlust. Wir nehmen beide Hände aus den Gläsern und tauchen sie gemeinsam in das mittlere Glas. In der Hand, die aus dem linken Glas kommt, haben wir eine Wärmeempfindung, in der anderen eine Kaltempfindung. Daraus ersehen wir, daß uns unser Temperatursinn nur relative Werte vermitteln kann. Absolute Temperaturwerte müssen wir mit dem Thermometer oder anderen Meßinstrumenten bestimmen. Es ist deshalb richtiger, die Temperatur des Badewassers für Kleinstkinder mit dem Badethermometer zu bestimmen. Die vielfach übliche Methode, den Unterarm einzutauchen, beruht auf der

Erfahrung, daß durch Kleidung geschützte Körperteile temperaturempfindlicher sind als ungeschützte (Hand). Hinzu kommt, daß die Stärke der Temperaturempfindung von der Größe der gereizten Hautfläche abhängt.

Wir tauchen einen Finger in einen Topf mit Wasser von 50 bis 60° C und messen die Zeit bis zum Auftreten der Empfindung „heiß". Wir warten ein Weilchen und tauchen dann die ganze Hand ein. Diesmal vergeht nur etwa die Hälfte der Zeit, ehe uns die hohe Temperatur veranlaßt, die Hand aus dem Wasser zu nehmen.

Nachempfindungen

Wir drücken ein kaltes Metallstück etwa 30 Sekunden lang gegen die Haut unserer Stirn. Nach dem Wegnehmen des Metallstückes haben wir noch etwa 15 bis 30 Sekunden lang — je nach der Temperatur des Metalls — die Kaltempfindung.

Was ist Riechen?

Der Geruchsinn läßt uns Dämpfe oder Gase in der Luft erkennen. Er vermittelt uns angenehme Empfindungen oder warnt uns vor manchen Giftstoffen. Wir wissen aus dem Chemieunterricht, daß zur Charakterisierung eines Stoffes die Angabe seines Geruchs gehört. Wenn wir einen Stoff an seinem Geruch erkennen wollen, muß er Moleküle oder Atome als Dämpfe oder Gase an die Luft abgeben, die dann in unsere Nase gelangen müssen. Dort rufen sie eine Reizung der Riechzellen in den Riechfeldern der Nasenschleimhaut hervor. Die Riechzellen haben an ihrer Oberfläche kleine Stiftchen, die die chemischen Reize aufnehmen. Die Erregung wird durch den Riechnerv zum Gehirn geleitet.

Die Geruchsempfindungen sind so vielseitig, daß es schwierig ist, sie in bestimmte Gruppen einzuteilen. Einige der wichtigsten Grundgerüche sind: würzig, blumig, fruchtig, harzig, brenzlich und faulig. Meist haben wir es mit Mischgerüchen zu tun.

Riechversuche

Wir hören auf zu atmen und halten uns eine Substanz mit starkem Geruch unter die Nase (Parfüm, Mottenkugel oder ähnliches). Wir werden keinerlei Geruchsempfindung haben. Sie tritt erst dann auf, wenn wir zu atmen beginnen oder noch besser in kurzen Abständen schnüffeln. Wir prüfen jede Nasenhälfte getrennt und stellen dabei fest, daß die Stärke der Empfindungen unterschiedlich ist. (Wir beachten, daß wir beim chemischen Experimentieren stets „chemisch riechen", das heißt etwas von den Geruchsstoff mit der Hand unter die Nase fächeln.) Wir halten beide Nasenlöcher zu, bringen vor den geöffneten Mund eine ungiftige, kräftig riechende Substanz (starker Käse, Nasentropfen), atmen ein, verschließen den Mund, geben die Nasenlöcher frei und drücken die Luft durch die Nase. Erst jetzt haben wir eine Geruchsempfindung. Manche Kinder halten sich beim Einnehmen von Lebertran die Nase zu. Er „schmeckt" dann besser. Prüfen wir das!

Vom Wettstreit der Geruchsempfindungen

Ein Halbmikroreagenzglas füllen wir zur Hälfte mit 1%iger Äthansäure (Speiseessig im Verhältnis 1 : 4 verdünnen), ein anderes zur Hälfte mit 1%igem Ammoniumhydroxid (konzentrierten „Salmiakgeist" des Handels im Verhältnis 1 : 24 verdünnen. Vorsicht! Bereits eine 10%ige Lösung zählt zu den Giften der Abteilung 3). Dann riechen wir abwechselnd mit Zwischenräumen von 15 Sekunden an den beiden Gläsern. Wir können gut die beiden Geruchsqualitäten auseinanderhalten. Bei starker Verkürzung der Zwischenzeiten wird dann eine Trennung nicht mehr möglich sein. Schließlich halten wir zur gleichen Zeit je ein Gläschen unter ein Nasenloch. Wir nehmen einmal den Geruch der Äthansäure und dann wieder den des Ammoniumhydroxids wahr.
Riechversuche dehnen wir nicht zu lange aus, weil schließlich eine Ermüdung der Geruchsnerven auftritt. Bei manchen Gasen, etwa bei dem äußerst giftigen Schwefelwasserstoff, kann das verhängnisvoll werden. Längeres Einatmen dieses Gases führt durch Lähmung des Atemzentrums zum Tode. Anfangs vermag der Mensch allerdings noch 0,000 000 1 mg Schwefelwasserstoff in 1 Liter Luft festzustellen.

Vom Geschmackssinn

Mit Hilfe des Geschmackssinnes prüfen wir die Nahrung auf ihre chemische Zusammensetzung. Die Organe des Geschmackssinnes müssen deshalb in der Mundhöhle liegen. In der derben Schleimhaut des Zungenrückens erkennen wir viele warzenartige Erhebungen (Papillen). Im Bereich der Papillen liegt die Geschmacksempfindung. Dort finden wir Geschmacksknospen mit Geschmackszellen.
Wir kennen 4 Grundformen der Geschmacksempfindung: süß, sauer, bitter, salzig.

Wir prüfen die Geschmacksqualitäten

Wir stellen uns vier Lösungen folgender Zusammensetzung her:
süß — 2%ige Rübenzuckerlösung,
sauer — 0,5%ige Äthansäure,
salzig — 1%ige Natriumchloridlösung,
bitter — 5%ige Magnesiumsulfatlösung (in Apotheken als Abführmittel, „Bittersalz", erhältlich).

In neuen, gut ausgespülten Reagenzgläsern, die mit Etiketten versehen sind, bewahren wir sie auf. Mit Hilfe dieser Lösungen wollen wir versuchen, festzustellen, an welchen Stellen der Zunge die verschiedenen Geschmacksqualitäten empfunden werden. Mit kleinen Pinseln oder mit Holzstäbchen bringen wir jeweils einen Tropfen davon auf die Zungenspitze, den Zungenrand, die Zungenmitte und den Zungengrund einer Versuchsperson. Dabei lassen wir uns jedensmal sagen, welcher Art die Empfindung ist. Nach jeder Untersuchung lassen wir den Mund mit Wasser ausspülen.

Über unsere Zunge sind etwa 2000 bis 3000 Geschmacksknospen verteilt. Sie vermitteln uns die verschiedenen Geschmacksempfindungen, vorwiegend wie in der Abbildung angegeben.

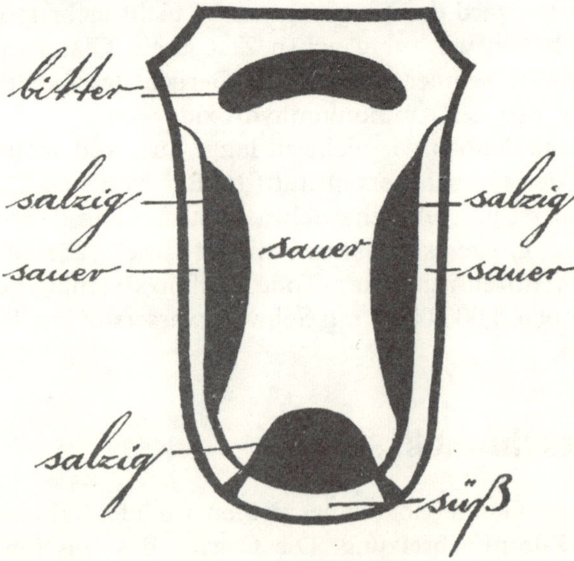

Verteilung der Geschmacksqualitäten auf der Zunge

Dabei ist es nicht gleichgültig, welche Temperatur unsere Nahrung hat. Die Geschmacksqualitäten sehr kalter und sehr heißer Speisen werden weniger stark empfunden als die von Speisen mittlerer Temperatur.

Wir hatten früher schon einmal darauf hingewiesen, daß sich die verschiedenen Sinnesempfindungen gegenseitig beeinflussen. Wäre die Butter violett gefärbt, so würde uns sicherlich eine Buttersemmel nicht so gut schmecken wie sonst. Ähnlich erginge es uns mit wasserklarem Bohnenkaffee.

Viele Stoffe, die wir zu schmecken glauben, werden in Wirklichkeit durch ihren Geruch erkannt. Klemmen wir jemandem mit einer Wäscheklammer die Nasenlächer zu, verbinden wir ihm dazu die Augen mit einem dichtschließenden Tuch und lassen ihn abwechselnd Zwiebel- und Apfelstückchen kauen, so wird es ihm schwerfallen, beide auseinanderzuhalten.

Kontrasterscheinungen

Wir stellen uns ein Likörglas voll verdünnter Zuckerlösung her und kosten davon. Dann fügen wir einige Körnchen Kochsalz dazu, rühren schnell um und kosten wieder. Die Lösung scheint jetzt süßer zu sein. An der Zungenspitze liegen die Geschmackszellen für die Qualitäten süß und salzig dicht nebeneinander. Werden neben den Geschmackszellen für die süße Qualität auch die für die salzige miterregt, so ergibt sich bei den erstgenannten eine veränderte Tätigkeit. Wir bezeichnen diese Erscheinung, die auch bei anderen Sinnesorganen festgestellt werden kann, als Kontrast. Spülen wir uns zunächst den Mund mit 3%igem Essig aus und trinken wir hinterher etwas Leitungswasser, so empfinden wir dieses als leicht gesüßt.

Das Auge und seine Leistungen

Unser Auge hat mit einer photographischen Kamera sehr viel gemeinsam. Vergegenwärtigen wir uns kurz seinen Bau, ehe wir mit unseren Versuchen beginnen.
Zum Auge rechnen wir den Augapfel und den Sehnerv, der durch den Sehnervkanal in die Augenhöhle eintritt und den Augapfel an seiner hinteren Seite durchbohrt. Der Augapfel hat die Form einer Kugel. Seine tiefe Lage im Fett der knöchernen Augenhöhle bietet ihm Schutz vor mechanischen Verletzungen. Er wird von einer festen Bindegewebshaut umschlossen. Sie besteht zu vier Fünfteln aus der undurchsichtigen, weißen Lederhaut. Nur im vorderen Teil, in dem die Lichtstrahlen in das Auge eintreten, liegt die stärker gekrümmte glasklare Hornhaut. An die Lederhaut schließen sich nach innen zwei weitere Häute an, die Aderhaut dient der Ernährung der Netzhaut. Sie geht in ihrem vorderen

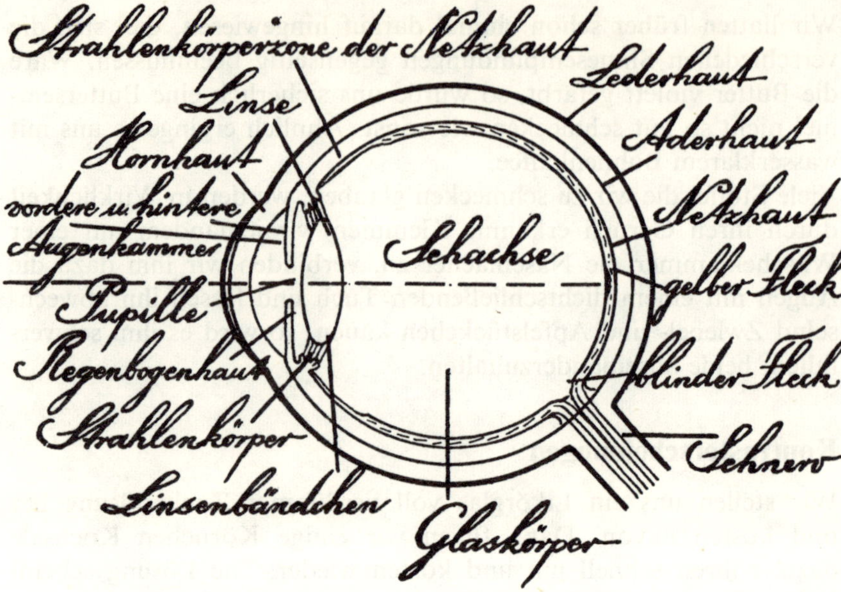

Horizontalschnitt durch das rechte Auge des Menschen

Teil in den Strahlenkörper über. Das ist ein ringförmiger Wulst, der etwas vorspringt und in zahlreiche Fortsätze ausläuft. An ihnen sind die Fasern des Linsenbändchens befestigt. Der Strahlenkörpermuskel (Ziliarmuskel) hat eine große Bedeutung für das scharfe Sehen.

Die Fortsetzung des Strahlenkörpers nach vorn bildet die Regenbogenhaut (Iris), eine kreisrunde Platte, die durch eingelagerte Muskelfasern nach Art einer Blende verstellbar ist. Das zentrale Sehloch ist uns unter der Bezeichnung Pupille bekannt. Die Netzhaut, die innere Auskleidung des Augapfels, hat einen Sehteil und einen Strahlenteil (blinder Teil), der bis zum Rand der Pupille reicht. In ihrem Sehteil ist sie neunschichtig. Die uns besonders interessierende Stäbchen- und Zäpfenschicht liegt nach der Aderhaut zu. Die lichtempfindliche Seite der Rezeptoren, der Stäbchen und Zäpfchen, ist den einfallenden Lichtstrahlen abgewandt. Mit Hilfe der Stäbchen sehen wir Hell-Dunkel, durch die Zäpfchen vermögen wir Farben zu unterscheiden.

Die lichtbrechenden Teile des Auges sind die vordere und die hintere Augenkammer, die Linse und der Glaskörper.

Zum Auge gehören eine Reihe Hilfs- und Schutzeinrichtungen: 6 Augenmuskeln, Bindehaut, Augenbraue, Augenlid und Tränendrüse.

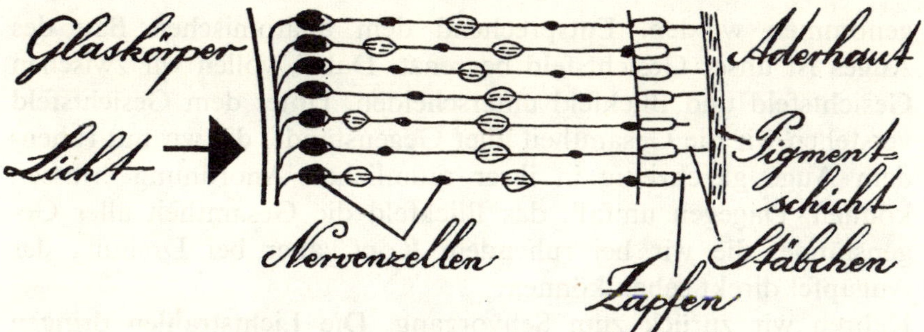

Schnitt durch die Netzhaut (stark schematisiert)

Es ist wohl verständlich, daß wir für ein so wichtiges Organ, wie es das Auge darstellt, besondere Sorge tragen müssen, Schutz vor Zug und Staub und richtiger Gebrauch des Auges beim Lesen und bei der Arbeit gehören dazu.

Viele Menschen gehen mit dem so hochempfindlichen Sinnesorgan, dem Auge, noch zu wenig behutsam um. Dabei ist es das Sinnesorgan, das uns fast 80% unserer Wahrnehmungen vermittelt. Wir sind viel zu sehr einem immerwährenden Lichteinfluß ausgesetzt. Zeiten der Dunkelheit sind Zeiten der Erholung. Unsere Augen sind oft durch zu vieles Nahsehen zu stark beansprucht. Lesen, Schreiben und „Fernsehen" tragen dazu bei. Gerade das „Scheinbild" des Fernsehschirms belastet das Auge sehr stark, weil die Bilder ja ständig aus Lichtpunkten zusammengesetzt werden müssen. Jeder, der oft über Bücher gebeugt arbeitet, weiß, daß ein Blicken in die Ferne dem Auge gut tut, wobei besonders das Grün als entspannend empfunden wird.

Wie ein Netzhautbild entsteht

Wir können bekanntlich nur die Gegenstände sehen, die Licht in unser Auge reflektieren. Gegenstände, die wenig Licht reflektieren, erscheinen uns dunkler als solche, die den größten Teil des auf sie auftreffenden Lichtes zurückwerfen. Einen Lichtstrahl, der bei völlig klarer Luft an unseren Augen vorbeigerichtet ist, können wir nicht sehen. Wir wissen, daß wir Sonnenstrahlen, die durch einen schmalen Spalt ins Zimmer fallen, in ihrem Verlauf nur dann sehen, wenn sie auf ein Hindernis treffen. Das ist bei stauberfüllter Luft der Fall. Bei Nebel läßt sich der Strahl einer Taschenlampe besser verfolgen als bei klarer Luft.

Nicht alles Licht, das in unser Auge gelangt, kann von uns wahrgenommen werden. Entsprechend dem anatomischen Bau des Auges ist unser Gesichtsfeld begrenzt. Dabei wollen wir zwischen Gesichtsfeld und Blickfeld unterscheiden. Unter dem Gesichtsfeld verstehen wir die Gesamtheit aller Gegenstände, die wir mit ruhendem Auge gleichzeitig in ihrer räumlichen Anordnung erfassen können. Dagegen umfaßt das Blickfeld die Gesamtheit aller Gegenstände, die wir bei ruhendem Kopf, aber bei Drehung der Augäpfel direkt sehen können.

Kehren wir zurück zum Sehvorgang. Die Lichtstrahlen dringen durch die klare Hornhaut und passieren die vordere Augenkammer, dann die Pupille, gehen durch die hintere Augenkammer und werden in der Linse, die wie ein Brennglas wirkt, so gebrochen, daß sie sich in einem Brennpunkt vereinigen. So entsteht bei normalsichtigem Auge auf der Netzhaut, bei Übersichtigkeit (Weitsichtigkeit) hinter ihr und bei Kurzsichtigkeit im Glaskörper ein scharfes Bild.

Mit Hilfe einer Taschenlampe, einer Sammellinse (Lupe) und einer weißen Pappe können wir uns diese drei Fälle leicht veranschaulichen. Nur bei bestimmter Stellung der Lupe zu Lampe und Pappe erhalten wir ein klares Bild des Glühfadens.

Bei übersichtigen und kurzsichtigen Augen muß der Sehfehler durch vorgeschaltete Gläser korrigiert werden.

Beim Sehvorgang wirken alle Teile des Auges mit außerordentlicher Präzision zusammen. Das Augenwasser der vorderen und hinteren Augenkammer und die wasserreiche Eiweißgallerte des Glaskörpers mindern die Intensität des Lichtes und wirken dadurch einer Netzhautschädigung entgegen. Die Regenbogenhaut, die wir mit der Blende einer Kamera vergleichen können, verhindert durch Verengen der Pupille eine Blendung. Außerdem blendet sie Randstrahlen weg und ermöglicht eine scharfe Bildwiedergabe. Die Linse ändert ohne Einfluß unseres Willens ihre Krümmung und ermöglicht uns dadurch ein scharfes Sehen. Diese Veränderung bewirkt der ringförmige Ziliarmuskel, an dem die Linse durch feine Fäserchen aufgehängt ist.

So entsteht schließlich auf der Netzhaut ein verkleinertes umgekehrtes Bild. Die Erregungen, die in den Sinneszellen dadurch entstehen, werden über die Ganglienziellen der Netzhaut zu den Fasern des Sehnervs und durch diese zum Gehirn weitergeleitet.

Die eigentliche Sinnesempfindung aber entsteht erst im Sehzentrum des Großhirns. Dort müßte aber logischerweise der Eindruck eines umgekehrten Bildes entstehen, wenn uns nicht die Erfahrung die Welt richtig sehen gelehrt hätte. Das heißt, jedes Bild wird im Sehzentrum „umgedacht".

Doch ehe wir damit beginnen, unsere Kenntnisse vom Bau des

Auges anzuwenden und uns die Funktion seiner Teile in Versuchen weiter verständlich machen, noch einige Zahlen.
Die Gesamtzahl der Stäbchen wird mit 75 bis 100 Millionen angegeben, die der Zäpfchen mit 3,36 bis 7,5 Millionen. Die Stäbchen sind 0,06 mm lang und 0,002 mm dick. Bei den Zäpfchen beträgt die Länge 0,04 mm, die Dicke 0,007 mm. Wenn wir die Anzahl der Stäbchen und Zäpfchen nur mit rund 78 Millionen veranschlagen, dann müssen wir annehmen, daß 78 Millionen isolierte Nervenfasern zum Sehzentrum des Gehirns führen. Der Mensch ist in der Lage, 130 bis 250 reine Farbtöne zu unterscheiden.

Wir untersuchen Pupillenreaktionen

Eine Versuchsperson stellt sich mit dem Gesicht zum Fenster, damit ihr Tageslicht in die Augen fallen kann. Dann lassen wir sie ein Auge mit der Hand abdecken und beobachten die Pupille des anderen Auges. Wir lassen nun die Hand wieder wegnehmen und beobachten, wie sich die Pupillen beider Augen verengen. Wir lassen danach beide Augen schließen und nach 30 Sekunden wieder öffnen. Wir erkennen ein sofortiges Zusammenziehen der Pupillen. Sicherlich fällt uns auch auf, daß die Pupillen nach dem Schließen beider Augen stärker erweitert waren als im vorigen Versuch, bei dem nur ein Auge geschlossen wurde.
Wir stechen mit einer Nähnadel in ein spielkartengroßes Stück schwarzes Papier (Scherenschnittpapier) ein feines Loch. Wir halten das Papier vor das rechte Auge und blicken durch das Loch ins Helle, etwa in die Lampe. Das andere Auge ist dabei geöffnet. Wir bedecken es dann mit der Hand und geben es nach etwa 15 Sekunden wieder frei. Dabei stellen wir fest, daß sich der Durchmesser der hellen Kreisfläche ändert, die wir durch das Loch in der schwarzen Pappe sehen.
Ein verblüffender Versuch läßt sich mit dem eben verwendeten Papier ausführen. Wir rücken die Druckschrift dieses Buches so nahe an das Auge, daß alles unscharf wird (etwa 5 cm). Dann halten wir das Papier mit der feinen Öffnung dicht vor ein Auge. Wir schaffen uns dadurch eine zusätzliche „Vorsatz"pupille von geringstem Durchmesser. Sie blendet alle Randstrahlen weg, nur die zentralen Strahlen können noch in das Auge einfallen. Wie sich das auswirkt, wird jeder selbst feststellen.

Augenlinsen auf dem Prüfstand

Aberrationen sind Abbildungsfehler von Linsen. Die sogenannte sphärische Aberration ergibt sich aus der unterschiedlichen Brennweite der Mittel- und Randzonen einer Linse. So schneiden sich achsenparallele Lichtstrahlen, die auf den Rand einer Linse fallen, in einem Punkte, der näher nach der Linse zu liegt. Auch unsere Augenlinse zeigt eine sphärische Aberration. Wir können das feststellen, wenn wir die linke Figur der Abbildung unten betrachten. Es wird uns immer nur möglich sein, entweder die senkrechten oder die waagerechten Linien scharf zu sehen. Die anderen erscheinen verwaschen grau.

Solche Fehler lassen sich ausschalten, wenn wir die Randstrahlen wegblenden. Wir betrachten daraufhin die Figur noch einmal, halten aber vor das Auge das schwarze Papier mit der feinen Öffnung. Jetzt sehen wir sowohl die senkrechten als auch die waagerechten Linien gleichmäßig deutlich.

Bei der chromatischen Aberration (griechisch, chroma = Farbe) entstehen die Abbildungsfehler dadurch, daß wegen der verschieden starken Brechung der Strahlen des weißen Lichtes der Brennpunkt der stärker gebrochenen blauen Strahlen näher zur Linse liegt als der der weniger stark gebrochenen roten Strahlen. Es entsteht kein einheitlicher Brennpunkt, sondern eine Brennlinie.

Wir betrachten die Figur mit den beiden schwarzen und weißen Quadraten mit einem Auge und schieben ein schwarzes Papier mit glatter Kante so unmittelbar vor das Auge, daß die halbe Pupille

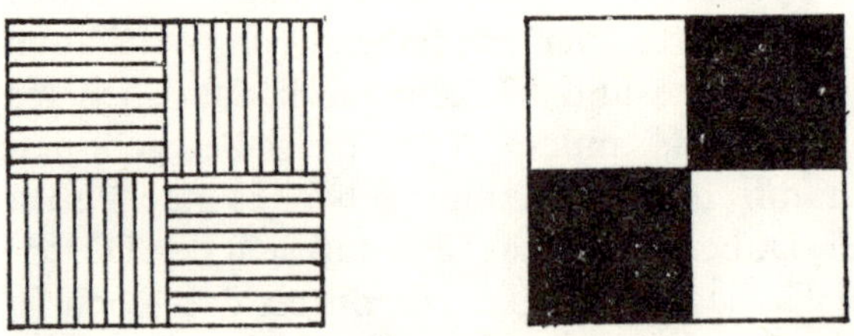

Prüfung der sphärischen (links) und der chromatischen Aberration (rechts)

verdeckt wird und die Papierkante parallel zu den senkrechten Rändern der schwarzen Quadrate liegt. An der Grenze der schwarzen und weißen Felder beobachten wir einen farbigen Saum, der sofort verschwindet, wenn wir das Papier vom Auge wegnehmen.

Akkomodation oder Anpassung nennt man die Veränderung der Linse bei der Betrachtung von Gegenständen mit verschiedener Entfernung vom Auge. Je nach der Spannung ihrer Aufhängung (Ziliarmuskel, Linsenbändchen) ändert sich die Wölbung der Linse. Im normalen Zustand ist der Muskel schlaff, die Linse flacht sich durch den Zug der Aufhängebändchen ab. Das tritt auf beim Sehen in die Ferne. Die Betrachtung naher Gegenstände erfordert eine Zusammenziehung des Muskels, wodurch die Bändchen erschlaffen. Die Linse wölbt sich, ihre Brechkraft nimmt zu. Es ist einleuchtend, daß bei längerem Nahsehen (Lesen usw.) der Muskel ermüdet. Wir sollten deshalb immer wieder einmal in die Ferne blicken, damit er sich erholen kann.

Wir fixieren einen Gegenstand, der sich mehrere Meter vor uns befindet. Dann halten wir in die gleiche Richtung, etwa 30 cm vom Auge entfernt, einen Gegenstand (Bleistift, Holzstab) oder einen

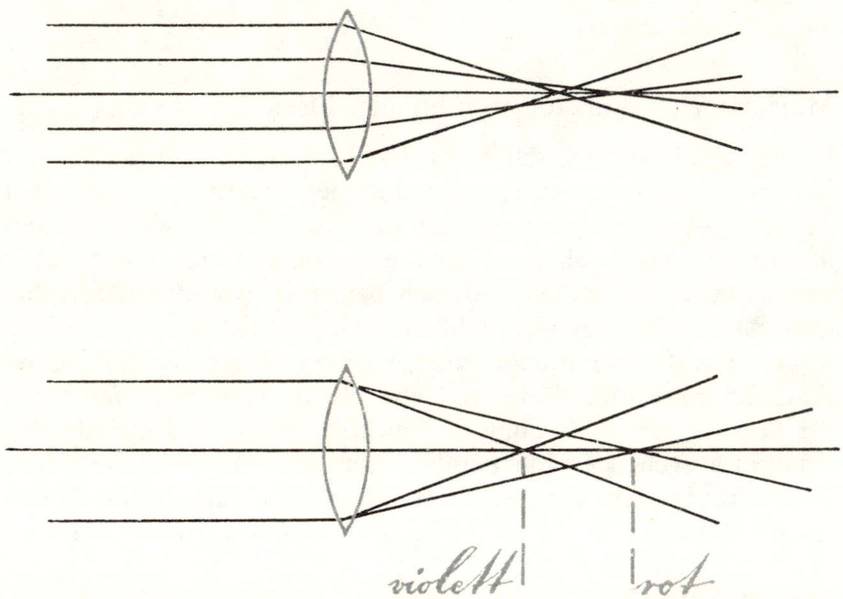

So kommen sphärische (oben) und chromatische Abberration (unten) zustande

gestreckten Finger. Wir fixieren abwechselnd den nahen und den fernen Gegenstand. Fixieren wir den entfernten Gegenstand, so sehen wir ihn deutlich, den nahen dagegen unscharf. Konzentrieren wir uns auf den nahen Gegenstand, so sehen wir nur diesen scharf, das Entferntliegende ist verschwommen.

Die Möglichkeit der Zusammenziehung des Ziliarmuskels ist begrenzt. Das bedeutet, daß wir die Gegenstände nur dann scharf sehen, wenn sie sich in einer bestimmten Entfernung vom Auge befinden. Zu nahe Gegenstände sehen wir unscharf. Die Entfernung, welche die Gegenstände haben müssen, damit wir sie gerade noch scharf sehen, bezeichnen wir als den Nahpunkt. Wir bestimmen ihn, indem wir einen Gegenstand zunächst mit ausgestrecktem

Arm halten, ihn fixieren und dann mehr und mehr nähern. Mit einem Lineal messen wir die Entfernung. Noch genauer wird der Versuch, wenn wir ein langes Lineal waagerecht halten, das eine Ende an die Nasenwurzel setzen und auf dem Lineal ein Schildchen mit Schrift, eine Medizinflasche mit Etikett oder Ähnliches zum Auge hin führen.

Mit zunehmendem Lebensalter rückt der Nahpunkt immer weiter vom Auge weg. Vielleicht bestimmmen wir einmal den Nahpunkt bei einem jungen Menschen, bei einem mittleren Alters und beim alten Menschen. Wir dehnen aber die Versuche nicht zu lange aus, weil der Ziliarmuskel dabei zu sehr angespannt wird. Wir bekommen Augenschmerzen.

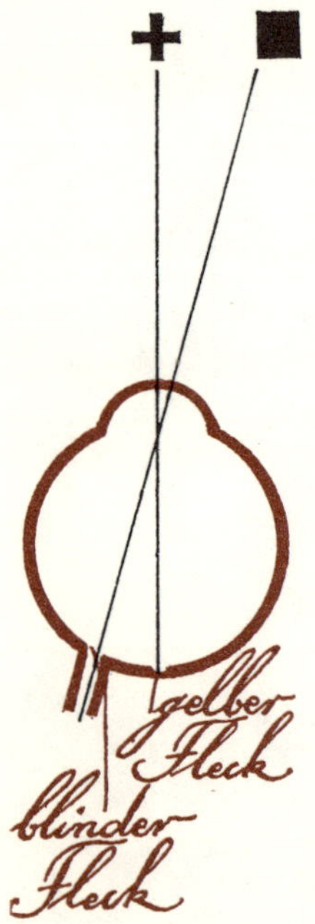

Strahlengang beim Mariotteschen Versuch

Mariottescher Versuch vom blinden Fleck

Unten auf dieser Seite sehen wir drei Figuren, zwei Quadrate und ein Kreuz. Wir halten das Buch mit ausgestrecktem Arm, schließen das linke Auge und fixieren mit dem rechten das Kreuz. Dann nähern wir das Buch mehr und mehr dem Auge, fixieren aber immer weiter das Kreuz. Plötzlich bemerken wir, daß das rechte Quadrat verschwunden ist. Schließen wir jetzt das rechte Auge und fixieren das Kreuz mit dem linken, so verschwindet das linke Quadrat. Bei einer Entfernung von etwa 16 cm vom Auge fallen bei der Größe dieser Abbildung die von dem jeweils verschwindenden Quadrat ausgehenden Lichtstrahlen auf die Stelle in der Netzhaut, an der der Sehnerv mündet. Dort befinden sich aber keine Rezeptoren (Stäbchen oder Zäpfchen). Wir bezeichnen diese Stelle als blinden Fleck. Er wurde 1640 von dem französischen Physiker Mariotte entdeckt.

Figur zum Mariotteschen Versuch

Der Blick ins eigene Auge

Wenn es zunächst auch unwahrscheinlich klingen mag, so ist es doch möglich, die Netzhautgefäße im eigenen Auge zu sehen. Wir

gehen dazu in ein dunkles Zimmer, blicken geradeaus und bewegen wenige Zentimeter seitlich vom Auge ein brennendes Glühlämpchen auf und ab. Das Licht gelangt ins Auge und dadurch werfen die Netzhautgefäße auf die hinter ihnen liegenden Stäbchen und Zäpfchen einen Schatten. Es entsteht eine optische Täuschung, denn wir sehen die Gefäßschatten so, als würden sie außerhalb des Auges liegen. Die Gefäßschattenfiguren verschwinden sofort, wenn wir das Lämpchen nicht mehr bewegen. Daß die Schatten bei gewöhnlicher Beleuchtung nicht sichtbar sind, hängt zusammen mit der Adaptation der Netzhaut, dem Anpassungsvermögen der Sehzellen an die Dunkelheit. Wir haben doch schon oft erlebt, daß wir zunächst nichts gesehen haben, wenn wir nach dem Aufenthalt in einem hell erleuchteten Raum in das nächtliche Dunkel hinaustraten. Erst nach einiger Zeit paßt sich das Auge an.
So konnte festgestellt werden, daß nach vielstündigem Aufenthalt im Dunkeln die Empfindlichkeit der Netzhaut auf das 270 000fache der Empfindlichkeit beim Sehen im Hellen gesteigert war.
Für das Dämmerungssehen sind die Stäbchen zuständig. Sie können aber keine Farbempfindungen auslösen. Deshalb erscheinen uns in der Dämmerung die farbigen Gegenstände lediglich in verschiedenen Grauabstufungen. Schauen wir uns Blumen, die am Tage in den prächtigsten Farben leuchten, bei Eintritt der Dunkelheit an. Rote Farbstoffe sind in der Dämmerung am dunkelsten. Erdbeeren können wir in starker Dämmerung nicht von den Blättern unterscheiden. Erst bei künstlicher Beleuchtung werden sie uns wieder sichtbar.

Das räumliche Sehen

Wie kommt es, daß wir räumlich sehen? — Beginnen wir sofort mit einigen Versuchen!
Wir fertigen uns aus starkem Draht oder aus Pappe einen Ring von 1,5 bis 2 cm Durchmesser an und hängen ihn an einem Bindfaden frei schwebend auf. Mit einem Bleistift versuchen wir, möglichst schnell in seine Öffnung zu fahren. Wir führen zwei Versuchsreihen durch, einmal mit zweiäugigem, zum anderen Mal mit einäugigem Sehen. Dabei notieren wir, wie oft wir bei jeder Versuchsreihe den Ring verfehlt haben. Aus einem DIN A 4-Bogen fertigen wir uns eine Röhre von etwa 5 cm Durchmesser. Dann hängen wir an einem Stativ oder in anderer geeigneter Weise vor einem hellen Hintergrund eine Schnur auf. Wir belasten sie, damit sie straff hängt. Nun bitten wir einen Freund, an die Schnur zu treten und eine Erbse oder eine Tonkugel (Murmel) von uns aus gesehen einmal vor, zum anderen hinter der Schnur fallen zu lassen.

Wir beobachten aus 1 bis 2 m Entfernung den Mittelteil des Fadens einäugig durch die Röhre. Wir sagen jedesmal an, wo nach unserer Beobachtung die Kugel herunterfällt. Wir wollen das Ergebnis vorwegnehmen. Mindestens 50% unserer Angaben werden falsch sein. Schließlich werden wir zugeben müssen, daß wir vorwiegend geraten haben. Bei einer Wiederholung des Versuches mit zweiäugigem Sehen gibt es fast keine Fehlengaben mehr. Damit haben wir eine wichtige Erkenntnis gewonnen.

Die genaue Wahrnehmung der Tiefe, der Körperlichkeit, ist nur durch das Sehen mit beiden Augen, durch das binokulare Sehen möglich. Die von den beiden Augen aufgenommenen Bilder sind nicht vollkommen gleich. Diese Verschiedenheit der Netzhautbilder, die im Gehirn zu einem Bild vereinigt werden, macht es uns möglich, Gegenstände von räumlicher Ausdehnung körperlich zu sehen. Wir erhalten einen Eindruck von ihrer Ausdehnung in die Tiefe.

Hinzu kommt, daß wir eine muskel-motorische Erfahrung besitzen, das heißt, daß wir durch Tasten und Bewegen von Kindheit an im Raum Erfahrungen gesammelt haben. Menschen, deren angeborene Blindheit durch operativen Eingriff behoben werden konnte, waren anfangs nicht fähig, Kreis und Ball, zwei- und dreidimensionale Formen und Gegenstände zu unterscheiden. Sie vermochten auch nicht, Gegenstände, die in einer für sie erreichbaren Entfernung standen, sofort zu ergreifen. Sie mußten sich die Form der Gegenstände und die Entfernungen durch Tasten erschließen.

Das räumliche Sehen hört bei einer Entfernung von ungefähr 10 m auf. Wenn wir trotzdem weiter entfernte Gegenstände räumlich getrennt sehen, so verdanken wir das unserer Erfahrung in bezug auf Licht und Schatten, Perspektive und Überschneidung von Konturen.

Ergänzen wir die bisherigen Feststellungen durch einige Versuche: Wir bitten einen Helfer, einen Bleistift waagerecht zu halten und versuchen, bei monokularem (einäugigem) Sehen, mit einem anderen Bleistift dessen Spitze zu treffen. Halten wir den Bleistift selbst, so wird uns das besser gelingen. Die Gleichheit der Entfernungen wird uns nämlich durch den Spannungszustand der Armmuskeln vermittelt. So ist es nicht schwer, bei geschlossenen Augen und verschieden gewinkelten Armen die Zeigefinger zueinander zu führen.

Ein Versuch zum Farbensehen

Aus Buntpapier schneiden wir uns ein gelbes und ein grünes Quadrat (2 mal 2 cm) und ein blaues und ein rotes Dreieck (Kantenlänge 2 cm). Wir kleben sie so, wie es in der nebenstehenden Ab-

bildung gezeigt ist, auf ein Blatt weißes Papier. Dann richten wir unseren Blick geradeaus, fassen einen entfernten Gegenstand ins Auge und führen mit ausgestrecktem Arm das Blatt mit den farbigen Flächen von der Seite her durch das Gesichtsfeld. Erst wenn die Figur sich der Mitte des Gesichtsfeldes nähert, können wir die Farben deutlich erkennen. Zuerst sehen wir das Gelb, dann das Blau und schließlich das Grün und Rot. An den Rändern des Gesichtsfeldes sehen wir die Figuren in verschiedenen Grauabstufungen.
Wir können auch so verfahren, daß wir farbige Papierstückchen oder Buntstifte einzeln nacheinander durch das Gesichtsfeld führen und uns merken, wann wir jeweils ihre Farbe erkennen.
Wie erklärt sich diese Erscheinung? In den äußeren Teilen der Netzhaut, nach dem Strahlenkörper zu, liegen viele Stäbchen. Im mittleren Teil, in der Nähe des gelben Fleckes, der Stelle des schärfsten Sehens, sind die Zäpfchen gehäuft. Sie sind aber die Rezeptoren für das Farbensehen. Zeichnen wir uns den Strahlengang im Auge auf, so werden wir einsehen, daß ein Strahl in nicht zu großem Winkel zur Augenachse einfallen darf, wenn er auf den Zäpfchenteil der Netzhaut fallen soll.

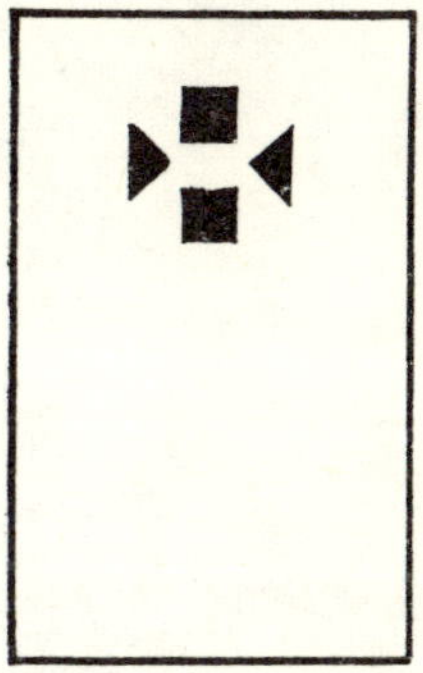

So werden die Farbflecken angeordnet

Mit Buntpapier und Schere

Aus rotem Buntpapier schneiden wir uns ein Quadrat von 5 cm Seitenlänge. Dann falten wir es zu einem Dreieck und führen die in der linken Abbildung auf dieser Seite unten angegebenen Schnitte. Wir klappen auf und kleben die Teile 1 und 3 so auf weißes Papier, wie es in der danebenstehenden Abbildung angegeben ist. In die

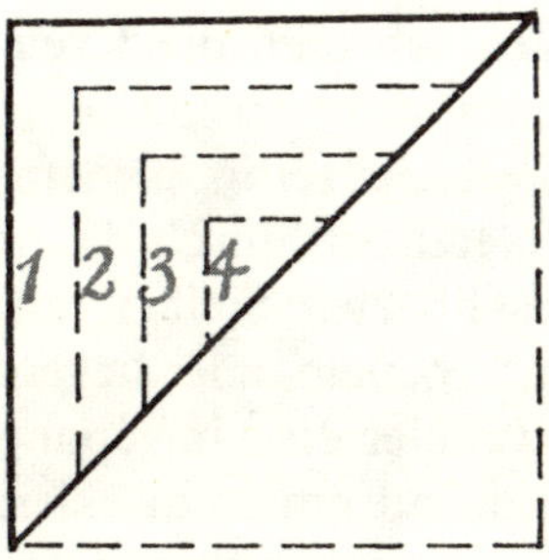

So werden die Figuren geschnitten

Anordnung zum Studium der farbigen Nachbilder

Mitte malen wir einen schwarzen Punkt und einen gleichgroßen Punkt im Abstand von 10 cm daneben. Dann blicken wir 30 Sekun-

den lang unverwandt auf die farbigen Quadrate (Augenabstand etwa 30 cm) und fixieren danach den Punkt neben der Figur.
Was geschieht? Durch das anhaltende Fixieren der farbigen Figur ermüden die Sinneszellen, welche die Farbreize aufnehmen und die entsprechenden Empfindungen hervorrufen. Blicken wir dann auf eine weiße Fläche, so fällt Licht in unser Auge, das sämtliche Farben des Spektrums enthält, also auch Rot. Für diese Farbe waren aber die Sinneszellen ermüdet. Wir sehen deshalb ein Nachbild der Figur in der Komplementärfarbe (Ergänzungsfarbe) zum Rot. Es ist ein Grün.

Wir führen den Versuch anschließend mit grünen, gelben und blauen Figuren durch. Gelb und Blau sind gleichfalls Komplementärfarben. Nach dem Betrachten der blauen Figur entsteht ein gelbes Nachbild und umgekehrt. In der Zusammenstellung sind unserer Phantasie keine Grenzen gesetzt. Wir können beispielsweise mehrere Farben in einer Figur unterbringen oder auch völlig neue Figuren entwerfen.

Ein negatives Nachbild entsteht, wenn wir die Figur aus schwarzem Papier kleben. Es entsteht auch, wenn wir erst gegen das Kreuz eines hell erleuchten Fensters und dann auf eine weiße Wand blicken.

Der Simultankontrast

Wir betrachten uns die beiden Figuren, Seite 317, und richten unsere Aufmerksamkeit auf die Stellen, an denen sich die weißen beziehungsweise die schwarzen Linien kreuzen. Diese Kreuzungsstellen der weißen Linien erscheinen uns dunkler als die Linien in ihrem übrigen Teil. Bei den schwarzen Linien scheinen die Kreuzungsstellen aufgehellt zu sein. Wir haben es mit einer Erscheinung zu tun, die wir Simultankontrast (simultan = gleichzeitig, gemeinschaftlich) nennen. Ist eine Reizung der Netzhaut durch Licht örtlich begrenzt, so reagieren auch die benachbarten Stellen mit. In einer Figur, in der helle und dunkle Stellen nebeneinander liegen, erscheinen die hellen Stellen um so heller je dunkler die Umgebung ist. Ähnlich ist es mit den dunklen Stellen. Sie sind um so dunkler, je heller die Umgebung ist. Das ist in unseren Figuren überall der Fall, nur nicht an den Kreuzungsstellen der Linien. Deshalb tritt an ihnen dieser Effekt nicht auf.

Ähnliche Kontrasterscheinungen beobachten wir, wenn wir zwei Quadrate aus grauem Papier einmal auf einen weißen, zum anderen Mal auf einen schwarzen Untergrund legen und zum Vergleich das graue Papier dazwischen legen.

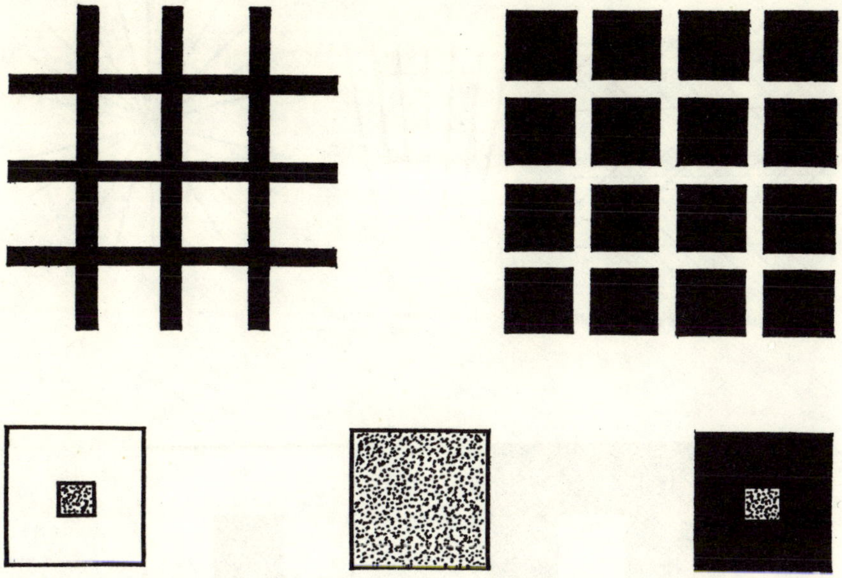

Je nach Untergrund registrieren wir verschiedene Grauwerte (unten); die Liniengitter erscheinen in anderem Grauwert als die übrigen Streifen (oben)

Mit diesen Versuchen sind wir schon den irrtümlichen Wahrnehmungen, den Sinnestäuschungen, sehr nahe gerückt. Wir wollen unsere Versuche mit einigen Beispielen aus diesem Gebiet abschließen.

Sinnestäuschungen auf optischem Gebiet

Viel Worte sollen dazu nicht mehr fallen. Es geht bei den folgenden Abbildungen meist darum, daß uns zwei gleichgroße Flächen oder Strecken unterschiedlich groß erscheinen oder daß wir wie bei der Zöllnerschen Täuschungsfigur die parallelen Linien nicht als Parallele sehen.

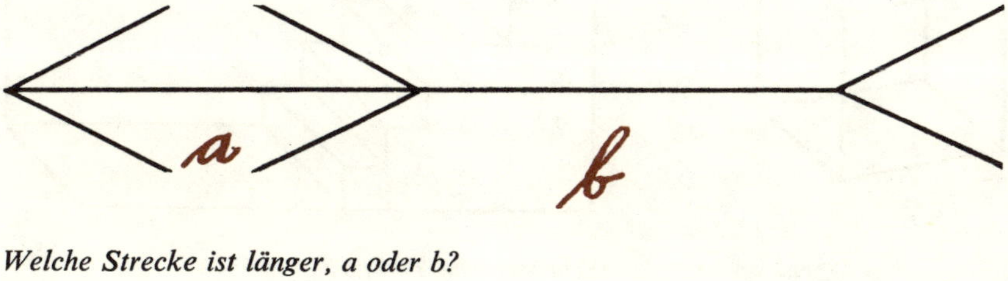

Welche Strecke ist länger, a oder b?

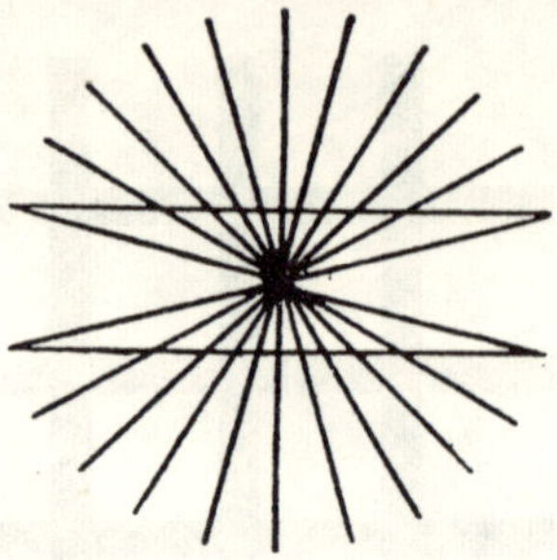

Täuschung der Parallelen

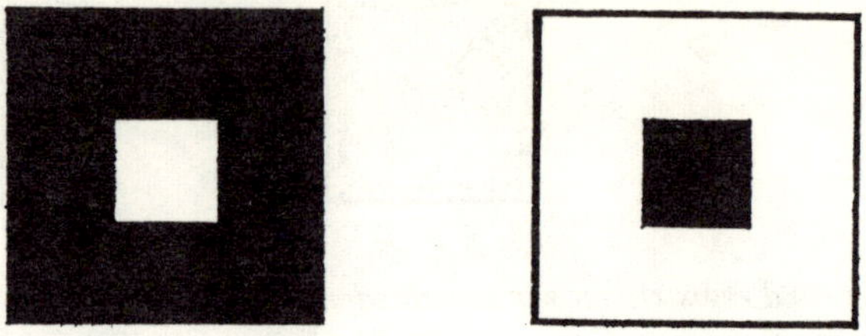

Wir vergleichen die Größe der hellen und dunklen Flächen

Die folgenden Abbildungen gehören zu den sogenannten geometrischoptischen Illusionen. Es kommt darauf an, welchen „Standpunkt“ wir beim Betrachten beziehen. So können wir die Schrödersche Treppe von oben oder von unten sehen.

Bei den Scriptureschen Würfeln können wir entweder 6 Würfel (1 + 2 + 3) oder 7 Würfel (2 + 3 + 2) zählen. Die Psychologen nennen solche Figuren reversibel, das heißt umkehrbar und sprechen davon, daß Figur und Grund umkippen.

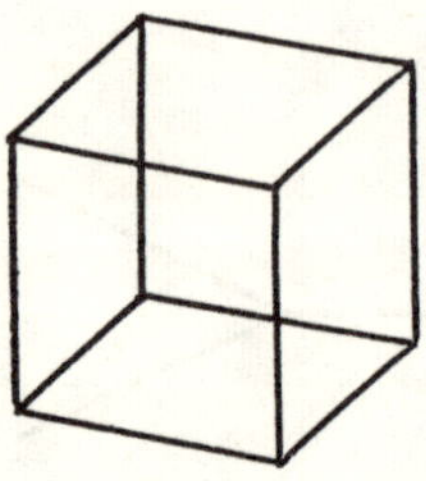

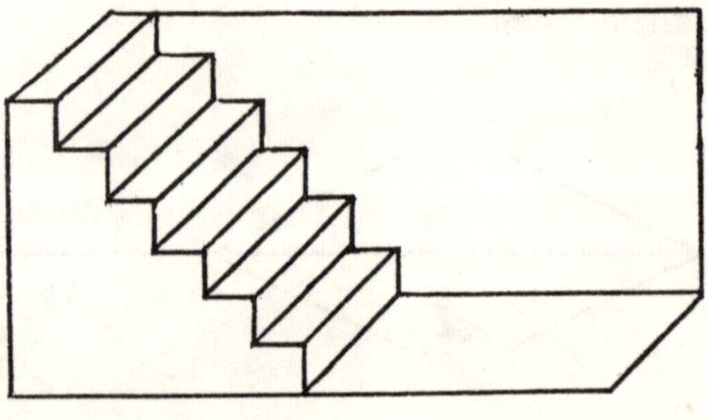

Schrödersche Treppe

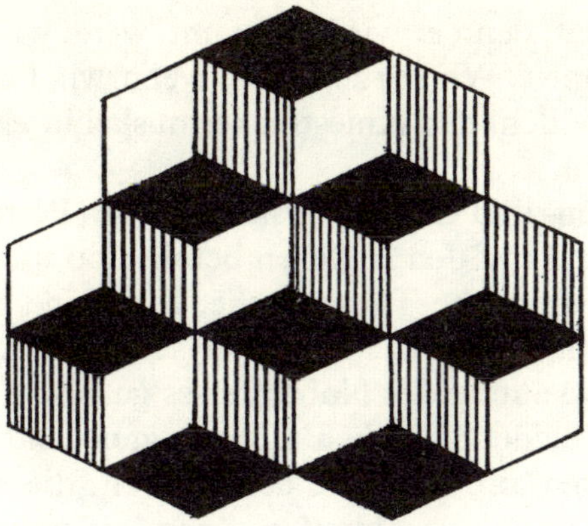

Scripturesche Figuren

Das Gehirn schaltet sich ein

Wir haben in den vorangegangenen Versuchen wichtige Sinnesorgane und ihre Funktionen kennengelernt. Dabei betrachteten wir die Vorgänge für sich; wir müssen uns aber immer klar darüber sein, daß sie alle unter dem Einfluß des Zentralnervensystems stehen.

Sicherlich ist allen Lesern der Kniesehnenreflex bekannt. Wir fordern einen Freund auf, in sitzender Stellung ein Bein über das andere zu legen. Dann schlagen wir ihm leicht mit der Schmalseite („Schneide") der Hand — der Arzt nimmt dazu einen Reflexhammer — dicht unterhalb der Kniescheibe auf die Sehne des großen Kniestreckermuskels. Der Unterschenkel schnellt in die Höhe. Der Versuch gelingt noch besser, wenn wir die Aufmerksamkeit der Versuchsperson in dem Moment des Schlages ablenken. Wir fordern sie entweder auf zu husten oder den Atem anzuhalten, oder wenden den Kunstgriff von Jendrássik an. Dabei fordern wir unseren Freund auf, die Finger zu krümmen, dann die Hände fest zusammenzuhaken und schließlich zu versuchen, sie mit aller Kraft auseinanderzuziehen.

Die durch den Schlag hervorgerufene Erregung wird über sensible Nervenfasern zum Hinterhorn des Rückenmarks geleitet und dort über Schaltneurone zu den motorischen Zellen des Vorderhorns umgeschaltet. Von ihnen geht ein Reiz durch die motorischen Nervenfasern zum Erfolgsorgan, in diesem Falle zum Kniestrecker und löst dessen Tätigkeit aus. Den gesamten Erregungsablauf nennen wir einen Reflex.

Es sieht zunächst so aus, als würde dieser Reflex vom Gehirn unabhängig sein. Wir können aber nachweisen, daß er Einflüssen des

Gehirns unterliegt, denn er wird gehemmt, wenn wir die Kniebeugemuskeln anspannen. Wir fördern ihn, wenn wir bewußt, das heißt durch unseren Willen, den Kniestreckermuskel in einen Spannungszustand versetzen.
Der große Nerven- und Gehirnphysiologe Iwan Petrowitsch Pawlow hat sich eingehend mit den Reflexen befaßt und untermauerte seine Theorie durch zahlreiche Tierversuche. Für seine bahnbrechenden Arbeiten auf dem Gebiet der Neurophysiologie wurde er im Jahre 1904 mit der Verleihung des Nobelpreises geehrt.
Pawlow unterscheidet zwischen unbedingten und bedingten Reflexen. Reaktionen auf die Reize der Umwelt, die in gleichbleibender, gesetzmäßiger Weise ablaufen, nennt er unbedingte Reflexe. Wir haben sie schon beim Säugling als Saugreflex, Schluckreflex und als Sekretionsreflex der Verdauungsdrüsen. Sie ermöglichen ihm die Nahrungsaufnahme und die Verdauung.
Pawlow untersuchte die unbedingten Reflexe bei Hunden. Er brachte sie in einer eigens für diese Versuche konstruierten Kammer unter, um alle Einflüsse der Umwelt auszuschalten. Den Ausführungsgang einer Mundspeicheldrüse der Hunde hatte er nach außen, in ein am Kopf der Tiere angebrachtes Glas verlegt. Er ließ sie fressen und beobachtete ihre Speichelabsonderung.
Dann tat er den entscheidenden Schritt. Er verband die Fütterung mit einem optischen oder akustischen Signal. Nehmen wir an, er ließ jedesmal eine Lampe aufleuchten, wenn der Hund zu fressen bekam. Er brachte einen Reiz, der den unbedingten Reflex (Speichelabsonderung beim Fressen) zur Folge hat, mit einem Reiz in Verbindung, der keinen unbedingten Reflex auslöst (Lichtsignal). Das wiederholte er mehrmals. Es entwickelte sich durch die Verbindung beider Reize ein bedingter Reflex. Jetzt genügt nämlich bereits ein Lichtsignal, um bei dem Hund Speichelabsonderung auszulösen. Das Licht war zu einem, den Speichelfluß bedingenden Reflex geworden. Es war ein Signal. Die Gesamtheit aller bedingten Reflexe nennt Pawlow das 1. Signalsystem.
Der bedingte Reflex verschwindet, er wird gehemmt, wenn mehrfach das Signal gegeben wird, ohne daß der Reiz erfolgt. Bedingte Reflexe müssen deshalb von Zeit zu Zeit bekräftigt werden.
Voraussetzung für das Entstehen bedingter Reflexe ist das Vorhandensein der Großhirnrinde. Ihre chirurgische Entfernung hatte bei Versuchshunden die Zerstörung des bedingten Reflexes zur Folge.
Pawlow hat das Entstehen eines bedingten Reflexes anhand einer Modellvorstellung erklärt, indem er Vergleiche zur Nachrichtenübertragung durch eine Telefonvermittlung zog. Es bestehen demzufolge Leitungsverbindungen vom Auge zum Sehzentrum in der

Hinterhauptsregion der Großhirnrinde. Ein dort ankommender Reiz klingt allmählich ab. Eine weitere Verbindung besteht von den Rezeptoren für Geruch und Geschmack zu den entsprechenden tiefer liegenden Zentren für das Fressen.
Wird nun bei der Fütterung ein optischer Reiz erzeugt, so kommt es zu einer Verbindung der beiden Zentren im Gehirn. Bei mehrmaliger Wiederholung wird die Verbindung zwischen beiden Wahrnehmungen so stark, daß bereits ein optischer Reiz genügt, um eine Speichelsekretion auszulösen. Ähnlich wie in einer Fernsprechvermittlung Querverbindungen zwischen Teilnehmern herstellbar sind, so vollzieht sich auch das „Einschleifen" eines bedingten Reflexes in unserem Gehirn. Dieses Modell hat nicht nur Bedeutung, weil es uns das Verstehen der komplizierten Prozesse erleichtert. Es bedeutet zugleich die Einführung des kybernetischen Denkens in die Biologie. Heute gibt es bereits kybernetische Modelle von Neuronen, und wir gehen nicht fehl, wenn wir annehmen, daß die Wissenschaft vorwiegend mit Hilfe der Kybernetik die komplizierten Prozesse entschleiern wird, die sich im menschlichen Gehirn abspielen.

Ein Wort zum Schluß

Wenn wir dieses Buch nach erfolgreichem Experimentieren beiseite legen, so soll das für uns nicht der Abschluß, sondern der Anfang neuer, noch intensiverer Beschäftigung mit der Biologie sein. Wir wenden uns nun am besten einem der zahlreichen Spezialgebiete der Biologie zu, um hier — mit Hilfe der Fachliteratur — selbständig weiterzuarbeiten. So mag der eine sein Herz für die Ornithologie entdecken, der andere ein begeisterter Physiologe werden, während der dritte sich vielleicht der Genetik zuwendet.

Unsere Möglichkeiten sind so vielfältig wie die Biologie selbst. Auf viele Fragen fand diese Wissenschaft schon eine Antwort, noch mehr aber sind offen und harren der Lösung. Wenn wir das Problem der Eiweißsynthese prinzipell als gelöst ansehen können, wenn wir dem Krebserreger dicht auf der Spur sind, wenn unsere Tierzüchter immer leistungsfähigere Rassen schufen — so ist alles das erst ein Beginn. Es gibt Leiden, die wir heute noch nicht heilen können. Noch immer sterben in manchen Ländern jährlich Zehntausende den Hungertod, weil dort oft als Folge der kolonialen Unterdrückung und Ausbeutung die Landwirtschaft in ihrer Entwicklung zurückblieb. Noch immer bleiben in der Zellphysiologie viele Fragen offen.

Je tiefer die Forschung dringt, desto mehr muß sich die Wissenschaft in einzelne Disziplinen spalten. Auch in der Biologie kann heute kein Wissenschafter mehr alle Zweige überblicken. Denken wir nur daran, wie eng die Verbindung zwischen der Biologie und anderen Naturwissenschaften geworden ist. Biochemie und Biophysik haben sich zu großen selbständigen Forschungszweigen entwickelt. Auch die Kybernetik dringt in die Biologie ein; sie regt zu kühnen Hypothesen an, die vielleicht in nicht allzu ferner Zeit zum gesicherten Wissensschatz gehören.

90 Prozent aller Wissenschaftler, die seit Beginn der Menschheitsgeschichte gelebt und gearbeitet haben, sind in unseren Tagen tätig. So braucht auch die Biologie heute eine große Zahl junger be-

geisterter Forscher. Außerordentlich hoch ist der Bedarf unserer Landwirtschaft an wissenschaftlich ausgebildeten Kräften. Nur mit Hilfe der Wissenschaft aber wird es uns gelingen, diesen so wichtigen Zweig unserer Volkswirtschaft in verhältnismäßig kurzer Zeit umzugestalten, moderne Produktionsmethoden einzuführen und Erträge zu erzielen, die uns ein Leben im Überfluß ermöglichen. Sicherlich werden manche unserer jungen Leser hier ihre Lebensaufgabe sehen. Eines Tages werden sie als Agronom oder Zootechniker in der landwirtschaftlichen Praxis arbeiten, als Wissenschaftler in einem der vielen Institute wirken. Manche werden als Arzt im Dienste der Menschheit tätig sein; oder aber sie helfen als Lehrer, die Jugend auf neue große Aufgaben vorzubereiten.

Die Biologie bietet nicht nur dem ein weites Feld, der sie zum Beruf gewählt hat. Wie kaum eine andere Wissenschaft benötigt sie die Mitarbeit derer, die sich in ihrer Freizeit mit wissenschaftlichen Beobachtungen und Experimenten befassen. Auf dem weiten Feld der Verhaltensforschung, der Ökologie, bestimmten Zweigen der Züchtung — überall findet der Liebhaber Möglichkeiten zu echter, erfüllter Arbeit im Interesse der Wissenschaft.

Und wenn dieses Buch seinen Lesern geholfen hat, eine neue reizvolle Aufgabe zu finden, die ihr Leben künftig reicher macht, so hat es seinen Sinn in jeder Hinsicht erfüllt.

13 Gebote für den Umgang mit Chemikalien und Geräten

Erst denken, dann handeln!
Vorsicht und Überlegung sind die Grundlagen für den Umgang mit Chemikalien. Wer fahrlässig arbeitet, gefährdet sich und andere.

Lies erst gründlich die Versuchsbeschreibung, ehe du zu arbeiten beginnst. Verwende nie mehr als die angegebenen Mengen.

Verwende stets saubere Geräte und halte auf dem Arbeitsplatz Ordnung. Versuchsapparaturen baue übersichtlich und standsicher auf. Vor ihrer Verwendung überzeuge dich, ob alle Stopfen einwandfrei passen und die Schlauchverbindungen dicht schließen.

Nach dem Versuch entferne alle Chemikalienreste, reinige Geräte und Labortisch und wasche dir die Hände.

Abfälle gieße niemals in den Ausguß. Sammle sie in einem besonders gekennzeichneten Behälter (Tontopf) und vernichte sie an einem geeigneten Ort (Vergraben im Garten).

Trage beim chemischen Arbeiten zweckmäßige Kleidung (Arbeitskittel, Plastschürze).

Vergiß nie beim Umgang mit stark ätzenden Stoffen (konzentrierten Säuren und Laugen) eine Schutzbrille zu tragen. Sind Chemikalien ins Auge geraten, so suche unbedingt einen Arzt auf, auch wenn zunächst keine Schmerzen auftreten.

Ätzende Flüssigkeiten und Gifte sauge niemals mit dem Munde an. Verwende dafür Pipetten mit Gummisauger.

Beim Verdünnen von Säuren — besonders bei konzentrierter Schwefelsäure — gieße stets die Säure in dünnem Strahl unter gleichzeitigem Rühren in das Wasser, nie umgekehrt.

Halte zur Neutralisation von Säurespritzern 1%ige Natriumhydrogenkarbonatlösung bereit. Laugen neutralisiere mit 1%iger Äthansäure.

Beschrifte alle Flaschen mit Chemikalien. Löse erst das alte Etikett ab, ehe du ein neues aufklebst. Verwende keine Gläser und Flaschen, in denen üblicherweise Lebens- und Genußmittel aufbewahrt werden (Milchflaschen, Bierflaschen, Marmeladengläser usw.). Vergiß nie, die Chemikalien nach ihrer Verwendung wieder wegzuschließen.

Versuche, bei denen giftige oder übelriechende Gase entstehen, führe im Freien durch, wenn kein Abzug vorhanden ist.

Lösche vorher alle Flammen, ehe du mit feuergefährlichen Stoffen arbeitest. Halte Wasser, Sand und eine alte Decke bereit.

Beim Kochen von Flüssigkeiten im Reagenzglas halte stets die

Öffnung des Glases vom Körper weg. Denke daran, daß beim Kochen die Flüssigkeiten durch Siedeverzug aus den Gläsern spritzen können. Verwende Tonscherben als Siedesteinchen.
An einigen Stellen dieses Buches weisen die für alle Bände der Reihe „... selbst erlebt“ einheitlich geschaffenen Symbole auf Situationen hin, die besondere Vorsicht erfordern. Diese Symbole bedeuten:

Vorsicht, Verätzungsgefahr!

Vorsicht, Explosionsgefahr!

Giftige Gase und Dämpfe entstehen —
für Frischluftzufuhr sorgen!

Die hier verwendeten Stoffe sind giftig!

Wir lesen weiter

Nachschlagewerke, Allgemeines

ABC-Biologie. Harri Deutsch-Verlag, Frankfurt

Bogen, J.: Knaurs Buch der modernen Biologie. Droemer-Knaur, München

dtv. Atlas zur Biologie Bd. 1 und 2. Deutscher Taschenbuch-Verlag, München

Fischer-Lexikon Biologie Bd. 1 und 2. Fischer-Bücherei, Frankfurt

Fremdwörterbuch naturw. u. mathem. Begriffe. Aulis Verlag, Köln

Vogt, H. H.: Einführung in die moderne Biologie, Aulis Verlag, Köln

Bestimmungsbücher

Amann, G.: Bäume und Sträucher des Waldes. Neumann-Verlag, Melsungen

Brohmer, P.: Fauna von Deutschland. Quelle & Meyer-Verlag, Heidelberg

Carl, H.: Tierbestimmen leicht gemacht. Aulis Verlag, Köln

Conert, H. J.: Flora in Farben, Otto Maier-Verlag, Ravensburg

Fitschen-Boerner: Gehölzflora. Quelle & Meyer-Verlag, Heidelberg

Garms, H.: Pflanzen u. Tiere Europas. Westermann-Verlag, Braunschweig

Grupe, H.: Naturkundliches Wanderbuch. Diesterweg-Verlag, Frankfurt

Kosmos-Naturführer: Mehrere Bände zur Bestimmung von Vögeln, Säugetieren, Pflanzen, Fossilien. Franckh-Verlag, Stuttgart

Peterson, Mountfort, Mollom: Die Vögel Europas. Parey-Verlag, Hamburg

Rothmaler, W.: Exkursionsflora von Deutschland. Verlag Volk und Wissen, Berlin

Schröder, H.: Insekten in Farben. O. Maier-Verlag Ravensburg

Stresemann, E.: Exkursionsfauna v. Deutschland, Bd. 1—3. Verlag Volk und Wissen, Berlin

Botanik und Bakteriologie

Falkenhan, H. H.: Kleine Pilzkunde für Anfänger. Aulis Verlag, Köln

Freytag, K.: Schulversuche zur Bakteriologie. Aulis Verlag, Köln

Galston, A.: Physiologie der grünen Pflanze. Kosmos-Verlag, Stuttgart
Molisch, H.: Botanische Versuche und Beobachtungen ohne Apparate. Fischer-Verlag, Stuttgart
Nultsch, N.: Allgemeine Botanik. Thieme-Verlag, Stuttgart
Schlegel, H. G.: Allgemeine Mikrobiologie. Thieme-Verlag, Stuttgart
Schwartz-Schwartz: Mikrobiologie. Sammlung Göschen Nr. 1115/1157 de Gruyter-Verlag, Berlin
Strasburger u. a.: Lehrbuch der Botanik für Hochschulen. Fischer-Verlag, Stuttgart

Mikroskopie

Freytag/Schürer: Mein Mikroskop. Kleine Exp.-Bücherei Bd. 5. Aulis Verlag, Köln
Schlüter, W.: Mikroskopie für Lehrer und Naturfreunde, Verlag Volk und Wissen, Berlin
Stehli/Krauter: Mikroskopie für Jedermann, Kosmos-Verlag, Stuttgart

Aquarien, Terrarien, Ornithologie, Sammlungen

Frieling, H.: Was fliegt denn da? Kosmos-Verlag, Stuttgart
Graebner, K. E.: Natur im Heim. Athenaion-Verlag, Frankfurt
Illies, J.: Wir Beobachten und züchten Insekten. Kosmos-Verlag, Stuttgart
Klingbeil, K.: Das bunte Aquarienbuch. Bertelsmann-Verlag, Gütersloh
Makowski, H.: Amsel, Drossel, Fink und Star. Kosmos-Verlag, Stuttgart
Menzel-Tettenborn, H.: Das bunte Terrarienbuch. Bertelsmann-Verlag, Gütersloh
Sachs, B.: Aquarienpflege, leicht gemacht. Kosmos-Verlag, Stuttgart
Sachs, B.: Terrarienpflege, leicht gemacht. Kosmos-Verlag, Stuttgart
Stehli, G.: Sammeln und Präparieren von Tieren. Kosmos-Verlag, Stuttgart
Lehrmeister-Bücherei: Mehrere Hefte über Sammeln und Präparieren von Pflanzen und Tieren, Aquarien, -tiere und -pflanzen. Philler-Verlag, Minden

Zoologie, Menschenkunde

Dylla, K.: Schmetterlinge im praktischen Biologie-Unterricht. Aulis Verlag, Köln

Fritz-Niggli, H.: Vererbung bei Mensch und Tier. Thieme-Verlag, Stuttgart

Kühn, A.: Grundriß der allgemeinen Zoologie. Thieme-Verlag, Stuttgart

Mörike-Mergenthaler: Biologie des Menschen. Verlag Quelle & Meyer, Heidelberg

Smolik, H. W.: rororo Tierlexikon. 5 Bde. Rowohlt-Verlag, Reinbeck

Wurmbach: Lehrbuch der Zoologie, Bd. 1 und 2. Fischer-Verlag, Stuttgart

Sammlung Göschen: Das Tierreich. 14 Bde. Verlag de Gruyter, Berlin

Zeitschriften

Aquarien-Magazin. Kosmos-Verlag, Stuttgart

Biologie in unserer Zeit. Chemie-Verlag, Weinklim

DAZ, Deutsche Aquarien- und Terrarien-Zeitschrift. Kernen-Verlag, Stuttgart

Kosmos. Kosmos-Verlag, Stuttgart

Mikrokosmos. Kosmos-Verlag, Stuttgart

Wir experimentieren, Jugendzeitschrift für Natur und Technik. Aulis Verlag, Köln

Sachwörterverzeichnis

A

Aberration 309
Ackerkrume 7
Adaptation 313
Adsorptionsvermögen 18
Agar-Agar 92
Agaven 58
Agrikulturchemie 33
Akkomodation 310
Alkoholreihe 173
Aminosäuren 254
Ammoniummolybdat 27
Amöben 165
Anatomie 207
Antibiotika 99
Apertur, numerische 84
Aquarienfische 195, 196
Aquarienkitt 191
Aquarienpflanzen 193
Aquarium, Allgemeines 188
Aquarium, Einrichtung 192, 193
Aquarium, Pflege 198
Aquariumbeleuchtung 196
Aquaterrarium 204
Askorbinsäure 267
Assimilation 74
Atemöffnungen
von Insekten 178
Äthanol, absolut 173
Atmungsfermente 280
Auflösungsvermögen 84
Auge 305
Augenlinse 310
Auslese 150
Aussaattiefen 71
Azotobakter 106

B

Bacillus amylobacter 106
Bacterium radicicola 108
Bakterienfärbung 87
Bakterienfixierung 88
Bakterienformen 82
Bakteriengehalt 83, 97, 101, 103
Bakterienhemmung 114
Bakterioide 108
Bastardwüchsigkeit 158
Baustoffwechsel 249
Bebrütung 104
Berührungsreiz 294
Beschilderung 36
Bestäubung, künstliche 161
Betriebsstoffwechsel 249
Bienen, Farbensinn 240
Biogas 117
Biokatalysatoren 110
Biozönose 134
Biuretreaktion 255
Blattquerschnitt 64, 65
Blattsammlung 132
Blickfeld 308
Blinder Fleck 312
Blut 274
Blutausstrich 275
Blutgerinnung 279
Blutkörperchen 215
Blutkörperchen, Färbung 276
Blutkuchen 281
Blutlaugensalz 29
Blutungssaft 57, 58
Bodenauszug 23
Bodenproben 11
Bodenprofile 5
Bodenreaktion 23
Bodenuntersuchung 10, 30
Bodenverdichtungen 7, 9
Brandbekämpfung 324
Brutschrank 104
Burri-Verfahren 87
Butansäure 107

C

Chemikalienflaschen 324
Chemikalienreste,
Entfernung 324
Chemischer Garten 49
Chemosynthese 105
Chemotaxis 170
Chloramin 83
Chlorophyll 78
Chlorzinkjodlösung 139
Cholesterin 261
Chromosomen 153

D

Dauerpräparate 171
Deckglaskitt 177
Deckglaslack 172
Denken 245
Deplasmolyse 55
Desinfektion 83
Desinfektion
von Sammlungen 232
Destillation 112
Differenzdressur 243
Diffusion 47
Diphenylamin 25
Dispersion 262
Dissimilation 76
DNS 153ff
Drehschwindel 300
Druck, osmotischer 50
Druckpunkte 294
Düngerlagerung 31
Dünger-Mischtafel 31
Durchlüfter 192
Durchwurzelung 10

E

Eisennachweis 28
Eiweiß 253

Eiweißverdauung 256
Element, galvanisches 218
Empfindung 293
Emulsion 262
Enchyträen 198
Entomologie 226
Enzyme 251
Epidermis 64
Erbanlagen 157
Erbinformationen, verschlüsselte 157
Erdbohrstock 9
Erdentstehung 4
Erdepochen 4
Erinnerungsvermögen 241
Erythrozyten 277
Escherichia coli 102
Essigsäurebakterien 114

F

Farbensehen 314
Fäulnis 116
Feinboden 12
Feldversuch 33, 34
Fermente 251
Fernglas 179
Fette 258
Fettextraktion 224
Fettverdauung 259
Fibrin 279
Filialgeneration 153
Fingerprobe 11
Fischfutter 197
Flechtensäuren 140
Fleischwasser 94
Flugbild 181
Flüstermethode 298
Freilandterrarium 205
Futterhäuschen 183
Futterring 184

G

Gallensaft 259, 260
Ganglion 220
Gärung, alkoholische 111
Gärung, allgemeine 110
Gasaustausch 79
Gefäßbündel 61
Geißelbeize 90
Geißelfärbung 90
Geißelformen 90
Gelatine 225
Gelbflechte 138
Gene 157
Geotropismus 145
Gerbsäure 256
Gesamtvergrößerung 84
Geschmacksqualitäten 304
Geselligkeit von Pflanzen 136
Gesichtsfeld 308
Gestellaquarium 189
Gewölle 181
Glühprobe 21
Glykogen 111
Glyzeringelatine 171
Grenzplasmolyse 55
Grillen 237
Grundgerüche 302
Grundumsatz 272
Gußkultur 97

H

Haftwasser 15
Halbhöhle 186
Halbwertszeit von Eiweiß 258
Häminkristalle 282
Hämoglobin 280
Harn 283
Harnuntersuchung 284 ff
Harnsedimente 289
Häufigkeit von Pflanzen 135
Hefe 111
Heimataquarium 200
Heißwassertrichter 92
Heizer für Aquarium 192
Herbar 122
Herbarbogen 127 ff
Heuaufguß 164
Heubazillen 89
Höhlenbrüter 185
Holundermark 63
Honigbiene 175
Horizonte 9
Hörversuche 240
Humus 22
Hungerkultur 80
Hybriden 159
Hydrolyse 251
Hydroziertopf 41
Hygiene 103

I

Impfnadeln 85
Imprägnieren 129
Indifferenztemperatur 301
Individualauslese 150
Infiltration 68
Insektenaquarium 206
Insektenbeine 174
Insektenfang 227
Insektenkästen 230
Insektennadeln 228
Instinkthandlung 242
Ionenaustausch 20
Irrgarten für Mäuse 243

J

Jodoformprobe 112
Jodstärkereaktion 76

K

Käfersammlung 225
Kahmhaut 89
Kalisalze 19
Kaliumrhodanid 28
Kalkbedürfnis 37
Kalkdünger 30, 31
Kalkgehalt 24
Kalorie 271
Kalorienbedarf 272
Kaltpunkte 300
Kaltwasseraquarium 200
Kalziumnachweis 20
Kalziumreagens 25
Kampf ums Dasein 137
Kanadabalsam 88, 174
Karotin 270
Kasein 264
Keimfähigkeit 70, 71
Keimkraft 69
Klatschpräparat 177
Kniesehnenreflex 319
Knochenasche 44, 223
Knochenhaut 221
Knochenkohle 225
Knochenleim 224
Knorpel 224
Kobaltchlorid 60
Kobaltpapier 60
Kochen von Flüssigkeiten 324
Kochsalzlösung, physiologische 213

Kohlendioxid 73, 79
Kohlenhydrate 250
Kompaßpflanzen 143
Kontrast 305
Korngrößen 13
Kreideagar 115
Kreuzung 151
Kriechtiere 202
Küchenzwiebel 53
Kulturgefäße 38
Kutikula 64
Kybernetik 321

L

Lab 264
Lanzettnadeln 209
Lebensgemeinschaft 134
Leeuwenhoek 81, 82
Leukozyten 277
Libellen 237
Liebermannsche Reaktion 261
Liebig, Justus 33
Limnologie 135
Löslichkeit 43
Luftuntersuchung 102
Lurche 201
Lymphsäcke beim Frosch 211

M

Maishybridisierung 158, 159
Malthusianismus 33
Massenauslese 150
Mazeration 215, 239
Mendelsche Regeln 153
Methan 117
Mikroskop 83
Milch 101, 262
Milchgerinnung 264
Milchsäure 114, 263
Milchzucker 263
Molke 263
Morphologie 63
Mundspeichel 253
Muskeln 215
Mykorrhiza 140

N

Nachempfindung 302
Nachtschmetterlinge 236
Nahpunkt 311
Nähragar 96
Nährbouillon 94
Nährgelatine 95
Nährhefe 113
Nährlösungen
für Mikroorganismen 91
Nährlösungen für Pflanzen
39, 40
Nährstoffkarte 30
Nahrungsmittel 248
Nahrungsvakuolen 167
Nastien 141, 148
Naturdruck 133
Naturschutz 120
Nelkenöl 174
Netzauge 176
Netzhaut 306
Nistkästen 185
Nistquirle 187
Nitratbakterien 105
Nukleinsäure 154
Nukleotid 156

O

Ökologie 63, 180
Öle 259
Ölimmersion 84
Orchideen 141
Osmometer 50
Osmose 48
osmotischer Druck 50

P

Pankreasferment 257
Pantoffeltierchen 164
Paramaecienfalle 166
Parentalgeneration 153
Parzellenversuch 33, 34, 36
Pasteurisieren 116
Pawlow 320
Pepsin 257
Peptide 254
Petrischale 85
Pfeffersche Zelle 50, 51
Pflanzenhaare 66
Pflanzenpresse 124
Phosphataufschluß 44
Phosphationen 27
Photolyse 75, 79
Photosynthese 75
Phototropismus 142
pH-Wert des Bodens 23
Physiologie 63
Plasmolyse 52, 55
Präpariernadeln 209
Profilgrube 6
Pupille 309

Q

Quellungskräfte 72, 73

R

Raupenpräparation 235
Reflexe 319
Regenwurm 216, 243
Regenwurm, Reizbarkeit
217, 218
Reinkulturen 98
Reinnährstoff 35
Reizborste 294
Reizphysiologie 169
Reizschwelle 295
Rettichsaft 52
Ribosomen 154, 158
Richtungsempfinden
bei Tieren 244
Ringeltaube 180
Ringelung von Zweigen 61, 62
RNS 153ff
Röhrenknochen 221

S

Saccharose 251
Sachssche Jodprobe 76
Salkowskische Reaktion 261
Salzpflanzen 20, 55
Samensammlung 131
Saprophyt 141
Saugkraft 14
Saugwirkung 59
Säuren, Verdünnen von 324
Schädelpräparation 238
Schalleitung 299
Schillerfarben
bei Schmetterlingen 178
Schimpansen 244
Schlämmzylinder 13
Schmerzpunkte 296
Schmetterlinge, Fang 232
Schmetterlingsschuppen 176
Schwalben 187
Schwerkraft 144

Sedimentation 13
Sehen, binokulares 314
Sehfeler 308
Sehzentrum 308
Sektion 207
Selbstentzündung 119
Semipermeabilität 49
Senf, weißer 37
Sezierbecken 210
Sezierbesteck 209
Sickerwasser 15
Siebsatz 12
Signalsystem (1. u. 2). 246
Silage 116
Simultankontrast 316
Simultanschwelle 295
Sinne 293
Sinnestäuschung, optische 317
Skalpell 207
Skorbut 266
Spaltenschluß 69
Spaltöffnungen 66
Spannbrett 233
Spatendiagnose 9
Sprossung 111
Stalljauche 19
Standortmodifikationen 63
Stärke 252
Stärkebilder 78
Stärkekörner 76
Steighöhe 16, 17
Sterilisieren 93
Sternmoos 53
Stichkultur 100
Stickstoffbestimmung 25
Stickstoffbinder 105
Stickstoffsammler 109
Stoffwechsel 249
Strickleiternervensystem 219
Stubenfliege 170
Superphosphat 43
Symbiose 138

T

Tastsinn 294
Täuschungsempfindungen 297
Tausendkorngewicht 69
Taxien 141
Teichmannsche Probe 282
Terrarium 201
Thigmotropismus 148
Thomasphosphat 45
Thrombose 279
Tradescantia 53
Transpiration 59
Traubesche Zelle 48
Triebkraft 71
Trockenschrank 47
Trocknen von Pflanzen 126, 127
Trommersche Probe 250
Tropfen, hängender 88
Tropismen 141, 147
Tötungsgläser 228
Turgor 52

U

Untergrund des Bodens 8

V

Verdünnungsreihe 97
Vererbung 152
Verwesung 116
Verwitterung 5
Vitamin C-Nachweis 267
Vitamine 265
Vogelbeobachtung 178
Vogelfutter 184
Vogelschutz 182
Vogelstimmen 181
Vollglasbecken 189

W

Wachstumskurve 41
Warmpunkte 300
Wasserbilanz 56
Wasserfrosch 210
Wassergehalt 46
Wasserhärte 195
Wasserkapazität 17
Wasserkulturen 41
Wassermenge bei Pflanzen 56
Watson-Crick-Spirale 156
Webersches Gesetz 297
Wurzeldruck 56
Wurzelsäuren 46

X

Xanthoproteinreaktion 255

Y

Yoghurt 114

Z

Zählscheibe 97
Zahnschleimbakterien 87
Zelle, Feinbau 153
Zellulosezersetzung 119
Zitronensäure 45
Zuckerahorn 58
Zuckerrübe 149
Zunge 304
Zurückgehen von Phosphaten 46